本书由中共中央党校理论创新工程
"社会结构与文明类型研究"课题资助出版

《祠堂与教堂：中西传统核心价值观比较研究》先后荣获

1. 中共中央党校2018年研究生优秀教材奖

2. 中共中央党校2019年优秀科研成果奖

3. 2018—2019年中国伦理学十本好书奖

Ancestral Hall and Church

A Comparative Study of the Traditional Core Values
between China and the West

靳凤林 等/著

# 祠堂与教堂（第3版）

中西传统核心价值观比较研究

人民出版社

**靳 凤 林** 清华大学哲学博士。现任中央党校（国家行政学院）哲学部二级教授、博士生导师。享受国务院特殊津贴专家，中央党校理论创新工程首席专家。长期担任中央党校省部班、地厅班、中青班核心课程主讲教员。兼任中国伦理学会副会长，北京伦理学会常务副会长，清华大学、武汉大学等多所大学兼职教授。先后荣获全国党校系统首届党性教育精品课奖、国家图书奖等 30 余项国家和省部级教学科研奖励。

主要从事政治伦理和比较伦理的教学与研究工作，先后主持和参与10 多项国家社科基金和国家高端智库重大项目、重点项目的研究工作，出版《追求阶层正义：权力、资本、劳动的制度伦理考量》《权力与资本：中西政商关系的伦理视差》《祠堂与教堂：中西传统核心价值观比较研究》《王道与霸道：中西国家治理逻辑的伦理比照》等专著、教材 18 部，在《人民日报》《光明日报》《马克思主义研究》《哲学研究》等报刊杂志发表论文 200 余篇，30 多篇被《新华文摘》《中国人民大学报刊复印资料》以及欧洲重要期刊《21 世纪马克思》等国内外权威刊物转载。

# 目　录

# 第3版序言
# 中西价值观解构与建构的伦理反思

《祠堂与教堂：中西传统核心价值观比较研究》一书自 2018 年出版以来，历经多次加印，2023 年又作了修订再版，在一年多时间内修订版也很快售罄，这种热销现象的发生让我始料未及。虽然我内心深处非常清楚，一部优秀的学术著作只有经历了大浪淘沙的漫长历史过程之后，才能逐步积淀成为真正意义上的学术经典。但是，一部比较伦理学的研究论著能够在较短的时间内获得广大读者的青睐，又的确使我格外欣喜。我想，之所以出现这种不期而至的现象，大概是理论建构和现实关照两方面的因素在同时发挥作用。

就理论建构因素而言，中国特色社会主义制度本身内蕴着独特的价值理念，包括社会主义核心价值观、中国优秀传统价值观和人类共同价值观。然而，要正确理解这三种价值观的本质内涵及其内在关联，并在此基础上科学建构为当代中国人所喜闻乐见的中国特色社会主义价值体系，就必须从古今中外价值观的比较研究中汲取合理经验与历史教训。特别是以美国为首的当代西方国家正在全球范围内不遗余力地推广所谓"普世价值"，如何深刻把握西方"普世价值"赖以生成的历史根源、核心内涵、运演机制、虚伪霸道等问题，从而为当代中国特色社会主义价值体系建设提供可资批判鉴借的思想资源，无疑是当前我国思想文化建设亟待完成的重大任务。而本书的相关研究结论对完成上述任务，在一定程度上能够起到滋补有加和释疑解惑的作用，故具有重要的理论参考价值。

就现实关照因素而言，伴随中华民族伟大复兴步伐不断加快，西方世界各种形式的所谓"中国崩溃论"不攻自破，从而使得西方个别国家忐忑不安乃至如坐针毡，如何通过政治、经济、军事、科技、文化等各种围堵措施来有效减缓中国强国建设、民族复兴伟业的步伐，已成为西方国家内部众多反华势力的价值共识。越是在这种艰难不利的背景下，中国越是要加大力度实现更高水平的改革开放，而要完成这一任务就必须不断提高和深化中西方之间物质和精神层面的交往水平。从传播心理学的角度看，我你关系的建构是通过彼此之间的主客互动和相互对话来完成的，在这一过程中，我通过观察你对我的主观评价和角色期待来进行自我反思，并对自身的思想和行为做出合理调整，从而不断拓宽我你之间共同价值的存在空间。质言之，由你的存在来确定我，又通过我的存在来映现你。举例来讲，在红蓝对抗中，红军不仅要了解蓝军的战略战术和军事技术，更要了解蓝军战略战术和军事技术背后所呈现出来的深层思维模式和核心价值取向。这就启发我们，只有深刻把握了西方核心价值观的根本要义，才能在与西方世界的深度思想交流与尖锐理论交锋中彼此互鉴，有效提高我们应对西方价值观挑战的自我调适能力，同时也才能在当代西方价值观的解构和建构过程中，充分发挥中国价值体系应当具有的深远影响作用。正是从这种意义上讲，阅读本书对中西方传统核心价值观所做的比较研究成果，是阅读其他同类中西比较著作所不能替代的，故本书又具有重大的实践关怀意义。

当然，本书之所以受到广大读者的喜爱，还与其独特的运思理路和笔调意趣有关。本书站在新一轮全球化深入演进的立场，不仅对儒家和基督教核心价值观比较研究的宏观背景、研究模式和思想方法进行了深入辨析；更是以儒家和基督教独特的文化表征符号——祠堂与教堂为切入点，结合其赖以生成的自然人文生态环境做比照；

特别是儒家与基督教具体价值观的精细对照是本书的重中之重，并占据了全书的主要篇幅；最后本书提出了建构中国特色社会主义伦理文化的根本原则，并对近现代以来中国文化领域古今中西之争的历史渊源及其求解路径进行了深入探讨。除了本书谋篇布局科学合理、逻辑推演仔细缜密等卓越特质外，从整体上看，本书的行文风格清新洗练，晓畅明快，在平静如水的文字中蕴藏着一种洗尽铅华、慰籍人心的深沉张力，仔细读来让人对中西传统核心价值观的主要差异和内在关联，形成一幅论理深刻、清晰峻朗的立体性思想画面。

此外，笔者通过与人民出版社和中华书局编辑人员协商，让本书增订版与我的新著《王道与霸道：中西国家治理逻辑的伦理比照》(中华书局 2024 年版) 同时发行，且在装帧风格上具有较高的一致性。之所以采取这种做法，主要是因为这两本书的研究内容，真实反映了我多年来一以贯之的思想理路。如果说《祠堂与教堂》侧重于从中西传统核心价值观的视角，深入探讨中西政治文化的内在区别和深刻关联，那么《王道与霸道》则是将《祠堂与教堂》中内在的、形上层面的价值理念转化为外在的、形下层面的政治制度，通过深度揭橥中西国家治理逻辑的伦理视差，来高瞻远眺全球治理体系由霸道向王道转型升级的未来愿景。这两本著作作为中西政治伦理比较研究的姊妹篇，彼此之间构成一个前后相续、道器结合的政治伦理思想体系。

衷心希望这两部拙作能够得到广大读者一如既往的喜爱，同时也真诚期冀学界朋友对其予以批评指正，因为任何一项有价值的建议，都将为我深化在该领域的相关研究提供可资借鉴的思想资源。

靳凤林

2024 年 11 月

于中共中央党校颐北精舍

# 导　言

## 文化自信源于中西方之间的知己知彼

经过改革开放 40 多年的发展，我国的硬实力（经济实力）获得了极大发展，已经是世界第二大经济体，但硬实力的增长不等于文明的复兴。要转变为文明的复兴，还需要付出更为艰辛的努力。所谓文明的复兴就是软实力的增长。美国著名学者约瑟夫·奈将软实力称为一国的文化价值观念、社会制度和发展模式，具有一种让别的国家不由自主跟随你的吸引力。综观世界历史，曾经拥有坚船利炮的国家不计其数，但其社会发展模式长期被他者普遍效仿的国家少之又少，其间的奥秘在"软"不在"硬"。正如老子所言："以道佐人主者，不以兵强天下"（《老子·三十章》）。一个民族的基业长青之"道"就在于能否真正建构起自己的文化软实力。截至今天，中国是世界上唯一没有完全接受西方模式，但经济实力又迅猛增长且最具活力和影响力的社会主义大国。然而，令人遗憾的是，现在世界上许多国家，乃至我们国内不少人，只把中国当成一个可以获得巨大经济利益的市场，既未深入了解也不完全认同中国的软实力。这就迫使我们要认真思考：当中国日益成为国际社会关注的焦点时，我们如何增强自身的文化软实力？以什么样的视角认识自身的传统文化？以什么样的态度对待西方历史文化？以什么样的思路发展我们的未来文化？正是基于一位知识分子"位卑未敢忘忧国"的道德责任担当和殚精竭虑科学回答上述重大问题的价值使命意识，本书在导言中试图从以下四个层面对上述问题予以简要说明。

## 一、文化自信与文化主体意识

世界历史的发展表明，任何国家要想作为一个具有内聚力的社会实体而长期存在，就必须结合本国国情，努力建构为自身所特有的文化结构或精神家园。如果一个国家置身于所谓"国际潮流"之中，完全放弃本国文化的核心话语体系，通过否定自身的历史传统走向历史虚无主义，并力图使自己国家从原有的精神文明类型完全彻底地走向另类精神文明类型，那么，它必然会使自己的国民在精神世界走向"无根性"的价值混乱或价值空场，进而患上精神分裂症，最终在国际文化滚滚红尘冲击下，大大降低自己的文化软实力，乃至瓦解民族意志、迷失自我、自交城池，成为国际文化斗争的牺牲品。国际权力政治学奠基人摩根索对此曾做过精辟老到的分析。他指出："如果一个政府的外交政策对它的人民的知识信念和道德价值观念有吸引力，而其对手却没能成功地选定具有这种吸引力的目标，或者没能成功地使其选择的目标显得具有这种吸引力，那么，这个政府便会取得一种超越其对手的无法估量的优势。"[①]为此，摩根索还通过大量生动例证深入分析了近现代以来，世界历史上各帝国主义国家是如何通过坚强有力的文化建构过程和卓有成效的文化宣传而走向成功的。实际上，摩根索的祖国——美国就是文化成功建构和有效宣传的范例，美国社会将体现《圣经》精神的基督教价值观和道德标准提升到理性的高度，并与社会的公共利益结

---

① ［美］汉斯·摩根索：《国家间政治》，徐昕、郝望、李保平译，北京大学出版社 2006 年版，第 126 页。

合起来，使之成为每个国家成员社会化过程的"路标"，从而起到了加强美国社会凝聚力、促进国家整体稳定、展示美国国际形象的积极作用。

质言之，一个民族的崛起必须以本民族的文化自信为根基。所谓文化自信，就是一个国家、一个民族、一个政党对自身文化价值的充分肯定，对自身文化生命力的坚定信念。因为一个民族只有对自己的文化充满坚定的信心，才能在世界舞台上获得坚持坚守的从容，鼓舞起奋发进取的勇气，焕发出创新创造的活力。具有几千年文明史的中华民族素有文化自信的气度，正是有了对民族文化的自信心和自豪感，才在漫长的历史长河中保持自己、吸纳外来，形成了独具特色、辉煌灿烂的中华文明。在中华民族和平崛起的当今时代，必须大力建构中华民族的文化主体意识和文化自信精神。唯其如此，才能不断克服因近一百多年来屈辱历史造成的长期萦绕在国人心中的文化自卑意识，充分认识中国文化的独特优势和发展前景，进一步坚定我们的文化信念和文化追求，进而在国际文化竞争中取得最终成功。

## 二、文化自信与多元文化竞争

强调文化主体意识和文化自信精神的极端重要性，是否就意味着在一个国家内部或国际社会，异质型文化之间只能去进行激烈斗争而无法和平共处？答案是否定的。相反，在全球化的今天，异质型文化体系之间只有和平共处，才能保证不同国家之间、国家内部不同阶层或阶级之间文化利益的最大化。改革开放后，伴随我国经济成分、组织形式、就业方式和分配方式日益多元化，社会利益结构也随之分化重组，从而使得利益主体多元化、利益趋向多极化、利益差别显性化成为当前社会生活的突出特点。反映在文化建设领域就是多元异质型文化要素的不断扩张，包括各种价值观和道德标准的激烈冲突、各种宗教信仰群体的蓬勃壮大、不同民族文化的冲突与融合、中国传统文化与各种外来文化的矛盾斗争等。应该说，多元异质型文化的存在有利于人们从不同的角度观察和思考问题，有利于各种文化之间的平等交流和相互理解，有利于反对和抵制不同民族文化霸权主义思想的扩张。因为一个社会的文化同质性太强，其适应外部变化的能力必然降低。反之，一个多元异质型文化并存的社会，必然是一个不同文化群落各领风骚的社会，同时，也是一个充满思想创造活力的社会。但我们也要看到，多元异质型文化并存的社会也是一个容易引发价值标准混乱、社会矛盾频发的社会。

如何在人们价值取向复杂多样、社会文化多元歧异的情况下，有效整合各种不同的思想文化资源？首先，马克思主义是人类思想史上最伟大的成果，它以科学的世界观和方法论揭示了人类社会发展的基本规律，也为我国的先进文化建设指明了正确方向，它是我们文化发展的根本，应当始终不渝地坚持。其次，中国共产党领导各族人民在进行革命、建设和改革的历史实践中，创造了鲜明独特、奋发向上的革命文化，从红船精神、井冈山精神、长征精神、延安精神、西柏坡精神，到雷锋精神、大庆精神、"两弹一星"精神，再到载人航天精神、北京奥运精神、抗震救灾精神，这些富有时代特征、民族特色的宝贵财富，为我们在新的历史条件下推进文化建设奠定了坚实基础，我们应当倍加珍惜。再次，源远流长、博大精深的民族传统文化是我们文化发展的母体，承载着中华民族最深层的精神追求，包含着中华民族最根本的精神基因，代表着中华民族独特的精神标识，我们应当礼敬自豪地对待。最后，任何一种文化都不可能与世隔绝，我们要用开放包容的胸怀、辩证取舍的态度、转化再造的方式来从其他文化中汲取养分，广泛吸纳、融汇一切外来优秀文化成果，丰富发展我们自己的文化。

简而言之，建立中国特色社会主义文化就是要用党和国家的一元指导思想引领多元文化思潮，但在强调社会主义文化引领作用的同时，更要尊重文化的多样和差异，并用这种多样和差异来丰富和发展社会主义先进文化。任何一种富有生命活力的文化体系必定是能够真正应对不同文化观念挑战，并在同它们的相互竞争中脱颖而出的文化体系。中国特色社会主义文化应该且必须是能够经受各种文化体系的挑战，并在多元文化思潮竞争中吸取其合理因素脱颖而出的文化体系。

## 三、文化自信与文化发展愿景

黑格尔在其《历史哲学》中曾对世界各国文化中所蕴含的民族精神和人类历史文化中所体现出的世界精神做过深入研究。他认为：景象万千、事态纷纭的世界历史文化就是世界精神不断取得自由的过程。世界精神作为一种普遍性原则，它主要通过各国历史文化中的民族精神来表现自己。当一个民族在其宏伟的文化业绩中完成自己的历史使命时，就像凤凰涅槃一样，在劫灰余烬中再度脱胎出神采飞扬、光华四射、更为纯粹的民族精神，这种新的民族精神将为下一个更加伟大的民族所俱有。每一种特殊形态的民族精神在人类历史长河中消亡时，都将转化为普遍的世界精神的一部分。

黑格尔的上述主张表明，如果一个民族只是留给后代大量的物质财富，但没有在他们身上培养出一种主动成为世界历史运动主体的崇高精神追求，没有培养出有抱负、有理想、有作为、有道德担当和行动勇气的伟大人格，那么，这个民族就不会按照自己的意志和价值观去塑造人类生活，更不会遥契天命（世界精神）进而去完成伟大神圣而光荣的创造世界历史的使命。这就迫使我们去思考，中华民族在经济水平不断提高的今天，在主体的精神世界还应拥有"为天地立心，为生民立命，为往圣继绝学，为万世开太平"的远大抱负，在民族国家激烈竞争的过程中，由跟跑、并跑走向领跑时，必须担当起引领世界历史发展趋势的光荣使命。因为世界精神是一个不断演变和发展的过程，除了端起于西方文化中的自由、平等、博爱等价值理念外，在生态失衡和能源短缺已危及人类生存的今天，为什么中华民族"天人合一"的文化精神不能成为世界精神？在"对抗"与"竞争"的西方价值观已经引发两次世界大战的今天，为什么中华民族"贵和尚中"的文化精神不能成为世界精神？质言之，只要人类面临的新问题不断出现，就需要更加丰富的文化理念来引导和处理，中国文化中所蕴含的民族精神应该为丰富和发展这种世界精神作出自己应有的贡献。

## 四、文化自信与文化比较研究

要真正确立起一个民族的文化自信，除了牢固树立中华民族的文化主体意识，对外来文化采取兼容并包的态度外，还必须对本民族文化的优缺点进行深入细致的考察，而任何一个民族的文化优缺点只有在比较的过程中才能得以鉴别。因此，将中国文化与当今世界占据主导地位的西方文化进行比较研究，就显得尤为必要。通过对中西文化历史谱系的探赜索隐，对中西文化精华与糟粕的爬梳抉剔，对中西文化良莠杂陈的各类要素的剥茧抽丝，特别是通过对中西文化深层核心价值观进行比较研究，从而深刻洞察彼此精神内核的异同之处。唯其如此，才能在知己知彼的基础上，真正树立起中华民族的文化自信心，寻找到建构中华民族文化主体意识的理想路径，最终实现世界不同民族文化之间的"各美其美，美人之美，美美与共，天下大同"。

众所周知，在中国传统伦理文化中，以四书五经为核心的儒家伦理文化，自始至终占据中国封建社会意识形态的主导地位，特别是在封建社会后期，儒家伦理文化广泛深入地吸收了道家与佛教伦理思想的精华，形成了以朱熹为代表的宋明理学，使中国封建社会的伦理文化达至巅峰，他对塑造中华民族的心灵世界发挥了决定性作用，至今还在影响着我们伦理生活的方方面面。而以《圣经》为核心的西方基督教文化则吸收了古希伯来人的信仰精神、古希腊人的理性精神、古罗马人的法治精神，将三者融合之后形成了自己完备的神学理论和教会制度，统治西方人的精神生活长达1500多年，其所倡导的核心价值观如静水深流，早已从根基处塑造了西方人的价值取向、道德情感和审美趣味，对西方人的思维方式和行为规范发挥着根本性的塑型作用，时至今日，它仍然在以春风化雨、润物无声的方式涵养着西方人的精神世界，同时也奠定了近现代西方经济、政治、社会制度的思想根基。正是基于此种考量，本书选择了儒家和基督教这两大思想流派作为中西核心价值观比较研究的主要对象，试图由此获取中西文化基因构序和伦理构境的终极秘诀。

本书在谋篇布局和结构安排上共包括五大板块的内容：一是站在全球化的立场，对儒耶核心价值观比较研究所涉及的一系列理论问题进行深入辨析，包括本项研究的宏观背景、主要模式、基本方法等。二是以最能体现儒耶核心价值观特征的文化表征符号——祠堂与教堂为切入点，对两种建筑的生成历史、主要类型、基本功能进行详细说明。三是对儒耶核心价值观赖以形成的自然人文生态环境进行整体解剖，涵涉自然根基、经济基础、政教结构三个方面的比照分析。四是用上下两章的篇幅对儒耶核心价值观进行了全面系统的立体化和精细化比较研究，涉及天人合一与神人二分、人之善性与人之罪性、先义后利与以义统利、礼治社会与法治社会、群体本位与个体本位、差序仁爱与普世博爱、中庸尚和与崇力尚争、具象直觉与抽象思辨、君子人格与义人位格、现世超越与来世拯救十个层面的问题，这十大问题环环相扣，步步深入，构成了一个完备自洽的儒耶核心价值观比较研究体系。五是正确指明了建构中国特色社会主义伦理文化的基本路径，在深入分析中国近现代伦理文化危机的基础上，强调应当遵循不忘本来、吸收外来、面向未来的原则，在综合创新中再造中华民族的精神家园。六是以当前学术界热议的"守正创新"问题为切入点，本书最后全面探讨了古今中西之争的历史渊源和求解之道。

# 第一章

## 对儒耶核心价值观比较研究的多维检审

在全球化浪潮澎湃激荡和现代化步伐不断提速的今天，深入开展东西方核心价值观的比较研究，无疑有着极端重要的理论探究价值和实践关怀意义。一方面，民族与民族、国家与国家间的竞争，从短期看是科技水平和军事实力的竞争，从中期看是民族国家间制度模式的竞争，从长期看是民族国家间治国理政核心价值理念的竞争。如果说一个人的心灵格局决定着他（她）的人生格局和终极命运，那么一个民族的精神格局则决定着这个民族的政治格局和国运兴衰。伴随改革开放以来中华民族的迅猛崛起，如何从以儒家文化为核心的中国传统文化的深层价值观层面，仔细检审中华民族的精神格局，从而确立起中华民族的文化主体性，实现中华民族的文化自觉、文化自信和文化自强，无疑是中华民族每一分子需要认真面对和慎重反思的重大课题。另一方面，改革开放后，西方经济、政治、文化等各种思潮蜂拥而至，特别是大批国人走出国门，使得人们对西方文明的了解逐步由片面走向全面、由表层深入内部。人们在认真学习西方先进的科学技术、成功的管理经验和文明的政治制度的同时，深刻意识到西方器物层面、制度层面的文化与其精神层面的文化有着极其密切的关联，而要真正深入西方人的内心世界，了解其心灵深处的精神生活，就必须对基督教文化及其核心价值观予以深入把握。如果我们不了解别人，只知道自己，就等于对自己一无所知。为了更深刻地把握我们自身，就有必要对东西方文化的核心价值观进行深入细致的比较研究。唯其如此，我们才能够通过对他者的了解，在彼此镜鉴中，看清我们文化传统所处的历史方位以及自身所存在的是非善恶、真假美丑和长短之处。

基于上述建构自我的道德责任担当和镜鉴他者的价值使命意识，本书正是在揭示和描述儒耶文化核心价值观的冲突、碰撞、磨合、融通的过程中，既为寻找中国特色社会主义文化的理想建构路径而展开深入的理论探究，也为持续推进人类文明在交往镜鉴中波浪式前进和螺旋式上升竭尽绵薄之力。为了达致上述学术目标，就有必要在本书的开篇章节对事关儒耶核心价值观比较研究的一些重要问题，诸如本项研究的宏观背景、主要模式、基本方法等问题进行深入说明。

# 一、全球化视域中的儒耶文化交汇与融通

要在全球化的语境中，对儒家文化和基督教文化的核心价值观展开深入细致的比较研究，就必须对"文化"与"文明"的本质区别及其复杂关联、全球化的由来及其所蕴含的文化冲突与文明取向、全球化背景下基督教在中国的传播历程及其所引发的文化冲突与文明融合等一系列问题做出深刻剖析。唯其如此，我们才能真正明晰儒家文化与基督教文化核心价值观的本质差别及其求和之道。

## （一）"文化"与"文明"的本质区别及其复杂关联

对"文化"与"文明"概念的界定是国内外人文社会科学研究

领域，争议最为激烈、歧见最为广泛的热点和焦点问题，每种界定方法的背后都有一整套理论作支撑。从这种意义上讲，"文化"和"文明"概念并不是一个固定物，而是一种变化和流动的活体，它自始至终处在不断的解构和建构过程中。基于本项研究的需要，本书认为，文化是一个民族在特定的自然人文生态环境中，通过个体或群体之间耳濡目染逐步形成的一种生存方式，包括该民族的语言、宗教、价值观、生活习惯等，它构成了一个民族之所以成为这个民族的个性特征和精神特质。文明则是不同民族在长期的经济、政治、文化等相互交往过程中，促使彼此之间的差异性逐步减少的普遍性行为规则，通常与野蛮相对应，指涉特定社会群体发展的较高阶段。文化是一种事实判断，没有高低贵贱之分，而文明是一种价值判断，存在先进和落后之别。但在很多时候，人们通常将"文化"与"文明"彼此通用，不做详细区分。各个民族的文化都具有一定程度的保守性，均表现出对异质文明的一种抗拒姿态，而文明则具有巨大的扩张性，它通过不断侵蚀各个民族的文化而曲折前行。如何在遵循人类普遍文明规则的同时，守护好各自民族的文化传统，是世界各个民族面临的共同难题。

在任何一个民族的文化中，都存在着三种与现代人类文明密切相关的因子：一是与现代人类一般性和共同性文明规则相通的因子，它不为某一民族或某一时代所独有，与人类现代文明没有冲突，应当将其完全融入现代文明之中。二是各民族传统文化中的某些具体内容只与该民族特定的生活时代相关联，无法与现代文明相融合，并逐步走向消亡，但它能够给人类的未来文明以深刻启迪和暗示，人类在对其进行扬弃的同时，应该从精神层面予以抽象继承。三是站在现代人类文明的立场看，各民族传统文化中完全过时，乃至非常愚昧落后的内容，但在当时却有其存在的价值与意义，人类在对其进行完全抛弃的同时，应当抱有某种程度的理解与敬意。①

自五四运动以来，我国学术界在处理东西方文化与文明的关系时，由于受到各种历史情境和现实因素的综合性复杂作用，自始至终存在着以下两种较为典型的错误倾向：

一种是用欧美文化代表人类文明，以西方发达国家主张的所谓"普世价值"代替人类的共同价值，具体表现形态是理论研究中的欧洲中心主义。尽管人们对欧洲中心主义不存在一个广泛接受的概念，但其实质内涵是从欧洲的视角来看待整个世界的发展历史，认为建基于基督教文化基础上的欧洲文明具有不同于其他地区的特殊性和优越性，是引领世界文明发展的先锋队和指路灯塔。自18世纪英国工业革命始，欧洲凭借其雄厚的经济实力和强大的军事力量，逐步奠定了其世界霸主地位，开始了对各个殖民地资源的大肆掠夺。与此同时，有诸多思想家，如黑格尔、兰克、孔德、韦伯等人，在探讨欧洲兴盛的原因时，将其归结为欧洲文化的优越性所致，进而从人种的优劣差异角度论证欧洲民族的优越感。而随后出现的达尔文的物竞天择的物种进化论，被各种社会达尔文主义者广泛采纳，进一步奠定了欧洲中心主义的所谓"科学根据"。如黑格尔在其《历史哲学》中宣称，世界历史虽然起始于亚洲，但其落脚点和终结处却在欧洲，欧洲文化依靠其强大的主观能动性和创造性，始终承担着历史发动机的作用，而中国和印度文化由于缺乏生机和动力，只能处于世界历史的被动和边缘状态。韦伯在其《新教伦理与资本主义精神》《儒教与道教》中更是主张，资本主义是欧洲文化的特产，中国、印度等国的文化不存在产生资本主义的先天条件。欧洲中心主义思想在不发达国家的近现代历史上，存在着众多的响应者和支持者，如1988年由中国中央电视台制作并播出的

---

① 参见罗荣渠：《现代化新论》，华东师范大学出版社2013年版，第308页。

六集电视纪录片《河殇》，由对中华传统的黄土地文明的反思和批判入手，逐步引申出西方的海洋性蓝色文明，进而对包括"长城"和"龙"在内的中华民族引以自豪的文化符号予以无情剖析和嘲讽，最终表达出对西方文明的无限向往。欧洲中心主义的本质是西方资产阶级为自己近代以来主宰世界的行为制造历史文化合法性的说教。在他们看来，人类文明的意义和价值只能由欧洲人界定，因为欧洲文明不仅具有自身的独特性，更有巨大的普世性。质言之，他们是在用西方的观念和标准去衡量中国古人所做的一切，完全背离历史主义的基本要素，摆脱时空限制，对中华民族的文化传统妄加评论，最终走向中华文化的历史相对主义和历史虚无主义。

　　五四以来的另一种错误性文化倾向是所谓中国中心主义。中国中心主义包括古代中国中心主义和现代中国中心主义。古代中国中心主义认为，中国是世界文明的中心。中国在其悠久历史中形成的礼仪风俗、国家制度、道德标准代表了世界的最高水平，中原华夏以外的民族被称为"化外之民"或"蛮夷"，中国的皇朝是"天朝"或"上国"，其他民族是贡国和属国。上述"天下观"构成了中国历代王朝对外关系的核心理念。直到清朝末年，伴随西方列强对中国的强行瓜分，古代中国中心主义观念逐步消亡。但伴随中华人民共和国的成立，特别是经过改革开放40余年的迅猛发展，中国的综合国力持续上升，近年来一种新兴的民族主义和民粹主义思潮不断升温，一种现代版的中国中心主义再次抬头。其核心理论根据有三：一是通过大力揭露近现代资本主义经济、政治制度的各种缺陷和弊端，说明资本主义现代化的不可持续性。如通过对资本主义刺激人的消费欲望来促使经济发展的思维模式进行深刻反思，来说明资本主义现代化引发的环境污染、生态破坏、资源枯竭、经济危机、金融海啸等问题，进而指明资本主义经济制度的不合理性；通过揭露资本主义政治制度中选举票决制的弊端、多党制引发的政坛混乱、三权分立导致的效率低下等问题，来大力阐明资本主义政治制度的非正当性。进而从资本主义经济、政治制度赖以奠基的基督教传统文化中寻找出现上述问题的根本诱因，从而对资本主义的文化根基予以全面批判。二是大量引用西方学界反对欧洲中心论的知名思想家的论著，来佐证欧洲中心论的错误性，正所谓"以其人之道还治其人之身"，包括引用弗兰克、汤因比等人各种论著中的观点。如汤因比在其《历史研究》中通过对世界历史上 20 多种文明类型的人类学研究指出，任何一种文明都有其存在的特定价值，西方可以凭借其强大的经济政治制度来征服世界，但绝不可能把整个世界文化西方化，并对欧洲中心论赖以奠基的"历史统一论""东方不变论""直线发展论"予以深入揭批，特别是在其晚年，大力强调中国发展迟缓论的辩证法以及中国文明最终取代西方文明的历史必然性。三是从中华传统文化中大力挖掘治疗西方各种弊端的思想资源，以论证中国传统文化的历史合理性。如从儒释道天人合一理论中，寻找疗救现代生态危机的方式方法，从道家和道教慈、简、让的传统文化中，寻找经济可持续发展的思想渊源，从中国传统政治选贤任能的科举制度中，论证中国精英政治的现实合理性等。应当说当代中国中心主义对提升中华民族的文化自觉、自信、自强，具有极其重要的理论指导意义和实践关怀价值，但我们必须清醒地看到，在人类日益全球化的今天，中华民族要走向工业化、城镇化、信息化的现代社会，不对自身的传统文化进行创造性转化和创新性发展，一味地固守传统，其危险性也是显而易见的。现代中国中心主义同历史上的欧洲中心主义可谓一丘之貉，其本质特点皆是用"文化"来拒绝"文明"，借"反西方"之名行"反现代"之实，借狭隘民族主义的"东西对抗"来掩盖"古今之变"的人类文明走向。若任凭上述倾向发展下去，极有可能导致食古不化，厚古薄今，最终走向中国传统文化的复古主义和民粹主义泥潭而无法自拔。

上述两种错误思潮使得近代以来中国的现代化道路跌前蹇后，路途蹭蹬。前者导致中国的现代化浮游无根，精神失重；后者导致中国的现代化封闭自满，盲目自大。由之，我们应当清醒地看到，在中国一百多年来的现代化征程上，既有反封建传统严重不足、实用儒学依然存在的一面，也有对本民族文化传统把握不深、崇洋媚外的一面，健康发展和病态发展的两重因素自始至终交织并存。而真正成功的现代化应该是一个传统因素与现代因素相辅相成、双向互动的过程。一种完全背离传统的现代化是一种殖民地式的现代化，而一种彻底背弃了现代化的传统则是一种自取灭亡的传统。真正成功的现代化一定是善于克服传统因素对革新的阻力，又善于利用传统因素作为革新助力的现代化。

## （二）全球化的由来及其所蕴含的文化冲突与文明取向

在当今时代，包括上述儒耶文化在内的各种民族文化均受到了全球化浪潮的巨大冲击。所谓全球化，主要是指人类为了解决生存和发展中遇到的各种问题，不断超越民族和国别的限制，在生产和生活的各个层面日渐一体化，并呈现出前所未有的紧密相连和休戚与共的特征，其间又伴生诸多紊乱和冲突的复杂性历史过程。就全球化形成的过程而言，人们普遍认为，它起始于1492年哥伦布到达美洲新大陆，从此人类走上了相互依存和相互作用更加紧密的新时代。对全球化现象展开理论研究的最早代表性人物当推沃勒斯坦，他提出的"世界体系论"认为，资本主义已经支配了人类的全部经济活动，并从国际分工的视角，将人类世界区分为中心国家区、外围国家区和边缘国家区。但真正以地球村内自觉成员的身份去关注"全球问题"，并发出振聋发聩式呼吁的研究成果则是20世纪六七十年代罗马俱乐部发表的各种报告，诸如《增长的极限》《人类处在转折点》等。

人们通常从多维视角探讨全球化现象，最常见的全球化研究分类包括：（1）经济全球化。主要研究商品、资本、服务等各种经济资源在全球范围内自由流动，使各国经济相互融合，导致大量跨国公司、全球公司的出现，从而形成世界统一大市场。（2）政治全球化。主要研究在经济全球化带动下，各种非国家性跨国政治组织大量涌现，它们分解了传统国家的部分职能，这种全球性多边机构和国际机构迫使民族国家面对国内政治事务与国际政治事务交织在一起的局面，特别是面对全球化治理的呼声日益强烈，国家主权受到国际社会普遍接受的国际行为准则的制约，国家中心论逐步遭到质疑。（3）科技全球化。主要研究现代科技信息在全球范围内的传播和应用，如何导致地球村内居民的联系更加即时化和贴近化，诸如：通信卫星、光缆、计算机网络、传真机等先进通信手段使整个人类瞬间即可分享各种信息；大型客机、巨型货轮、高速铁路和公路大大缩短了国家间的距离。（4）风险全球化。主要研究威胁整个人类文明的各种全球性风险问题，诸如：资源和能源短缺、生态破坏和环境污染、传染性疾病的全球蔓延、暴力犯罪和恐怖主义盛行等。（5）文化全球化。由经济、政治、科技、风险全球化引发的更深层次的问题是文化全球化，文化全球化主要研究在全球化过程中文化和价值领域发生的各种矛盾和冲突，诸如：在全球多元文化背景下如何建构全人类共同的价值观；如何强化或消解各种民族文化中的本土因素；如何看待强势文化对弱势文化的入侵和打压；如何实现不同文化之间的和平共处等。本书所研究的重点就是从文化全球化的视角，深入透析中国传统儒家文化与欧美基督教文化核心价值观的异同及其求和之道。

需要特别指出的是，人类的全球化过程与区域一体化和现代化具有同源同步性，区域一体化是人类全球化过程中的必经阶段，它主要指一定区域内多个原来相互独立的主权国家通过制定各种协定或条约，建立起各类经济、政治、军事、科技、文化等合作组织，逐步消除相互之间的差别待遇，实现本区域内的一体化。如1965年欧共体（1993年成立欧洲联盟）的建立就是欧洲各民族反思战争和追求和平的产物，通过短短几十年的发展已经吸纳了数十个国家加入，建立了统一的欧洲货币体系、外贸政策和政治联盟，实现了欧盟内人员、资金、货物的自由流动，使得欧盟国家内部的边界已不复存在，并较好地解决了欧盟公民的教育、卫生、贫困、就业、污染等问题。受其启发，东南亚国家联盟、上海合作组织、非洲统一组织、美洲自由贸易协定、拉美一体化组织等纷纷建立，这极大地促进了全球化的进程。全球化的过程同时也是一个现代化的过程。现代化的主要特征是强调科学理性的重要作用，凸显人的主体性地位，主张社会生活的规范化和秩序化，具体表现在经济生活层面是推崇市场经济的神奇功效，在政治生活中倡导自由、民主、平等、法治，在文化生活中以基础主义、本质主义为依归。凡适应现代化要求的国家受到上述因素的刺激和推动，就逐步变为日益强盛的国家，而未适应者就逐步被边缘化到世界进步大潮之外。这种适应不仅包括国家层面的适应，还包括一个国家内的各种组织和部门乃至每一位个体成员的适应。

面对汹涌澎湃的全球化浪潮，人们对其本质的认识和在行动上的反应各不相同。就对其本质的认识而言，有人主张，全球化就是奠基于基督教文明基础上，以西方中心主义为标志的西方国家主动操纵和人为设计的阴谋，它肇始于近现代启蒙运动，沿袭了欧美社会的生产、生活、交往、消费、思维、表达方式，其根本动力源自于西方世界对非西方世界的征服、同化和整合，它使得发达国家的跨国公司和私人财团无限制地扩张自己的财富和权势，肆无忌惮地掠夺和压榨不发达地区的人民，加剧了贫困地区人民边缘化的进程。与之相反，也有人主张，全球化既不以任何国家的经济基础、社会制度和意识形态为转移，也不以任何个人的生活兴趣、喜怒哀乐为转移，而是一个人类历史发展过程中必然出现的客观趋势，是人类历史综合进化的最终结果。人类历史上曾经存在过成千上万个部落、城邦和小国，经过无数次的战争、吞并或联合，目前只剩下200多个国家，人类5000多年的文明史就是国家数量逐步减少、国家平均面积不断扩大、国家之间融合和统一步伐不断加快的历史。由于对全球化本质的认识不同，反映在行动措施上也截然不同。有些国家秉持全身心拥抱的态度，为了适应人类的这一进程，努力改进自己的经济管理模式、社会治理模式和文化思维模式，以积极开放的态度对待全球化过程中的一切。也有些国家抱完全消极的态度，所感受到的是全球化带来的各种负面震荡，将其置于深刻批评的视野之内，从器物、制度乃至思想层面全面予以排斥。更多的国家是冷静地思索全球化本身的双刃剑效应，将其视为一枚硬币的两面，主张民族国家既有可能抓住全球化的机遇，努力推进其经济、政治、军事、科技、文化的全方位改革，通过凤凰涅槃的过程最终跃身于强盛国家之列。反之，如果不去积极应对全球化，也可能会被其负面因素拖入阴影和沼泽之中，最终导致民族传统生活的全面解体，直至民族国家的最终消亡。

不难看出，面对全球化现象引发的种种困惑，民族国家既可能成为全球化的动力，也可能成为它的障碍。从全球伦理的视角看，各个民族国家的因应态度将取决于全球化进程对民族国家主权伦理挑战的广度和深度。全球化对民族国家主权伦理的挑战集中体现在民族国家对其主权的部分让渡上。正如王逸舟所指出的那样，因为全球化政治力量的增强必然迫使各个民族国家在日益相互依存的国际体系中运作，当一个国家从中获得众多机遇、利益和权利的同时，也一定会以其主权的付出为代价。以加入国际货币基金组织为例，一个国家申请本金的多少同其在未来一段时间从中获得的利益和票决权的大小是完全一致的，世界关税及贸易总协定的"透明"条款也同样如此。就像弱小国家加入联合国一样，一方面，你可能从此不会再遭受其他强大国家的吞并；另一方面，你也不能再侵略比你更弱小的国家，而且你还必须承担会员国的各项义务，诸如缴纳必需的会员国费用、派出维和及其他工作人员、提供给联合国军过境权等。① 总之，各个国家在世界无政府状态下形成的主权以外没有"上位"的"绝对主权"观念日益让位于全球化状态下同国际法相统一的"相对主权"的观念。在全球化的今天，一个国家维护主权的理想路径只能是积极加入国际组织，认真参与国际事务，掌握好灵活应变和折中妥协的外交策略。

如果说从宏观层面看，全球化挑战民族国家主权伦理集中体现在民族国家的主权让渡上面，那么从微观层面看，民族国家主权让渡的程度主要通过以下几个方面表现出来。

一是世界各国逐步确立起互利共赢的经济伦理观。19 世纪英国和德国的崛起以及 20 世纪美国和日本的崛起，主要依靠暴力掠夺和不公平贸易，但在二战之后的今天，和平与发展已经成为世界的主流，赤裸裸的战争掠夺已不再为国际社会所接受。特别是今天的全球化使得世界各国的经济生活日益融为一体，一个国家只有以开放的姿态，不断从外部吸收各种资源和能量，优化自身的经济结构，才能增强其经济实力，这就要求各个民族国家必须树立起互利共赢的经济伦理观。以跨国公司的经营为例，当今时代越来越多的跨国公司和全球公司不再仅仅从公司总部所在国利益出发配置资源，而是越来越多地从全球经营利益出发，在全球范围内融资、收

---

① 王逸舟：《当代国际政治析论》，上海人民出版社 1995 年版，第 41 页。

购和兼并，将制造组装业务和研发营销业务全部外包，并纷纷加入联合国倡议的全球契约，自愿接纳这个契约所倡导的保护公司所在国的人权、劳工、环境和反腐败等 10 项原则。这就充分证明了在全球化的今天，只有确立互利共赢的国际经济伦理观，各个民族国家的跨国企业才能立足于世界经济竞争之林而不败北。反之，像伊拉克前总统萨达姆那样，依靠武力占领科威特来扩张自己国家的经济实力，其结果只能是自取灭亡并被世人唾弃。

二是世界各国不断建构起多极共治的政治伦理观。虽然当今世界仍然存在着严重的权力不平衡，存在着霸权要求和单边主义思维形式，但伴随全球化状态下人类相互依存度的增强，越来越多的国家开始批评、抵制和克服狭隘民族主义和单边霸权主义的思维和行为方式，要求建立公正合理的世界新秩序，寻求跨民族的协商、互信、互惠和互动的多极共治的全球综合治理模式，反对通过武力和战争来解决民族国家间的纠纷。德国思想家哈贝马斯提出了建构"世界公民社会"的设想，主张通过对民族国家主权的行动空间做出规范和限制，或跨越作为国际法主体的各国政府，来保证和落实作为世界公民的个人的自由、平等权利。而另一位世界主义倡导者乌尔里希·贝克同样主张，自由、民主、法治不是一个国家、一个区域内的问题，而是一个世界社会的问题，它依赖国际规章制度来解决，在全球化时代必须建立跨国家的社会保障机制，世界主义承认民族国家间的巨大差异，但不将其绝对化，而是强调通过交流和融合对差异进行限制和调节，以实现全球事务治理过程中结构上的宽容、决策上的民主和程序上的公平。① 从二战后纽伦堡国际军事法庭到今天国际刑事法院的出现，就在逐步证明国家主权伦理的细

---

① ［德］乌尔里希·贝克：《应对全球化》，常和芳编译，《学习时报》2008年 5 月 19 日。

微变化和全球治理的必要性和必然性。

三是世界各国逐步确立起风险共担的全球责任伦理观。在全球化时代，人类面临的各种风险（环境风险、能源风险、疾病风险、安全风险、金融风险等）已经发生了质的变化，它超越了地域、民族、国家、社会制度、意识形态的差异，成为一种人类必须共同面对的全球性风险，这就要求各个民族国家必须将本民族的利益"超民族化"，将其放在人类整体利益的大环境下予以重新审视、重新定位，乃至牺牲本民族利益来保全整个人类的利益。如果各个民族国家不去树立理性自律和自我约束的责任伦理观，人类只能在层出不穷的各种风险面前束手无策。为避免这种危险后果的出现，在发展理念层面，需要全人类对近代以来的所谓现代化发展观进行深入反思。这种建基于进化论基础之上的发展观，强调人类力量的持续扩张和对自然资源的无限攫取，它带来了整个人类生存条件的严重恶化，危及地球的所有生命，这就要求全人类必须一起来实现发展方式的根本改变。在行动措施层面，要求全人类必须建构一种由全球责任伦理思想指导下的世界各国共同参与的协商机制，成立一个全球治理机构，制定出一种对各国都具有较强约束力的方案，使世界各国采取协调一致的行动步骤。否则，人类只能是坐在没有制动系统的高速列车上向死亡之谷高速行进。

与上述全球性经济、政治、责任伦理观相适应，建构多元共存的文化伦理模式日渐为世界各国所认同。因为对民族文化的认同程度是制约一个国家主权伦理发挥作用大小的主要因素之一，在全球化时代，各民族国家逐步认识到，必须尊重其他民族的文化特性、宗教信仰和生活价值观，承认每一群体都享有选择和保留自己生活方式的自由，倡导不同文化间开展对话和交流，通过相互理解来增进彼此间的信任，进而相互吸纳对方的文化优点。但需要指出的是，在多元共存的文化主张背后，往往隐藏着特殊的政治伦理价值诉求。一方面,某些弱小国家可以通过诉求文化多元主义去抨击强势国家自以为是和因循守旧的保守主义文化主张,迫使强势国家接受开放的、多元的、新型的、多民族的、多国家的文化现实;另一方面,弱小国家也有可能因为害怕这种新的开放瓦解自己的传统文化而排斥外来文化。可见,多元共存的文化主张在政治层面具有极大的含混性,它既可以被自由主义者用来反对狭隘民族主义的文化观,也可以被后者用来捍卫弱小国家保守的文化观。因此,我们必须对多元共存的文化主张采取具体问题具体分析的态度,不可概而论之。而本书的任务就是通过对儒家文化和基督教文化核心价值观的比较研究,寻找到求解当代人类文化多元并存的理想路径和具体可行的方式方法。

（三）基督教在中国的传播历程及其所引发的文化交汇与融合

在历史上,基督教向中国的传入要早于前述的全球化起点,但又与人类的全球化进程密不可分。基督教曾先后有四次大规模传入中国。第一次是在唐贞观九年（公元635年）以"景教"名义传入。景教起源于今日的叙利亚,是从东正教分裂出来的一个宗教派系,由东正教的叙利亚牧首聂斯脱里于公元428—431年创立。"景"的本意指光明。景教在当时的长安、洛阳等地均建有寺庙,当时来华的传教士为了便于传教,多拿景教的经典附会佛教、道教和儒家,如把《圣经·旧约》中的"摩西"译为佛教的"牟世法王",把《新约》中的"路加"译为佛教的"卢迦法王",把景教的"天主"译为道教的"天尊",并非常认同儒家的忠孝之道,喜欢走上层传教路线,大力宣扬帝王功德。现存于西安碑林的《大秦景教流行中国碑》记载了景教流行中国的概况。到了唐会昌五年（公元845年）,

因唐武宗大力推动灭佛运动，殃及景教，从此景教在中原地区逐步消失。

第二次是元代以"也里可温教"名义传入，盛行于 13 世纪末到 14 世纪中叶。当时，蒙古人在多次西征中，俘获大量西亚和东欧的基督徒，将他们裹挟东来，分散居住在全国各地，其所信奉的基督教被称为也里可温教，元朝还设立了专门管理也里可温教的政府机构，称崇福司。至 1289 年，罗马教廷派方济各会教士孟德高维诺到元大都拜见忽必烈，并获准在大都宣教。由于信奉者主要是少数蒙古人和突厥人，汉人信奉者较少，随着元朝灭亡，也里可温教退居漠北，终结了在华传教事业。

第三次是在 16 世纪的明清之际以"天主教"名义传入。以利玛窦为代表的天主教耶稣会士来华传教，1582 年利玛窦和罗明坚抵达肇庆，拉开近代天主教入华序幕。1601 年利玛窦抵达北京时，发现中国文化主要由儒家士大夫掌握，要让中国人信奉基督教，必须从士大夫阶层入手，他开始研习儒家文化，穿起士大夫服饰，并尊重中国的祖先崇拜仪式，号称自己是"西儒"，吸引了大批信众，取得了重要成果。1610 年利玛窦去世后，在华传教士围绕是否承认儒家文化的传教策略开始发生争议。1644 年清兵入关时，天主教已入华 62 年，但到康熙帝时，由于罗马教廷改变在华传教策略，发布谕令禁止天主教徒参与儒家的各种礼仪活动，由之引发了儒家与天主教之间的礼仪之争。主要围绕中国基督徒家中能否悬挂"敬天"牌匾、能否参加祭天祭祖仪式、能否进宗族祠堂、能否参加邻里吊丧、能否上坟烧纸等儒家文化的核心礼仪而展开争论，致使康熙皇帝与罗马教廷失和，基督教在华传教活动被禁止。雍正、乾隆之后，传教士虽然在宫廷内受到很高礼遇，但不准在华传教。礼仪之争的实质是儒家与基督教的文化冲突，而文化冲突背后事关中西之间是非善恶、真假美丑的价值衡量标准问题。

第四次是鸦片战争之后，基督教凭借西方各国与清王朝订立的不平等条约而大规模传入，到 20 世纪初引发了大量教案和义和团运动。随后，中国基督徒发起了自办教会和基督教本土化运动，与此同时，不同教派仍然与欧美教会保持着密切的沟通交流。特别是中华民国时期，国父孙中山和国民党领袖蒋介石，在对本民族传统文化保持极高的温情与敬意的同时，都先后皈依了基督教，致使基督教在中华民国时期自始至终保持着旺盛的传播力，特别是在我国的医疗卫生、文化教育等领域发挥了巨大的作用。中国近现代诸多知名的高等院校都与欧美的各类教会有着极深的文化渊源，如东吴大学、齐鲁大学、金陵大学、辅仁大学、燕京大学等均由一国或多国教会创办。这些大学在按照西式学科分类设立不同科系的同时，又高度重视中国传统文化教育，其中辅仁大学的校训"以文会友，以友辅仁"和"真、善、美、圣"就分别取自《论语》和《圣经》。这些学校的创办及其所进行的教育活动，极大地促进了中国传统文化与基督教文化的彼此交汇和两种文明核心价值观的融会贯通，培养出了一大批文理兼备、贯通中西的杰出人才，如林语堂、金庸、赵朴初等人均毕业于上述不同的教会学校。

1949 年之后，中国的基督教会逐步切断了与外国修会和差会的联系，发起了自治、自养、自传的三自革新运动，进一步有力地推动了中国教会的本土化。改革开放之后，伴随社会环境的剧烈变迁，基督教再次开始了如火如荼的大范围传教活动，但这次新一轮的传教活动与历史上的历次传教活动不同。一方面，基督教会所面对的执政党是以唯物主义无神论为指导的中国共产党，加上今天的中国国力与鸦片战争时相比，已经发生了翻天覆地的变化，基督教如何适应当今中国的现实状况，不断推进基督教中国化的工作，尚需基督教界人士进行深入反思。另一方面，伴随社会主义市场经济的深入发展，在利益主体多元化基础上形成的各种信仰群体，如雨后春笋般层出不穷，中国共产党在如何贯彻公民宗教信仰自由政策、如何依法管理各种宗教、如何坚持宗教独立自主自办原则、如何积极引导宗教与社会主义社会相适应等方面，也面临着一系列十分棘手的问题。这一现象背后折射的是马克思主义文化与儒家文化、马克思主义文化与基督教文化、儒家文化与基督教文化之间的复杂关联，其中既有理论层面的问题，也有实践层面的难题，亟须当代学界、政界和社会各界共同努力，寻找出理想的解决方案。

## 二、儒耶核心价值观比较研究的多重范式

在人类不同民族和国家中，从事学术研究的学者不计其数，但能够被称为伟大学者和思想家的人却寥若晨星。很多学者在自己从事的某一专业领域解决了不少难题，但仍不能被称为伟大的学者或思想家。因为成为一名伟大学者或思想家的前提条件是，其所提出的学说能够成为特定时代具有普遍解释意义的学术典范，亦即库恩在其《科学革命的结构》中所讲的"研究范式"，一旦这种研究范式得以形成，就能够对该时代的诸多重大问题做出科学合理的解释。当诸多新要素不断涌现，传统的解释范式无法自圆其说时，也就意味着这一经典性研究范式的终结。而从一种研究范式向另一种研究范式的转换，往往需要经历一个时代主题和历史情境的重大转型以及与之密切相关的知识累积与突变、理论解构与重构等艰难而复杂的漫长思想历程。基于此种认知，本书试图对国际学术界比较文化研究领域具有典范意义的几种研究范式，依照历史与逻辑相统一的原则，分别予以深入解析，以便为随后的儒耶核心价值观比较研究提供鉴古资今的思想理论资源。

### （一）文化高低贵贱模式

这种模式是近代以来影响最为深远的一种文化比较模式。众所周知，从 17 世纪末到 18 世纪初，由于明末清初来华的耶稣会传教士如利玛窦、罗明坚等人把儒家典籍翻译介绍到西方，从而使以儒家为代表的中国文化在西方世界产生重要影响，并形成了一大批狂热的中国文化崇拜者，如法国的伏尔泰、德国的莱布尼茨等人。但到 18 世纪后半期，伴随英国工业革命的浪潮波及整个欧洲大地，致使欧洲文明迅猛崛起，中国文化的声誉在欧洲每况愈下。19 世纪之后，欧洲人对中国文化的贬斥之声更是不绝于耳。其中代表人物首推德国哲学家黑格尔，他在《哲学史讲演录》《宗教哲学》《历史哲学》中都对中国文化进行了大量的负面评价。黑格尔认为，中国宗教是一个崇拜自然物的宗教，仍停留在存在的直接性水平上，处在现象世界与精神世界未做区分的历史阶段，儒家把"天"当作物质加以迷信，是对于自然的依赖，其所推崇的"道"也只是现实性和直接性的意识，儒家最大的宗教造诣就是教人行善和具备德性，中国人不知道有精神存在，尚无理性和自由的意识，还没有摆脱原始愚昧状态，中国是一片尚未被人类精神之光普照的大地，属于人类文明的幼年阶段。[①]

韦伯的三卷本《宗教社会学论文集》基本上因循了黑格尔的看法，他把《新教伦理与资本主义精神》作为历史比较的中心坐标，之后按照地域分布，首先是远东的中国儒教与道教，然后是南亚次大陆的印度教和佛教，之后是中东的伊斯兰教（未写出），再后是

---

① 参见 [德] 黑格尔：《历史哲学》，王造时译，上海世纪出版集团 2001 年版，第 131 页。

近东的犹太教。上述安排暗含着一种宗教进化论思想，即宗教的演化是遵循着从泛神论到多神论，再到一神论方向变迁的，包括儒教在内的远东宗教尚处在人类的幼年阶段。此外，韦伯在其《儒教与道教》一书中，深入探讨了中国社会、政治、经济、宗教、文化等各个领域。他认为基督新教和儒教都具有理性主义的特质，但二者又存在本质的不同，基督新教的理性主义旨在征服和支配外物上，它非常关注世界终极意义之类的超越性问题，而儒教的理性主义旨在顺应和适应外在世界，它所关心的是怎样把一切日常行为纳入道德训诫和礼仪教化之中，目的是维护社会秩序的稳定，其全部文化中充斥着因循守旧、迷信传统的积习，在这种思想氛围中自然生长不出自然法的义理，更没有首尾贯通的逻辑体系和基于理性试验的实证科学思想。加之，中国是一个以农业和农民为主体，并由官僚治理的幅员辽阔的国家，而欧洲则是以城市和市民为主体的自由体制，农民直接接触自然，倾向于巫术性格的多神崇拜，而市民则倾向于理性的宗教，而理性宗教和理性经济之间存在着某种亲和性，由之，促进了欧洲现代资本主义的发展，而中国宗教文化中缺少这种因素，故无法产生现代资本主义。[①]

应该说，黑格尔和韦伯的上述看法，表现出了欧洲人文学者的博识洞见，但伴随 20 世纪中叶"亚洲四小龙"的出现，特别是 21 世纪初以来中国经济的迅猛崛起，这种对中国和亚洲文化特质的认识，正在受到越来越多的质疑。人们逐步认识到，黑格尔和韦伯的比较文明和比较宗教研究，从表面上看，是在科学地、价值中立地探讨人类各民族文化和文明的历史流变历程，但本质上是在给西方文化的独特性、合法性、合理性进行辩护，乃至把西方文化的特殊

---

[①]　[德] 马克斯·韦伯：《儒教与道教》，王容芬译，商务印书馆 1995 年版，第 279 页。

性直接定义为现代世界的普遍性。但问题是当代世界的普遍性并非由西方所垄断，更不能完全由西方所界定，它应该是一个开放的、共享的、批判的话语空间，只有把中国和西方同时视作当代生活世界的参与者，我们才能作为世界历史的主体去思考，而非仅仅是被动的、等待他者改造的客体。质言之，中华文明只有作为活跃的人类历史主体去参与对当代世界普遍性内容的理解、界定和辨析，才能够进入人类普遍性的理论空间。

## （二）文化多元共生模式

到 20 世纪初叶，以英国工业革命为标志的近代资本主义暴露出诸多弊端，包括经济危机的反复发作、贫富差距的不断拉大、劳资矛盾的日益尖锐等，特别是第一次世界大战的爆发，使得人们对欧洲文明的前途忧心忡忡，各种针对欧洲文化的批判应运而生，其代表人物包括斯宾格勒、维柯、克罗齐、科林伍德、汤因比等。本书仅以斯宾格勒、汤因比两人的文化多元共生理论为代表，对之予以简要剖析。

斯宾格勒在其《西方的没落》著作中认为，历史研究的主题不全是各个民族国家的经济或政治现象，而是无所不包的文化，必须大力摒除西方中心主义的历史主张。西方中心主义按照欧洲"古代—中古—近代"的三分法编纂世界历史，把西欧文明当作太阳，其他文明被看作是围绕太阳旋转的小行星。他主张世界文化不仅是多元的、多中心的，而且各种文化都是平行的、等价的，根本不存在高低贵贱之分。各种文化形态主要通过自身的宗教形式得以反映，每种文化都有自己的核心和灵魂，它限定着这种文化的内在潜力和终极命运，每一种文化的起源和转换均具有某种神秘性特点。他从文化形态史的角度指出，每种文化在时间顺序上都将经历兴起、发展、衰落和解体的过程，一种文化一旦走完自己的历程，就会陷入寂静沉默状态。斯宾格勒的惊世骇俗之处在于，他在极力反对各种历史乐观主义理论的同时，怀揣浓重的历史悲观主义和宿命论思想，利用大量历史和现实考证资料预言，在2200年前后，现今国际社会广泛流行的发端于古希伯来、古希腊和罗马文化基础上的欧洲文明将彻底崩溃，并逐步走向消亡。

汤因比继承了斯宾格勒文化比较理论的精神内核，但在其皇皇巨著《历史研究》中，他又从诸多方面对斯宾格勒的文化比较理论进行了深化研究。他在承认斯宾格勒文化多元共生理论的同时，把世界文明划分为26种甚至更多，各种文明之间相互影响、相互制约。他把人类历史上最具代表性的文明划分为三种模式：希腊模式、中国模式、犹太模式。其中，希腊模式的特点是文化上的统一与政治上的分裂同时并存；中国模式的特点是治理与混乱、统一与分裂交替轮回；犹太模式的特点是在精神上的宗教保守与经济上的擅长理财之间随机应变。汤因比反对斯宾格勒的历史悲观主义，高扬人类科学理性的力量，主张人类各种文明本质上不是生物禀赋和地理环境造成的结果，而是源自于人类的"生命冲动"对各种生存活动的"挑战"和"应战"，每一次挑战都将生命活动推入混乱境地，在随之而来的应战中，成功者促使某种文明由混乱走向更高的平衡，失败者则导致某种文明的衰落和解体，正是在挑战程度和应战努力的动态关系中，推动着人类整体文明的生生不息和不断前行。他认为，创造性的神火永远在我们身上暗暗燃烧，如果我们托天之福能够把它点燃起来，那么天上所有的星宿也不能阻止我们实现人类的目标。特别是到了汤因比的晚年，伴随其对人类文明类型研究水平的不断升华，他开始对中华文明寄予极高的期望，认为只有中华文明所蕴含的独特精神气质，能够最终承担起人类统一与和平的使命。

应当说，相较于黑格尔和韦伯比较文化研究的高低贵贱模式，斯宾格勒和汤因比的文化多元共生模式具有更大的合理性。因为后者承认他者的存在，认为每种文化都是一个独立的他者，都具备各自独立的真理系统，在每种独特性中隐藏着历史发展的秘密，彰显出自身在应对各种挑战中的卓尔不凡之处。斯宾格勒和汤因比的文明比较理论启示我们，伴随中华民族的迅猛崛起，我们只有在成功应对来自以基督教文明为背景的西方经济、政治、文化挑战的同时，处置好我们自身在迈向以工业化、城镇化、信息化为标志的现代化征程中的各种困难与挫折，才能引领人类文明走向一个更高的阶梯。

（三）文化彼此冲突模式

如果说黑格尔、韦伯的文化高低贵贱模式是近代以来欧洲中心主义的重要思想标识，那么斯宾格勒、汤因比的文化多元共生模式则是对狂傲的欧洲中心主义文化观的纠偏。但二战结束之后，整个世界格局开始发生重大转换，自1945年到1989年这44年之间，整个世界生活在以美国为首的北约资本主义阵营和以苏联为首的华约社会主义阵营的对抗之中，两大阵营的军事、政治、经济、意识形态处于时断时续的摩擦对峙状态。然而，到了1989年，伴随苏东剧变的发生，众多思想家开始思考人类的未来格局和前途命运。1989年弗朗西斯·福山在《国家利益》杂志上发表了其名噪一时的《历史的终结?》一文，借助黑格尔的"历史终结"理论，对欧美资本主义制度及其文化形态的未来发展抱持一种极端的乐观主义态度。几乎与此同时，1993年塞缪尔·亨廷顿在美国《外交》杂志发表了《文明的冲突》一文，对未来世界格局的发展表达出某种隐忧之情。1996年他又将这篇论文扩充为一部比较正式完整的著作——《文明的冲突与世界秩序的重建》，由此引发了国际学术界激烈而持久的争论。亨廷顿在该书中认为，冷战结束之后，世界各民族国家之间的主要冲突方式不再是政治、经济、军事冲突，而是演变为多元文明之间的冲突，他把世界范围内的文明划分为：西方文明、中华文明、印度文明、日本文明、伊斯兰文明、东正教文明、拉丁美洲文明和可能的非洲文明。西方文明由于人口数量的减少，在世界文明的变更对比中正在衰落，而各种非西方文明正在迅猛崛起。未来世界的冲突主要是不同文明体之间的冲突，包括不同文明邻国之间或一个国家内不同文明集团之间断层线上的冲突以及不同文明的主要国家之间的冲突。该书最后的意旨是，号召以基督教文明为背景的北大西洋两岸的欧美国家要精诚团结，以应对儒家文明和伊斯兰文明的挑战。在他看来，未来人类世界最可怕的事情是黄色中华文明和绿色伊斯兰文明相互联手对抗基督教文明。①

亨廷顿是一个政治学家，以研究国际政治关系为主业，也是美国政府的高级"策士"，他在很大程度上受到了施密特政治思想的影响。在施密特看来，人类政治生活的吊诡之处在于：划分敌友、明确阵营、煽动仇恨。亨廷顿也认为，人们需要通过设置"盟友"以构建"我们"的声势，更需要"敌人"这个不可或缺的"他们"，以便很好地保持"我们"的自我认同和同仇敌忾的内部凝聚力，而"我们"和"他们"的划分标准则会随着时代语境的变化而变化，包括血统、种族、性别、地域、语言、文化、宗教、意识形态、政治制度、经济地位等等，由之成为阶级动员、政治动员乃至战争动员的重要标识。从 1991 年的海湾战争到今天世界各地大大小小的战争，似乎都不同程度地印证了亨廷顿的"预言"，乃至亨廷顿的

---

① ［美］塞缪尔·亨廷顿：《文明的冲突与世界秩序的重建》，周琪等译，新华出版社 1999 年版，第 360 页。

所谓锦囊妙计已经深获美国政府尤其是五角大楼的青睐，并日益成为美国政客的一种集体无意识，使之有意无意之间遵循着文明冲突的方向建构着他们所理解的世界格局，创造着他们所理解的人类历史。总之，亨廷顿的文明冲突理论和美国政府的战略决策之间存在着孰因孰果，抑或互为因果的复杂关系。

在亨廷顿提出文明冲突论之后，国际学术界自始至终存在着各种褒贬不一的看法。褒奖者认为，亨廷顿的贡献在于突破了传统国际关系理论只注重经济、政治、军事等唯物质论的束缚，深挖到了其背后的文化归属和身份定位问题；将国际关系的主体由国家和国际组织延展到了文明体；对国际活动背后的动力因素由传统的理性主义拓展到了文化深处的非理性主义；等等。各种贬抑者则认为，亨廷顿的错误不仅在于对"文化"与"文明"的界定模糊不清，对非西方文明的考察与定位存在偏见，更重要的是人类历史乃至冷战结束后的诸多事件表明，不同文明之间的关系极其复杂多变，除了存在难以消除的差异和冲突之外，更存在着相互吸引、相互交流、尊重差异、求同存异、和平共处的一面，且后者在全球化的今天更应占据主流地位。

### （四）文化相互兼容模式

在对亨廷顿文明冲突论进行反思和批判的过程中，最具影响力的思想家当属主张文化相互兼容模式的天主教神学家——孔汉思（Hans Kung，又译汉斯·昆）。早在 20 世纪 60 年代，30 多岁的孔汉思就已经成为梵蒂冈大公教会的神学顾问，后因对天主教的重要信条"教皇无错论"提出挑战受到严惩，转到德国图宾根大学创办普世神学研究所，从事基础神学、普世神学和世界宗教的研究，1990 年出版了其著名的《世界伦理构想》一书，提出："没有宗教之间的和平，就没有国家之间的和平，没有宗教之间的对话，就没有宗教之间的和平，没有一种共同的伦理价值标准，就没有宗教之间的对话。"[①] 媒体对这部书给予极高的赞誉。1993 年在美国芝加哥召开了一次世界宗教会议，全球各地数千位来自不同区域、具有不同信仰的宗教领袖或宗教杰出人士参加了此次会议。在会议筹办阶段，主办方邀请孔汉思以世界伦理为主题起草一份《全球伦理宣言》。这份宣言在最后一天的七千人大会上获得通过，并被诸多宗教领袖和政要签字，从而在世界范围内产生广泛影响。该宣言对当代世界面临的各种苦难，诸如生态危机、贫富差距、饥饿困苦、战争混乱等现象进行了宏观分析和简要描述后，提出了两条基本伦理原则：(1) 每个人都应得到人道主义的对待；(2) 己所不欲，勿施于人。以这两条基本伦理原则为出发点，又推导出人类行为的四条准则：(1) 坚持一种非暴力与尊重生命的文化；(2) 坚持一种团结的文化和一种公正的经济秩序；(3) 坚持一种宽容的文化和一种诚信的生活；(4) 坚持一种平等的权利和男女之间伙伴关系的文化。[②] 不仅如此，孔汉思还将全部精力致力于世界各种宗教之间的对话，除了促使基督教内部三大派系之间的对话外，他还走向中国，走向印度，走向非洲和大洋洲的原住民族群，在广泛的调查研究基础上出版了《世界宗教寻踪》。

不难看出，孔汉思和亨廷顿面对苏东剧变之后同样的历史事件和时代背景，但二人却从完全不同的视角来分析世界发展的未来前景。毫无疑问，孔汉思的主张具有强烈的理想主义情怀和历史使命感，并且其本人也富有浓厚的实践精神，希望通过以宗教为主的文

---

① [瑞士] 汉斯·昆：《世界伦理构想》，周艺译，生活·读书·新知三联书店 2002 年版，第 93 页。

② 转引自甘绍平：《应用伦理学前沿问题研究》，江西人民出版社 2002 年版，第 268 页。

化与文明之间的对话，寻找不同文化和文明之间共同的价值根基，然后以此为基础，达成具有一定约束力的思想共识，使人类能够超越文化或文明鸿沟，通过精神上的和解，实现富有责任感的人际关系、种族关系、国际关系的重建，最终达至世界和平，使整个人类能够过上一种富有人性和共同思想基础的认真负责的精神生活。

特别值得称道的是，孔汉思对儒家和基督教文化比较研究有自己独特而深刻的见解。这集中反映在他和秦家懿合著的《中国宗教与基督教》一书以及他晚年多次来中国从事文化交流活动的发言中，其核心观点是：不同文化在彼此相处之中，只有不断消除自身的自我异化，持续消除彼此之间的怨恨与隔阂，才能带来彼此之间的真诚交往。中国传统伦理思想是一条独立的河系，中国智慧将会为 21 世纪人类的普世伦理提供重要的价值标准和行为准则，中国的天道、仁慈、中庸、民胞物与等思想，将会对解决当今人类几近失控的西式现代化、毫无约束的个人主义、道德沦丧的物质主义提供举足轻重的思想资源。①

## （五）普遍理性主义模式

德国思想家哈贝马斯和美国哲学家罗尔斯提出的普遍理性主义模式，虽然其所讨论的主题内容是抽象层面的政治哲学，但对文化比较研究却具有重要的启示意义。哈贝马斯认为，西方近代哲学的核心内容是对主客体关系问题的探讨，特别是对主体理性本质特征的研究青睐有加，从笛卡尔的"我思故我在"、康德的"人为自然立法"到黑格尔的"绝对精神"，致使在上述主体主义哲学基础上

---

① ［加］秦家懿、［瑞士］孔汉思：《中国宗教与基督教》，吴华译，生活·读书·新知三联书店 1990 年版，第 242 页。

生发出人类中心主义。而现代人类交往行为所面临的重大问题是由强调自我主体性转向交互主体性，亦即主体间性。确立主体间性的理论前提是建构其语言学基础——普遍语用学，普遍语用学必须遵循三大话语伦理规则：真实性、正确性、真诚性。所有话语参与者都有权进行讨论、论证、质疑、同意或反对；话语陈述者有权根据自己的好恶、情感、愿望真实地表达态度和袒露心声；话语参与者有权做出承诺和拒绝承诺、自我辩护和要求他人辩护等。他认为，每一个有语言和行动能力的主体只有在自觉放弃权力和暴力使用的前提下，通过自由平等的话语论证，才能建立起真正的话语共识，反之，"通过反民主、不公正的程序，依靠权力和暴力手段建立起来时，它便是虚假的，压抑个性的。"①

与哈贝马斯不谋而合，罗尔斯在其《政治自由主义》中提出了著名的"重叠共识"理论。该理论主张，如果社会的政治价值与其他价值发生冲突，公共理性昭示人们，政治价值应当压倒所有其他价值。他将人们的思想区分为各种统合性的宗教学说、哲学学说、道德学说和现实性的政治观念，由于具有多元特征的统合性学说的长期存在，是人类政治生活的基本现实，这就决定了人们短期内不可能在形上层面达成共识。为了保持正义性社会结构的稳定性，公民只能在坚持各自统合性学说的同时，排除形上层面的理想之争和形下层面的利益之争，以自由而平等的公民身份仅就基本的政治问题达成"重叠共识"，以此维系社会政治权力的合法性。"重叠共识"的实质既不是临时协定，也不是权宜之计，而是公民在丰富多样的个人合理性观念之间求同存异，它要在程序正义的基础上经历一个由浅入深、自下而上的复杂性公共讨论过程，其根本目标不止于解决对立观点的冲突，而是要实现理性多元基础上的统一和凝聚，讨

---

① 《哈贝马斯访谈录》，《外国文学评论》2000 年第 1 期。

论得越是充分越是具体，围绕核心政治观念达成共识的深度和广度就越是可信可靠。①

哈贝马斯和罗尔斯讨论的上述政治哲学问题也许存在着各种不尽如人意之处，如哈贝马斯提出的话语伦理三大规则在现实的人类交往行为中具有浓厚的理想主义成分，罗尔斯的"重叠共识"理论带有明显的美国政治文化色彩。但毫无疑问，他们在更高的抽象理论层面为彼此冲突的不同文化或文明之间相互交流和寻求共识，提供了重要的富有启发性的哲学伦理学的方法论原则。从某种意义上讲，他们与孔汉思的文化相互兼容模式具有异曲同工之妙，兼收相得益彰之效。

## 三、儒耶核心价值观比较研究的基本方法

人文社会科学研究者使用何种方法来展开自己的学术研究工作，不仅是决定其能否取得理论突破的前提和基础，而且研究方法的改进或变革还是决定其研究领域能否获得拓展的前提条件。正因如此，本书依据研究对象的具体需要，分别采用了以下几种研究方法。

### （一）马克思主义的文化批判方法

学界在谈及使用马克思主义的唯物史观分析各种文化问题时，通常都会从生产力与生产关系、经济基础与上层建筑社会基本矛盾

---

① ［美］约翰·罗尔斯：《政治自由主义》，万俊人译，译林出版社 2000 年版，第 175 页。

规律出发,来深入解析纷繁复杂的文化现象。这种做法固然有其科学合理性,但是如果不从马克思恩格斯有关文化问题的直接论述中寻找内在根据,就会遮蔽马克思主义文化研究方法的本质特性。实际上,马克思恩格斯的唯物史观正是通过对各种宗教文化批判、法哲学批判、意识形态批判而得以确立的。在马克思之前的欧洲理论界流行着各种各样的文化史观,马克思正是在对各种错误的文化史观的批判中建构起了自己的唯物辩证文化史观。例如,他正是通过对各种宗教特别是对基督教的批判,阐明了宗教是人类意识的产物,是那些没有获得自己或再度丧失了自己的人的自我意识和自我感觉,是虚幻颠倒了的世界观,人只有从天国的幻想中摆脱出来,才能立足于现实的世俗世界,从而确立了人是人的最高本质的原则。通过对黑格尔法哲学的批判他指出,不是国家理念产生出家庭和市民社会,而是家庭和市民社会把自己变成国家,它们才是现实的主体和原动力。通过对德意志意识形态的批判他指出,德意志意识形态和其他民族意识形态没有实质差别,只有把各种意识形态同其赖以生成的生产方式结合起来,把各种文化置于其社会整体结构中进行观察,才能看清其产生的历史根源、阶级属性、本质特征和发展规律。而且各种文化或意识形态一旦生成,就会形成自己鲜明的精神特质、存在方式和内在的逻辑发展规律,并对现实的经济、政治结构发挥出巨大的影响作用。

特别是马克思在其晚年对文化人类学进行了深入探讨,全面诠释了文化发展的多样性问题,在他看来,由于不同民族历史环境的巨大差异,人类历史文化的发展也呈现出多姿多彩的特征,形成了多元共存的文明模式。由于不同民族进化程度不同,其文化必然呈现出由低级到高级的发展次序和趋势。同时,马克思吸收摩尔根有关古代社会的研究成果,指出在多元文化发展的背后,存在着有迹可循的统一性和规律性,正是技术水平和交往环境这两种因素决定着各民族文化由低到高的发展秩序。如果脱离各种文化赖以栖身的自然社会环境，就文化谈文化，必然陷入乱花迷眼、心神不定、不知所从的迷茫境地。恰如恩格斯所总结的那样："一切历史上的斗争，无论是在政治、宗教、哲学的领域中进行的，还是在其他意识形态领域中进行的，实际上只是或多或少明显地表现了各社会阶级的斗争，而这些阶级的存在以及它们之间的冲突，又为它们的经济状况的发展程度、它们的生产的性质和方式以及由生产所决定的交换的性质和方式所制约。"①正是基于对马克思上述文化批判理论的理解，本书在对儒家和基督教文化核心价值观展开比较之前，用很大篇幅来深入辨析儒家和基督教文化赖以形成的自然地理环境、社会经济结构、政教关系性质等问题，目的是以此获得把握两种文化核心价值观之异同的自然、经济、政治根源，从而为我们客观公正地认识两种文化的内在特质，梳理出一套科学的研究理路。

## （二）西方诠释学方法的重要启示

要对儒家和基督教核心价值观展开比较研究，除了按照马克思主义的文化批判方法，全面透析其赖以生成的历史背景、经济基础和政治环境之外，还需要深入到两大学术流派的经典文本中，去体悟、咀嚼它们的本真内涵，并发掘它们的当代价值，而要达致这一目标，就必须从当代西方诠释学方法中汲取理论资源。诠释学（Hermeneutik）是一门研究理解和解释的学科，它的希腊文词根赫尔墨斯（Hermes），原指希腊神话中一位信使的名字，他的职务是通过他的解释向人们传递诸神的消息。诠释学最初的动因是为了正确解释《圣经》中上帝的语言。当教父时代面临《圣经·旧

---

① 《马克思恩格斯文集》第 2 卷，人民出版社 2009 年版，第 469 页。

约》中犹太民族的特殊历史和《圣经·新约》中的耶稣的泛世说教之间的紧张关系而需要对《圣经》做出统一解释时，人们发展了一种神学诠释学，即正确理解和解释《圣经》的技术学。[1] 诠释学从古代到现代的发展曾先后经历了三次重大转向。第一次转向是从特殊诠释学到普遍诠释学，完成这一转向的代表人物是施莱尔马赫（Friedrich Daniel Ernst Schleiermacher，1768—1834）；第二次转向是从方法论诠释学到本体论的哲学诠释学，完成这一转向的代表人物是加达默尔（Hans-Geery Gadamar，1900—2002）；第三次转向是从单纯作为本体论哲学的诠释学到作为实践哲学的诠释学，这一转向正在进行之中。[2] 本书以完成第一次和第二次转向的代表人物施莱尔马赫和加达默尔为例，就普遍诠释学和哲学诠释学的主要理论主张及思想差别予以介说，以便为儒家和基督教核心价值观比较研究提供一种方法论资源。

施莱尔马赫认为，在他以前的诠释学不是普遍的诠释学，而是特殊的诠释学。他说："作为理解艺术的诠释学还不是普遍地存在的，迄今存在的其实只是许多特殊的诠释。"[3] 这句话有两层含义：一是指过去的诠释学对象主要是《圣经》和法律文本，因而只有神学诠释学和法学诠释学；二是指过去的诠释学所发展的解释方法只是零散片断的，并没有形成一种普遍的解释方法论。他要克服上述缺陷，努力构造一门适用于一切文本解释的普遍诠释学。他提出了两个问题并做出了自己的回答：一是有效解释的可能性条件是什

---

[1]　[德] 加达默尔：《真理与方法》第 1 卷，洪汉鼎译，上海译文出版社 1999 年版，第 2 页。

[2]　洪汉鼎：《诠释学——它的历史和当代发展》，人民出版社 2001 年版，第 27—28 页。

[3]　洪汉鼎主编：《理解与解释——诠释学经典文选》，东方出版社 2001 年版，第 47 页。

么？他的答复是：解释之所以可能，是因为解释者可以通过某种方法使自己置身于作者的位置，使自己的思想与作者的思想处于同一层次。解释之所以必要，就在于作者和解释者之间一定有差别。如果作者和解释者在思想上绝对同一，毫无差别，就没有解释的必要；反之，如果这种差别绝对不可克服，解释也就根本不可能。二是理解的过程究竟是什么？他的答复是：理解的过程不是别的，乃是一种创造性的重新表述（reformulation）和重新建构（reconstruction）过程。

与之相反，加达默尔认为，施莱尔马赫的诠释学仍然局限在方法论的范围内，而真正的诠释学不仅是一种方法，更是人的世界经验的组成部分。他在《真理与方法》第二版序言中写道："我们一般所探究的不仅是科学及其经验方式的问题，我们所探究的是人的世界经验和生活实践的问题。借用康德的话说，我们是在探究：理解怎样得以可能？这是一个先于主体性的一切理解行为的问题，也是一个先于理解科学的方法论及其规范和规则的问题。我认为，海德格尔对人类此在的时间性分析已经令人信服地表明：理解不属于主体的行为方式，而是此在本身的存在方式。本书中'诠释学'概念正是在这个意义上使用的。它标志着此在的根本运动性，这种运动性构成此在的有限性的历史性，因此也包括此在的全部世界经验。"①质言之，哲学诠释学不是像古老的诠释学那样仅作为一门关于理解的技艺学，以便炮制一套规则体系来描述甚或指导精神科学的方法论程序，哲学诠释学乃是探究人类一切理解活动得以可能的基本条件，试图通过研究和分析一切理解现象的基本条件找出人的世界经验，在人类的有限历史性的存在方式中发现人类与世界的根

① ［德］加达默尔：《真理与方法》第1卷，洪汉鼎译，上海译文出版社1999年版，第6页。

本关系。由此，加达默尔秉承海德格尔生存本体论的思想传统，把传统诠释学从方法论和认识论性质的研究转变为本体论性质的研究，使诠释学变成了哲学诠释学。

由于对诠释学本质内涵的理解存在重大差别，导致施莱尔马赫和加达默尔在对待历史文本的文字、精神、意义的态度问题上同样存在着根本性分歧。施莱尔马赫认为，由于作者与解释者在时间、语言、历史背景和环境上的差异，误解是解释者接触历史文本时发生的正常情况，只有不严格的诠释学才会认为理解是自行发生的，而真正严格的诠释学却只能主张误解才是自行发生的。他的一句名言是："哪里有误解，哪里就有诠释学。"① 要避免不必要的误解，我们就必须把理解对象置于它们赖以形成的那个历史语境中，以使它与我们现在的理解过程相分离。历史文本的意义就是作者个人的独特生命，就是作者独特生命的意向和思想。理解和解释的本质就在于重构作者的生命意向和思想。这种重构包括客观重构和主观重构，客观重构是一种语言的重构，主观重构是对作者心理状态的重构，前者关心的是某种文化共同具有的语言特性，后者关心的则是作者的个性和特殊性。正确的解释就是要消除解释者自身的成见和主观性，也就是要成功地使解释者从自身的历史性和各种偏见中摆脱出来，尽管理解和解释是原创造的再创造，但只要遵循上述原则，再创造可能比原创造更好。

针对施莱尔马赫上述客观主义的诠释学理论，加达默尔提出了历史主义的诠释学理论。他认为，历史文本的真正意义并不存在于历史文本本身之中，而是存在于它的不断再现和解释中，我们理解历史文本的意义不仅需要发现，更需要发明。因为理解并不是复制

---

① 洪汉鼎主编：《理解与解释——诠释学经典文选》，东方出版社 2001 年版，第 59 页。

行为，而始终是一种创造性行为，任何历史文本在每一新的时代都面临新的问题和具有新的意义。为了理解文本所说的东西，我必须让自己进入文本问题域中。文本是从它的意义、前见和问题的视域出发讲话，我们也同样是从我们的前见和视域出发来理解文本，通过诠释学的经验，文本的视域和我们的视域被相互联系起来。文本和我们得到某种共同视域，同时我在文本的它在性中认识了文本，这种视域融合是诠释学真正重要的东西，它不仅是历史性的，而且是共时性的。在视域融合中，历史和现在、客体和主体、自然和必然构成了一个无限的统一整体。此外，加达默尔还认为，诠释学传统本来具有理解、解释和应用三大要素，但由于施莱尔马赫把理解与解释内在地结合在一起，从而把第三要素即应用技巧从诠释学中排除出去，这就使得诠释学完全从本来所具有的规范作用变成一种单纯的方法论。但加达默尔所讲的应用与一般日常或科学所说的应用又有所不同，后者所讲的应用是先理解后应用，应用仿佛是理解之后的要素，与之相反，他所说的应用乃是理解本身必然具有的成分，它从一开始就规定了理解活动，理解、解释和应用三者互不分离，没有前后之别，既不是先有理解而后有解释，也不是理解在先而应用在后。解释就是理解，应用也是理解，理解的本质就是解释和应用。①

　　以施莱尔马赫、加达默尔为例，本书就普遍诠释学和哲学诠释学的基本内涵、二者对待历史文本的基本态度以及二者关于理解、解释、应用三者关系的看法进行了简要扫描。从中不难看出，施莱尔马赫的普遍诠释学注重对历史文本的静态性、阶段性、客观性解读，加达默尔的哲学诠释学则注重对历史文本的动态性、整体性、

---

　　① 洪汉鼎：《诠释学——它的历史和当代发展》，人民出版社 2001 年版，第 6 页。

历史性解读，二者分别代表了诠释学理论发展的两个阶段和两种向度。如果我们将二者辩证有机地结合起来予以把握，无疑有助于我们对诠释学理论形成一种深刻性、全面性、远见性的认识，同时也将为我们正确理解儒家和基督教的各种历史文本提供重要的方法论资源。从某种意义上说，当代学者成中英的"本体诠释学"和傅伟勋的"创造的诠释学"①，就是力图将欧洲的上述诠释学理论与中国的诠释传统进行有机结合，以便实现中西诠释学理论的创造性转化和创新性发展。

### （三）正视差异与求同存异的方法

要科学比较儒家和基督教文化的核心价值观，除了积极借鉴马克思的文化批判理论和西方诠释学方法之外，还必须从共性与个性关系的高度正确看待二者的关系。任何事物都是共性和个性的统一体，共性寓于个性之中，个性包含着共性，无个性也就无所谓共性，个性和共性在一定条件下相互转化。在一定范围内是共性的东西，在另一范围内则变为个性的东西，反之亦然。就儒家和基督教文化的个性特质而言，二者之间无疑存在着巨大的差异，正是差异的存在才导致了各种文化之间的矛盾和斗争。从这种意义上讲，亨廷顿的文明冲突论看到了不同文化相处中非常真实的一面，有其合理性的成分。无论是欧洲中世纪的十字军东征和中国近代的义和团运动，还是当代美国发动的伊拉克战争、阿富汗战争，以及各个文明体内部不同宗教派别之间的冲突，都在用不同的方式印证着亨廷顿的预言。但问题不在于承认各种文化或文明的个别性、差异性和

---

① 潘德荣：《文字·诠释·传统——中国诠释传统的现代转化》，上海译文出版社 2003 年版，第 112 页。

斗争性，而在于不能执着于某一种特殊文化和文明立场来做出文化价值判断。质言之，承认文化或文明的多元差异或特殊价值，并不一定推出文化特殊主义和文明地域主义的结论。恰恰相反，而是要用一种比较性的文明立场寻找到一种普遍性的文化价值判断标准。正如万俊人指出的那样："多元差异只有通过多元的相互比较才能够显现出来，而文化或文明的特殊性则正是相对于某种哪怕是秘而不宣的普遍性前提，才得以显示的，没有这种普遍性的前提预制，所谓特殊性既不可能显示，也毫无意义。"①

　　问题是如何在特殊性文化中寻找到普遍性的文化价值标准？万俊人在综合孔汉思、哈贝马斯、罗尔斯等人理论基础上提出的"最低的最大化"图式，也许能够成为我们从事儒家和基督教文化核心价值观比较研究的重要参考标准。其主要内容包括：（1）最低的最大化图式是在文化多元论前提下，以公共理性为基础，寻求跨文化的最低度的、最起码的现实可行的普遍性价值目标。（2）最低的最大化图式所寻求的价值标准也是一种具有道义约束力的最普遍的伦理规范，它强调对人们道德行为普遍正当性的考虑优先于对道德行为特殊善性或价值性的考虑。（3）最低的最大化图式要求每种特殊文明在清晰叙述自身文化脉络过程中，以最明确的言说方式表达出自己的核心文化要求和主张，亦即让每种特殊文化的实质性内容逐步简化，让各种文化形式性的普遍规范逐步强化。（4）最低的最大化图式在不排斥各个文化共同体追求最高价值理想的同时，要求各个文化共同体以最低的文化成本，寻找到某种程度的跨文化道德共识和价值标准。②

　　综合以上四点，最低的最大化图式反对任何形式的道德权威主

---

① 万俊人：《寻求普世伦理》，商务印书馆 2001 年版，第 282 页。
② 万俊人：《寻求普世伦理》，商务印书馆 2001 年版，第 299 页。

义和文化霸权主义，强调和而不同和求同存异，亦即费孝通提出的"各美其美，美人之美，美美与共，天下大同"。本书对儒家和基督教文化核心价值观进行比较研究的终极目的，就是要按照最低的最大化图式寻找到儒家和基督教文化核心价值观的求和之道，将诸神的激烈争战转化为诸神的和谐共舞，实现《中庸》所追求的"致中和，天地位焉，万物育焉"。

# 第二章

# 祠堂与教堂：儒耶伦理文化的表征符号

盘踞中国各地乡村的祠堂和遍布西方大街小巷的教堂，作为中西方代表性的两种不同形式的文化符号，集中体现了儒家和基督教伦理文化的本质特征。要正确理解中西方文化的根本差异，祠堂和教堂无疑是一个极为重要的切入点。

## 一、祠堂在中国传统伦理文化中的核心地位

中国文化源远流长，博大精深，中华传统文化形成的是以儒家思想为核心、以儒释道三者共同互补融合的文化体系。儒释道思想在其发展和传播的过程中都依靠了各自极具特色的物质载体，如佛教的寺院、道教的宫观、儒家的祠庙等。而体现儒家文化的建筑很多，诸如孔庙、文庙，但在乡间密布的祠堂才是最易见到的建筑，也是最能呈现儒家文化特色的典型建筑。

### （一）祠堂概观

中国古代的封建社会呈现出家国同构的特征，即家庭、家族、国家在组织结构上具有共通性，家是小国，国是大家，家族观念相

当深刻。祠堂成为象征家族权力的重要标志，而祠堂也用其独特的存在方式诠释着当时经济文化的发展态势。祠堂是中华儿女用来祭祀祖先或先贤的场所。由于中国古代是一个等级森严的社会，因此，祠堂由皇家走向民间经历了长时间的积淀，祠堂存有不同分类也就不言而喻。祠堂作为富有荣耀和神圣的地方，它不仅内含丰富的伦理意蕴，而且持有强大的社会功能。

### 1. 祠堂的兴起

祠堂，又称家庙、宗祠、祠室。"祠"的本义是祭祀。周代祭祖的地方称家庙。在古代，祭祀祖先虽是头等重要的大事，但设立庙祭却是天子贵族的特权，一般的平民老百姓只能"祭于寝"。《礼记·王制》曰："天子七庙，诸侯五庙，大夫三庙，士一庙，庶人祭于寝。"许慎《说文解字》解释："庙，尊先祖貌也。尊其先祖而以为是。仪貌也。祭法注云：庙之言貌也。宗庙者，先祖之尊貌也。古者庙以祀祖先，凡神不为庙也，为神立庙始于三代以后。"还说："堂，殿也。堂之所以称殿者，谓前者有陛，四檐皆高起，垠鄂显然，故名之殿。"祠堂大概始见于战国，汉代称为墓祠。宋人司马光在《文潞公家庙碑》中指出："先王之制，自天子至于官师皆有庙……（秦）尊君卑臣，于是天子之外，无敢营宗庙者。汉世公卿贵人多建祠堂于墓所。"这是在祖先坟墓旁边建立"祠堂"用来祭祀祖先个人或者名人，这种建筑并没有形成真正意义上的家庙，很少与家族原本居住的庭院联系在一起。而直到隋唐时期，祠堂建筑都没有统一的规模和风格，一般是因时因地而建。

到了宋代，随着庶族地主经济的日益发展和势力渐大，加之程朱理学对宗族观念的重视和强调，民间兴建宗祠之风四起，祠堂建筑也渐渐形成标准化的形式。如朱熹著《家礼》一书绘制了标准的祠堂建筑图："君子将营宫室，先立祠堂于正寝之东。祠堂之制，三间，外为中门，中门外为两阶，皆三级，东曰阼阶，西曰西阶。阶下随地广狭以屋覆之，令可容家众叙立。又为遗书、衣服、祭器及神厨等室于其东。缭以周垣，别为外门，常加扃闭。若家贫地狭，则止为一间，不立厨库，而东西壁下置立两柜，西藏遗书、衣物，东藏祭器亦可。正寝为前堂也。地狭，则于厅事之东亦可。凡祠堂所在之宅，宗子世守之，不得分析。……为四龛，以奉先世神主。祠堂之内，以近北一架为四龛，每龛内置一桌。……神主皆藏椟中，置于桌上，南向。龛外各垂小帘，帘外置香桌于堂中，置香炉香盒于其上。两阶之间又设香桌，亦如之。"[1]但这时的祠堂还仅仅是正寝之东的祭祀场所，与住宅还未分开。婺源《清华胡氏族谱》卷六《家庙记》记载，元朝泰定元年（1324 年），清华胡氏宗族胡升，"即先人别墅改为家庙，一堂五室，中奉始祖散骑常侍，左右二昭二穆；为门三间，藏祭品于东，藏家谱于西，饰以苍黝，皆制也"。这座家庙已初具祠堂的一些功能，并且已从居室中独立出来，是家庙向祠堂过渡期的产物。[2]到明朝嘉靖时期，"许民间皆联宗立庙"，宗族祠堂更是得到全面发展，遍及全国城乡各个家族，形成祠堂林立、祠宇相望的社会现象，祠堂也已然成为族权与神权相互交织的焦点所在。

## 2.祠堂的分类

一般来讲，祠堂祭祀的对象是由小宗法的祭祖观念所决定。祠堂按其规模大小可分为总祠、分祠、支祠等不同类型。总祠是全宗族的祠堂，是同宗同族的人共同祭祀祖先的地方，该族之人皆可共

---

[1]　《朱子全书》第七册，第 875—876 页。

[2]　刘华：《百姓的祠堂》，百花洲文艺出版社 2009 年版，第 35 页。

同享有。它既是宗族祭祀祖先的中心，又是宗族议事、执法，实行宗族统治的中心，其建制规模比宗族其他种类的祠堂要大，乃至有范围在数县之内甚至更大的合族共祀的祠堂。如位于江苏无锡北塘区惠山镇锡惠公园内愚公谷东侧的至德祠，建于清乾隆年间，现存泰伯殿，乃全国性的吴氏祭祀祖先的总宗祠。分祠，宗族的分支——房所建立的、奉祀该房直系祖先的祠堂。然而，并非所有的房都建祠堂。一个房是否建立祠堂，除了要具备一定的物质基础即财力之外，还应符合一个至关重要的条件，这就是人丁兴旺并且达到一定的量。支祠，房有各种类型，某房人丁兴盛，支派蔓延，往往再次分房，原来的房为大房，后分的房为支房或小房；当支房或小房人财俱旺达到一定程度了，就会建立起祭祀该支房或小房直系祖先的祠堂，是为支祠。① 不同祠堂的规制明显不同，但祠堂建筑风格一般由庄严的门楼、宽敞的正厅、肃穆的享堂和寝堂三部分组成。

从造型上看，祠堂分牌坊式和庙宇式两种。牌坊原是统治者赐立、用来表彰有过特殊功勋的家族、忠义之士以及贞节之妇的一种荣誉性极高的建筑。牌坊立于被表彰者的住宅前面，相对于居屋是独立的。后来，有的官僚望族将这种牌坊式的建筑造型运用到住宅建筑上。所以在客家祠堂建筑中，有不少也是采用这种造型，使客家祠堂看起来庄重而气势不凡。对细节的处理、用料、施工和装修方面总是力求精美。② 而庙宇式祠堂建筑主要源于祠堂具有"庙"供奉的性质，但祠堂供奉的对象不是普通庙宇中的佛道之神，而是家族的祖先神，故祠堂又称家庙、宗庙。

---

① 林晓平：《客家的祠堂与客家文化》，《民族研究》1997 年第 12 期。

② 王静：《祠堂中的宗亲神主》，重庆出版社 2008 年版，第 70 页。

## （二）祠堂建筑所承载的伦理意蕴

一座座宗祠带给人们的是一种庄严肃穆、威严神秘的感觉，无论是从其整体的建造结构，还是从其内在的精神气质都散发着其积淀已久的深刻内涵。

### 1. 祈盼生命关怀

宗祠是安放祖先神位，祭祀祖先神灵的神圣之地，而这一先人灵魂的皈依和敬畏之地无时无处不彰显着后人对生命的真切关怀之意，寄托了后人心中祈福避凶的愿望，相信并祈祷着祖先的神明能够以超自然的力量庇护着这同一方水土和同一族子嗣的族人。

从宗祠的整个坐落选址来看，人们对宗祠风水的重视不言而喻。一般大的祠堂都要找职业的风水师来确定祠堂整体的布局和具体的方位。因为在人们眼里，好的风水是家族兴盛、时运发达的保证："宗祠之立，所以奠祖宗之灵，而族之人于以追远者也。其来龙过脉、朝对砂水，上关乎祖宗之安否，而下即系乎子孙之盛衰，祠之地顾不重欤！……族之人，毋易其地，毋坯其基，毋毁其篱，毋伐其木。祠以外者围禁之，祠以内者补葺之，世世相承，引于勿替，是则余族之厚幸也夫。"[1] 程颐也曾言："地之美者，则其神灵安，其子孙盛。"湖南湘潭谭氏家族在清代嘉庆期间决定建祠堂，曾赴各地选择位置，均"不佳"，后寻找到"山绕水环""藏风得水"的迥甲山，终于"祠建斯地"。因此，宗祠一般都位于村落的风水宝地，通常整个村落是以宗祠为中心，其他宗族的家宅都是围绕着宗祠由内向外、径向延展建成，在平面形态上形成一种曼陀罗式的

---

① 唐学珊纂修：《[湖南宁乡] 唐氏族谱》，清乾隆四十五年采芝堂刻本。

民居格局。由于宗族和一般家宅的建筑风格完全不同，因此在整个村落中一眼便可辨出。而宗祠无论是近看抑或是远观，带给人们的都是一种肃穆、威严的气息，让人们的敬畏之心不禁油然而生。宗祠就犹如一个最神圣、最有威力的镇煞之宝，用它的冷峻把守着村落，镇守着人心，防守着那有可能会觊觎宗族的不幸和危险。

同时，在族人的心中，祠堂大门的朝向，关系着整个宗族的兴衰荣辱，决定着族人的生死祸福。因此，祠堂的朝向有一定的讲究。朱熹在《家礼》卷一《通礼·祠堂》中说："凡屋之制，不问何向背，但以前为南，后为北，左为东，右为西。"这表明祠堂一般都坐北朝南。但实际上，祠堂的朝向还深受村落的朝向、布局和环境的影响，如黟县西递胡氏宗族的追慕堂和辉公祠都坐落在村中心街（南北走向）西侧，所以必须坐西（偏北）朝东（偏南）；祁门县花城里村东和西均为高山，溪水自南向北穿村而过，倪氏宗族雍睦堂坐落在山溪东岸，为了依山傍水，所以坐东朝西。① 但无论祠堂的朝向如何，都是要达到祠堂、村落与自然三者和谐的状态。正如《（湖南长沙）洪塘房楚氏六修谱·祠联》所言："前迎绿水，曲折入怀；后倚青山，葱茏悦目。"这种协调寄托了族人美好的愿景，蕴含着天人合一与回归自然的哲学思维，目的便是要给族人的生活带来幸运与祥和。

而在修建祠堂时，至于何时动工、奠基、上梁等重要仪式都要请风水先生选择良辰吉日。如湖南醴东袁氏家族，"咸丰年间，族辈议建祠宇，以祀先灵，度基址于谭家湾，卜之日吉，遂营堂构焉"。② 这足以彰显对祠堂建筑之事的高度重视。新安汪氏家谱

---

① 赵华富：《徽州宗族研究》，安徽大学出版社2004年版，第166页。

② 袁桢等纂修：《[湖南醴陵] 醴东泉水湾袁丙三修族谱》，1922年光裕堂木活字本。

对其家族重修吴清山统宗祖祠选择的吉期更是有详细记载：选二月十四日寅时兴工大吉；选二月十九日卯时下石墙脚大吉；选三月十九日辰时上石门岩大吉；选三月十九日申时拆旧大吉；选四月十三日未时平水定磉大吉；选四月二十五日寅时竖柱排列大吉；选四月二十五日申时上梁大吉；等等。① 这一个个良辰吉日的选择既表达了族人在祠堂兴建过程中所怀有的一种谨慎与敬畏之心，更反映了人们从中所持有的祈盼之情，他们不仅希望祠堂的兴建有序而顺利，而且也希冀将来给族人带来绵延不断的庇护。

而就整个祠堂而言，祠堂本身可谓是村庄里最具规模、最为壮观的辟邪之物。那类似官帽的五凤楼，那驻守在屋脊和翘角上的凶兽、吉兽、瑞兽和鸱尾、螭吻，那不无镇物意义的石狮，那遍布宗祠内外的各种图案和文字，都具有镇邪安宅的作用，代表着人们祈福吉祥安康的愿望和对未来美好幸福生活的向往。② 具体说来，祠堂的装饰和图案有着深刻的意蕴，如：用"麟凤呈祥""喜上眉梢""三羊启泰"等图案代表趋吉避灾的吉祥主题；用龟鹤、松柏、灵芝等，还有就是采用谐音，使用猫、蝶以及松、竹、梅、蝙蝠、祥云等构成图案表示长寿之意，松树与仙鹤的配合使用更是常见的题材，寓意"松鹤延年"；用代表爵位的酒器爵，朝官所持的笏，花开富贵的牡丹，马上封侯的"马""猴"等象征财富和权势并生的富贵图案。③ 因此，祠堂建设的每个环节既体现的是中国传统建筑的文化，更从微观到宏观表达了人们生命关怀的深刻思想。并且，人们关心的不仅仅是个人，更是整个宗族和村落，关注的不仅是当下，更是子孙后代的未来，他们希望在这里得到一种永远的庇护。

---

① 《新安汪氏宗祠通谱》，清道光二十年。
② 刘华：《百姓的祠堂》，百花洲文艺出版社 2009 年版，第 294 页。
③ 凌建：《顺德祠堂文化初探》，科学出版社 2008 年版，第 102 页。

## 2.彰显精神家园

祠堂，它不同于寺庙和道观，也不同于教堂，它强调的是"宗"，是以始迁祖为宗的宗族祠堂，是安放祖先灵魂的栖息地。朱熹在《家礼》中设计，祠堂建筑内必须有容纳祖先遗物与神主的房间，祠堂之内设四座神龛，"每龛内置一桌，大宗及继高祖之小宗，则高祖居西，曾祖次之，祖次之，父次之；继曾祖之小宗，则不敢祭高祖，而虚其西龛"。[①] 而这种对神主严谨而不可随意的安排让族人的心灵找到了归宿地，因为祠堂正是以血缘为纽带，成为维系宗族的精神家园。祠堂是一个宗族生命的源头所在，是一个宗族共同敬畏和景仰的神圣之地，它将宗族人心紧紧地连在了一起。如江西乐安流坑董氏族谱以寥寥数字，入木三分地道破了祠堂的意义，那就是，将子孙后代"萃于一堂，联之一心"，而一族的首领则"立堂以居之，割田百亩以赡之，使世继不迁焉"。[②] 明代思想家方孝孺在《宗仪·睦族》中曾言："为始迁祖之祠，以维系族人之心。"因此，祠堂无疑是族人的精神家园，无论人们身在何地，生活顺利、事业繁荣时便会想到祠堂，而当生活和事业不如意时便要依托祠堂，祠堂能使一颗颗躁动的心得到安放，而无论是人们的生理性生命抑或精神性生命都与祠堂紧紧相连。

同时，祠堂的祠本义是祭祀之意，祠堂也就是祭祀之堂，是人们敬祖尊先的聚集地，也是由人们身心血脉和祖先神灵共同构筑的精神家园。祠堂的祭祖活动不仅成为沟通族人与祖先的重要精神纽带，而且成为加强宗族之间血缘关系的重要桥梁，对于促进族人之间的交往，增强宗族的和谐有着重要的作用。因为祠祭是祖先崇拜

---

①　王静：《祠堂中的宗亲神主》，重庆出版社 2008 年版，第 23 页。

②　刘华：《百姓的祠堂》，百花洲文艺出版社 2009 年版，第 46 页。

的体现，对宗族起到凝聚作用。宋代以后，人们祖先崇拜的观念发展出"一本"思想，以为众人都是一个老祖宗的后裔，要联结在一起就必须尊祖，要上追先世，直到始祖，落实到祭祀上，就是不仅要祭奠五服以内近祖，更要祠祀远祖、始祖，于是重一本、尊始祖就成了族人精神寄托和团结的旗帜。① 西人迈克尔·米特罗尔和雷因哈德·西德尔在《欧洲家庭史》一书中认为："祖先崇拜通常在培养家系观念中起决定性作用。""通过祖先崇拜，家系将活着的人和死去的人联系在一个共同体中"。② 这个共同体就是由死者后裔，即他们活着的子孙组成的宗族，宗族上下的情感在祭祖中串得更紧，连得更密，这是祠祭的"收族"作用，它要按照上下尊卑、亲疏远近的方式将族人联系在一起。

更甚者，祭祖亦是希望祖先的精神生命能够不断得以彰显和延续。"祭祖"即"追远"。"祭如在，祭神如神在"（《论语·八佾》），祭祀先人时，先人如在眼前，祭祀神灵时，神灵如在场。"洋洋乎如在其上，如在其左右"（《礼记·中庸》）。其间祖先的生命似乎得以再现，一次特殊的生命对话得以展开，有追思，有感恩，有诉说，更有祈祷和祝福……如《礼记·祭义》云："是故忌善不违身，耳目不违心，思虑不违亲，结诸心，形诸色，而术省之，孝子之志也。""文王之祭也，事死者如事生，思死者如不欲生。"在祭祀时，祠堂就是生者与先人交流的平台，呈现的是一幅生死对话的动情场面，所思所想都不离已故的亲人，相信祖先的神灵就在眼前，听从祖先神灵的教诲，生者的心灵得到慰藉，道德得到净化和提高，在精神上获得一种满足感。祠堂的环境是庄严而虔诚的，祖先之神灵

---

① 冯尔康：《中国古代的宗族与祠堂》，商务印书馆1996年版，第75页。

② ［奥］迈克尔·米特罗尔、雷因哈德·西德尔：《欧洲家庭史》，赵世玲、赵世瑜、周尚意译，华夏出版社1987年版，第11页。

在虔诚的环境中才能与子孙后代的生命相通，祭祀中的"追远"者要能"祭之以礼"，其关键要做到"祭尽其敬"，要心持诚敬之心，且一定要亲自参与祭祀。孔子主张"吾不与祭，如不祭"（《论语·八佾》）。意思是：我如果没有亲身参与祭祀，就如同不祭祀。这礼仪行得好、行得诚恳，就会促成一个"神在"的时刻。[1]《礼记·祭义》记载："祭不欲数，数则烦，烦则不敬。"这种在持敬中与祖先感应的思想被宋代大儒朱熹发扬。《朱子语类》中有云："人死，气亦未便散得尽，故祭祖先有感格之理。"当代中国台湾儒家学者蔡仁厚也说："在祭礼之中，还可以彻通幽明的限隔，使人生的'明的世界'与祖先的'幽的世界'交感相通。这样，人自然就可以把生死放平来看。一个人的生命，生有自来，死有所归，生死相通，是之谓通化生死。"[2]在庄严而又神圣的祭祖中，我们看到的是一种生死沟通，也是一种人神交流，祖先美德因此得以继承，个人道德得以涵养，家族生命得以传承而不朽。可见，祠堂和祠祭中蕴含着深厚的伦理意义，无时无处不渗透在宗族的生命和生活之中。除此之外，作为体现中国传统文化的标志性建筑和联系宗族的重要场所，祠堂还有着强大的社会功能。

## （三）祠堂具有的社会功能

"祠堂关系重矣，祀先祖于斯，讲家训于斯，明谱牒于斯，会宗族于斯，而行冠告嘉莫不于斯。"[3]祠堂既承担着举办祭祖、听

---

[1]　张祥龙：《孔子的现象学阐释九讲》，华东师范大学出版社 2009 年版，第 12 页。

[2]　蔡仁厚：《儒学传统与时代》，河北人民出版社 2010 年版，第 21—22 页。

[3]　谭棣华、曹腾騑、冼剑民编：《广东碑刻集》，广东高等教育出版社 2001 年版，第 94 页。

训、修谱等重大宗族活动盛典的功能，又起到教化宗族子孙的作用。

## 1. 教化宗族子孙

祠堂作为纪念性的建筑，人们在对先人的祭拜中，既体现了中国儒家的"孝道"思想，其实也是对子孙后代教化过程。"明丧祭之礼，所以教仁爱也。……丧祭之礼明，则民孝矣。"（《孔子家语·五刑解》）"合鬼与神而享之，教之至也。"（《礼记·祭义》）子云："祭祀之有尸也，宗庙之有主也，示民有事也。修宗庙，敬祀事，教民追孝也。以此坊民，民犹忘其亲。"（《礼记·坊记》）祭祀能够达到曾子"民德归厚"之境界，可以使百姓得到教化，民风日益淳厚，社会更加稳定。而祠堂寝室中的神主排列规制，目的在于明彝伦，序昭穆，正名分，辨尊卑，体现了中国封建的伦理教化思想。

祠堂是灌输封建伦理道德的一个重要场所。在祠堂中，首先具有道德教化作用的是祠规。"国有国法，家有家规"，而每座祠堂都有约束和教育族人的族规，人人必须遵守。如江西兴国刘氏族规写有："家门之隆替，视人材之盛衰；人材之盛衰，视父兄之培植。每见世家大族箕裘克绍，簪缨不替，端自读书始。凡我族中子弟，姿禀英敏者固宜督之肄业，赋性钝者亦须教之识字。"[①]这字里行间表明了殷切希望族人子孙勤勉好学的期待。从根本上讲，家族教化族人，是要求族人成为具有封建社会所提倡的孝、悌、忠、信、礼、义、廉、耻品德的完人。江西婺源王氏家族在祠堂对族人庭训时，对以上八字作了诠释：

孝：生我者谁？育我者谁？择师而教我者谁？生时要尽孝，葬

---

① 刘华：《百姓的祠堂》，百花洲文艺出版社2009年版，第109页。

祭更要殚力无遗，未克酬其万一，苟其或缺，则为滔天大罪。

悌：易得者赀财，难得者同气，乃或以赀财之故，而伤同气之谊，是谓难其所易，易其所难，其惑孰甚？

忠：求忠臣者，必于孝子之门，公尔忘私，国尔忘家，非云忠孝难以两全，正谓君亲本无二致。

信：无欺之，谓信，试观阴阳寒暑日月晦明，何曾有一毫假借？故欲人信我，切莫欺人，果能不欺，则至诚可感豚鱼，而况同类。

礼：人之有礼，犹物之有规矩，非规矩不能成物，非礼何以成人，故凡一身之中动息作止，慎毋以细行忽之。

义：尚义之举与任侠固大不同，任侠者，邻于慷慨不无过举，尚义者，审事几揆轻重，非穷理尽性不能。

廉：好利谓之贪，沽名亦谓之贪，世有却千金而不顾者，名心未忘，可谓廉乎？四知（天知、地知、我知、你知）是畏，当取以自勉。

耻：善恶之心人皆有之，斯为改过迁善之几，苟漠然无所动于中，岂非小人而无忌惮者乎？故曰人不可以无耻。①（《[江西婺源]龙池王氏续修宗谱》）

　　综观宗族祠堂的堂号，其中以"敦""本""孝"等崇尚美德、提倡友爱和睦、深谙教育意义的字眼命名的较多，如"报本堂"——取报先人之意，"敦五堂"——取维护五伦、不忘祖先之意等，这显示了宗族在思想上特别重视用封建的伦理思想加强教育。而祠堂中不可或缺的祠联也理所当然地反映祠堂的教育功能，这类祠联主要是鼓励子弟励志诗书、登科及第等。如南阳堂《邓氏重修族

---

　　① 　王鹤鸣、王澄：《中国祠堂通论》，上海古籍出版社 2013 年版，第 359—360 页。

谱·祠联》："大小行事执快心东平云为善最乐，古今礼义归何处朱子曰读书更高。""不愧祖先惟孝悌，克光门第在诗书。"[1] 黟县屏山村舒氏宗祠序伦堂有副嵌字联："合群联雁序，尊祖重人伦。"[2] 就是以雁阵为例，强调宗族要遵循长幼有序的人伦关系。不仅如此，很多家族在创设祠堂的同时，也在祠堂内筹建祠塾，兴办教育，提高族人的文化素质。如湖南湘潭湘乡七星谭氏家族："溯我谭氏，由茶陵始迁潭，继迁湘，近五百年前，则祭于家，而未有祠。……乾隆丙寅，房高祖逸民公始创祠于观湾洎。……族议，改前向稍偏东南，定结构略易旧式，中置庙，前大门，上为堂，两旁有斋宿更衣所。又上为寝室，分左右，为先亲考妣。祠中妥鼻祖，而应祧之位，仍榭藏于东西龛。两楹间，陈钟鼓，各为一亭。庙之左，置义学，上为讲堂，左右斋房廿有四门，侧为饭室，而庤舍备矣。庙之右，置义仓，前后皆厅，东置办祭、庖厨、柜房诸所，西列义谷祠租仓厫，而守祠者之屋室附焉。祠宇纵横壹拾伍丈零。外置佃庄，以障西隅之缺。共有金四千有奇。"[3] 其中的置义学、设讲堂则是祠堂承担教化宗族子民的最直接功能，也是宗族子民接受教育的最便利场所。

同时，宗族祠堂还是一个威严公正的司法场所，宗族执行家法"以尊治卑"，对于触犯家族家法的不肖子弟的惩戒主要在祠堂内执行。安徽绩溪周氏宗谱《家法》第一条："家法以尊治卑，不得以卑治尊。凡族中子弟犯家法者，叔伯父兄得以家法治之。若长辈犯国法，自有官治，若犯家法，晚辈不得藉口祖宗，答责尊长，但公

---

① 王鹤鸣、王澄：《中国祠堂通论》，上海古籍出版社2013年版，第336页。
② 郑建新：《解读徽州祠堂：徽州祠堂的历史和建筑》，当代中国出版社2009年版，第90页。
③ （清）谭必涟等纂修：《[湖南湘潭]湘乡七星谭氏五修族谱》，清光绪三十三年壹本堂木活字本。

请长亲评论，请其改过，免受刑戮，以辱祖先。"①这在教化子弟的同时也清理了社会风气，对于维护宗族的团结具有重要作用。但不可否认，有时宗族执行家法的严酷性过于惨烈，则容易在一定程度上产生负面影响。

### 2. 举办各种宗族活动

众所周知，祠堂最重要的功能是举办各类形式不同的祭祀活动。根据不同的祭祀时间和程序，可分为常祭、专祭和大祭三种类型。常祭，系一般的常规祭祀，在每月朔日（初一）和望日（十五）的早晨进行，规模不大，一般每个家庭只要派一个代表到祠堂参与即可。专祭，是特殊祭祀，系族人有诞辰、婚娶、生子、获得科举功名、升官晋爵等喜事时入祠举行的祭祀。如江阴袁氏宗族规定，凡子孙中秀才，备祭之席，补廪、中举、中进士加倍办祭，出仕者更要有丰厚祭祀。②大祭，系宗族的合族大祭，也是祠祭中最重要的祭祀活动。关于祠堂祭仪，明初未有定制，规定"权仿朱子祠堂之制，奉高曾祖祢四世神主，以四仲之月祭之，加腊月忌日之祭与岁时俗节之荐"③。所谓"四仲之月祭之"，即一年四季在每季的第二个月祭祀，一年共四次，即春祠、夏禴、秋尝、冬烝。四时祭祀的具体时间临时选择吉日，或者在春分、夏至、秋分、冬至日也可以，官府不作具体规定。大祭一般合族进行，也有的分房分支举行。④由上可知，祠堂的祭祀因其规模的不同而其时间、程序等内容上也各有差异。

祠堂的功能不仅在祭祀，还有续修家谱的重要作用。明代学者

---

① 《[安徽绩溪] 仙石周氏宗谱》，清宣统三年善述堂木活字本。

② 《澄江袁氏宗谱》卷三《祠规》。

③ 《明史》卷五二《礼志六》，中华书局 2000 年版，第 896 页。

④ 王鹤鸣、王澄：《中国祠堂通论》，上海古籍出版社 2013 年版，第 280 页。

方孝孺认为：谱者，普也，普载祖宗远近、姓名、讳字、年号；谱者，布也，敷布远近，百世之纲纪，万代之宗派源流。清代档案学家章学诚在《文史通义》外篇中概括：家乘谱牒，一家之史也。可见，家谱是以血缘关系为主体，将同一始祖家族的繁衍和发展史详细记载下来，可以从中追溯至宗族的形成源头。而修订族谱是家族立族之本。《盘山王氏宗谱》说："立族之本，端在修谱。族之有谱，犹国之有史；国无史不立，族无谱不传。"宋儒朱熹说："三世不修谱，当以不孝论。"所以，修谱一般是家族的盛事，修谱祭典的举行是在祠堂里进行，而其中修谱过程中包括修谱先生的确定、修纂方案的计划、家谱体例的规定、资料的征集、资金的筹措等问题的商议，都需要族长召集有关人员在祠堂开会。祭谱封谱仪式需要精心挑选黄道吉日在祠堂里举办。族谱一旦封起，每年只有在六月初一至初六之间，或做七月半时，才能开封曝晒。如遇上特殊的事项需查谱，必须选择吉日良辰才能开封。族谱一般不会放在私宅中保管，而是安放在祠堂，通常由祠堂董事或村中耆老负责保管，藏谱的地点大都是祠或宫。福安市坂中乡和安村清光绪十六年（1890年）修的《颍川钟氏族谱》卷首有一则短文指出："谱牒重典，一族攸关。当族公举，须择殷实之户，勤谨之人收藏，每岁六月初六日发曝，七月十五日祭祖，鸣锣请谱，俟族众聚集，延请老成有识者，将列祖家规宣读讲明数遍，俾人人知晓恪守，及撤馔，每页摊阅无虞，收藏箱内封锁坚固，安顿谨密处，庶防鼠穴虫蠹之忧。"[1]

此外，祠堂也是一个宗族商议各类事件的重要联络点，还要进行一些赈灾、抚恤孤寡和兴修水利等经济活动。安徽绩溪舒氏家谱

---

[1] 钟雷兴主编、缪品枚编撰：《闽东畲族文化全书（谱牒祠堂卷）》，民族出版社2009年版，第23—24页。

在《宗规》中指出："惨莫惨于孤寡，仁人君子无不动心，况我同支同本之人，痌瘝一体，休戚相关，尤宜加意轸恤，格外推仁，务使各得其所而后已。从是而推之亲戚友朋，至泛交末路奴婢、乞丐之类，无不以是心推之，则仁不可胜用矣。"[1] 又如休宁商山吴氏规定："凡有孝子顺孙、义夫节妇、名臣功德及尚义为善者，宗正、副约会族众告祠，动支银一两，备办花红鼓乐，行将劝礼，即题名于祠。其堪奏请表扬者，合族共力举之。"[2] 如此看来，祠堂议事几乎是无所不包，祠堂功能几乎是无所不能。

## 二、教堂在西方传统伦理文化中的重要作用

基督教在西方社会传承两千多年，早已成为西方人日常生活的一个重要组成部分，并且对西方文化和西方人的价值取向起着主导性作用。而教堂作为基督教传播思想的重要载体，在西方城乡各地、大街小巷遍布林立，构成西方城市中最重要、最美丽的风景线。

### （一）教堂概观

教堂的历史久远，不同的历史时期教堂的建筑风格不一，但教堂所独有的培育基督教"信、望、爱"三主德的伦理功能却始终没有发生变化，同时，教堂在社会生活中承担的社会功能也日渐丰富。

---

[1] 《[安徽绩溪] 华阳舒氏统宗谱》，清同治九年。

[2] 王鹤鸣、王澄：《中国祠堂通论》，上海古籍出版社2013年版，第371页。

## 1. 教堂的兴起

教堂，亦称礼拜堂，顾名思义，就是基督教徒做礼拜用的建筑物，亦是基督徒举行宗教仪式的场所。教堂可用好几个不同的英文词来表达。如 church 一词源于希腊文 Kryiakon，意为"主的居所"或"上帝之屋"，可以泛指教堂建筑，也指非教区主教堂的普通教堂。cathedral 源于希腊文 Kathedra，原意为"座位"，中文常译成"大教堂""主教座堂"或"主教大堂"，因堂内置有主教的座位而得名。在实行主教制的教会（如天主教会）中，一般每一教区皆有主教座堂，且仅有一所，居全区各教堂之首。basilica 指基督教早期的巴西利卡式教堂，也有译成"长方形教堂"的。chapel 常译成"礼拜堂""小礼拜堂"或"经室"，指小型的礼拜场所，一般附设在大教堂（大教堂往往附设许多小礼拜堂）、学校或私宅内部，为供奉圣物或个人礼拜用。①

在《圣经》的《旧约》和《新约》中我们可以寻觅到教徒兴建教堂的启示和痕迹。"那时，天下人的口音言语都是一样。他们往东边迁移的时候，在示拿地遇见一片平原，就住在那里。他们彼此商量说：'来吧！我们要作砖，把砖烧透了。'他们就拿砖当石头，又拿石漆当灰泥。他们说：'来吧！我们要建造一座城和一座塔，塔顶通天，为要传扬我们的名，免得我们分散在全地上。'耶和华降临，要看看世人所建造的城和塔。……因为耶和华在那里变乱天下人的言语，使众人分散在全地上，所以那城名叫巴别。"（《创世纪》11：1—9）这种"通天之塔"在某种程度上为教堂的设计提供了逻辑上的思维构想。后来以色列国王所罗门不惜一切代价在耶路撒冷建造耶和华圣殿更是为教堂的建造者树立了典型的范例。但在

---

① 朱子仪：《欧洲大教堂》，上海人民出版社 2008 年版，第 1 页。

《新约》中出现更多的是"会堂"，耶稣走遍加利利，在各会堂里教训人，传天国的福音，医治百姓各样的病症（《马太福音》4∶23）。在犹太人的生命中，会堂乃是最重要的一个教导机构，它可以被定义为："当日普遍的宗教大学。"但昔日的会堂与今天的礼拜堂有所不同，初期基督教在未摆脱犹太教的束缚之前，仍使用犹太教的会堂作为自己的崇拜地点。

公元 1 世纪，一般宗教仪式还只能在私人宅邸内举行，场地被称为"民古教堂"，但后来为了逃避官方搜查，这种仪式被转移到公共地下的墓窟，即用以合葬基督徒的墓地。"当希律王的时候，耶稣生在犹太的伯利恒。有几个博士从东方来到耶路撒冷，说：'那生下来作犹太人之王的在哪里？我们在东方看见他的星，特来拜他。'"（《马太福音》2∶1—2）在今天的伯利恒我们可以看到一个山洞，据说这个山洞是耶稣的诞生处，罗马教会在上面盖了一所极大的"主诞堂"。多年以来那个洞一直被认为是耶稣的诞生地。公元 4 世纪的初期，罗马帝国成为历史上第一个信仰基督教的国家，第一位基督徒君王君士坦丁（Constantine）在该处建造了一座大教堂，迄今依然存在，这便是罗马基督教的第一座教堂——拉特兰的圣乔瓦尼大教堂（Basilica di San Giovanni in Laterano，也叫圣约翰大教堂）。刚开始，在洞上的教堂，门楣很低，凡想进去的人必须弯着身子才走得进去，这确是一个极有意义的象征。它十分符合《圣经》中的一个真理：凡到婴孩耶稣跟前来，必须屈膝跪拜。① 教堂是神和人交流的地方，是真正圣所的影像（《希伯来书》9∶24）。这彰显的是对上帝的敬拜和虔诚之心。而自基督教成为罗马帝国的国教之后，教堂如雨后春笋般出现，而后在漫长的历史发

---

① ［英］巴克莱：《新约圣经注释》上卷，中国基督教两会 2007 年版，第27—28 页。

展中，基督教形成了自己独有的教堂建筑艺术风格。

## 2.教堂的类型

教堂的发展经历了从"地下教堂"到"宅第教堂"到"巴西利卡式""罗马式""哥特式""拜占庭式""斯拉夫式""文艺复兴式""宗教改革式""巴洛克式""洛可可式"和"新哥特式"等不同的发展阶段。[①] 有哲学家说："建筑是时代精神的焦点，每一个时代的主流建筑样式都代表了这个时代的主导精神，教堂建筑更是反映出该时代的神学思考和时代精神。"因此，不同艺术风格的教堂不仅表现形式有差异，而且其代表的精神特质也有所不同。在此，主要介绍西欧几种具有典型性风格的教堂。

第一，罗马式教堂（Romanesque）。罗马式教堂出现于中世纪早期，盛行于 11 世纪和 12 世纪初期，它仿照古罗马长方形会堂建筑（basilica）——一种有着圆顶大厅和圆形拱门的建筑物，同时它是脱胎于早期基督教"巴西利卡"教堂而形成的建筑。在基督教成为罗马帝国国教之后，一些大教堂一般都采用此种建筑样式。罗马式教堂的主体建筑为一个长方形大厅，入口在两端，大厅被两行圆柱分隔成中殿和侧廊，在教堂的正面有一个半圆形空间，教堂里称为"圣所"，祭坛就设在里面。这里的墙上往往刻着以"最后的审判"为题材的浮雕。外墙无窗，光线从中殿顶上的天窗射入，映照在浮雕中的耶稣身上，耶稣的头上有一圈"灵光"，使他显得格外威严。圣所为拱形圆顶，地面用大理石铺成，墙上除了浮雕外，还有以圣像和圣经故事为内容的许多彩色镶嵌画。[②] 有人将罗马式教堂比喻

---

① 李小桃：《俄罗斯东正教教堂的文化意义》，《四川外语学院学报》2003年第 5 期。

② 谢炳国编著：《基督教仪式和礼文》，宗教文化出版社 2000 年版，第218 页。

为地上的宫殿，它宽大雄厚却显得封闭，因为教堂的一侧或中间往往建有钟塔，屋顶上设一采光的高楼，从室内看，这是唯一能够射进光线的地方，幽暗的光线显示着宗教的神秘气息。同时，罗马式教堂以气势浑厚雄伟显示稳定、坚实和力度而著称，它的沉重和牢固象征着教会的牢不可破的权威。

如位于意大利中部托斯卡纳的比萨大教堂（Pisa Cathedral），包括墓园、比萨主教堂、比萨斜塔和洗礼堂等建筑群就属于典型的罗马式教堂。比萨主教堂的正殿呈半圆形，上面覆盖着橄榄状的穹顶。教堂有 4 层凉廊，用 18 根大理石柱支撑，正立面高约 32 米，底层入口处有 3 扇大铜门。门上有描述圣母和基督生平事迹的各种雕像。大门上方是几层连列券柱廊，以细长圆柱的精美拱券为标准逐层堆砌为长方形、梯形和三角形，布满整个正面。教堂外墙是用红白相间的大理石砌成。教堂的窗子不大，因此内部比较阴暗。教堂内保存着精美的油画、石雕和木雕等艺术品。[1]一般罗马式教堂的建筑构件以圆拱为主，整个建筑结构坚固厚实、四平八稳，强调整齐壮观和粗犷有力，于朴实无华的艺术风格中蕴含着庄重肃穆的神圣感，显示出一种凝重威严的精神气质。罗马式建筑尽管有其多样化的特征，而主要是表达早期基督教信仰最庄重的感情[2]，表现的是一种以庄严见长的向内凝聚的艺术风格。

第二，拜占庭式教堂（Byzantine）。公元 395 年，统一的罗马帝国随着君士坦丁大帝的去世分为东、西罗马帝国，东罗马就是拜占庭帝国。拜占庭式教堂与罗马式教堂风格相似，都是长方形，但是，拜占庭式教堂突出强调穹顶，并且穹顶的数量由一个巨大的或

---

① 卜伟欣编著：《虔诚的仰望：欧洲的教堂》，新世界出版社 2012 年版，第 157 页。

② 赵林：《基督宗教信仰与哥特式建筑》，《中国宗教》2004 年第 10 期。

由一个大的带若干个小的组合而成。穹顶有象征着天和天堂以及护盖圣洁处所的意思，通常是架于四方形或八角形的建筑物之上。这时期教堂的绘画主要是教堂内的壁画、嵌画和圣经上的插画等，在风格上则受近东艺术、罗马壁画、早期基督教墓窟壁画的影响，呈现平面性的装饰趣味以及缤纷华丽的色彩，而题材都与基督教有关。另外，还有由嵌画转变而成的彩色玻璃装饰，用于教堂内部装饰。在色彩方面，多用鲜艳的颜色。构图方面仍强调对称、均衡，这为以后文艺复兴的构图开启了先机。[1] 如公元 532 年，拜占庭帝国皇帝查士丁尼一世下令在君士坦丁堡建立的圣索菲亚大教堂就是典型的拜占庭风格。圣索菲亚大教堂中央部分的屋顶由一个直径 32 米的圆形穹隆和前后各一个半圆形穹隆组合而成，从地面到顶端有 60 米高，规模雄伟，这个圆顶不靠墙面承托。后来有人评论道，这个穹顶似乎飘浮在没有坚实基础的空气之中，或者它飘浮在一条来自天国的金色光带之中；这是因为穹顶的基座上开了一圈总共 40 扇拱形窗，整个基座让照射进来的光线穿透，致使圆顶看上去就像没有支撑一样。圣索菲亚大教堂的设计和建造是革命性的，也正因为如此，人们将圣索菲亚大教堂誉为世界建筑第八奇迹。[2] 1054 年，东、西派教会正式分裂以后，东正教会在教堂建筑艺术上一直保持了拜占庭式的风格。

第三，哥特式教堂（Gothic）。12 世纪后期，法国最早出现了注重高度、雄伟效果的"尖顶式"风格的哥特式教堂，13 世纪出现了"辐射式"的哥特式风格，接着又出现了一种更为花哨的"火焰式"哥特式风格，16 世纪产生的是"垂直式"哥特式风格。哥特式建筑风格最常见于天主教堂，它的特点是尖塔高耸、在设计中

---

① 罗丹：《法国大教堂》，天津教育出版社 2008 年版，第 4—5 页。
② 朱子仪：《欧洲大教堂》，上海人民出版社 2008 年版，第 15 页。

利用尖拱券、飞扶壁、修长的立柱以及新的框架结构来加大支持券顶的力量，使整个建筑以它直升的线条、巍峨的外观和教堂内高广空间，从内部和外观上都给人以一个至高无上的感觉，再配之以镶满彩色玻璃的长窗，使人步入教堂以后，容易感觉一种浓厚的宗教气氛。[①] 哥特式教堂尖峭的建筑形式、耸立的墙体和直指云霄的塔尖蕴含着深刻的基督教精神，彰显着信徒对彼岸世界的向往。丹纳在《艺术哲学》里写道："走进教堂的人心里都很凄惨，到这儿来求的也无非是痛苦的思想。他们想着灾难深重，被火坑包围的生活，想着地狱里无边无际，无休无歇的刑罚，想着基督在十字架上的受难，想着殉道的圣徒被毒刑折磨。他们受过这些宗教教育，心中存着个人的恐惧，受不了白日的明朗与美丽的风光；他们不让明亮与健康的日光射进屋子。教堂内部罩着一片冰冷惨淡的阴影，只有从彩色玻璃中透入的光线变做血红的颜色，变做紫英石与黄玉的华彩，成为一团珠光宝气的神秘的火焰，奇异的照明，好像开向天国的窗户。"[②] 哥特式教堂升腾的外观冲天而起，有如升上天国一般，似乎人们的灵魂也随之升腾，去寻求上帝的关怀与怜爱。著名的哥特式教堂有法国的巴黎圣母院、亚眠大教堂和德国的科隆大教堂等。

## （二）教堂培育的伦理功能

基督教自在西方社会传承以来，其价值思想如静水深流，早已从根基处塑造了西方人的认知态度、道德情感和审美趣味，而教堂

---

①　谢炳国编著：《基督教仪式和礼文》，宗教文化出版社 2000 年版，第 219 页。

②　赵林：《基督宗教信仰与哥特式建筑》，《中国宗教》2004 年第 10 期。

是呈现基督教精神的重要载体，在西方伦理文化中具有重要的伦理培育功能，具体表现在对基督徒三大德目的培养上。

## 1. 信德

信仰通常是指一种终极关怀，是人的一种精神追求。在基督教中，信仰是一种关系，是人与上帝、人与基督之间的关系；信仰也是一种知识，是一种特殊的启示性的知识，是人通过相信启示，并进而相信在启示中所产生的知识。[①] 奥古斯丁给信仰定义为以赞同的态度去思想。瑞士基督教神学家巴特则认为，信仰不能理解为对《圣经》文本或者教会规章视之为真，而是要承认活的耶稣基督本身，不是此外的任何人和任何东西。[②] 可见信仰的概述虽不相同，但却都带有对某事物的一种坚决的肯定态度，这种态度不能轻易发生动摇。在《新约》中，信仰有多重含义，它们互不重合。同观福音中，"相信"通常用于表示与神迹有关的事情，如百夫长的信心使得他的仆人得救，上帝的大能在耶稣身上得到了显现。[③] 实际上，神迹的产生依赖于信仰自身。耶稣认为，信仰就像芥菜种，它能挪移大山。耶稣说："是因你们的信心小。我实在告诉你们：你们若有信心像一粒芥菜种，就是对这座山说：'你从这边挪到那边'，它也必挪去，并且你们没有一件不能做的事了。"（《马太福音》17：20）耶稣还说："我实在告诉你们：你们若有信心，不疑惑，不但能行无花果树上所行的事，就是对这座山说：'你挪开此地，投在海里！'也必

① ［德］奥特、奥托编：《信仰的回答——系统神学五十题》，李秋零译，香港：汉语基督教文化研究所2005年版，第253页。

② ［德］奥特、奥托编：《信仰的回答——系统神学五十题》，李秋零译，香港：汉语基督教文化研究所2005年版，第255页。

③ ［德］卡尔·白舍客：《基督宗教伦理学》第2卷，静也、常宏等译，上海三联书店2002年版，第27—30页。

成就。"（《马太福音》21：21）在耶稣看来，基督徒要信仰上帝，必须具备一种开放的胸怀，要对自我进行全盘的否定，要对人格进行重新的塑造，并且要对上帝绝对的顺从和赞同。所以，耶稣说："日期满了，神的国近了！你们当悔改，信福音！"（《马可福音》1：15）

信仰如果仅仅只表现为生命中的一种内心信念还完全不够，它还需要通过外在的灵性修养方式来加以体现，灵修方式对基督徒的生命具有积极的反作用。耶稣灵修方式有多种表现，如当耶稣基督遇到困难，心情极端烦躁之时，耶稣对门徒们说："你们坐在这里，等我到那边去祷告。"（《马太福音》26：36）耶稣要通过祷告的方式使自己心情平静下来。耶稣孤身一人在旷野禁食40个昼夜，也是当时耶稣实行灵修的方法。而被污鬼附着的男孩的父亲喊着说："我信！但我信不足，求主帮助！"（《马可福音》9：24）这种祷告不应该仅仅是一种心理力量的来源，而且更是一种热爱上帝的崇拜行动，这种行动在人的生命中起到镇静剂和调味剂的作用。不过，现在基督教对一般平信徒的灵性修养方式主要有：第一，安静与默想；第二，祷告与灵阅；第三，敬拜与禁食；第四，耶稣祷文及图像；第五，每日反省；第六，灵修日记与定期接受指引；第七，俭朴生活；第八，社会服务与职业。[①] 在基督徒的生命与生活中，这些灵修方式在很大程度上滋润着基督徒的生命，激励着他们的生活。

### 2. 望德

望德在基督教伦理当中是一个重要的美德范畴，它主要指基督徒对基督和上帝所给予的无限期待，它的目标在于救赎希望的实

---

① 靳凤林主编：《领导干部伦理课十三讲》，中共中央党校出版社 2011 年版，第 201—202 页。

现。希望是人类生活的指路明灯，是人类前进的精神动力，是对现实的不满及对更好、更完善生活的向往。从最广泛的意义上讲，希望只是一种情感，而不能成为一种美德。然而，希望只有毫不动摇地寻求道德上的善与可爱才能成为美德。① 透过同观福音会发现有关"希望"的词汇并不多见，但深究还是可以看到其中蕴含着"希望"的深层意义。登山宝训是基督教有关伦理道德教导的最主要的内容，有些学者将其称为"基督教义之纲要""天国大宪章"和"君王的宣言"等。在这最为重要的内容中就深藏着基督教给人所带来的希望，因为天国向他们这些人敞开。耶稣的目的是要提高国民的道德和宗教水平，建立一个除了以亚伯拉罕子孙为夸耀之外还有许多更重要的特权可夸耀的社会，使他们可以有资格接受那位他们所希望来临的弥赛亚。② 所以，耶稣开口训道："饥渴慕义的人有福了，因为他们必得饱足。"（《马太福音》5：6）这表明只要保存心灵饥渴却对良善十分盼望，他们就一定能得到上帝的荣耀。

　　基督教的救赎是普世而整全的救恩，它涉及的范围包括了社会各个不同的阶层，没有性别之分，没有强弱之别。同时这种拯救也包含着社会生活的各个方面，不但是肉体的复苏，更是灵魂的觉醒。而关于对灵魂的终极关怀是最重要的，因为上帝之国，其本质上就是一个精神王国，而即将到来的拯救也必将是一种精神上的拯救。最后，这种拯救在注重来世的过程中也强调现世。因救赎而产生的望德在于培养基督徒忍受苦难的坚韧和刚毅，让人在困境和不幸中百折不挠，避免懦弱、颓废和绝望。莫尔特曼认为，望德还要求信徒不仅要专注于来世，更要看到现实世界既非自我实现的天

① [德]卡尔·白舍客：《基督宗教伦理学》第2卷，静也、常宏等译，上海三联书店2002年版，第84页。

② [德]大卫·弗里德里希·施特劳斯：《耶稣传》第1卷，商务印书馆1999年版，第270页。

堂，也非自我异化的地狱，而是充满了无数可能性。因此，基督徒应以实际行动参与到此世的改造中来，使人们从不义的经济、政治、文化等社会结构中解放出来。[1] 然而，信德与望德只是基督教伦理实现的两个不可或缺的组成部分。实际上，基督教要实现最终的目标，还有一个更为重要的内容——爱德。而在这三者中，爱德可谓是最为重要的美德。因为没有爱，一切的信仰都是虚假的；若没有爱，则一切的希望都将化为泡影。

### 3. 爱德

一般来讲，人们都习惯于将爱分成两大类：一类是表示欲望的人类之爱，即爱洛斯（Eros）；另一类是表示上帝对人类的一种终极道德原则的爱，即阿迦披（Agape），希腊文《圣经》提及爱时普遍采用的几乎都是 Agape。并且，人们认为这两种爱截然不同，因为一种是世俗的爱，而另一种是超自然的神性的爱。但蒂利希认为，真正说来，只有一种爱，这就是阿迦披，因为阿迦披不仅无限地接纳他者，而且是爱的根本动因。所以，只要有了阿迦披，也就一定会因此而有爱洛斯。[2] 其实这两种爱存在着根本的不同，因为人类之爱的 Eros 表现的是人与人之间的平行关系，而具有神性之爱的 Agape 表现的是上帝与人之间的垂直关系。

基督教所追求的爱是一种至高无上的爱。耶稣基督首先明确表达出了爱的必要性："你要尽心、尽性、尽意，爱主你的神。这是诫命中的第一，且是最大的。其次也相仿，就是要爱人如己。"（《马太福音》22：37—39）人只有首先与邻人具有良好的关系，才能使

---

[1]　靳凤林主编：《领导干部伦理课十三讲》，中共中央党校出版社 2011 年版，第 200 页。

[2]　张传有：《幸福就要珍惜生命——奥古斯丁论宗教与人生》，湖北人民出版社 2001 年版，第 16 页。

自己有机会与上帝沟通，没有对他人的爱则不可能获得上帝对自己的爱。基督教所追求的爱是一种广博普世的爱。上帝之国所接纳的对象突破了民族与国籍的界限，它同情的是痛苦忧愁的人，怜悯的是孤单饥饿的人，帮助的是无所适从的人等等。正如耶稣说："他看见许多的人，就怜悯他们，因为他们困苦流离，如同羊没有牧人一般。"（《马太福音》9：36）基督教所追求的爱是一种平等无私的爱。"爱人如己"充分地体现了这种平等性。人不能宽己而严他，人对待他人时应该要像希望他人对待自己一样。"我赐给你们一条新命令，乃是叫你们彼此相爱；我怎样爱你们，你们也要怎样相爱。"（《约翰福音》14：34）基督教所追求的爱是一种体谅饶恕的爱。"你们饶恕人的过犯，你们的天父也必饶恕你们的过犯。"（《马太福音》6：14）对于触犯他的弟兄他不仅是饶恕七次而是七十个七次。人不仅要宽恕他人的过错，还要能够发自内心地去爱自己的仇敌，"你们倒要爱仇敌，也要善待他们，并要借给人不指望偿还，你们的赏赐就必大了，你们也必作至高者的儿子，因为他恩待那忘恩的和作恶的"（《路加福音》6：35）。

在基督教中，爱在整个社会中发挥着法律无法替代的作用。法律的核心是正义。在《旧约》和《新约》中，所蕴含着的爱与正义的比例不尽相同，《旧约》中主要体现耶和华的公正无私，而《新约》展现的更多的是上帝传递给耶稣基督的仁慈与无私的爱。并且，《新约》中的爱不仅成了正义而且超越了正义。耶稣说："莫想我来要废掉律法和先知；我来不是要废掉，乃是要成全。"（《马太福音》5：17）而耶稣被钉十字架事件正是以爱成全了律法，成全了将基督交在彼拉多手下的律法。所以说，圣爱或许能够坚固律法，成就自由。① 其实，耶稣人生唯一的责任就是去帮助人，唯一的律

---

① 李猛：《爱与正义》，《书屋》2001 年第 5 期。

法就是爱。同情的责任，爱的责任，应在一切其他的律法、律例与法则之先，这个观点使他轻看了一切身体上的冒险。[①] 由于正义的美德是给予个人实现自我，社会获得稳定的必备条件，耶稣之爱能够平等地得以传递也必须以公平正义为基点。所以，爱只能高于正义，却并不能完全取代正义而独立存在。

### （三）教堂承担的社会功能

对基督徒而言，教堂作为沟通教徒与上帝、尘世与天国的重要桥梁，不仅是基督徒进行日常宗教活动的重要场所，而且是从事各种社会活动的聚集地。因此，教堂除了培育基督教"信、望、爱"三种主要美德之外，还承担着与基督徒的人生和社会生活密切相关的社会功能。

#### 1. 给予心灵慰藉的栖息地

由于基督徒深信上帝的博爱，对上帝存有绝对的信心，他们除了平时做礼拜或做弥撒时在教堂进行祷告或忏悔外，同时将自己人生中许多阶段的重要事情甚至于他们的生死大事都全部交给了上帝。他们无论欢喜或是悲伤都会走入教堂，走近上帝，去与上帝诉说、忏悔或祈祷，他们有时需要的是与上帝分享喜悦，有时则寻求上帝怜悯其苦楚，以追求生命的永恒和天堂的美景。如婚姻在基督教中极为重要，因它是由上帝所设立的。"耶和华就用那人身上所取的肋骨造成一个女人，领她到那人跟前。那人说：'这是我骨中的骨，肉中的肉，可以称她为女人，因为她是从男人身上取出来

---

①　[英] 巴克莱：《新约圣经注释》上卷，中国基督教两会 2007 年版，第188 页。

的。'因此，人要离开父母，与妻子连合，二人成为一体。"（《创世纪》2：22—24）耶稣曾用一个王为他儿子摆设娶亲的婚筵比喻为天国（《马太福音》22：2），这足以表现婚姻的高贵圣洁品质并反映耶稣对婚姻的高度重视。使徒保罗论及到婚姻乃是共甘苦的伙伴，丈夫不能不顾妻子单独行动，妻子也亦如此，整个婚姻的关系在于夫妻两人在肉体和精神上都得到满足（《哥林多前书》7：3—7）。马丁·路德指出："婚姻不仅孕育健康的身体、完美的道德、财富、荣耀和家庭，而且还使城市和乡村中的一切性行为具有了意义。"因此，婚姻应是每个基督徒都应该具有的美德和神圣使命。而天主教、东正教更是将婚姻视为一种"圣事"，指教徒在教堂内，由主持人主礼，经过教会规定的礼仪认可，正式结为夫妻。① 而基督教同样认为婚姻是神圣的，结为夫妻的新婚夫妇必须在教堂举行婚礼。婚礼一般由牧师或长老主持，夫妇双方都要在上帝面前订立誓约，其主要程序包括祷告、经文诵读、婚约问答、誓约、戒指交换、祝福等，每个环节都赋有着令人敬畏的神圣性。教堂中举行的婚礼表达了夫妻双方遵奉着上帝的旨意，抱持着恭敬、虔敬和相互信任之心，既希望他们家庭获得上帝那属灵的赐福，又渴望他们的婚姻恩爱而恒久，这种仪式既隆重又严肃，甚至教堂还能赋予婚姻法律效力。如美国人结婚，除了可以到政府部门登记注册，同样可以到教堂登记注册，它们都具有同等的法律效力。

　　基督教不仅十分关注人生前之事，而且特别重视死亡问题，注重死后的丧礼，整个丧礼以追思感恩、赞美荣耀上帝为宗旨，其基本程序包括：宣召、唱诗、读经、讲道、行述、祷告等。对于受洗的信徒来说，可以在教堂举行追思仪式。当丧礼行列进入教堂时，

---

　　① 谢炳国编著：《基督教仪式和礼文》，宗教文化出版社 2000 年版，第175 页。

司琴可以弹奏柔和、能够安慰人心的诗歌；当丧礼行列出现在教堂门口时，所有会众起立，表示尊敬及哀悼之情。[1] 在这一系列的追思活动中，人的肉体生命也许消失，但信徒却深信灵魂能与上帝同在。这种祈祷不仅对于已经先睡的人，而且活着的人以后同样能够获得上帝无限的荣耀。正如《圣经》中所言："我们现在照主的话告诉你们一件事：我们这活着还存留到主降临的人，断不能在那已经睡了的人之先，因为主必亲自从天降临，有呼叫的声音和天使长的声音，又有神的号吹响；那在基督里死了的人必先复活。以后我们这活着还存留的人必和他们一同被提到云里，在空中与主相遇。这样，我们就要和主永远同在。所以，你们当这些话彼此劝慰。"（《帖撒罗尼迦前书》4：15—18）

### 2.提升生命品质的聚集地

教堂在空间上占据了西方城乡的各个角落，成为西方人日常生活的重要场所，信徒们在此可以从事许多不同的活动，丰富生活，提升品质，拓展生命，例如：

教堂聚会。聚会是教会的一项重要活动，是圣徒们的集会。在《新约》中对聚会的描述多次出现。"七日的第一日，我们聚会擘饼的时候，保罗因为要次日起行，就与他们讲论，直讲到半夜。我们聚会的那座楼上，有好些灯烛。"（《使徒行传》20：7—8）"我现今吩咐你们的话，不是称赞你们，因为你们聚会不是受益，乃是招损。第一，我听说你们聚会的时候，彼此分门别类，我也稍微地信这话……你们聚会的时候，算不得吃主的晚餐。"（《哥林多前书》11：17—20）"弟兄们，这却怎么样呢？你们聚会的时候，各人或

---

[1]　谢炳国编著：《基督教仪式和礼文》，宗教文化出版社2000年版，第208页。

有诗歌，或有教训，或有启示，可有翻出来的话，凡事当造就人。"
（《哥林多前书》14∶26）信徒们聚在一起既是他们的权利又是他们
的义务，他们并不一味地去接受，他们同样需要付出，需要与许多
不同的教友接触和交流，从事各种性质不同的活动。因此，聚会被
分成了周间聚会、祷告会、查经会、读经聚会和交通聚会等不同的
形式。于是，在教堂的附属建筑中甚至安排有聚会小屋，每周的礼
拜开始之前与结束之后，信徒们总会聚集于聚会小屋，有的信徒商
议教会活动的明细，有的聊聊家常，有的稍作小憩，这为信徒们的
社交提供便利的分享平台，成为信徒们之间产生友谊的桥梁和纽
带。① 而现代教堂的聚会范围更加广泛，在重大节日期间，如万圣
夜、感恩节、圣诞夜、新年等节日时，教堂会举行隆重的聚会，而
在平时期间，教堂会举办形式不一的音乐会等娱乐活动，教堂成为
信徒们载歌载舞，施展自我才华的场所。

　　教堂慈善。慈善（charity）是一种爱的表现，基督教中具有浓
厚的慈善思想。如耶稣说："他看见许多的人，就怜悯他们，因为
他们困苦流离，如同羊没有牧人一般。"（《马太福音》9∶36）"各
人要随本心所酌定的，不要作难、不要勉强，因为，捐得乐意的
人，是上帝所喜爱的。"（《哥林多后书》9∶7）"你施舍的时候，不
要叫左手知道右手所做的；要叫你施舍的事行在暗中，你父在暗中
察看，必然报答你。"（《马太福音》6∶3—4）这种慈善行动是无
条件且无回报的、是积极自愿而全面的，这种慈善活动大多在教
堂完成。因此募捐是每个教堂不可缺少的活动，在每次礼拜仪式
中，总有几个布制募捐袋或纸制募捐箱在每排的座位上你传我，我
传他。往里放支票者有之，往里塞现钞者有之，往里投硬币者亦有

---

① 伍娟、陈昌文：《神圣空间与公共秩序的规约——贵州安顺乡基督教堂
的空间布局及社会功能》，《中国宗教》2010 年第 5 期。

之。每年的圣诞节，各个教堂都要准备丰盛的晚饭，让那些贫民前来饱餐一顿。大型的教堂都设有一个部专门进行食品募集，并负责每周向贫民分发一次食品。有时，教堂还会为某一个人搞专门的募捐活动。① 对信徒而言，慈善募捐活动是一种责任和义务。"一个人不仅应当将其合法财产看做是自己的，也应当看做是公共财产的一部分。在此意义上，财产不能仅仅用来增加自身的利益而且也应该用来增加他人的利益。"② 这种爱的行动让人更加感受到人之所以为人的尊严感，这是上帝的恩典，故他们不可为追逐财富而抛却了上帝。"神能将各样的恩惠多多地加给你们，使你们凡事常常充足，能多行各样善事。如经上所记：'他施舍钱财，周济贫穷；他的仁义存到永远。'"（《哥林多后书》9：8—9）爱的慈善活动不仅帮助了需要关心的人，而且让施爱者的人生变得更加不平凡，这在提升他们生活品质的同时会让他们收获盼望的永生。

由上可知，基督教教堂在其发展的过程中虽然展示的建筑风格有所不同，但却都是基督徒与上帝交流的圣地，都富有着培育"三主德"的伦理功能，承载着与基督徒生活息息相关的社会职能。

---

① 谢庆芳：《现代美国教堂的社会功能》，《岭南学刊》2004 年第 1 期。

② ［德］卡尔·白舍客：《基督宗教伦理学》第 2 卷，静也、常宏等译，上海三联书店 2002 年版，第 746 页。

# 第三章

# 儒耶伦理文化生成的人文生态环境之比较

世界上任何一个民族的文化形态都是该民族在其千百年来的生存斗争中不断创造的结果，儒家和基督教作为特质迥异的东西方伦理文化形态，推动和制约其成长、发展并走向成熟的主要因素有哪些？本章从儒耶伦理文化赖以生成的人文生态环境的视角，进行深入细致的系统化综合分析，涵盖自然根基、经济基础、政教结构三大基本要素。就自然根基而言，本章以大河的澎湃而行与海洋的波澜壮阔为切入点，从气候、地形、地貌等多个角度，揭示自然环境的巨大差异对儒耶文化型塑与扩散、生成与传播的深刻影响。就经济基础而言，本章通过对东西方生产方式和生活方式发展史的深入考察，全面透视农耕经济和商业经济对儒耶文化独特文明类型所发挥的奠基作用。就政教结构而言，本章通过对中国政教合一的历史流变过程和西方政教对立的历史衍化脉络的考察与剖析，全面揭示儒耶伦理文化内在差别得以生成的社会根源。

## 一、大河与海洋：儒耶文明的自然根基之比较

自然地理环境是人类社会赖以产生和发展的物质基础，也是人类意识和精神产生的基础。在不同的文明和文化中，人们为什么首

先思考这样的问题而不是那样的问题，为什么这样思考问题而不是那样思考问题，即他们思考问题的内容和方式都各有其特殊性，这种特殊性是与其外在的生活环境密切相关的。正如马克思所说："人们自己创造自己的历史，但是他们并不是随心所欲地创造，并不是在他们自己选定的条件下创造，而是在直接碰到的、既定的、从过去承继下来的条件下创造。"[1]处在不同生活环境中的人们，面对不同的生存挑战，就会产生不同的生活感受，形成不同的世界观与人生观，最终会形成不同的哲学思想与宗教观念。因此，通过对文化形成的地理环境的考察，我们可以窥测到儒家和基督教两种截然不同的异质文化得以形成的基础条件上的差异。

## （一）大河的澎湃而行与儒家文明的型塑与扩散

由于人类文明都是在特定的自然地理环境影响下形成的，因而在此基础上形成的生产生活方式、文化价值观念与地理环境密切相关。正如黑格尔在《历史哲学》中所指出的："我们所注重的，并不是要把各民族所占据的土地当做是一种外界的土地，而是要知道这地方的自然类型和生长在这土地上的人民的类型和性格有着密切的联系。这个性格正是各民族在世界历史上出现和发生的方式和形式以及采取的地位。"[2]儒家文化作为华夏文明的重要组成部分，是在亚欧大陆东部、太平洋西岸这片广阔的温带大陆产生和发展起来的。其自然地理环境的重要特征就是：温带季风性气候、广阔的黄土高原、幅员辽阔的疆域和复杂的地形地貌。正是这些因素影响着

---

① 《马克思恩格斯选集》第 1 卷，人民出版社 1995 年版，第 585 页。

② ［德］黑格尔：《历史哲学》，生活·读书·新知三联书店 1956 年版，第 123 页。

儒家文化的形成、发展、传播与扩散。

### 1.黄土高原的气候、土壤与儒家文明的型塑生成

黄土高原是儒家文明乃至整个华夏文明的发祥地。这里有着最为适宜农业耕种的温带季风性气候、黄河冲积而形成的肥沃黄土等优越条件。

（1）温带季风性气候与八卦阴阳四时观念

中国的大部分领土位于北温带，符合黑格尔所说的"历史的真正舞台"①。儒家文明的发祥地位于黄河和长江中下游的广大地区，这里受亚热带和温带季风性气候影响，降水量具有明显的季节分布不均匀性，全年雨量的四分之三以上出现在夏季的六、七、八月三个月份，这种雨热同期的气候类型非常有利于农作物的生长与成熟。加上太阳辐射带来的热量十分丰富，为各种植物的生长和农耕文明的发展提供了十分优厚的自然条件。从远古时代开始，原始先民就开始种植黍、稷、麦、稻、桑、麻等农作物。但是由于降雨量非常集中，因而也蕴含着非常大的春季旱灾和夏季水灾的可能性，激发了先民与自然做斗争，不畏艰难险阻的自强不息的精神。

正如孟德斯鸠所指出："不同气候的不同需要产生了不同的生活方式；不同的生活方式产生了不同种类的法律。"②这种四季分明的温带季风性气候和相对集中分布的雨量，不仅影响了古人的生产和生活方式，也影响了他们思考问题的方式。比如，农作物的种植与收获严格受到季节的制约，因而先民们在很早就产生了四时的观

---

① ［德］黑格尔：《历史哲学》，生活·读书·新知三联书店1956年版，第124页。

② ［法］孟德斯鸠：《论法的精神》，商务印书馆1959年版，第280页。

念，后来完善成为二十四节气，用于妥善地安排农事活动。又如，农作物的生长好坏极大地取决于阳光的照射和获得热量的多少，因而先民们很早就开始观察太阳高度的变化，产生了阴阳观念，并且注意到了一天当中乃至一年当中阴阳的变化规律。原始先民在长期的农业耕种生活中通过对天、地、山、沼、泽、风、雷、水、火等自然物的敏锐观察，形成了周易八卦学说。同时在与土壤、树木、水源、火及金属（工具）打交道中，观察到了恰恰是这些物质元素的相生相克构成了世界，因而产生了五行相生相克学说。由于作物的种植和收获严格遵守季节规律，具有轮回性，因而产生出"寒往则暑来，暑往则寒来"（《周易·系辞下》）这样一种周期性循环的时间观念。

（2）利害并存的黄河与大一统观念

黄河是中华文明的摇篮，是黄河的乳汁哺育了中华民族辉煌灿烂的文化。一方面，黄河挟带的大量泥沙，在中下游沉积变成了肥沃的土壤，构成了农耕民族最为重要的生产资料。另一方面，黄河受季风性气候影响，河流的水量在洪水期和枯水期的变化幅度非常大，潜藏着发生旱涝灾害的危险，而且黄河泥沙挟带量高居世界河流首位，大量的泥沙沉积会淤塞河床，导致堤防溃决、河水泛滥。

历史上黄河曾经多次改道，对古代先民生产生活造成了极大的威胁。对黄河水患的治理，要求必须有一个强有力的中央集权国家，才能动员所有的人力物力资源；相反，如果是地方政权割据，小国林立，各自为战，就会出现"东周欲为稻，西周不下水"和"以邻为壑"的情况。公元前 651 年诸侯国之间发起的葵丘之盟[①] 和孟

① 《春秋》中记载，公元前 651 年，齐桓公召集相关诸侯在葵丘互相盟誓，不得修筑有碍于邻国的水利设施，不得在天灾时阻碍谷米的流通。

子提出的"天下定于一"思想就是时代要求的反映。这表明在春秋战国时期就产生了对于统一的中央集权国家的要求，为随后统一的秦王朝之建立奠定了大一统国家观念的基础。

（3）细腻疏松的黄土与"天人合一"和"法天象地"观念

黄河冲积所形成的细腻疏松的黄土，非常适宜远古木石和青铜农具的耕种，适宜黍、稷等农作物的生长。农业生产严格遵循一年四季的自然规律，是一种简单再生产，注重经验的积累与传承。土地耕种这种一分耕耘一分收获的生产特点，促成了中国人注重实际的务实精神，也影响了先民安土乐天的生活情趣，而秋收冬藏的季节性特征则促成了先民循环往复、周而复始的时间观念。这种生活环境要求人们在日常生产与生活中密切关注自然的变化——"仰观天文以察时变"，使农业生产的周期严格遵守自然规律，这对于儒家之注重人与自然和谐统一的"天人合一"观念的形成是有影响的。原始的先民在仰观天文俯察地理的经验基础上，根据自然界的法则建构起来一系列人类社会必须遵守的道德法则与社会规范，这就是儒家所说的"人道源于天道"，就是儒家的"天人合一"与"法天象地"的观念。

农业生产方式几乎是千百年来没有什么变化的，所以要求生产者更多的是注重经验积累而不是革新，因而容易滋生永恒意识和保守思想，只希望稳定长久不图发展变化。生产生活高度依赖天地自然，作物的收成在"尽人事"之后完全"听天命"，取决于老天爷是否风调雨顺。但是如果人不付出播种、施肥、耕耘、除草、培土等持续的辛勤劳作，即便是再风调雨顺也不会有好的收成。所以，对于农业生产而言，这种观念的形成是最为自然而然的，上升到哲学的层面就形成了儒家"天""天命"观念。

孟德斯鸠在分析亚洲的地理环境后指出："在亚洲，权力就不能不老是专制的了。因为如果奴役的统治不是极端严酷的话，便要迅速形成一种割据的局面，这和地理的性质是不能相容的。"[①] 在夏商周三代，土地属于公有，以家庭为单位共同耕耘共同收获。长辈与老者具有丰富的生产和生活经验，很自然地在家庭集体劳动中会形成公有观念和崇拜先祖的孝道观念。进入文明时代以后，土地属于国家，家是缩小的国，国是扩大的家，因而自然而然地形成"家国同构"观念。历史学家黄仁宇指出，易于耕种的纤细黄土，能带来丰沛雨量的季候风，时而润泽大地、时而泛滥成灾的黄河，是影响中国命运的三大因素，它们直接或间接地促使中国要采取中央集权式的、农业形态的官僚体系。[②]

### 2. 幅员辽阔腹地纵深的整体格局与儒家文明的强大生命力

中华大地，从白山黑水到云贵高原，从东海之滨到陇甘沙漠，数十条山脉纵横交错，数百条大小河流自西向东南注入太平洋。这一地域的地形有高原山地，也有平原草原，还有沙漠与山间盆地，可谓是幅员辽阔腹地纵深。这种地理上的整体格局，为文化的迁徙延续、免遭灭顶之灾准备了条件。这片广大辽阔的土地不仅为我们的祖先提供了完全自给自足的生活条件，而且蕴藏着雄厚的发展潜能，使其自身能够不断自我调节和更新，并且进退自如。在几千年的历史上，我们曾经遭受过多次外敌入侵，而始终能够保持文化的延续与完整，没有像其他古老文明那样遭到毁灭或者中断，正是依赖于这不可多得的广阔内陆。

（1）黄河长江中下游的地理状况与早期农耕文明

中国的农耕文明发祥于黄河和长江中下游地带。由于黄河流域

---

① ［法］孟德斯鸠：《论法的精神》，商务印书馆1959年版，第332页。

② ［美］黄仁宇：《中国大历史》，生活·读书·新知三联书店2007年版，第23页。

土壤是疏松细腻的黄土，即便是最为原始的木制和石质农具都可以耕种，又非常适合黍和稷等农作物生长，所以得到了较早的开发，到青铜器时代，已经成为中国的政治经济文化中心。夏商周三代的主要活动领域都是在黄河中下游一带。在春秋战国时代，江南地区吴越湘楚等文明相继出现，并且也卷入了与中原诸侯国的争战之中。随着秦王朝的统一，中原文明不断地向水肥地美的长江流域和岭南地区传播，这些地区不断地得到开发，到唐宋时期，江南地区成为经济文化的重心。

（2）西北草原的地理状况与游牧民族的生活

受温带季风性气候影响，在广大的西北内陆地区，季风性逐渐减弱，大陆性逐渐增强，降水量逐渐减少，因而呈现出半干旱的草原和沙漠地形，生活在这里的原始先民是"逐水草而居"的游牧民族。正如黑格尔所说，"在他们当中就显示出了好客和劫掠的两个极端"。这些生活在马背上的民族在水草枯萎的灾荒之年，受饥饿的迫使，有组织地南下抢劫掳掠农耕民族的劳动成果，来如骤风去如闪电，在有号召力的领袖的带领下，就发展成为大规模的掠夺战争。从商周时期到秦汉的上千年中，北方的匈奴入侵一直是农耕民族的最大威胁。北方的少数民族甚至在历史上多次入主中原建立政权，比如西晋末年的"五胡乱华"。

春秋战国时期，燕、晋等北方各国为了抵御匈奴的入侵，开始修筑长城。秦始皇统一六国后派蒙恬将北方各国的长城连为一体，以抗击匈奴的入侵，可见当时匈奴力量之威猛强大。历史记载，西汉初年，匈奴大举进犯，边疆多座城池丢失，西汉武帝时期派大将卫青和霍去病北击匈奴，东汉光武帝时期派大将窦固和窦宪北击匈奴，这一方面反映了农耕民族和游牧民族之间战争的严酷和持久性。因此无论是组织发动对游牧民族的战争，还是为了抵御外族入侵而修筑长城，都客观要求必须有一个强大的中央集权国家做后盾，否则就不能保证人民安居乐业。另一方面，长期的战争也促进了游牧民族与农耕民族的生产生活的交流与文化的融合。

（3）中原战乱与江南地区的不断开发

秦汉至魏晋南北朝的数百年间，北方少数民族大举入侵中原，甚至建立政权。受战争的破坏再加上人口膨胀的影响，黄河中下游地区农业生态环境不断恶化，大量民众被迫不断南迁到长江中下游和东南沿海一带，把生产技术和儒家的思想观念传播到了那里，尤其是南方政权的建立使得江南地区得到不断的开发，经济中心开始向南方转移。大规模的移民迁徙以西晋末年永嘉之乱、唐朝安史之乱和北宋末年靖康之乱三次南迁影响最大，移民人数最多。在长期的战争和社会动乱导致的移民过程中，儒家思想文化得到了不断的拓展，发展出儒家思想的新形态。在唐宋以后，更多的儒学大家大多是在南方产生的，比如宋明理学的大师程颐、程颢、朱熹以及心学大师陆象山和王阳明的学说都是在江南地区兴盛起来并产生重大影响的。

由于具有这种幅员辽阔的特殊地理环境，在北部少数民族的多次入侵下，农耕部落的先进文明具有了广大的回旋余地，文明得以不断向长江中下游地区和岭南地区转移扩散，不仅没有遭到破坏而中断，反而还同化和融合了异族文化，得以不断壮大发展。正如孟德斯鸠所说，"中国并不因为被征服而丧失它的法律……改变的一向是征服者"[1]。被征服者或征服者的文化不断融合进汉文化中，这种新鲜血液不断融入的文化格局造成了中华文明的强大生命力和凝聚力。在秦汉时期，在汉民族文化的基础上，吸收借鉴同化了荆楚、吴越、巴蜀和西域文化等；在魏晋南北朝时期，同化了匈奴、

---

① ［法］孟德斯鸠：《论法的精神》，商务印书馆 1959 年版，第 375 页。

鲜卑等北方少数民族文化；在宋元明清时代，同化了契丹、党项、蒙古和女真各族的文化。在这种同化和融合的过程中，显示出了儒家文化强大的生命延续力量。

### 3.复杂的地形地貌与文化的多样性

中国境内有上千条大江大河，有绵延的崇山峻岭，有塞外的荒漠。北部是蒙古大草原，中西部是沟壑纵横的黄土高原，东部是华北平原和长江中下游大平原，西南有云贵高原和四川盆地。这种千姿百态的自然景观造成了中华文明多姿多彩的特点——既有农耕文化，也有游牧文化，即便是在以农耕文明为主要特色的汉族文化内部，还有因地域差别形成的不同亚文化类型。

（1）不同区域文化格局的形成

由于地域幅员辽阔，各地自然条件千差万别，形成了同是华夏文明，但是在不同地域社会政治经济文化等方面的发展水平存在诸多的差异，因而形成了不同的区域文化。早在春秋时期，华夏大地就形成了不同文化格局，如东部的齐鲁文化，长江中游的湘楚文化，黄土高原上的秦晋文化，东北部的燕赵文化等。随着秦汉大一统国家的建立，统一了度量衡、货币和文字，"车同轨，书同文"，这些区域文化不断融合趋于合一，成为了中华民族文化大家庭的组成部分，也塑造了中国文化有容乃大的包容性格，形成了中华一体的文化认同观念。

（2）多元文化的融合汇聚与凝聚力

魏晋南北朝时期的几百年中，众多地方政权并立，相互之间的战争不断，对社会生产力造成了极大的破坏，但是也导致了民族文化融合的进一步加强。儒释道思想在互相批判中相互吸收借鉴，逐渐形成儒家文化的博大胸怀与开放心态，同时塑造了儒家文化的强大同化力、融合力、凝聚力和延续力。这种文化的特征截然不同于西方世界宗教中的排他性。始于先秦的儒家文化在汉代成为正统。东汉时，原始道教出现，也恰在此时发源于印度的佛教从西域传入中土。在魏晋南北朝时期，儒家与道家思想互相批判吸收形成新的思想形态——魏晋玄学。儒释道三家，经历了上千年的批判、融合、吸收、借鉴，至宋明时期，儒学在吸收佛道二派的基础上发展出了新的理论形态——程朱理学和陆王心学。

### 4. 半封闭型的总体地理格局与文化的保守性和自我陶醉性

在古代社会，中华文明可以说是处于一种半封闭总体格局之下，它与外界几乎是隔绝的。这种地理位置极大地阻碍了它与西方文明的交流。虽然也有零星的对外交流，比如汉代的班超出使西域，比如唐代的高僧玄奘去印度取经，比如明代的郑和下西洋，等等。但是这些都没有对中华文明的发展产生重大影响。可以说，直到近代以前，以华夏文明为中心的东亚文化几乎是一个独立的系统，受西方文明的影响微乎其微。这与我们所处的独特的半封闭整体地理格局是分不开的。

（1）半封闭的整体地理格局与文化的保守性

华夏文明产生与发展的东亚大陆，它的东面是浩渺无际的太平洋，这是缺乏远洋航海技术的先民难以逾越的障碍。在正北方是冰雪覆盖寒冷荒凉没有文明痕迹的蛮荒之地，即今天的戈壁沙漠和广大的西伯利亚地区。西北边陲是浩瀚无垠的大沙漠，虽然有沟通中西的丝绸之路，但是始终没有成为华夏文明与西方文明交流的坦途。正西方是青藏高原，西南方是崇山峻岭和云贵高原，被热带大森林所覆盖。这种地理格局使得华夏文明远离世界上的其他文明中心，长期处于与外界隔绝之中。因而它能够保持自己文明发展的独特性，但是也带来了自我封闭的保守意识，自诩是世界的中心，形成了盲目自尊的大国心态，具有一种天生的文化优越感，这种优越感直到鸦片战争才被打破。

这种地理障碍造成了中华文明不能向西方异质文明开放。表现在文化的深层，就是我们更多的是注重文化的传承而不是开拓，长期积淀而形成了注重稳定平衡和追求务实恒久的大陆性文化性格。这也说明了为什么中华民族的文化是一种主张和平自守的内向型文化，儒家思想的这一特点表现得最为明显。

（2）地理条件的优越性与文化的自我陶醉性

正如孟德斯鸠指出，"一个国家土地优良就自然地产生依赖性"①。中华大地可以说是地理条件优越，物产丰富。在近代文明兴起以前，中国是世界上最强大最富足的国家，完全自给自足，可以不求于人，因此萌生出一种优越感和自我陶醉感。所以，与欧洲人相比较，我们就缺少那种不畏艰险的探索精神，缺少他们开拓海洋事业的进取精神，而是形成了注重和平自守和安土重迁的观念。

综上所述，中华大地的自然地理环境决定了以农耕为主的生产生活方式。传统农业生产严格遵守一年四季的规律性，春耕夏长秋收冬藏，所以人事活动要与自然之变化和谐统一。这一方面促成了四季周而复始观念的形成，也对五行生克的世界观和周而复始的时间观的形成产生影响。另一方面，长期从事农业生产非常注重经验的积累而不是创新，所以在思维上容易产生保守怀古的思想，会形成安于现状和缺乏开拓意识的性格。中华大地优越性的生存环境，无需艰苦抗争就能保证衣食，因而缺乏向外发展探索和开放的动力，容易形成一种优越感和自我陶醉的保守心态，这种心态一直延续到近代中西文明交汇碰撞之时。

---

① ［法］孟德斯鸠：《论法的精神》，商务印书馆 1959 年版，第 334 页。

## （二）海洋的波澜壮阔与基督教文化的生成与传播

基督教文化生成于地中海东岸的巴勒斯坦和以色列地区，而基督教的传播也首先是围绕着地中海沿岸进行的。因而，基督教文化的生成和传播与海洋性气候和地理环境密切相关。

### 1. 新月形地带气候环境与基督教的创生

基督教脱胎于巴勒斯坦人的犹太教。美国学者布雷斯特德用"肥沃新月形地带"来指称这一基督教文明的发祥地。这一地区包括从巴比伦南端，沿着底格里斯河和幼发拉底河北上，经过亚述向西，越过叙利亚草原，沿着地中海东岸直到巴勒斯坦南部的广大地区。它是犹太人的先祖希伯来人辗转迁徙和最后定居繁衍生息的地方，是"圣经的家园"，是基督教文化的生成地。自从大约公元前2000年前，古代希伯来人就世世代代在这里繁衍。直到公元1世纪犹太人才随着基督教的兴起走向小亚细亚、地中海沿岸和欧洲南部乃至世界各地。

（1）巴勒斯坦地区的地理环境与"立约"的观念

巴勒斯坦位于亚洲西部地中海东岸，北面临黎巴嫩山和叙利亚，东至约旦，南接西奈半岛，南北长约240公里，东西平均宽约120公里。从地形和土壤方面来看，从浩瀚沙漠的阿拉伯半岛到地中海西岸的巴勒斯坦，没有大规模的适宜耕种的平原，到处是绵延起伏的山脉和一望无际的沙漠，偶尔可以看到一两个绿洲，可以说这是一片并不适合人类生存的蛮荒之地。从气候方面来看，巴勒斯坦位于亚洲西部地中海东岸，属于典型的地中海式气候。这里夏季炎热干燥、冬季多雨潮湿，一年分为旱季和雨季两个季节。由于夏季干旱，农作物只能在冬季生长。而且由于降雨稀少而集中，日照时间长，造成蒸发量大而土壤含水量少，所以种植作物必须靠人工浇灌。

这种恶劣的自然地理环境决定了古代的犹太人要生存，要与敌人进行战斗，分散的有限力量是绝对不行的，他们只能祈求超自然力量的保佑。而且也只有依靠唯一的上帝的至高无上的权威，才能把分散的人群联合起来而不至于分崩离析。所以，神与人"立约"的关系是人与人"立约"现实关系的折射与反映，只不过是现实的契约关系被庞大的宗教观念做了反向的诠释。

正如朱维之先生所指出的："只有游牧部落的集体行动才能与大自然相抗衡，为维系团体的安全需要个体与群体的密切契合，个人只有对群体负责尽职，自觉地接受团体的某些约束，才能使大家都得以生存，因此，产生了约的端倪。在当时宗教观念占支配地位的社会里，这种约往往通过某种宗教仪式表现出来，使之成圣，并附上神秘色彩"，"希伯来各支派分散居住，各自为政，时常遭受外族人的侵略和当地人的袭击，为了对付这种侵略和袭击，各支派之间不得不缔结联盟，以保护族人的生命财产不受侵害。然而各支派之间的关系是一种平等互利的关系，任何一方对另一方发号施令都可能对联盟带来危害。唯一解决的办法就是确立一种让大家都能接受的契约，使各支派在平等互利的基础上达成某种联合"。[①] 由于采用了神与人立约的方式，从而产生一种非凡的震慑和约束力量，使人意识到若侵犯了这个约（或称禁忌和戒律），某人受团体保护和神的祝福的权利就会被剥夺；若取消了这个约，就更意味着社会和群体部落的解体。

（2）巴勒斯坦地区的人文环境与对契约的崇尚

巴勒斯坦虽然面积不大，但是战略位置非常重要。它地处亚非

---

① 　朱维之：《希伯来文化》，浙江人民出版社 1988 年版，第 91—92 页。

欧三大洲的咽喉要道，是不同文化与文明交汇的地方，自古以来是兵家必争之地，古罗马、古埃及、巴比伦王国和亚述王国等先后在这里逐鹿争雄。同时，由于巴勒斯坦地区独特的地理位置，由埃及到两河流域的巴比伦之间，由阿拉伯半岛到小亚细亚之间的贸易商队必须由此经过，所以在希伯来人定居这里之前，这个地方已经是集散贸易之地，商人和商队川流不息。希伯来人定居以后，也加入到了商业贸易的行列之中。商业贸易的发展必然要求对契约的崇尚，要求把利润放在第一位，所以犹太人把契约看作是人与上帝的约定，坚决信守，同时也形成了他们追求财富和重视利益的伦理观念。他们一方面强调财富和利益是上帝的创造和赋予，把金钱视为人生不可或缺的一个重要部分；另一方面又强调追求财富和利益必须符合律法和道德，强调富有的人应当承担起更多的救济穷人的责任。

这种独特的人文地理环境，使得犹太人在发展与外族的商业贸易中，方便与各种文明交流交往，吸收借鉴各种文明成果，从而影响了犹太人的多元文化开放性格。所以我们在《圣经·旧约》中看到，犹太人在批判和抛弃异族多神崇拜和偶像崇拜的过程中，逐渐形成并最终坚定了自己对上帝耶和华的一神信仰。

（3）以色列民族发展的独特历史与"独一真神"信仰

从亚伯拉罕时代开始，希伯来人的祖先在他们首领的带领下，四处流浪，为寻找一块上帝所应许他们的"流奶与蜜之地"而奋斗征战。希伯来人是闪米特人的一支，最初在阿拉伯半岛的西南边游牧，公元前2000年前后，他们离开半岛到美索不达米亚南部一带居住，其后在族长亚伯兰(后改名亚伯拉罕)的率领下向西北迁徙，越过幼发拉底河，进入迦南地区（即后来的巴勒斯坦地区）。他们被迦南的土著居民称为"希伯来人"，意思是"越河而来的人"。有学者考证，亚伯拉罕家族到达迦南地区大约是在公元前1800年左右。① 在公元前 13 世纪，希伯来人在首领摩西的带领下反抗埃及人的压迫，强渡红海，在西奈旷野漂泊迁徙将近 40 年，最终来到约旦河东岸定居，结束了整个民族在埃及沦为奴隶的近 400 年的历史。

公元前 7 世纪，迦勒底人创建的新巴比伦王国兴起，国王尼布甲尼撒二世于公元前 597 年和公元前 588 年两次围攻耶路撒冷，掳掠财富和居民，并于公元前 586 年攻陷城池，焚烧圣殿和王宫，拆除城墙，屠杀了大批居民，又将王公贵族和民众数万人掳掠到了巴比伦，史称"巴比伦之囚"，致使犹太人国家和民族失去了独立性。一直到了波斯帝国兴起，国王居鲁士征服巴比伦，被掳掠的犹太人才得以回到祖国，历时半个多世纪之久。

公元前 332 年，马其顿国王亚历山大大帝率领大军征服了以色列，希伯来文化开始受到希腊文化的影响，即开始了希腊化的进程。公元前 1 世纪，以色列又被罗马帝国所占领，名称也被改为"巴勒斯坦"，成为了罗马帝国的一个省，国家再次失去了主权，民族失去了独立，文化上则进一步受到希腊—罗马文化的侵蚀。

由上述以色列民族的发展历史我们可以看到，他们到处漂泊，国家和民族多次失去主权与独立，几乎没有一块稳定的国土。他们客居的巴勒斯坦地区与亚非欧三洲接壤，多次受到周边的文明古国如埃及、巴比伦、亚述、波斯以及希腊和罗马人的摧残蹂躏。可以说，世界上没有一个民族像犹太人一样，"经历过如此深重的灾难，同时创造出如此令人难以置信的奇迹。灾难的历程是如此漫长，恐怕在人类的历史上可谓旷古绝今了。在近四千年的历史长河中，犹太人的命运可以概括为'悲壮'二字，而这其中的'悲'的成分，就是一长串的悲惨、悲伤、悲哀、悲愤、悲苦、悲凉、悲痛、悲酸

---

① 梁工：《圣经指南》，北方文艺出版社 2013 年版，第 9 页。

的音符写成的一首悲歌"①。

在这种情况下，牢牢地维系这个民族的纽带不是依靠血缘性，也不是地域性，而是依靠精神性的信仰。使他们一直保持民族的独特性而区别于其他民族的，不是犹太国家和圣殿，而是《圣经》。可以说，正是灾难深重曲折艰辛的民族历程使犹太民族形成了以宗教信仰为核心的民族精神。正如海因里希·海涅所说的那样，《圣经》成为了"犹太人随身携带的祖国，随身携带的耶路撒冷"。

因此，无论是早期迁徙不定的游牧生活，还是后来从事分散的农耕和商业贸易活动，希伯来民族都需要一个坚定的信仰、一个精神支柱来面对困难与生活的苦难，需要一个排他性的唯一真神来统一人们的思想，需要一个神圣的契约来约束人们的行为。显然，《圣经》和唯一的真神——上帝耶和华满足了他们的精神需要。所以我们在《旧约》中到处都可以看到上帝与希伯来人立约的记载：伊甸园之约、亚当之约、诺亚之约、亚伯拉罕之约、摩西之约等等。基督教认为耶稣之死乃是上帝与以色列民族所立的"新约"。其实，"这种神人立约的背后所反映的是人与人立约的现实要求，是现实中的人在交往中寻求保障机制，寻求平等互利关系的一种神学反映，是现实的契约关系被庞大的宗教观念做了反向的诠释"②。

## 2. 古希腊罗马的自然地理环境与基督教的传播

在《新约》时代，也就是公元 1 世纪，基督教突破传统犹太教的束缚，首先传播到小亚细亚和位于地中海北岸的南部欧洲广大地区。这里曾经处于古代希腊和罗马统治之下。基督教能够在较短的

---

① ［英］塞西尔·罗斯：《简明犹太民族史》代译序，黄福武等译，山东大学出版社 1997 年版。

② 谢桂山：《圣经犹太伦理与先秦儒家伦理》，山东大学出版社 2009 年版，第 49 页。

时间内在这里传播开来，并且为人们所接受，既与当时古希腊罗马的社会政治经济文化状况密切相关，也与这里的自然地理环境和气候乃至人们的生产生活方式分不开。

（1）古希腊罗马地区的气候

古希腊罗马地区不仅包括阿尔卑斯山以南的南部欧洲地区，还包括小亚细亚和地中海的诸多岛屿。这里与巴勒斯坦地区一样，属于地中海式气候，冬季湿润多雨，夏季干燥炎热，不利于粮食作物的生长，很难形成完全自给自足的农业经济。因此当地居民不得不发展工商业贸易来维持生计。而当人口不断膨胀时，必须向海外殖民。如孟德斯鸠指出："土地贫瘠，使人勤奋、简朴、耐劳、勇敢和适宜于战争；土地所不给予的东西，他们不得不以人力去获得。"[①] 在不断的殖民迁徙中，传统的氏族血缘纽带被冲淡，而形成了以地域为界限的城邦。

（2）多山的地形与半岛海岛林立

古希腊罗马文明的中心区位于欧洲南部地中海北岸，主要是由狭长的半岛和众多的岛屿构成，这种星罗棋布的陆地之间联系的纽带就是大海。正如黑格尔所指出的："希腊全境满是千形万态的海湾。这地方普遍的特质便是划分为许多小的区域，同时各区域间的联系又靠大海来沟通。我们在这个地方碰见的是山岭、狭窄的平原、小小的山谷和河流；这里并没有大江巨川，没有简单的'平原流域'；这里山岭纵横，河流交错，结果没有一个伟大的整块。"这种地形造成了"希腊到处都是错综分裂的性质，正同希腊各民族多方面的生活和希腊'精神'善变化的特征相吻合"[②]。这种地形深刻

---

① ［法］孟德斯鸠：《论法的精神》，商务印书馆1959年版，第336—337页。

② ［德］黑格尔：《历史哲学》，生活·读书·新知三联书店1956年版，第270页。

地影响了希腊民族的生产生活乃至政治观念和文化宗教。同时这种地形造成可耕地面积狭小，粮食生产不能自给自足，也不适合从事畜牧业，只适合海上贸易。海上航行靠船只，而大海恰恰提供了便利条件。

（3）地中海的航运便利

地中海是一个地形封闭的内陆海，为欧亚非三大洲所包围，潮汐很小，海面比较平静，同时海域又不太宽阔，整个海域形势呈现出曲折的狭长形状，其间分布着众多的半岛和岛屿。这种状况不仅没有构成隔离的因素，反而形成了"地球上四分之三面积结合的因素"，成为了比陆路更加经济自由的坦途。一方面，历史上先后形成的埃及王国、亚述帝国、罗马帝国等等都把地中海作为战争和掠夺的便利通道和广阔战场；另一方面，这种开放的地理环境也为不同文明间贸易的发展、文化的传播与交流提供了便利。这种环境同时铸就了勇于开拓进取和兼收并蓄的文化性格。黑格尔在《历史哲学》中说："大海给了我们茫茫无定、浩浩无际和渺渺无限的观念，人类在大海的无限里感到他自己的无限的时候，他们就被激起了勇气，要去超越那有限的一切。大海邀请人类从事征服，从事掠夺，但是同时也鼓励人们追求利润，从事商业。平凡的土地、平凡的平原流域把人类束缚在土壤里，把他卷入到无穷的依赖性里边，但是大海却挟着人类超越了那些思想和行为的有限的圈子。"[①]

众多岛屿组成的海洋性地理环境不适宜农业生产，所以必须以从事海上工商业贸易活动为生计。这种流动性很强的生活方式，强烈地冲击着蒙昧时代的血缘纽带，形成了以地域和财产关系为基础的城邦社会。一方面，做生意要超出家庭与家族的范围，贸易必须

---

① ［德］黑格尔：《历史哲学》，生活·读书·新知三联书店1956年版，第134页。

借助合同契约和法律来实现公平交易，产生的纠纷需要市场公平裁决，要依靠政府的行政力量来仲裁，因此客观上要求对契约和法治的崇尚。正如孟德斯鸠指出："在欧洲，天然的区域划分形成了许多不大不小的国家。在这些国家里，法治和保国不是格格不入的；不，法治是很有利于保国的；所以没有法治，国家便将腐化堕落，而和一切邻邦都不能相比。"①另一方面，在工商业贸易中，必须确保私有财产的权利，这就需要通过契约和法律来实现人对物的拥有关系，因此形成了尊重个人自由与注重个体权利的传统。正如孟德斯鸠所指出："法律与各民族谋生的方式有着非常密切的关系。一个从事商业与航海的民族比一个只满足于耕种土地的民族所需要的法典，范围要广得多。从事农业的民族比那些以畜牧为主的民族所需要的法典，内容要多得多。从事畜牧的民族比以狩猎为生的民族所需要的法典，内容那就更多了。"②由此可见，古希腊罗马地区对于契约与法律的要求同犹太人的状况是一致的，因为商业民族经常面临着实际物质性的利益冲突，它并非是一般的伦理道德所能够调节的，而必须用强制性的契约与律法作为调节人与人、人与社会关系的主要方式和手段。

由于古希腊罗马人靠贸易维持生计，他们居住在城镇或城邦当中，因而需要反映共同利益的社会组织来协调人际关系，需要崇尚契约与法律，要求崇尚平等观念。这截然不同于中国，从事农业生产通过家族来理解国家，从而形成家国一体的观念，形成了有血缘关系的亲疏远近和地位等级差别的人伦观念。所以，古希腊罗马地区以法律为基础建立了城邦，而不是像中国以家族血缘和地域为纽带建立国家。所以我们看到，在《新约》中，耶稣教导人，爱要走

---

① [法] 孟德斯鸠:《论法的精神》，商务印书馆 1959 年版，第 332 页。
② [法] 孟德斯鸠:《论法的精神》，商务印书馆 1959 年版，第 339 页。

出家庭，要没有分别地爱一切人，包括爱敌人，"你们的仇敌，要爱他；恨你们的，要待他好；咒诅你们的，要为他祝福；凌辱你们的，要为他祷告"（《路加福音》6：27—29）。"你们若单爱那爱你们的人，有什么可酬谢的呢？就是罪人也爱那爱他们的人。"（《路加福音》6：32—33）同时要以一种超然的爱去爱家里人。

（三）儒耶文明生成环境之比较

回顾儒家和基督教文明发展的历史，我们可以发现：人类进入文明社会以后，创造了多种调节社会关系的方式。就一个国家和民族而言，是以伦理政治还是以宗教律法作为社会关系调节的主要规范和手段，与当时的民族文化背景密切相关。

先秦时期的中国，是以小农经济为主，以土地为最基本的生产生活资料，人口被固定在土地上很难流动，所以形成以血缘为纽带，注重以伦理道德作为社会关系的调节手段。从事农耕的华夏民族千百年来对农业的重视和对土地的依赖，形成了重农抑商和安土重迁的观念。由于农业的生产活动范围非常狭小，农民长期定居在一处，以家庭为单位从事农业生产，大多聚族而居，甚至数百年不迁徙流动，因而非常注重家族的血缘纽带，形成了一种注重孝道和家庭伦理的社会关系。在群体生产合作中，必然产生群体和谐共存的观念，这种生产生活方式和伦理观念进而影响到政治体制的形成。在整个古代社会，都具有典型的"家天下"观念，即社会关系的建构是以家族血缘为纽带的。家族伦理冲突和矛盾冲突求助于族长、伯公与叔公来裁决，因而呈现出注重伦理调节的特点。这截然不同于从事畜牧和商业的犹太人以及古代希腊罗马人非常注重契约和法律的约束。在这种自给自足的农耕经济占主导地位的社会中，商业与贸易是不受重视的，各个朝代的统治者几乎都采用重农抑商的策略。对农业生产的决定性地位的突出与强调，产生了重视农业崇尚农业的观念，进而产生出"民惟邦本，本固邦宁"的民本思想，产生出"节用而爱人，使民以时"和"民贵君轻"的观念。这种策略和观念导致的另一个后果就是造成了中国的契约与法律精神不发达，工商业发展一直受到限制。

与此相反，以色列先民失去了从事农业和畜牧业所必需的生产资料——土地，他们长期客居他乡，从事商业和贸易是他们唯一的选择，所以在以色列先民与外族之间的商业贸易当中，必然产生彼此诚信、公平、遵守律法与契约的要求，也必然形成以追求金钱和利润、视金钱为目的的伦理观念。由于所有的人都生活在一种与上帝所订立的契约关系中，所以人与人之间是一种平等、公正、诚信、互相帮助和互相怜悯的关系。而不是像儒家在血缘关系上所形成的"亲亲而仁民，仁民而爱物"的"爱有差等"的一种有差序的人伦关系。

上述诸多因素形成了儒家伦理与基督教伦理截然不同的特点。儒家是以人为中心的人本主义伦理，基督教伦理是以神为中心的神本主义伦理。儒家的仁爱是基于血缘关系的差等之爱，注重礼制和人伦；基督教的爱是基于神爱的平等之爱，注重契约和律法精神。这可以溯源到中国是大陆性农业文明，西方是海洋性商业文明，而其中最为根本的原因则在于儒家文明与基督教文明所得以产生的自然地理环境的差异。

## 二、农耕与商业：儒耶文明的经济基础之比较

儒家与基督教文明都建基在各自不同的经济基础之上，经济基础深刻塑造了上层建筑中的文明形态，正如马克思在 1859 年写的

《〈政治经济学批判〉序言》对经济基础和上层建筑理论所做的精辟表述："人们在自己生活的社会生产中发生一定的、必然的、不以他们的意志为转移的关系，即同他们的物质生产力的一定发展阶段相适合的生产关系。这些生产关系的总和构成社会的经济结构，即有法律的和政治的上层建筑竖立其上并有一定的社会意识形式与之相适应的现实基础。"儒家文明建立在农耕经济基础之上，而基督教文明根植于商贸经济基础之上。因此，通过对儒家与基督教不同经济基础的探析，可以更加深刻地洞见到儒家和基督教文化的差异。

### （一）农耕经济与儒家文明的生存根基

农耕经济是以农作物种植、农副产品粗加工和依托于农作物种植的小规模家畜家禽养殖、零星渔猎活动、小规模商贸活动为基本生产方式的经济形态，在此基础上形成了一种特殊的思维方式、价值取向、生活和社会行为模式，并构成了儒家文明的生存根基。

#### 1. 农耕经济的发展阶段与嬗变历程

前已备述，东亚大陆得天独厚的自然条件和地理生态环境，孕育了华夏民族以农耕经济为主体的经济生产形态。

（1）上古以及夏商周三代对农耕经济的奠基

早在四五千年前的上古时期，兴起于黄河中游地域的新石器文化——仰韶文化和龙山文化，已经展现了华夏民族的祖先从渔猎向农耕生产过渡的历史风貌，中华农耕文明在气候适宜、土壤肥沃的黄河中游流域开始形成。与此同时，长江中下游的屈家岭文化及钱塘江流域的河姆渡文化，也都显示了祖先们在这里辛勤耕耘、繁衍生息的时代痕迹。

夏商周三代时期，农耕经济已经成为中原华夏民族社会生产资料的主要来源。古代诗歌的记载，反映了这一时期先民从事农业生产的繁忙景象，所谓"同我妇子，馌彼南亩，田畯至喜"（《诗经·豳风·七月》），"日出而作，日入而息，凿井而饮，耕田而食"（《帝王世纪·击壤歌》），即是其生动写照。

土地是农耕社会最基本和最重要的生产资料，土地所有制是农耕经济发展阶段的最显著标志。三代之前，土地属于氏族村社共有，劳动者在家长的率领下，在共有土地上共同耕耘收获。夏商周时期，这种原始的土地共有意识逐渐演变成"溥天之下，莫非王土；率土之滨，莫非王臣"的观念，土地属于国家所有，广大庶众耕种国家的土地。这种国有土地不得自由买卖和私相授受，即所谓"田里不鬻"（《礼记·王制》）。西周时期，土地经常由天子分封给各级诸侯、贵族，但从原则上讲，诸侯贵族只有土地的使用权，而无所有权。周天子可随时把土地收回，拥有所有权。

在土地国有制下，农业生产以集体劳动为主。殷墟甲骨文有"王大令众人曰协田"的卜辞，"协"字在甲骨文中像三耒共耕，"众人""协田"是殷商时期盛行集体协作制的反映。《诗经》中的一些篇章，有西周前期集体劳动场面的生动描写，所谓"载芟载柞，其耕泽泽，千耦其耘"（《诗经·周颂·载芟》），"率时农夫，播厥百谷。骏发尔私，终三十里，亦服尔耕，十千维耦"（《诗经·周颂·噫嘻》）。到西周后期，集体耕作的土地有了公田、私田之分，《诗经·小雅·大田》云："雨我公田，遂及我私"，劳动者要先耕种公田，然后耕作私田。孟子曾把这种集体耕作的田制称为"井田制"，并加以理想化的追述："方里而井，井九百亩，其中为公田，八家皆私百亩，同养公田。公事毕，然后敢治私事"（《孟子·滕文公上》）。

（2）春秋战国的农耕经济

殷周时期土地国有和集体耕作制，是与那一时代生产工具铜石并用的社会生产力水平低下相适应的，也是在氏族公社解体，进入初期阶级社会，血缘贵族保留土地公有制外壳，并继续实行集体生产的一种经济制度。到了西周后期，土地国有制出现某些瓦解的迹象，诸侯贵族从周天子那里取得土地，他们也逐渐和周天子一样，可以随意处理自己的封地，或用战争的手段掠夺别人的封地。

东周以后，随着牛耕和铁制农具的使用，农业生产力进一步提高，土地国有形态走向瓦解，井田制破坏，变公田为私田的现象普遍出现。诸侯贵族为争夺土地的战争日益频繁，"争地以战，杀人盈野；争城以战，杀人盈城"（《孟子·离娄上》）。尤其是土地买卖的出现，打破了世袭贵族土地所有制时期"田里不鬻"的老例。春秋时晋国已经出现"爰田"即易田换田的现象，是土地买卖的先声。商鞅在秦国推行"坏井田，开阡陌，民得买卖"的土地政策，土地自由买卖日益合法化与普遍化。

东周以后的土地私有化进程，也打破了以往那种集体生产的农耕传统，而向以家庭为单位的个体生产形态过渡。一个家庭内，男子力耕，女子纺织。这种男耕女织的自给自足的家庭小农业逐渐在中国的农耕经济中占主导地位。与此相适应的政治体制，则是国家直接向个体生产者征收赋税徭役。春秋战国时出现的"相地而衰征"和"初税亩"，就是政府对个体土地所有者建立统制经济关系的开始。

另外，对于农耕经济的重心，由于黄河流域细腻而疏松的黄土层较适宜于远古木石铜器农具的耕作，所以农耕经济首先在黄河中下游达到较高的水平，使黄河中下游地区率先成为中国的经济中心。

（3）秦汉至隋唐的农耕经济

随着土地的日益私有化和个体家庭经济的成长，土地成了社会各阶层竞相争夺的目标，而拥有政治地位、金钱财富的人，在猎取土地上占有明显的优势。于是，自秦汉以来，"富者田连阡陌，贫者无立锥之地"（《汉书·食货志上》）的现象屡屡出现，个体家庭经济分化为地主和农民两个不同的形态，形成了对立的两个阶级。在大一统中央集权体制下，地主经济与农民经济的互为盈缩，构成农耕私有经济运作的基本特色。

当然，东周以降土地私有化经历着一个循次演进的过程。春秋战国之后，旧的贵族分封制破坏，私人地主阶层增长。但至唐代，国有土地仍占有相当比重，专制国家对土地私有权仍保留种种干预。唐代中叶均田制破坏之后，土地私有进一步深入，专制国家对土地私有权的干预有逐渐减弱的趋势。

另外，农耕经济的重心也发生了转移。自魏晋南北朝开始，北方边患丛生，战乱频繁，使黄河流域的生态环境迅速恶化，中原地区的人们为了逃避战火，纷纷南下，寻找新的安身之地，他们的迁徙，给南方带去了先进的耕作技术和文化观念，再加上南方优良的自然气候条件和生态环境，长江流域很快就显示出发展农耕经济的潜力。特别是安史之乱之后，北方为藩镇所控制，赋税不入中央，江淮地区逐渐成为重要的经济区。隋唐有谚语为证："苏湖熟，天下足""湖广熟，天下足"，都证明了隋唐以后经济重心南移的历史事实。

（4）宋元明清的农耕经济

契约制的租佃关系在宋朝以后普遍出现，农民对于土地的依附关系有所松弛，社会生产日益多样化，个体生产者亦从封建社会前期以粮食为主的经营方式逐渐向多种经营的方向艰难迈进。这种渐次加强的多元经济结构，为中国封建经济的延续注入了活力，从而创造出宋元明清不同时期各具特色的繁荣盛世。特别是到了封建社会后期，农耕经济高度繁荣，传统的自给性农业和商业性手工业的结合尤为普遍，个体生产者具有较高的独立性。多种经营的加强，使农家取得较大收益，从而促进了社会经济的持续发展，特别是原有的生产结构有所更新，出现了资本主义萌芽。

### 2.农耕经济对游牧经济的同化与统摄

由于地理环境的差异，中国北部和西北部以游牧经济为主，而其他地区则以农耕经济为主。东北和西北的游牧民族体魄健壮，勇猛善战，依靠放牧为生，加之地理环境的恶劣和经济发展的不平衡，他们都十分迫切地要与居住于中原的农耕民族进行物资交流，或寻求和亲，或寻求互市，以获得生活资料的补充。中国古代历史上游牧民族向农耕民族寻求联系，表明游牧经济对农耕经济有所依赖，表明西北部和北部对中原有所依赖。这种依赖意识的强弱，以及获得回报的多少，就决定了游牧民族对中原的和平与战争关系。一旦依赖落空，居处西北部和北部的游牧民族就要发起对中原王朝的劫掠，发起对中原王朝的战争。就实质而论，中国历史上周边游牧民族与中原王朝的战争，是游牧与农耕两种不同类型社会经济的碰撞，是两种不同社会文化的碰撞。东汉、魏晋时期，北方和西北少数民族不断内迁，内迁的少数民族有匈奴、鲜卑、羯、氐、羌等，此时，少数民族迁移到中原定居的达几百万人。但是无论他们如何强悍，当游牧人以征服者身份进入农耕区时，在先进优裕的农耕文化氛围中，往往为被征服者所同化，就势必要放弃传统的游牧经济，甚至要放弃原有的游牧制度和文化，而出现农耕化的趋向，成为农耕民族的一个成员，共同参与了华夏文明的发展和壮大。[①]蒙古之元与满族之清两大王朝的建立和发展的历史，充分地证明了这一社会历史发展的规律。可以看到，元清两朝在建立之初，习惯

---

① 参见张岱年、方克立主编：《中国文化概论》，北京师范大学出版社2004年版，第28页。

于游牧生活的部落贵族都在逐渐地放弃传统的游牧生活，建造起自己的农耕田庄；习惯于游牧生活的部落首领一开朝就沿用历代中原王朝之制。

### 3. 农耕经济对商品经济的侵蚀与压制

中国古代商品经济是为了补充农耕经济的不足和满足大一统中央集权国家的需要而产生和发展的。因此，这种商品经济缺乏独立发展的特性，特别是中国历朝奉行不渝的重农抑商政策，更加强了商品经济的依附性，从而使它的发展随着封建社会的变迁而呈现出波浪式前进的姿态。当农耕经济较为繁荣，商品经济随之繁荣；当农耕经济走入低谷，商品经济的发展也会受到严重影响。商品经济对于农耕经济的依附特性，又促使工商业者的普遍归宿，最终回到土地经济的老路上去，将大部分财富用作购买土地，促使地主、商人和官僚三位一体地结合。这种特性，大大弱化了商品经济对于农耕经济的腐蚀瓦解作用。① 另外，中国古代商人地位很低，排在士农工商四个阶层中的最后。商人再富有，也不能乘坐驷马高车；人们将商人视为不懂礼仪、毫无廉耻、奸猾狡诈的小人。在中国历史上商人长期饱受歧视、屡遭限制，保护小农而打击工商业是一种国家观念。在这种浓厚的重农抑商氛围中，几千年近乎凝滞不变的生态，不仅抑制了人口的流动性，更钳制了思想的自由性，而没有商业民族开放性与创造性的意识。直到 19 世纪，清王朝还是重农抑商，重视农业生产，缺少商品意识和市场观念，应该说这是导致晚清国力不强的一个重要原因。

---

① 参见张岱年、方克立主编：《中国文化概论》，北京师范大学出版社 2004 年版，第 34 页。

## 4.农耕经济对内敛型海洋贸易的影响与塑造

在中国内地广阔农耕区的东面与东南面，有浩瀚的大海。海洋事业的开拓，是促进欧洲文明特别是近代文明高度发展的有力杠杆。然而，以农耕经济为主体的中华文明是一种崇尚和平与自守的内向型文化，缺乏开拓海洋事业的进取精神。因此，虽然中华民族很早就具备了出色的航海能力，但由此而产生的海洋贸易，不是向外扩展的外向型经济，没有形成一种拓展海外市场并开展殖民活动的机制，而是一种内敛型的经济，它是作为农耕经济的一种补充形式而存在的。

稳定的农业社会和较少变化的经济结构，使中国古代的帝王们陶醉于万事皆备，"惠此中国，以绥四方"（《诗经·大雅·民劳》）的理念之中，他们把"皇天眷命，奄有四海""无怠无荒，四夷来王"（《尚书·大禹谟》）作为治道的高妙境界。因此，在他们看来，中国与海外的经济交往，应当建立在"宾服贡献"的基础上。

中国自古以来不乏海外贸易，但其政治意义远大于经济利益，在以形式上的政治服从为前提的朝贡贸易体制之下，在海外经济往来中，主要是一种"赐""贡"的贸易形式，属内敛型的海洋贸易，比如明朝郑和七下西洋，船队满载的瓷器、丝绸、茶叶等中国特产，到外国后，都是把这些特产"赐"给当地的国王，同时接受该国的所谓"贡品"，比如象牙、香料、珊瑚、珠宝等特产，并不计较经济得失，其政治上互相往来的意义远比经济上的意义重大。明代中叶以后至清代，沿海私人海上贸易有了一定发展，但私人的海洋商业受到了政府的限制和歧视，因此其规模较小，没有形成气候。这种状况是中国农耕经济内向型文化的负面影响。①

---

① 参见张岱年、方克立主编：《中国文化概论》，北京师范大学出版社2004年版，第30页。

5.农耕经济对儒家文化的深层影响

儒家文化建基在农耕经济的基础之上，农耕经济对儒家文化的特质产生了深远的影响，主要体现在以下六个方面。

（1）持续性与延续性

从世界文化的发展脉络来看，曾出现过多种文明形态。英国历史学家汤因比在其名著《历史研究》中论述，在 6000 年左右的人类历史上，前前后后涌现出 26 个文明形态，但是只有以儒家文化为主导的中华文明得以连绵不绝，从未间断。农耕经济作为儒家文化的经济基础，三代以降，中国的农耕经济虽经历无数次天灾人祸的考验，但其凭借坚韧的生命力，依然循环往复、周而复始地延续与发展，彰显出强大的持续性与延续性，从而深深塑造了儒家文化的内在特质。《易传》所谓"可久可大"，《中庸》所谓"悠久成物"，董仲舒所谓"天不变道亦不变"，都是这种内在特质的经典表述。儒家文化正是伴随着农耕经济的长期延续而源远流长，并且历经战乱与分裂的洗礼而不断得以发展与升华，从先秦儒学到两汉经学，从魏晋玄学到隋唐三教合流，从宋明理学到清代朴学，儒学一直历久弥新。[①]

（2）多样性与包容性

中国的农耕经济源远流长。从横向方面来说，农耕经济并不单单是指农业生产，而且包含手工业、商业等多方面的经济成分；从纵向方面来说，农耕经济的发展始终保留着各个历史发展阶段的经济成分。从历史的维度来看，农耕经济在三代时是原始协作式的，秦汉至唐宋则为农业与家庭手工业相结合的农耕经济，而明清则出

---

① 参见张岱年、方克立主编：《中国文化概论》，北京师范大学出版社 2004年版，第 268—273 页。

现农业与工商业并存的农耕经济。中国古代多元化的农耕经济，塑造了传统儒家文化兼收并蓄的包容性特质。《易传·系辞下》提出"天下百虑而一致，同归而殊途"，儒道互补，儒释相融，儒法结合，乃至对基督教、伊斯兰教等外来宗教的容纳与吸收，不同的思想形态交相渗透，兼容并包，多样统一，从而彰显出儒家文化"有容乃大"的宏伟气魄。

（3）中庸性与中道性

农耕经济重稳定轻变动，因此唯有不走极端，崇尚中庸与中道方能保证其发展的延绵不绝。孔子曰："中庸之为德也，其至矣乎！民鲜久矣。"（《论语·雍也》）《中庸》说："喜怒哀乐之未发谓之中，发而皆中节谓之和。中也者，天下之大本也；和也者，天下之达道也。致中和，天地位焉，万物育焉。"程颐解释中庸为"不偏之谓中，不易之谓庸"。中庸之道承认对立面的对立统一，强调用缓和、和谐、适度的方法来解决矛盾。在中国儒家思想中，中庸之道把无过无不及的庸常之道作为天下的定理与正道，要求人们凡事要适中与适度，不偏不倚，保持均衡。这种中庸与中和的思维模式正是源自于农耕经济的土壤与根基。

（4）和平性与和谐性

农耕经济的生产方式主要是劳动力与土地的结合，农耕民族的生活方式是建立在土地这个固定的基础上，稳定安居是农耕经济发展的根基与前提。这种生产方式塑造了儒家安土重迁的生活旨趣。民众希望固守在土地上，耕作有时，起居有律，追求和平与安宁，崇尚和谐，以"耕读传家"为荣，以穷兵黩武为戒。《论语》云："善人为邦百年，亦可以胜残去杀矣。"农耕民族反对敌对和冲突。同时，由于农业生产常常受天时和地利的影响，因此儒家崇尚天地，十分重视宇宙自然的和谐、人与自然的和谐，特别是人与人之间的和谐，主张天人协调、天人合一。这些都表现出农耕经济对儒学和平性与和谐性的深层影响。

（5）守成性与保守性

农耕经济是对自然依赖性特别强的经济形态，农耕经济靠天吃饭，这就极容易在生产者头脑中形成等待自然恩赐、祈求天命保佑的保守意识。他们讲求实惠实际，怀疑科学理性，对一种新事物的出现首先总是难以认同，这种消极顺应自然的态度成为农业社会一种普遍的社会心理。其次，小生产者容易由对土地的依赖演变成为土地的附属物。这种依赖性，延伸到政治和社会关系里，就是对权威和家长的依赖与仆从；发展到意识形态，就会表现为缺乏主体意识和开拓创新的精神状态，凡事墨守成规。这些都深深影响了以农耕经济为基础的儒家。孔子崇尚周礼，孟子希冀恢复井田制，董仲舒强调"天不变道亦不变"，这些都是儒家守成性与保守性的鲜明体现。

（6）浓厚的血缘地缘意识

在传统社会中，农耕经济一直深受自然条件的限制，干旱、洪涝等自然灾害对民众的生活产生了很大的影响，以家庭为单位的农民作为生产个体，势单力薄，如果没有组织与协作，就难以有抵抗自然灾害的能力。由之，民众需要依靠血缘与地缘关系的宗派亲族来生存与繁衍，所以农耕经济重血缘和地缘关系的特质也深深影响了儒家文化。孔子认为："弟子，入则孝，出则悌。"（《论语·学而》）其弟子有子更是强调："孝悌也者，其为仁之本与。"（《论语·学而》）针对叶公"吾党有直躬者，其父攘羊而子证之"的提问，孔子强调："父为子隐，子为父隐，直在其中矣。"（《论语·子路》）儒家重视血缘的意识可见一斑。

（二）商业经济与基督教文明的存续前提

与儒家文化建基于农耕经济相比，基督教的生成、发展以及复杂的嬗变历程始终是与商业经济息息相关的，由此构成了基督教文明的存续前提。

### 1.商业经济与犹太传统

#### (1)以色列自然地理环境对商贸经济的影响

犹太人具有源远流长的商业传统，这与其生存环境密切相连。迦南位于欧亚非三大洲交会之地，衔接埃及与美索不达米亚、阿拉伯半岛与小亚细亚两大商路，是各族商人经商的必经之路，素有"肥沃的新月"之称，《圣经》称其为"流着奶与蜜的地方"。正是迦南地区别具一格的自然地理环境孕育了犹太人浓厚的商业意识。

当犹太人初次经过迦南时，发觉迦南的自然条件并不适合自身以游牧为生的生活习惯。后来寄居埃及，惨遭法老四百余年的压榨盘剥，犹太人在民族领导人摩西的带领下毅然走出埃及，重返迦南。此时的迦南已成了繁荣的国际贸易中心，周边各国的商队都要途经于此，川流不息。"有一条热闹的大道穿过沿海平原，那些来自幼发拉底河和底格里斯河畔的国家的军队和商旅就从这条路进入尼罗河三角洲。"[①]天性喜好流动的犹太人很快适应并融了迦南的商业环境，积极开展商业贸易，组建庞大的商队，与埃及、巴比伦等大国进行商业活动。可见，迦南特殊的商业环境塑造了犹太人的商业传统。

所罗门王统治时期达到了古犹太文明的鼎盛期，在他的带领下，此时犹太人的商业势力也日渐兴盛。所罗门王非常具有商业头脑，他在积极引导民众从事商业活动的同时，也设立关卡征收商税。所罗门还大力开拓航海贸易，在红海亚喀巴湾组建商贸船队，

---

① [以]阿巴·埃班：《犹太史》，阎瑞松译，中国社会科学出版社1986年版，第18页。

开辟了红海贸易。同时，他还推动王室商人进行转口贸易的大胆尝试。从埃及和小亚细亚进口战车与良马，然后高价出口给亚兰和赫梯王国，从而获利颇多。总之，所罗门王充分发挥迦南地区独特的地缘性环境，带领犹太人走上商业之路，为日后犹太民族成为商业民族奠定了稳固的基础。

（2）犹太教思想对商业经济的型塑

第一，犹太教的世俗性。犹太教重视世俗生活，是一种现世性的宗教。犹太人并没有将世俗与神圣截然二分，而是认为死后与来世的生活固然重要，但更应关注现世的生活。试图追求一种既合乎信仰精神，又合乎世俗人性的生活方式。在《圣经》中，上帝常常给信仰者以世俗性的回报，或富足繁华，或多子多福，或长寿无忧。正如《传道书》所言："我所见为善为美的，就是人在上帝赐他一生的日子吃喝、享受日光之下劳碌得来的好处，因为这是他的分。"（《圣经·传道书》5：18）《约伯记》中上帝赐给约伯丰厚的回报，也是很好的例证。值得强调的是，金钱在犹太人心中具有双重意蕴：一方面可以满足人的物质需求，另一方面也可以显示其宗教信仰的程度。根据《出埃及记》第 30 章的记载，每一个 20 岁以上的犹太人都必须缴纳"赎罪银"给耶和华。可见，犹太人的宗教信仰与经济因素息息相关。人们赚钱是为了宗教信仰和经济生活的双重目的，这种赚钱的动机比单纯追求财富更有动力，也更持久。

正因为犹太人对世俗与金钱的侧重，马克思在《论犹太人问题》一文中也鞭辟入里地指出："钱是以色列人的妒嫉之神；在他面前，一切神都要退位。钱蔑视人所崇拜的一切神并把一切神都变成商品。钱是一切事物的普遍价值，是一种独立的东西。因此它剥夺了整个世界——人类世界和自然界——本身的价值。钱是从异化出来的人的劳动和存在的本质；这个外在本质却统治了人，人却向它膜拜。"接着又强调犹太教的世俗性，"犹太人的神成了世俗的神，世界的神。期票是犹太人的真正的神。犹太人的神只是幻想的期票。"①不可否认，长期以来，一直作为商业民族而生存下来的犹太人确实比其他民族具有更为强烈的经商意识和利润观念。然而，不可忽略的是，钱在他们的眼里并非一般意义上的物质财富，而是他们的护身符与防身术，也是他们进入生活舞台的入场券。在他们这里，钱不仅仅是一个经济概念，而且蕴藏着浓厚的宗教、社会、种族、历史等丰富内涵，"钱之于犹太人或就如疆界之于其他的民族"，"钱之于他们的肉体存在，犹如上帝之于他们的精神存在"，"钱是一种保险，一种生存工具。多少年来，理财、生财、发财和追财已经被发展成为一种高雅艺术——这是世代相承的防御性社会行为的结果"。②

第二，犹太教中浓厚的契约观念。契约是商业活动中的重要内容，犹太教具有浓厚的契约观念，对契约的发展起到了重要的作用，因此享有"契约的宗教"的美誉。在犹太教看来，犹太人是上帝从万民中拣选出来并与之立约的特殊选民。契约观念正是长久以来维系犹太民族生存与繁衍的重要纽带。《圣经》中多次讲述希伯来人与上帝立约的过程。其中，《圣经·创世纪》讲述了上帝与诺亚的"彩虹之约"过程，"我现在要与你们和你们的子子孙孙，以及地上所有的动物，就是那些跟你们从船里出来的牲畜、飞鸟等立约。我应许你们：所有的生物决不再被洪水消灭，不再有洪水毁灭大地。我使我的彩虹在云端出现，作为立约的永久记号。这约是我与你们以及所有生物立的；彩虹是我与世界立约的记号。"（《创世纪》9:9—13）诺亚之约后，诺亚的后代家族子孙繁茂，逐渐壮大，

---

① 《马克思恩格斯全集》第 1 卷，人民出版社 1956 年版，第 448 页。

② ［美］杰拉尔德·克雷夫茨：《犹太人和钱》，上海三联书店 1992 年版，第 36—37 页。

人们逐渐忘了耶和华的恩赐，肆意妄为。上帝选召了亚伯兰，指引他离开亲族、故乡，来到埃及并与亚伯兰立约："我把这块土地赐给你的后代：这块土地从埃及的边境一直伸展到幼发拉底大河。"（《创世纪》15：18）上帝对亚伯兰应允了土地，之后上帝又与他立约，应与了亚伯兰子孙，"从现在开始，你的名字不再叫亚伯兰，要叫亚伯拉罕，因为我立你作许多民族之父。我要赐给你许许多多子孙"（《创世纪》17：5—6）。后来上帝又与摩西立约，其中就包含有著名的"摩西十诫"。犹太人定居迦南之后，与周边各民族的交往过程中，又与之订立各种商业与政治契约，更加深了犹太人的契约观念。在犹太人亡国流散之后，其流散的状态更需要稳定的契约来保障，因此其契约观念变得更加强烈。值得强调的是，犹太人进行商业活动的过程中，在签订契约之前，会对契约的每一条款字字斟酌，详加考虑，一旦签约，一定遵守，绝不毁约。因为在犹太人看来，契约是和上帝的约定，具有神圣性，如若毁约，就是亵渎了上帝的神圣。

**2. 古希腊罗马的商业经济对基督教传播与教义的影响**

（1）古希腊的商业经济概貌

古希腊的商业经济与其独特的自然地理环境息息相关，发达的海上贸易也有利于商业经济的发展，大殖民活动更是带动了古希腊的商业经济。这种因素都深深塑造了古希腊商业经济的基因与底色。

第一，得天独厚的自然地理条件有利于商业经济的发展。古希腊位于地中海东部，其地理范围是以希腊半岛为中心，包括东爱琴海群岛、爱奥尼亚海群岛以及今天土耳其西南沿岸、意大利南部和西西里岛东部沿岸地区。古希腊是全欧洲山岭最多、地面割裂最破碎的国家。整个希腊半岛被纵横交错的山脉分割成18个地区，造成希腊半岛陆地交通非常不便利。

古希腊多山环海、地势崎岖不平的自然地理环境致使大部分土地不适合粮食作物的种植，于是人们较多地转向园艺和商品性农业。对园艺作物进行加工后的葡萄酒和橄榄油等产品输出，促进了这种商品性农业的发展。以此来通过商品交换来获得粮食，来满足其基本生活需求。因此柏拉图说："如果我们派出去的人空手而去，不带去人家所需要的东西换人家所能给的东西，那么使者回来不也会两手空空吗？……那么他们（指希腊人）就必须不仅为本城邦生产足够的东西，还得生产在质量、数量方面，能满足为他们提供东西的外邦人需要的东西。"[1]可见，希腊独特的自然地理条件有利于商业经济的发展。

第二，发达的海上贸易造就了繁荣的商业经济。希腊半岛是欧洲大陆延伸到地中海东部的突出区域，被海洋环抱的古希腊享有优越的航海条件，其中南部以及爱琴海诸岛具有许多天然的海湾与良港。地中海地区气候温和，大多数时间风平浪静，适宜于航海。古希腊人充分利用了大自然的馈赠，大力发展海上贸易，在古埃及与腓尼基所开创的地中海贸易的基础上，大力创新造船业与航海业，推向更为广阔的"希腊化"市场。古希腊拥有许多著名的贸易港口，雅典、科林斯、米利都与以弗所等城邦都致力于航海事业与海上贸易，一时间这些城邦市场繁荣，商贾云集。伯利克里时期，比雷埃夫斯港从一个小港湾发展成为古代地中海著名的国际性商业港口。港口内云集着各城邦与国家的商人，建有众多的仓库，堆积着各种商品，充分展现出古希腊的商业性文化。总之，发达的海上贸易促进了古希腊商品生产的深入和流通范围的扩大，推动了古希腊商业经济的发展。

---

[1] ［古希腊］柏拉图：《理想国》，商务印书馆1986年版，第61页。

第三，长期的殖民活动促进了古希腊商业经济的发展。随着古希腊城邦的逐渐兴盛，古希腊人积极向外扩张，开展殖民活动。这是由于早期希腊土地不肥沃，不足以供养迅速增长的人口。由于需要更多的土地，有时还兼之以统治阶级的政治压迫或商业吸引，许多希腊城邦派出殖民者去找海外新定居地。古希腊在公元前8至6世纪向海外开展大规模的殖民活动，史称"大殖民时代"。古希腊向外进行殖民活动是多种因素所汇集的：其一，地势崎岖，耕地有限，随着人口的迅速增长，古希腊人需要到海外进行殖民活动，开拓生存空间；其二，商业经济的发展需要市场与原材料，这也促使了殖民活动的开展；其三，一些遭受剥削而破产的农民与在政治斗争中失意的贵族，也渴望到海外去寻找理想的栖息之地。因此，古希腊各城邦以希腊半岛为基地向西、北、南三个方向大力进行海外殖民活动，在意大利半岛南部、西西里岛、高卢南部、黑海附近、北非等广大区域，建立了众多的殖民城邦。因此马克思指出："在古代国家，在希腊和罗马，采取周期性地建立殖民地形式的强迫移民是社会制度的一个固定环节……由于生产力不够发展，公民权要由一种不可违反的一定的数量对比关系来决定。那时，唯一的出路就是强迫移民。"[①] 总之，大殖民活动扩大了古希腊人的生存空间，密切了与各国的经济交往，最终也促进了商业经济的发展。

（2）古罗马对古希腊商业经济的承袭

在古希腊衰败后，古罗马逐渐兴盛，罗马共和国的末期，已经取得了意大利半岛的统一，并相继征服了西西里、撒丁岛、科西嘉、山南高卢、西班牙、北非、希腊、马其顿和小亚细亚，成为地中海的霸主。罗马帝国时代，则又通过武力征服了叙利亚、巴勒斯坦和埃及，并把势力扩展到大不列颠、莱茵河上游和多瑙河中下

---

① 《马克思恩格斯全集》第8卷，人民出版社1961年版，第618—619页。

游，最终成为一个横跨欧亚非的强大帝国。虽然罗马帝国的农耕经济在经济领域占据主导地位，但罗马帝国在一定程度上继承了古希腊文明的衣钵，大力发展商业经济，将爱琴海地区的商业经济进一步扩展到整个地中海，并与地中海区域之外的市场建立了广泛的联系。另外，罗马帝国为了武力扩张与统治需要，极为重视交通建设，建立了连接帝国内部各行省的道路与航线，便利快捷的陆海交通，都相应地促进了商业经济的发展。

在罗马帝国内部，埃及凭借发达的农业成为罗马帝国的粮仓，为帝国提供大量的粮食；西班牙、高卢与爱琴海诸岛大力种植葡萄和橄榄，成为帝国葡萄酒与橄榄油的重要出口基地；高卢南部和莱茵河沿岸矿物资源丰富，冶矿与金属业非常兴盛；腓尼基以精美的染料与玻璃享誉于帝国，东地中海的小亚细亚地区传统手工业比较繁荣，其生产的纺织品畅销于地中海市场。罗马帝国的商业经济不仅在其内部取得了前所未有的繁荣，而且对外贸易也获得了空前的发展。古罗马的商队穿梭于阿拉伯、伊朗与非洲，甚至远达印度和中国。非洲的象牙、印度的香料与宝石、中国的丝绸通过商业贸易运往罗马帝国，成为罗马上层人士的至爱。

（3）古希腊罗马商业经济对早期基督教传播与教义的影响

第一，古希腊罗马发达的商业经济有利于早期基督教的迅速传播。古希腊罗马由于军事统治的需要使其极其重视交通建设，陆路、海路交通获得长足的发展，罗马修建了各行省通往首都的公路，"条条大道通罗马"成为流传至今的谚语。这一切都大大促进了市场经济的发展，也有利于基督教的快速传播。以使徒保罗为例，保罗在地中海各地进行的三次传道之旅，足迹遍及小亚细亚、马其顿、希腊及地中海东部各岛，共计一万两千里远，其中以弗所、帖撒罗尼迦与加拉太都是当时繁荣的海港商业城市。总之，商业经济的开放性与包容性有利于基督教的迅速传播。

第二，古希腊罗马发达的商业经济对早期基督教教义产生了深远的影响。例如，耶稣对正当财富的肯定最明显地体现在"按才受托的比喻"上，在耶稣看来，人作为上帝财产的直接管理者，应该认真科学地管理上帝赐予的财富，不能企图不劳而获。美国学者阿尔文·施密特对这个比喻的分析可谓鞭辟入里，他指出："耶稣实际上是把追求利润的动机合法化了，因为在比喻里他称赞了那位投资并赚了五千的仆人，而指责并惩罚了那位由于胆怯不敢投资他那一千银子的仆人。因此，认为追求利润的动机是邪恶的信仰并不是来自于《圣经》或者基督教神学。"① 后来马克斯·韦伯在其著作《新教伦理与资本主义精神》中也受到这个比喻的启示，认为财富本身没有善恶之分，如果人们通过正当手段合理谋利，并用理性节制消费约束欲望，财富则可以彰显自身的价值，并得以荣耀上帝，作为灵魂获救的象征。由此其"天职观"的思想破茧而出："上帝所接受的惟一生存方式，不是用修道的禁欲主义超越尘世道德，而是完成每个人在尘世上的地位赋予他的义务。这是他的天职。"②

另外，早期基督教的经济伦理也与古希腊罗马发达的商业经济有着千丝万缕的关系，主要体现在以下几个方面。

首先，尊重劳动，憎恶懒惰。基督徒抛弃了希腊罗马奴隶主阶层轻视体力劳动的态度，把体力劳动视为一种尊贵的活动和获得上帝喜悦的重要手段。在公元375年形成的一本专门收集教会训诫的专集《使徒章程》中，教会通过谴责懒惰来表达对工作的尊重，将有意逃避工作的行为视为基督徒的重大罪过之一。

其次，追求简朴生活，反对奢侈享受。早期基督徒把廉洁、淡

---

① ［美］阿尔文·施密特：《基督教对文明的影响》，汪晓丹、赵巍译，北京大学出版社2004年版，第188页。

② ［德］马克斯·韦伯：《新教伦理与资本主义精神》，四川人民出版社1986年版，第58页。

泊、简朴的生活视为重要的宗教美德。德尔图良认为，人应该按照上帝造人时的本来面貌而生活，任何粉饰自己容貌的行为都是在大不敬地妄图改进造物主的作品。由之，华丽的衣服、豪华的住宅、优美的陈设都被基督徒看作是具有骄奢和荒淫双重罪恶的象征。

再次，提倡以艰苦劳作的方式从事修道生活。修道院不仅是一个诵经、祷告、忏悔、玄思的宗教灵修场所，更是一个庞大的经济组织，修道院拥有大量的土地资产，耕地、照料牲畜、挤奶、制作工艺品等各种劳动活动占据了修士们的大部分时间，修道院坚持以亚当为榜样，主张人必须流汗劳动才能获得食物，强调亲自劳动的高贵性。

最后，强化诚实经济，抑制高利贷。早期教会崇尚以土地劳动为主的农业经济活动，并将其称之为"诚实经济"，而把在短期内获取更多财富的商品买卖活动视为不诚实的经济活动，认为它无异于欺骗和撒谎，特别是严格禁止传教士放高利贷和收取利息。

### 3. 商业经济与中世纪天主教会

长期以来，西方学术界普遍受到马克斯·韦伯《新教伦理与资本主义精神》的影响，认为天主教阻碍了商业经济与资本主义的发展。近些年来，随着对马克斯·韦伯研究范式的反思，人们开始逐渐重新审视天主教与资本主义的关系问题，认识到天主教在中世纪也对资本主义的发展产生了某些积极影响。

公元3世纪，罗马帝国日益衰落，经济停滞不前，伴随着日耳曼民族的大迁徙，战争与社会动乱持续不断，罗马帝国最终走向灭亡，高度发达的罗马文明一去不复返，更导致当时的西欧经济大大衰退。正如恩格斯所说："中世纪是从粗野的原始状态发展而来的。它把古代文明、古代哲学、政治和法律一扫而光，以便一切从头做起。它从没落了的古代世界承受下来的唯一事物就是基督教和一些残破不全而失掉文明的城市。"①西欧中世纪的经济和文明是从废墟与瓦砾中得以开始的，一切有待于重建。在重建西欧文明的过程中，天主教扮演了极为关键的角色，成为连接古代和中世纪的重要纽带。

欧洲的文明在天主教的手中得以保留与重建，虽然中世纪初期天主教对金钱、货币、财产权等商业活动较为消极，但是从公元十一二世纪开始，随着西欧封建社会经济的发展与经济结构的转变，欧洲的农业生产从自给自足发展到大量剩余产品出现，从而带动了商业经济的发展，商贸活动在城市逐渐活跃起来，由此兴起了不同于传统封建领主与农民的以商人与资本家为代表的社会阶层，这些人士的地位与势力迅速提升，日益占据了社会生活的重要地位。世俗社会的经济快速发展对天主教也产生了潜移默化的影响，天主教也愈加侧重其在经济生活中的作用，其对经济的观念与思想也相应地发生了变化。由此，托马斯·阿奎那认为，"当一个人使用他从贸易中求得的适度的利润来维持他的家属或帮助穷人时，或者，当一个人为了公共福利经营贸易，以生活必需品供给国家时，以及当他不是为了利润而是作为他的劳动报酬而赚取利润时"②，这种贸易就变成合法的了，符合天主教经济伦理的要求与规范。

另外，值得强调的是，罗马天主教廷通过其遍布欧洲各地的财政网络积累了雄厚的资本与教产，然后又通过教会控制下的银行家之手转化为商业资本，从而构成了资本主义社会原始积累的重要组成部分。标志资本主义兴起的文艺复兴运动之所以首先在意大利发生，这与教廷资本在意大利的佛罗伦萨、威尼斯、米兰等地发挥的

---

① 《马克思恩格斯全集》第 7 卷，人民出版社 1959 年版，第 400 页。

② [意] 托马斯·阿奎那：《阿奎那政治著作选》，马清槐译，商务印书馆 1982 年版，第 144 页。

作用密切相关。尤其是教会在运作自己庞大资金的过程中，逐步形成了一些崭新的经营理念，建立了一整套收支平衡的预算制度、储备金制度、包税制度、国债制度等。所有这些经营理念和财政制度，一方面使教会的经济政策和实践远远超出了中世纪早期的落后状况，另一方面也为现代资本主义财政金融制度的确立奠定了基础。此外，商人资金和教会的结合，特别是教皇为解决临时或某一阶段的财政困难而出售各类教职的卖官鬻爵行为，使大量工商人士及其子女进入教会管理阶层，跻身于贵族行列，这在使教会本身资本化的同时，也为资本主义的发展创造了极为有利的社会文化环境。①

### 4. 商业经济与新教

中世纪末期，天主教廷日益腐败，大肆兜售"赎罪券"。针对天主教廷的做法，1517 年，德国人马丁·路德发表了著名的《九十五条论纲》，拉开了宗教改革运动的序幕，其主要纲领包括：反对天主教会对教义的垄断，反对天主教廷对各国教会的严密操控，主张《圣经》作为信仰的至高准则，提倡"因信称义"，个人可以不通过神父直接与上帝沟通。马丁·路德引领的宗教改革运动得到了广大信徒、民众与部分封建主的支持与拥护，由此开始蓬勃发展，在西欧与北欧尤其兴盛，相继产生了路德宗、加尔文宗、安立甘宗等新教，沉重削弱与打击了天主教的势力，充分反映了资本主义发展的新时代面貌。

针对资本主义、商业经济与新教之间的关系，西方著名的社会学家马克斯·韦伯在其代表作《新教伦理与资本主义精神》一书中

---

①　参见靳凤林：《西方宗教经济伦理与资本主义发展》，《理论视野》2008年第 7 期。

对此开展了深入的研究，从考察人类精神与社会经济发展之间关系的独特视角出发，认为新教伦理激发了资本主义精神的产生。新教伦理的核心思想主要包括以下几个方面。

第一，浓厚而强烈的"天职观"。马丁·路德认为，上帝并非让人以苦修的方式过一种脱离世俗活动的生活，而是希望人们充分地完成其在现世生活中所处地位赋予他的神圣责任和义务，包括创造大量的财富以更好地回馈他人与服务社会。这种入世的"天职观"极大地促进了资本主义的发展。

第二，经济理性主义。资本主义市场经济要求人必须学会算计，即要详细核算成本投入和效益产出之间的比例，追求经济利润的最大化。这种以严格核算为基础的经济理性主义，是一种以精打细算的资本经营为主旨的亚当·斯密意义上的"经济人"所具有的经济理性，而这种经济理性主义正是新教伦理的核心思想。

第三，新型的禁欲观。新教同样倡导禁欲。与天主教禁欲所不同的是，新教并非将人局限在教堂或修道院，过一种"出世"的生活，而是希望人在积极履行自身职责，创造价值与财富的同时，过一种纯净与俭朴的淡雅生活。新教批判奢华与炫富，反对游手好闲的生活，认为这些都有悖于上帝的诫命。马克斯·韦伯认为，正是这种新型的禁欲观使得人们在创造巨大财富的同时，由于受制于神圣而沉重的责任感，不至于去挥霍与浪费，从而有利于原始资本的积累，促进了资本主义的快速发展。

第四，紧迫的时间感。在马克斯·韦伯看来，新教徒极为反对虚度光阴，认为虚度光阴会削弱人们为上帝荣誉而效劳的能力。因此，人们应当具有紧迫的时间观，勤勉努力，集中精力投入到自身事业中去，正如富兰克林所言："切记，时间就是金钱。假如一个人凭自己的劳动一天能挣十先令，那么，如果他这天外出或闲坐半天，即使这期间只花了六便士，也不能认为这就是他的全部耗费；

他其实花掉了、或应说是白扔了另外五个先令。"[1]

## （三）儒耶文明经济基础之比较

通过上述的分析可见，儒家文明的发展历程从始至终都与农耕经济息息相关，农耕经济作为儒家文明的生存根基，深深型塑了儒家的思维方式、价值取向、生活以及社会行为模式。可以说，"天人合一""阴阳""道""天理""格物致知""太极"等哲学思想的产生，都是在与农耕经济高度融合的基础上产生的，凝练出这些思想的儒学家也对农耕经济占主导地位的中国古代社会有着深刻的认识。在农耕经济的基础上，人们日出而作，日落而息，不论是王公、猾吏，还是巨族、豪商，都将占有土地的多少视为其身份高下的标志。由于农耕经济对土地的高度依赖，造就了中国人浓厚的乡土情结。"美不美家乡水""金窝银窝不如家中的土窝""落叶归根"等，充分表达了国人内心深处安土重迁、不愿流动、依恋家乡的地缘特性。这也相应地造就了儒家内向型的文化形态，不过于谋求竞争性的对外扩张，而是追求和谐与安宁。总之，儒家作为长期主导中国社会发展进程的意识形态，澄清了中国农耕文化与农耕经济的本来面目。与儒家相比，基督教的发展脉络则与商业文明紧密相连，从犹太文明到希腊罗马文明，从中世纪天主教到近代新教，基督教的每次转型都散发出各具特质的商业气息。这也自然造就了基督教外向型的文明形态，力求对外发展与扩张。中世纪的十字军东征充分展现了基督教的扩张性。到了近现代，基督教与资本主义的发展相互促进，资本主义在向外扩张的同时也掀起了基督教传教的热潮。

---

① 　[德] 马克斯·韦伯：《新教伦理与资本主义精神》，于晓、陈维纲等译，生活·读书·新知三联书店 1987 年版，第 33 页。

正如马克思所言，生产力决定生产关系，经济基础决定上层建筑，儒家与基督教极具差异的农耕与商业经济形态塑造了两者截然不同的特征。

# 三、合一与分离：儒耶文明的政教结构之比较

儒家与基督教在政教结构上具有鲜明的差异。儒家将政治与教化合二为一，提倡君王应集教权与政权为一身，在道德伦理修为上以身作则，去感化与引导民众，从而维护自身的政治统治。后来由于儒家成为历朝的主导思想，其政教合一的结构自然塑造了历朝的统治模式。而基督教则将政治与宗教相分离，划下"楚河汉界"，提倡宗教与政治应各安其位，互不侵扰，从而保持各自的独立性。其政教分离的结构设计后来被基督教奉为价值圭臬，影响深远。

## （一）儒家政教合一的结构

### 1. 儒学是否为宗教的论争及儒家政教合一的内涵

儒家是不是宗教？中国历史上是否存在一个为大多数人所信仰的全民性的宗教（儒教）？这已成为儒学研究及宗教研究中一个值得思考的学术问题。在这个问题上，研究者大致有三种代表性的看法。

一种观点认为，儒家是一个有宗教意识、宗教仪礼、宗教组织的社会实体，是中国历史上存在的全民信仰的"国教"。持这种观点的，近代有康有为、陈焕章等人，现代有任继愈、李申、何光沪、朱春、谢谦、张荣明、杨阳等人。在现代以任继愈及其学生李申的影响最大，任继愈先生于 20 世纪 70 年代末提出理学宗教论之

说，随后接连发表了《论儒教的形成》《儒家与儒教》《儒教的再评价》《朱熹与宗教》等文，就儒家与儒教、儒教与宗教的关系、儒教的形成和变化、儒教在中国文化史上的地位和作用等问题，作了较详尽的论述。在任先生看来：早期儒学虽具有宗教意识，但不是宗教；从汉代的董仲舒开始，儒学逐渐演变为儒教，宋明理学则完成了儒教的宗教化。宗教化的儒教虽不具有宗教之名，却具有宗教之实。宗教化儒教的教主是孔子，其教义和崇奉的对象为"天地君亲师"，其经典为儒家六经。儒教有祭天祀孔的宗教礼仪，有道统论的传法世系，不讲出世，但追求一个精神性的天国。儒教的宗教组织即中央的国学及地方的州学、府学、县学，学官即儒教的专职神职人员。儒教虽没有入教的仪式，也没有精确的教徒数目，但在中国社会的各阶层都有大量信徒。

任继愈的学生李申著有《中国儒教史》一书。这是第一部站在"儒教是教"立场上完成的学术专著。作者通过对中国古代儒释道三教和哲学、科学的综合考察，确认并接受了任继愈的观点。在经过多年深入研究并撰写了一系列有创见的论文的基础上，终于在世纪之交推出了150万言的学术专著。该书以翔实的史料和严密的论证，正本溯源，阐明了中国儒教发生、发展和消亡的全部历史。

另有观点认为，儒学并不是宗教，而是一种以修己治人、内圣外王为宗旨的学说，中国历史上没有一个像西方那样曾经占有"国教"地位的宗教。持这种观点的学者主要有何克让、张岱年、冯友兰、崔大华、林金水、周黎民、卢钟峰等。其中最具影响的是冯友兰与张岱年。冯友兰认为，道学（即理学）不承认孔子是一个具有半人半神地位的教主，也不承认有一个存在于这个人的世界以外的或是将要存在于未来的极乐世界。至于说到精神世界，那也是一种哲学所应该有的，不能说主张有精神世界的都一定是宗教。"天地君亲师"五者中，君亲师都是人，不是神。儒家所尊奉的四书五经，都有来源可考，并不是出于神的启示，不是宗教的经典。如果说道学是宗教，那就是一无崇拜之神，二无教主，三无圣经的宗教，而这种宗教事实上是根本不存在的。至于说西方中世纪宗教的东西道学都有，因之道学为宗教，这种推论也是不合逻辑的。①

张岱年先生指出，理学是哲学而非宗教。宗教与非宗教的根本区别，在于重不重生死、讲不讲来世彼岸。理学不信仰有意志的上帝，不信灵魂不死，不信三世报应，不讲来世彼岸，没有宗教仪式，更不做祈祷，故理学不是宗教。儒教之教，泛指学说教训而言：儒教即儒学，并非一种宗教。②

此外，还有观点认为，儒学具有一定的宗教性，但由于强调入世，又缺乏宗教组织、仪式，所以不是宗教，而是一种准宗教。这种看法介于前两种观点之间，持这种观点且影响较大的是李泽厚和郭齐勇。李泽厚认为，儒学所发挥的作用是一种准宗教的作用；虽然儒学不是宗教，但它却超越了伦理，达到与宗教经验相当的最高境界，即所谓"天人合一"，可称为审美境界。③郭齐勇认为，儒学就是儒学，儒家就是儒家；它是入世的、人文的，又具有宗教性的品格；可以说它是"人文教"，此"教"含有"教化"和"宗教"两义。它虽有终极关怀，但又是世俗伦理。它毕竟不是宗教，也无需宗教化。④

综上所述，近代以来，中国学者研究中华文明总是倾向于以西

---

① 参见冯友兰：《略论道学的特点、名称和性质》，《社会科学战线》1982年第3期。

② 参见张岱年：《论宋明理学的基本性质》，《哲学研究》1981年第9期。

③ 参见李泽厚：《再谈"实用理性"》，《原道》第1辑，中国社会科学出版社1994年版。

④ 参见郭齐勇：《儒学：入世的人文的又具有宗教性品格的精神形态》，《文史哲》1998年第3期。

方的范式进行削足适履般的简单分析，这种做法可能遮蔽了中华文明的本真性。以当前中国学术界使用的"政教关系"概念为例，其作为近代西方的舶来品，特指政治与宗教的关系。用这样一个外来的概念审视中国历史，在解释释道二教与中国政治的关系时，会比较恰当，因为佛道二教具有充分的宗教性，与西方的基督教又比较相似。不过当用西方的"政教"概念剖析在中国古代政治生活中起主导作用的儒家时，却往往南辕北辙，主要因为中国历史上所使用的"政教"概念，有自己特定的含义。"宗"指宗庙，"教"指教化。而人们总是望文生义地认为"宗"是"宗奉"，"教"是"教团"，宗教就是宗奉某种神灵的社会团体，而忽视了儒家之教的教化之意。

概而言之，儒家的政教关系主要是指政治依赖于教化，教化推行政治，两者合二为一，政教存则国存，政教失则国亡。从动态的角度看，政教之"教"是一种教化行为；从静态的角度看，政教之"教"就是一种国家意识形态。从这种意义上也可以说，儒家实行的政教合一制度，其本质就是政治与教化的合一。①

2.儒家"政教合一"的思想根基——儒家对"一"的价值追求

儒家的政教合一具有深厚的思想根基，主要体现在其对"一"的价值追求上。首先是儒家"身心合一"的思想。儒家反对身心的二元对立，提出两者的和谐统一，并以此作为其自我修养的目标。儒家的"身"在很大程度上受制于"政权"的统治，而"心"则深受"教权"的控制，"身心合一"也自然孕育着"政教合一"的因子。

---

① 参见张践：《中国古代政教关系史》（上册），中国社会科学出版社 2012年版，第 8 页。

其次是儒家此岸与彼岸合一的思想。儒家提倡现世主义，将彼岸统摄于此岸之中，从而在一定程度上减弱了其宗教性，有利于"政教合一"的形成。再次是儒家对"天人合一"的推崇。儒家相信人可以通过道德修养，与天融会贯通，从而弥合了"天"与"人"之间的鸿沟。这样儒家就不需要一个代表外在"天"的教权对现世的政权进行规约，并期望"与天地参"的圣王出现，实现"政教合一"。最后是儒家对"大一统"的崇尚。儒家的"大一统"不仅希望能够集中政权，实现君主专制，而且也希望君主能够充分主导意识形态的话语权，这也为"政教合一"提供了理论支撑。总之，对"一"的价值追求奠定了儒家"政教合一"的思想根基。

### 3. 在"圣"与"王"之间——儒家打通"圣"与"王"的精神诉求

儒家把国治邦安寄托在君主身上，具有浓厚的"人治"色彩，君主权力的维持不仅在于其"外王"的尊位与作为，也在于其"内圣"的道德品行与政治伦理。君主在获得"王"的地位后，也致力于自我"圣"化，在维护统治的同时，也希望实现圣王的理想，而圣王则是德政合一、德位合一、政权和教权合一的化身，受到儒家的强烈崇拜。儒家试图弥合和打通"圣"与"王"之间的距离（在某种程度上讲，"内圣"代表教权，"外王"代表政权），以实现"政教合一"。

（1）儒家的圣王崇拜

儒家极为推崇古代的圣王，具有根深蒂固的"圣王崇拜"信仰。儒家认为圣王是道德与尊位的完美统一，如《中庸》所言："大德必得其位"，有德有位的圣王方能治理天下，"非天子，不议礼，不制度，不考文。虽有其位，苟无其德，不敢作礼乐焉。虽有其德，苟无其位，亦不敢作礼乐焉"。这段话流露出强烈的圣王崇拜，圣王内圣于身，外王于政，修制度，作礼乐，故《大戴礼记·诰志》曰："古之治天下者必圣人。"在儒家看来，圣王不仅有德有位，并且受命于天，所以《中庸》说："大德者必受命。"

孔子作为儒家的创始人，对上古的圣王极为崇拜。孔子自称"信而好古"，赞叹尧"大哉尧之为君也！巍巍乎！惟天为大，惟尧则之"（《论语·泰伯篇》），称赞舜禹："巍巍乎，舜禹之有天下也，而不与焉"（《论语·泰伯篇》），赞赏武王"三分天下有其二，以服事殷。周之德，可谓至德也已矣"（《论语·泰伯篇》），把其一生的理想抱负归结为"祖述尧舜，宪章文武"，致力于恢复和发扬尧舜文武之道。孔子认为："文武之政，布在方策，其人存，则其政举，其人亡，则其政息。"将国家的安危强盛维系在圣王的作为上，可谓是"为政在人"。孔子以匡扶周礼为己任，尤其对于制礼作乐的周公，孔子更是仰慕不已。认为其所开创的周代文化"郁郁乎文哉，吾从周"，他用一生的实际行动去践行周公制定的礼乐之道，周游列国，宣扬礼乐教化，即使沦落为"丧家之犬"也乐此不疲，甚至临死之前还反复说"吾不复梦见周公矣"。孔子认为，只有有德有位的圣王当政，天下才能有道，所以他强调："天下有道则礼乐征伐自天子出"；相反，"天下无道，则礼乐征伐自诸侯出"（《论语·季氏》）。所以孔子极为维护圣王的地位与威望，认为"天无二日，民无二王"（《孟子·万章上》），将圣王比喻为天上的太阳，其权威决不可僭越。

孔子的继承者孟子也对圣王推崇有加，如孟子曰："圣王不作，诸侯放恣，处士横议。"（《孟子·滕文公下》）文中的圣王不言而喻，显然指的是尧舜禹汤等历代圣王，且孟子又强调说："以德行仁者王"（《孟子·公孙丑上》），"圣人治天下，使有菽粟如水火。菽粟如水火，而民焉有不仁者乎！"（《孟子·尽心上》）他极为赞赏文王的德性，"文王以民力为台为沼。而民欢乐之，谓其台曰灵台，谓其沼曰灵沼，乐其有麋鹿鱼鳖。古之人与民偕乐，故能乐也"（《孟子·梁惠王上》）。所以孟子认为："君仁，莫不仁；君义，莫不义；君正，莫不正。一正君而国定矣。"（《孟子·离娄下》）

尧、舜、禹、汤、文、武、周公都是古代圣王。圣王是德与位、教权与政权、道统与政统相结合的完美典范。儒家对圣王的崇拜，敦促后世的君王在得到尊位的同时，要注重道德修养。"政者正也"，正人先正己，努力成为民众的道德楷模，为掌握教化之权奠定道德根基，从而实现教权与政权的合一。总之，儒家的圣王崇拜对后世"政教合一"统治模式的塑造起到了促进与引领的效用。

（2）由"内圣"而"外王"的统治合法性

儒家崇尚"内圣外王"，是从"内圣"推出"外王"，可以说，"内圣"代表"教权"，"外王"代表"政权"，帝王在获得"外王"的尊位后，也希望在"内圣"方面取得成就，以此来巩固"外王"的地位和统治。"内圣"既要求帝王致力于"修己"，也要求其驾驭国家的意识形态。所以，帝王遵从"自天子以至于庶人，壹是皆以修身为本"的儒家教导，在积极提高道德修养，希望成为国人道德典范的同时，也大力加强在文化领域的控制。因为他们深知"内圣"是"外王"的基础和支撑，如果失去"内圣"，"外王"也就丧失了统治合法性。所以历代帝王不管多么的昏聩无知，也不会向世人标榜其不道德的一面，更不会主动让出意识形态的主导权。"内圣"与"外王"可谓是一体两翼，相辅相成，不可分离。作为帝王尤其需要借助"内圣"来维护其"外王"的统治合法性，从而实现"政教合一"。

（3）"王"的"圣"化

在帝王取得"王"的地位之后，大多进行"王"的"圣"化活动，希望以王兼圣。帝王们一方面加强君主集权，树立绝对的政治权威；另一方面也致力于思想文化的一统，希望像圣人一般，享有思想权威。帝王们的"圣"化活动既有自我的"圣"化，也有儒家士人对其的"圣"化，两者相互交织，为帝王"以王兼圣"积极创造条件。"王"的"圣"化活动致使道统遭受到政统的摧残与压迫，故朱熹义愤填膺地说："尧舜三王周公孔子所传之道，未尝一日得行于天地之间！"（《朱子文集》卷二十六《答陈同甫》）可见，纵观历史发展的进程，道统由于"王"的"圣"化的浸染与遮蔽，长久不得彰显。君王将道统纳于其政统控制之下，最终集教权与政权于一身，实现了"政教合一"。

### 4.儒家政治与伦理的相互贯通与双向涵摄

儒家对政治与伦理的界定是相对模糊的，在其看来，政治与伦理的联系极为紧密，伦理一方面政治化，政治也一方面伦理化，在两者相互潜移默化的影响下，政治与伦理从而实现了相互贯通与双向涵摄，为"政教合一"提供了理论铺垫。

（1）伦理政治化

儒家伦理政治化道路的开辟者是孔子。《论语》记载："子奚不为政？子曰：书云：孝乎惟孝，友于兄弟，施于有政。是亦为政，奚其为为政？"在孔子看来，个人如若在家恪守伦理和力行孝悌，那么他的行为就为政了。另外，季康子向孔子询问："使民敬，忠以劝，如之何？"孔子回答中有一句："孝慈则忠。"意思是说，为政者"孝于亲，慈于众，则民忠于己"[1]。为了使民忠于己，为政者在家得认真履行孝敬父母的义务，在此基础上才能对外慈爱民众，这样就将伦理领域的父慈子孝推广到政治领域的忠诚之上。子对父的"孝"便顺理成章地置换为民对上的"忠"，于是，在"家国同构"的思维模式下，家庭伦理关系也就很自然地被视为君民政治关系的

---

① 朱熹：《四书章句集注》，中华书局1983年版，第58页。

缩影，从而将伦理做政治化的构思与处理也就水到渠成了。

此外，《论语·颜渊》记载，齐景公问政于孔子，孔子对曰："君君，臣臣，父父，子子。"所谓父父，是指父之为父的情景，即父慈；所谓子子，是指子之为子的情景，即子孝。由于父与子的这种浓厚的伦理关系，子对父就有一种孝敬的义务，不仅要"能养""唯其疾之忧"，而且要懂得"色难"。如果父有所过错，要"事父母几谏，见志不从，又敬不违"。在父生前与死后，子对父"生事之以礼，死葬之以礼，祭之以礼"，力求做到"慎终追远"。可见，父慈子孝在家庭伦理关系的主轴作用。当对"君君、臣臣"与"父父、子子"相联系作融会贯通般的考察时，恰恰彰显出孔子以血缘伦理关系来沟通君臣政治关系的思维路径，其将伦理政治化的思考可见一斑。所以，孔子认为，如若一个人做到了"孝悌"，就能更好地遵守社会规范。其弟子有若把孔子的这一思想作了鞭辟入里的诠释。他说："其为人也孝悌，而好犯上者，鲜矣！不犯上，而好作乱者，未之有也。"（《论语·学而》）

儒家认为，修身正己应该从家庭伦理生活开始，由家过渡到国，是为"齐家治国"。"孝"作为家庭伦理生活的核心与根本，更是被拔高到无以复加的高度。正是由此，热衷于孝道的曾子在阐释孝的同时也往往将其作政治化的扩展与延伸。他说："身也者，父母之遗体也，行父母之遗体，敢不敬乎？居处不庄，非孝也；事君不忠，非孝也；官不敬，非孝也；朋友不信，非孝也；战阵无勇，非孝也。五者不遂，灾及于亲，敢不敬乎。"（《礼记·祭义》）曾子在伦理层面重视孝亲父母的同时，也将伦理政治化，把君王视为"民之父母"，因此曾子认为，民众也要对君王尽孝，如果"事君不忠""官不敬"，甚至"战阵无勇"都是非孝的体现。可见，曾子将君王作"民之父母"的定位实出于其伦理政治化的考量，希求为伦理寻求政治上的支撑与保障。

（2）政治伦理化

在儒家看来，政治离不开伦理，甚至认为政治是伦理的必然延伸。这体现在多个方面。首先是要求在位者自身要正。对百姓的教育是重要的，但身教重于言教，"其身正，不令而行；其身不正，虽令不从"。在位者如果自身端正，自己以身作则，那么天下的百姓就会仿效他，主动去做，这就叫"不令而行"。如果统治者自己行为不端，没有道德，不遵守礼制，即使下的命令再多，人们也不会服从，这就叫"虽令不从"。"其身正，不令而行"与"上好礼，则民莫不敢不敬；上好义，则民莫敢不服；上好信，则民莫敢不用情"相似。在位者致力于道德修养，努力端正自身作风，努力做到"修己以敬，修己以安人，修己以安百姓"（《论语·宪问》）。可见，孔子将修身视为治理天下的起点，"苟正其身矣，于从政乎何有？不能正其身，如正人何？"（《论语·子路》）后世儒家继承了孔子的思想，认为"知所以修身则知所以治人，知所以治人则知所以治天下国家矣"（《中庸》），并将修身视为治理天下国家的九条准则之一。由此可知，正身正己是正人的起点与基础，正人是正身正己的落脚点。儒家理想中的出仕为政须先正身正己，儒家视域中的政治离不开伦理。孔子还论述说："为政以德，譬如北辰居其所而众星共之。"（《论语·为政》）意思是说，推行这种德政，在君主和臣民之间就会建立起一个共同的精神纽带，从而使得政治具有一种道德的号召力。臣民拥戴君主，就如同众星围绕着北辰旋转一样。孔子还强调："道之以政，齐之以刑，民免而无耻。"相反，"道之以德，齐之以礼，有耻且格。"可见其"以德治国"的理念也体现出政治伦理化的趋向。最后，孔子视政治为道德实践，认为从政之道离不开道德。子张问政于孔子曰："何如斯可以从政矣？"子曰："尊五美，屏四恶，斯可以从政矣。"子张曰："何谓五美？"子曰："君子惠而不费，劳而不怨，欲而不贪，泰而不骄，威而不猛。"……子张曰：

"何谓四恶?"子曰:"不教而杀谓之虐,不戒视成谓之暴,慢令致期谓之贼,犹之与人也,出纳之吝,谓之有司。"(《论语·尧曰》)

孟子以"不忍人之心",推"不忍人之政",以仁心贯通政治与伦理,把政治治理转化为伦理抉择,以伦理来统摄政治,是孟子政治思想的最鲜明特征。所以他强调说"人皆有不忍人之心。先王有不忍人之心,斯有不忍人之政矣。以不忍人之心,行不忍人之政,治天下可运于掌上"(《孟子·公孙丑上》),若统治者积极推行仁政,则"无敌于天下"。孟子以伦理性的"仁"来统观与俯瞰政治发展史,不仅认识到"三代之得天下也得仁,其失天下也以不仁",而且"国之所以废兴存亡者亦然。天子不仁,不保四海;诸侯不仁,不保社稷;卿大夫不仁,不保宗庙;士庶人不仁,不保四体"(《孟子·离娄上》)。将国家的兴衰存亡归结于统治阶层的伦理抉择。进而强调"惟仁者宜在高位。不仁而在高位,是播其恶于众也"。认为只有伦理修养与政治治理相互融合时,方能"身正而天下归之"。所以说,"君仁,莫不仁;君义,莫不义;君正,莫不正。一正君而天下定矣"。孟子通过对政治关系的伦理化处理,使政治转变成为统治者个人的伦理修养,从而将政治治理与伦理教化融合为一。孟子对这种政教合一的关系论述道:"仁言不如仁声之入人深也,善政不如善教之得民也。善政,民畏之;善教,民爱之。善政得民财,善教得民心"(《孟子·尽心上》),并认为,"人人亲其亲,长其长,而天下平"。"天下之本在国,国之本在家,家之本在身"。将天下国家的治理归根于个人的伦理修养与善性扩充,至此,政治被充分地伦理化了。

儒家政治伦理化的构思最集中地体现在"移孝作忠"的思维理路上。汉儒充分认识到由"孝"维系的家庭伦理关系的稳定性,试图将这种稳定的伦理关系推及到政治领域,以实现政治治理的安定稳固。由此可知,"移孝作忠"的提出便顺理成章了。"移孝作忠"

提倡应该以孝敬父母的态度来效忠国君。所以《孝经·广扬名章》曰："君子之事亲孝，故忠可移于君；事兄悌，故顺可移于长；居家理，故治可移于官。是以行成于内。而名立于后世矣。"《孝经·士章》亦云："资于事父以事母，而爱同；资于事父以事君，而敬同。故母取其爱，而君取其敬，兼之者父也。故以孝事君则忠，以敬事长则顺。忠顺不失，以事其上，然后能保其禄位，而守其祭祀，盖士之孝也。"于是汉儒将孔子与曾子所提倡的孝道向政治领域延伸拓展，将"孝"擢升到了天地之经的地位。《孝经·三才章》借孔子与曾子的对话来阐述孝的重要价值。"曾子曰：'甚哉孝之大也！'子曰：'夫孝，天之经也，地之义也，民之行也。天地之经，而民是则之。则天之明，因地之利，以顺天下。'"汉儒将"孝"从先秦儒家的众多伦理规范中凸显出来，并充分地政治化，为后来统治者提倡"以孝治国""以孝治天下"提供了充分的理论依据。《孝经》也成为一本具有浓厚政治色彩的儒家经典。

综上所述，儒家的政治伦理化与伦理政治化实际上打通了"修身""齐家""治国""平天下"的逻辑脉络，衔接了"内圣"与"外王"的内部张力，将伦理教化与政治治理充分地融会贯通开来，致使儒家的伦理教化与政治治理合二为一，紧密相连。总而言之，儒家通过伦理政治化与政治伦理化的相互贯通，通过伦理教化与政治治理的双向涵摄，为儒家的"政教合一"奠定了理论基础。

### 5. 政统对道统的控制

道统是尧、舜、禹、汤、文、武、周公、孔、孟以来历代圣人相传的儒家最高价值和传承体系。政统是中国历代政权延续与发展的脉络。孔孟之前，道统与政统合一，尧、舜、禹、汤、文、武、周公作为圣王，既是政治权威，又是思想权威。孔子之后，上古圣王已然消逝，现实中"圣"与"王"分而为二，道统与政统各行其道。以圣人为理想人格和精神依归的儒者往往以道的载体自居，希冀来影响君权，甚至制约与抗衡君权，可谓是"以道抗政"。而强势的政统依仗暴力常常使得道统的理想难以伸张，并通过笼络、改造与镇压三种手段来控制道统，从而促成"政教合一"的生成。

（1）政统对道统的笼络——科举制度

政统笼络道统最集中地体现在科举制度上。科举制度向社会各阶层开放，对普通士人和官员一视同仁，不论出身、贫富都允许其自愿参加。这样不但大为拓宽了政府选拔人才的基础，还让处于社会中下阶层的知识分子，有机会通过科考向社会上层流动，从而打破世家大族垄断官场的局面。明清两代的进士，接近一半出身寒门。一旦他们"金榜题名"，便马上"平步青云"。历代的莘莘学子，十年寒窗，目的就是希望"独占鳌头"，光宗耀祖。可以说，科举是一种笼络士人的有效方法，因为科举制度最大限度地利用了士人"学而优则仕"的思想，致使士人认为学习儒家经典的目的是通过科举考试，然后步入仕途，所以他们把与之无关的知识都视为形下之器，是君子所不屑的奇技淫巧。许多读书人只是为了暂时改善自己的生活条件，不得已弃文经商，一旦其生活得以改观，他们往往又重新参加科举，以期实现"治国平天下"的抱负。这就决定了士人的最高人生理想是"仕"，因而作为官僚队伍后备力量的士人，就不可避免地依附于皇权与官僚体系。在政统的拉拢利诱和威逼笼络下，承担道统的士人群体的价值追求发生异化，其独立批判的意识逐渐丧失，为了仕途的加官晋爵，他们不得不逢迎政统，失去了挺立道统的意识和能力。可以说，历代王朝统治者利用科举制度笼络了大批代表"道统"的士人精英，既巩固了其统治，也消弭了民间可能孕育的躁动与不满，可谓"一石多鸟"。

（2）政统对道统的改造

三纲五常的倡导与朱元璋删《孟子》最能体现政统对道统的

改造。

第一，三纲五常。儒家迫于强大政统的压力，对其理论进行改造，这一点最鲜明地体现在"三纲"说上。所谓"三纲"，是指"君为臣纲，父为子纲，夫为妻纲"，具有浓厚的等级秩序色彩。在很多人眼中，孔子是"三纲"说的始作俑者。但是若剖析入微，就会发现孔子对君臣、父子、夫妇关系的论述与后人所附会的"三纲"说有着极大的区别。对此，徐复观曾分析说："忠孝之在孔孟，乃系人之一种德性。至于人与人的关系，则常相对以为言，如'君君，臣臣，父父，子子'之类。此其中，并无从外在的关系上分高低主从之意。汉儒为应大一统之政治要求，《白虎通》中创为'三纲之说'，将人性中德性之事，无形中一变而为外在关系中权利义务之事。"[①]孔子的确说过："君君，臣臣，父父，子子。"（《论语·颜渊》）但孔子的本意是希望君要像君的样子，合乎为君之道；臣要像臣的样子，合乎为臣之道；父要像父的样子，合乎为父之道；子要像子的样子，合乎为子之道。孔子对君臣父子的要求并非是单向度的服从，而是双向度的相互尊重。如定公询问孔子："君使臣，臣事君，如之何？"孔子对曰："君使臣以礼，臣事君以忠。"（《论语·八佾》）子路询问如何事奉君主，孔子说："勿欺也，而犯之。"（《论语·宪问》）另外，孔子还提出："所谓大臣者，以道事君，不可则止。"（《论语·先进》）可以说，孔子是以理想价值的道来统摄君臣关系，道是奠定君臣双向关系的理论根基。另外，孔子对"孝"的论述也主要是一种天然的血缘之亲，而不是"三纲五常"般强制服从的"孝"。比如，孔子认同"事父母几谏"（《论语·里仁》），子女对父母的过错是可以劝谏的。在子女对父报之以"孝"的同时，

---

① 徐复观：《中国人文精神之阐扬》，中国广播电视出版社1996年版，第211页。

父也应该对子女报之以"慈",可谓是双向度的"父慈子孝",而非单向度的"父为子纲"。

两汉之际,随着封建专制制度的建立,为了统治秩序的稳定与巩固,统治者需要一套与政治制度相匹配的意识形态。在这种时代大背景下,一方面迫于政统的压力,另一方面为了更好地借助政统以发展儒学,汉儒董仲舒正式提出了"三纲"说。他强调说:"君臣父子夫妇之义,皆取诸阴阳之道。"又说:"王道之三纲可求于天。"(《春秋繁露·基义》)在"天"的至上统摄下,君臣、父子、夫妇三种伦理关系都被纳入到"阳尊阴卑"的范畴中,代表"阴"的臣、子、妇要顺从于代表"阳"的君、父、夫的权威。在"天不变道亦不变"思维的笼罩下,"君为臣纲,父为子纲,夫为妻纲"成为"不易"的规范法则。东汉时期,班固在《白虎通义》中进一步阐发:"三纲者,何谓也?谓君臣、父子、夫妇也……故《含文嘉》曰:'君为臣纲,父为子纲,夫为妻纲。'"至此,统治者通过御用文人对原始儒家双向的伦理规范进行了彻底的改造甚至扭曲。"三纲"说的核心就是为了维护尊卑贵贱的等级秩序,并强调这种等级秩序的不可逾越性。"三纲"说在强大政统的推行与倡导下,快速地风行天下。后世历代的统治者不约而同地将这一政治伦理原则视为治世圭臬,原始儒家的伦理精神逐渐被遮蔽和掩盖。

第二,朱元璋删《孟子》。朱元璋在建立明朝之后,废除丞相,在政治上推行君主集权制的同时,在文化上也加强了控制。他不仅视法家、阴阳家、纵横家为异端邪说,对自汉武帝以来历代统治者尊为正统的国家主流意识形态——儒家学说也百般挑剔。他希望对儒家学说中不利于其统治的思想加以改造。史书上记载,朱元璋对《孟子·离娄下》中的一段话极为愤慨——"君之视臣如手足,则臣视君如腹心;君之视臣如犬马,则臣视君如国人;君之视臣如土芥,则臣视君如寇仇。"在这里,孟子从平等的角度看待君臣关系,而且着重强调在君对臣有礼的前提下臣对君才会忠，否则臣对君不仅不忠，而且把君视为"国人"和"寇仇"。但在朱元璋看来臣对君应该无条件地绝对服从，所以一怒之下下令罢掉孟子配享孔庙的资格，将孟子逐出文庙。后来由于有志之士的死谏，朱元璋冷静之后，才又恢复了孟子配享孔庙的资格。不过，对于"非臣子所宜言"的孟子，朱元璋终究是耿耿于怀、余恨难消，于是下令"删孟"，并且他自己亲自上阵，将上述那些"大为不敬"的话尽皆删去，共砍掉《孟子》原文85条，仅剩下170多条，编就了一本《孟子节文》，又特意规定，被删的条文不得出现在科举考试之中。

总之，朱元璋对当时"政统"和"道统"分割的状况感到如鲠在喉，他雄心勃勃，誓将"政统"和"道统"合二为一，以实现其绝对统治。朱元璋"删孟"所透露出来的，正是统治者依靠蛮横的"政统"对理想的"道统"进行改造与控制的思维倾向。到了清朝的康熙，更是直言不讳地宣称："朕惟天生圣贤，作君作师。万世道统之传，即万世治统之所系也。"（《东华录》卷五十一）皇帝充分掌握"道统"与"政统"两个体系，可以判断一切是非曲直，实现了"教权"与"政权"的合一。

第三，政统对道统的镇压。当"政统"与"道统"发生剧烈矛盾与冲撞时，统治者会毫不犹豫地对"道统"进行镇压，予以其无情打压。发生在东汉桓、灵二帝时期的"党锢之祸"，就是作为"政统"代表的皇权被外戚与宦官两派势力异化，对代表"道统"的士人进行残酷镇压的例证。东汉末年，外戚与宦官交替专权，朝政极端腐朽，士大夫集团为了匡时救世，复兴"道统"，无畏地抵制皇权，积极打击外戚与宦官。他们大都不畏强权，不惜舍身卫道，惨遭镇压后依然矢志不渝，彰显出崇高殉道精神的同时，也体现出"政统"镇压"道统"的残酷性。另外，明熹宗时，政治极度腐败，太监魏忠贤独揽大权，自称"九千九百岁"，对异己人士实行血腥镇压，他控制东厂西厂特务机构，爪牙遍及各地，滥施刑罚，随意杀人。为了扭转时局，"家事国事天下事，事事关心"的东林党人挺身而出，抨击朝政。东林党人具有鲜明的特点：在学术承传上，他们推崇孔孟，代表了儒家文化传统的正宗；在政治行为上，他们是清官和忠臣的典型。东林党的核心人物，如顾宪成、高攀龙、杨涟、左光斗、冯从吾等作为士大夫的正面形象，恰与魏忠贤阉党构成了强烈的对比。为了打击东林党人，魏忠贤唆使明熹宗下诏，拆毁东林书院，杨涟、左光斗等许多著名的东林党人惨遭杀害。

另一个"政统"镇压"道统"的鲜明例证就是文字狱。文字狱历朝历代都有，比如宋代苏东坡因为"乌台诗案"被贬官三级，下放黄州，并随后流放琼崖；"中国第一思想犯"李贽因"敢倡乱道""妄言欺世"被万历皇帝监禁入狱，逼其自刎。但文字狱却以清代最为残酷。清康熙在位 61 年发生较大的文字狱 11 起；而雍正虽在位只有 13 年，但因为其刻薄猜忌的性格，却发生了残酷而大规模的文字狱 20 多起，其中不少他更是"亲自审讯"；乾隆虽在即位初期提倡所谓的言论宽松，但根基稳固后，竟制造了 100 余起文字狱，可谓是登峰造极。漫长而又严酷的文字狱令儒士们噤若寒蝉。为了躲避文字狱的残害，清代学者们不得不转入"避世"的考据学，从事纯粹的学术考据，从而远远地脱离了现实。所以著名明清史学家孟森先生评价考据学派："宁遁而治经，不敢治史，略有治史者，亦以汉学家治经之法治之，务与政治理论相隔绝。故清一代经学大昌，而政治之学尽废，政治学废而世变谁复支持，此雍、乾之盛而败象生焉者二也。"[①] 高压的文字狱使儒家的"道统"不得挺立，失去了制约"政统"的作用。

---

① 孟森：《明清史讲义》下册，中华书局 1981 年版，第 558 页。

另外，为了维护"政权"与"教权"的合一，统治者决不允许在现实社会中出现能与之比肩的文化权威。在儒学史上享有崇高声望的董仲舒、朱熹的人生命运，就是最鲜明的例证。董仲舒因献"天人三策"，得到汉武帝的重视，但董仲舒在维护汉武帝权威的同时，也希望以"灾异"之说来制约汉武帝的行为。为此，他被囚禁监狱，险被处死，出狱后再不敢复言"灾异"，以著书立说度过余生。朱熹作为理学的集大成者，在各地讲经论道，在当时的学界产生了巨大的影响。虽然也担任一定官职，但在政治上其抱负终究不能施展，并遭到了统治者的镇压。其学说被称之为伪学，同道被称之为伪党，后来更为诬陷为逆党，甚至有人唆使皇帝处决朱熹。面对强大的"政统"力量，朱熹不得不请求辞官，潜心于理学研究。董仲舒和朱熹的例子都说明了"道统"面对强大"政统"的镇压，是如此的软弱无助。所以说儒家难以突破"学而优则仕"的思维模式，难以忘却"做帝王师"的情结，难以抹去对圣王明君的殷切期待，并且受制于政治制度的羁绊，缺乏独立的经济支撑，终究无法挣脱依附"政统"的宿命。

可见，虽然儒学"道统"与"政统"存在着较大的区别，甚至在一些情况下出现激烈的冲突和对抗，但纵观儒学发展历程，"道统"与"政统"在整体上是相依相存、不可分离的。"道统"需要借助与依靠"政统"来弘道，而"政统"需要以"道统"作为统治的基础，为其提供统治合法性。自汉武帝到清朝，儒学占据主流意识形态长达两千余年，一方面得益于儒家"道统"的传承，使儒家的性命之学得以凸显，为儒学的发展提供了学理上的支撑；另一方面，更得益于儒家"政统"地位的确定与巩固。

## 6.儒家将佛教与道教统摄于其"政教合一"的体系之中

儒家在获得思想领域的主导地位后，通过对佛教和道教的儒化，将佛教与道教统摄于其"政教合一"的体系之中。

（1）佛教的儒化

受儒家伦理思想的影响，佛教从不念尘世，远离政治，对人生采取出世态度的佛教伦理，必须首先转化成为顾念尘世，接近政治，对人生采取入世态度的伦理，即转向"孝亲"和"忠君"或者"敬王"与"孝亲"。

第一，以"五戒"比附"五常"。佛教以"不杀生，不偷盗，不邪淫，不妄语，不饮酒"的"五戒"来比附儒家的"仁、义、礼、智、信"的"五常"。天台宗人智顗不仅认为佛教的"五戒"与儒家的"五常"具有异曲同工之妙，而且还把佛教的"五戒"与儒家的"五经"相互比对。他说："五经似五戒：《礼》明撙节，此防饮酒；《乐》和心，防淫；《诗》风刺，防杀；《尚书》明义让，防盗；《易》测阴阳，防妄语。"（《摩诃止观》卷六上，《大正藏》卷64）随后，北宋的契嵩大师也不谋而合，宣称"五戒"可以会通"五常"，说："夫不杀，仁也；不盗，义也；不邪淫，礼也；不饮酒，智也；不妄言，信也。是五者，修则成其人，显其亲，不亦孝乎?"（《镡津文集》卷三，《大正藏》卷52）强调"五戒"与"五常"是"异号而一体"。明代智旭也宣扬"五戒即五常"（《灵峰宗论》卷235，《法语五·示吴劬庵》）。可见，以"五戒"比附"五常"，是中国佛教依附与屈从于儒家"政教合一"重要体现。

第二，敬王事君。佛教在传入中国初期，并不主张"敬王事君"，不接受以儒家思想为主导的世俗君主制的约束。期间更是发生了"沙门应否敬王者"之争，面对儒家的强势地位和君王的绝对权威，并且为了更有效地传播其教义，佛教不得不妥协，承认世俗政权的统治，屈从于王权。接受并遵循儒家的政治伦理学说，宣称"儒典之格言，即佛教名训"。慧远将协助君王治理国家归结为佛教教义的使然，认为："悦释迦之风者，辄先奉亲而敬君；变俗投簪者，必待命而顺动。若君亲有疑，则退而求其志，以俟同悟。斯乃佛教之所以重资生、助王化于治道者也。"(《镡津文集》卷二)自唐代以来，佛教徒正式向皇帝称臣，并宣称"帝王不容，法从何立?"(《大正藏》卷54)北宋著名的僧人契嵩更是提出佛教应服从王法，参与辅助君王，说:"夫圣人之道，善而已矣；先王之法，治而已矣。佛以五戒劝世，岂欲其乱耶?"(《镡津文集》卷十三)他在两封《上仁宗书》也是谦卑地称自己为臣，皇帝则称佛徒为"卿"。种种状况都表明僧人不敢再以方外人自居而与王权抗争，从而依附并臣属于以儒家为统治思想的王权。

第三，遵守孝道。佛教传入中土以后，受到儒家浓厚的重孝传统的压力和挑战，儒家批评佛教徒与父母断绝关系而出家，是大为不孝之举；独身无后违背了"不孝有三，无后为大"的孝道规范。面对强烈的指责和巨大的压力，佛教吸收了儒家的孝亲思想，并使之成为自身伦理文化的重要组成部分。汉魏时期《牟子理惑论》用"苟有大德不拘于小、见其大不拘于小"的理由为佛教作了周全而机智的辩护，从而开启了中国佛教大孝说的先河，奠定了中国佛教孝亲观的基调。在晋名僧慧远看来，佛法是更高层次上遵守孝道，与儒家伦理可谓是殊途同归，沙门出家为僧，参悟佛法，也能"道洽六亲，泽流天下"(《沙门不敬王者论》，见《弘明集》卷五)。到了隋唐时代，法琳也对孝道思想作了进一步的阐发。在他看来，"广仁弘济"的佛教与儒家伦理纲常并行不悖、相得益彰，佛教的孝道是大孝，更是"不匮之道"。宋元明时期，儒佛道三教实现融合，佛教对孝亲观更是进行了系统性的阐发。宋代"明教大师"契嵩更是"拟儒《孝经》发明佛意"，撰《孝论》十二篇，全面地阐释了佛教的孝道观。在《孝论》的首篇，就开宗明义地指出:"夫孝，诸教皆尊之，而佛教殊尊也。"(《镡津文集》卷三，《大正藏》卷52)认为佛教最重孝道，并以孝为戒，主张戒孝合一，戒即孝的独特方式，从而最大程度调和了与儒家伦理的矛盾。明代智旭也对孝道推崇有加，认为"世法出世法，皆以孝为宗"（《孝闻说》，《灵峰宗论》卷四），宣扬"儒以孝为百行之本，佛以孝为至道之宗"（《题至孝回书传》，《灵峰宗论》卷七）。总之，纵观佛教对孝道论述的历史脉络，可以充分管窥到儒家伦理统摄佛教思想，佛教依附于儒家"政教合一"体系的印迹。

（2）道教的儒化

道教作为中国土生土长的宗教，与佛教一样，必须适应以儒家为指导思想的政治制度，所以道教也不可避免地走上了"儒家化"的道路，在伦理道德尤其是忠孝方面广泛吸收儒家的成分，以利于其存在与进一步发展。

道教的早期经典《太平经》不遗余力地宣扬忠孝。《太平经》不仅把"孝"称为"善之善也"，把不孝称为"最恶下行"，[1] 认为不孝是大逆不道、天地不容的，"夫天地至慈，唯不孝大逆，天地不赦"。[2] 而且借鉴儒家"移孝为忠"的思想，将"孝"的家庭伦理拓展到"忠"的政治伦理。认为："不但自孝于家，并及内外，为吏皆孝于君，益其忠诚，常在高职，孝于朝廷。"[3] 认为忠孝乃天经地义，不可须臾离身，"人生之时，为子当孝，为臣当忠，为弟子当顺；孝忠顺不离其身，然后死魂魄神精不见对也"。[4] 另外晋代道教理论家葛洪就抛弃了原始道家消极避世的思想，积极地向儒家"修齐治平"的入世靠拢，曰"内室养生之道，外则和光于世。治身而身长修，治国而国太平。以六经训俗世，以方术授知音。欲少留则止而佐时，欲升腾则凌霄而轻举"（《抱朴子内

---

① 王明：《太平经合校》，中华书局 1960 年版，第 656 页。

② 王明：《太平经合校》，中华书局 1960 年版，第 116 页。

③ 王明：《太平经合校》，中华书局 1960 年版，第 593 页。

④ 王明：《太平经合校》，中华书局 1960 年版，第 408 页。

篇·释滞》)。葛洪还承袭儒家重人伦，守定分，君臣有序，上下有别的思想，曰"盖闻冲昧既辟，降浊升清，穹隆仰焘，旁泊俯停，乾坤定位，上下以形。远取诸物则天尊地卑，以著人伦之体；近取诸身则元首股肱，以表君臣之序"(《抱朴子外篇·诘鲍篇》)。他还认为忠、孝、仁、信等儒家道德是成仙的前提和保证，曰"欲求仙者，要当以忠孝和顺仁信为本。若德行不修，而但务方术，皆不得长生也"(《抱朴子内篇·对俗》)。葛洪从而把道教教义与儒家伦理纲常有机结合起来，在很大程度上适应了道教"儒家化"的趋势。

北魏的道教领袖寇谦之也非常注重"援儒入道"，积极吸收儒家的忠孝思想，以期得到以儒家思想为指导的统治阶层的支持，他提倡"诸欲奉道不可不勤，事师不可不敬，事亲不可不孝，事君不可不忠。"[1]将儒家的伦理纲常涵容于道教的理论体系之中，并敦促教徒信守，"臣忠子孝夫信妇贞兄敬弟顺，内无二心，便可为善得种民矣。"[2]之后的道教为了赢得生存空间，也无不吸收儒家的思想与理念，道教儒化的色彩也越来越浓厚。

## (二) 基督教政教分离结构

与儒家所倡导的政教合一思想不同，基督教处理政教关系的本质特征就是政教对立，而且基督教的政教对立具有深厚的思想根基，集中体现在其对"分"的价值追求上。

---

[1] 寇谦之:《正一法文天师教戒科经》，道藏 (第十八册)，文物出版社1988年版，第232页。

[2] 寇谦之:《正一法文天师教戒科经》，道藏 (第十八册)，文物出版社1988年版，第237页。

### 1. 基督教政教分离的思想根基——基督教对"分"的价值追求

首先是基督教灵肉二分的思想。在基督教看来，"肉身"在很大程度上受制于"政权"的统治，而"灵魂"则深受"教权"的控制，"灵肉二分"也自然孕育着"政教分离"的因子。其次是基督教此岸与彼岸二分的思想。基督教崇尚来世，将此岸统摄于彼岸之中，这样"彼岸"教权与"此岸"政权的分离就无法避免。再次是基督教对人性恶的倡导，将人的罪性与神的至善截然二分，对世俗的君王不予信任，这样就造成了神在人间的代表——教会与世俗的王权的双峰对峙。最后是基督教对"神人二分"的推崇。基督教认为神人是截然二分的，人无法弥合"神"与"人"之间的鸿沟，反对世俗的君王集"教权"与"政权"于一身。总之，对"分"的价值追求奠定了基督教政教分离的思想根基。

### 2. 基督教政教分离的嬗变历程

建立在对"分"的价值追求上的基督教政教分离思想，具体表现在西方社会的发展历程上，则在不同的历史时期具有不同的表现方式，其间也经历了极其复杂的演变过程。

（1）中世纪之前的政教分离：罗马帝国时期的政教对立

第一，罗马帝国迫害基督徒。基督教在向外邦传播的过程中，面临的核心问题不再是与犹太教的问题，而是与罗马帝国的关系。最初基督教对罗马政府的态度是顺服和友善的，使徒保罗告诫基督徒："因为在上有权柄的，人人当服从他，因为没有权柄不是出于神的，凡掌权的都是神所命的。"（《罗马书》13：1）然而由于基督教的信仰与罗马的文化与政治格格不入，政教对立不可避免。从公元64年尼禄皇帝第一次开始迫害基督徒，一直到公元313年君士坦丁皇帝颁布《米兰敕令》承认基督教的合法化，压迫持续长达250年。在这段时间内，罗马帝国统治者对基督徒进行了断断续续的迫害，其中有10次大规模的迫害。面对罗马帝国残酷的迫害，基督徒并没有放弃信仰，而是表现出一种视死如归、向死而生的精神，从而渐渐感化了越来越多的罗马人。罗马帝国的压迫一浪高过一浪，但基督教信仰像燎原之火一般迅速蔓延开来，从社会底层到罗马贵族，基督教信仰逐渐降临在罗马帝国的各个社会阶层，人们纷纷走上"十字架上的真"。

第二，基督教的合法化和国教化。面对日益强大的基督教，日薄西山的罗马帝国已经无力镇压，为了争取更多的支持者，尤其是军队中的基督徒，巩固其统治，君士坦丁皇帝于公元313年颁布《米兰敕令》，基督教从而摆脱了非法地位，成为合法宗教。君士坦丁归还了帝国以前没收的教会财产，鼓励兴建教堂，对基督教的发展提供各项政策支持。随着基督教成为与罗马帝国关系密切的主流宗教，公元392年，罗马皇帝狄奥多西一世以法律的形式，确认基督教为罗马帝国的国教，其他一切宗教为非法宗教，从而开始了基督教对其他宗教的迫害活动。

第三，基督教对皇权的限制。罗马帝国时期的米兰主教安布罗斯，是一位积极保持教会独立的主教。在处理政教关系时，主张教会享有处理宗教事宜的独立管理权，不受世俗国家的干预，认为："宫殿属于皇帝，教堂属于主教。"另外，安布罗斯还主张所有基督徒，包括作为基督徒的皇帝在内必须服从教会的纪律和规定，当皇帝犯了严重错误的时候，教会有权力进行谴责和处置。

公元390年，一些民众在帖撒罗尼迦发动暴乱，基督徒皇帝狄奥多西一世反应过度，残酷镇压并杀害了7000人，其中大多是无辜者。安布罗斯对皇帝惨无人道的行径极为愤慨，要求皇帝对此表示忏悔。当皇帝表示拒绝的时候，安布罗斯对其进行"绝罚"（"绝罚"是中世纪最为严厉的处罚，意味着一个人的灵魂永远不能上天堂），开除教籍。皇帝狄奥多西经过一个月的挣扎，最后匍匐在安布罗斯的教堂前忏悔。安布罗斯斥责狄奥多西，指出任何人包括皇帝本人，都不能凌驾于法律之上。[①]

《罗马帝国衰亡史》的作者爱德华·吉本在书中说：古罗马历史上的最高祭司职务总是由最德高望重的元老或最高行政官担任；但在基督教兴盛之后，"君王的精神地位却比最大一级的祭司还要低，所以只能坐在教堂内殿的围柱以外，与普通教徒混在一起。皇帝可以作为人民的父亲受到叩拜，但他对教堂的神父却必须表示儿子般的恭顺和尊敬……"[②] 在西方著名中世纪政治思想史学家卡莱尔看来，"安布罗斯是教会独立的第一个倡导者，也是最清楚意识到皇帝权力在世俗事务中的有限性的教父之一。"[③]

（2）中世纪时期的政教分离

第一，中世纪前期：王权主导教权，教权逐渐独立。随着日耳曼蛮族的大批入侵，罗马帝国随之灭亡，当日耳曼蛮族把罗马帝国所有文明成果摧毁殆尽之时，唯独基督教保留了下来，并且这些蛮族很快都皈依了基督教。在中世纪前期，政教关系相对复杂，基督教与世俗王国在相互合作的同时，也不乏相互之间的斗争。总体而言，一方面，王权处于主导地位，教权处于从属地位，神职人员包括主教教士和修士都处于国王和贵族们的统治之下，他们不是由教皇任命，而是由这些世俗统治者任命；另一方面，随着时间的推

---

① 参见［美］阿尔文·施密特：《基督教对文明的影响》，汪晓丹、赵巍译，北京大学出版社 2004 年版，第 230—231 页。

② ［英］爱德华·吉本：《罗马帝国衰亡史》第二卷，席代岳译，吉林出版集团有限责任公司 2011 年版，第 136—137 页。

③ 转引自丛日云：《在上帝与恺撒之间》，生活·读书·新知三联书店 2003 年版，第 235 页。

移，教权有所上升，逐渐独立和统一。

利奥一世任罗马主教期间，加紧扩张罗马教廷的势力，使罗马主教初步具备了教皇的实权。在面对大批来犯的匈奴人，利奥一世通过宣道讲和而使罗马城免遭浩劫。从5世纪开始，教皇在教会内部享有君主般的地位，面对强大的世俗国家，为了维护教会的独立地位，教皇格拉修斯（Gelasius）一世（492—496年在位）提出了"双剑"论。这种理论认为，在基督身上，君主和教主本是合二为一的；然而基督深深洞察到人性的弱点，便把代表权力的"双剑"分别交给了君主和教主，教皇执掌最高的宗教权力，皇帝执掌最高的世俗权力，他们彼此之间相互制约、相互合作。494年，在格拉修斯一世写给皇帝的信中，他说："皇帝陛下：治理现世有两大系统，一为教士的神权，一为人主的君权。在'最后判决'中，就是君主也必须由教主代向天主负责。就此点而论，则这两种权力中，教士权力的分量较重。……尽管您的尊严高踞全人类之上，不过在负责神圣事务的那些人面前，您需虔诚地低下高贵的头，并从他们那里寻求得救之道。您明白，根据宗教制度，在神圣事务的接受和正确管理问题上，您应该服从而非统治。在这些事务上，您依赖他们的判断而不是使他们屈从于您的意志。"在写于496年的另一封信中，他又说道："基督了解人性的弱点，为了其臣民利益，以精妙绝伦的安排厘定了两者的关系。他根据它们自身适当的行为和不同的尊荣，将两种权位区分开来，以使他的臣民因健康的谦恭而得到拯救，而不致因为人类的骄狂而再次迷失。这样，基督教皇帝为了得到永生需要教士，牧师在世俗事务上依赖皇帝政府的管理。按这种安排，精神行为远离尘世的侵害，'造物主的战士'也不会卷入世俗事务，而那些从事世俗事务的人也不再掌管神圣事务。这样，两种秩序都保持着其谦卑，它们都不会通过使另一方屈从于自己而得到提升，每一方都履行特别适合于自己的职责。"①

公元 5 世纪末叶,法兰克人日益崛起,墨洛温王朝国王克洛维在一次关键战役中,当他将要战败之时,因呼求耶稣基督而反败为胜,另外,为了进一步获得前罗马帝国信仰正统基督教人民的支持,克洛维就率领 3000 名随从,在兰斯大教堂受洗,集体皈依了罗马教会。这是日耳曼蛮族中最早归信正统基督教的民族。随后,克洛维正式把基督教信仰规定为法兰克王国的法令,要求本国的所有臣民都必须信仰基督教,必须像法律一般遵守基督教的教规。得益于克洛维的大力推崇,很快基督教就成为法兰克王国的国教,在其领地上迅速传播。这一时间可谓是开辟了国家与教会相结合的道路,深刻影响到随后中世纪的政教关系。②

公元 8 世纪中叶,墨洛温王朝的权力旁落到加洛林家族手中,出自于加洛林家族的宰相矮子丕平废除了墨洛温王朝的国王,取而代之,开创了加洛林王朝。751 年,矮子丕平登基为王,为了使其篡位行为更具有合法性,他邀请当时的教皇为其加冕。这一看似平常的事件可谓影响深远,从矮子丕平开始,以后欧洲的国王都必须由教皇为其加冕,这就逐渐形成了教皇为国王加冕的惯例,国王只有从教皇手中获得王冠,其统治才具有合法性和神圣性,表明教皇代表上帝把权力交给国王,开创了"君权神授"的传统。这个传统一直延续到近代,甚至狂妄至极的拿破仑也得去罗马接受教皇的加冕。

为矮子丕平加冕大大提升了教皇的地位,并且矮子丕平为了回报教皇对其的支持,将意大利拉文纳地区赠送给教皇,由此教皇国

---

① 参见丛日云:《在上帝与恺撒之间》,生活·读书·新知三联书店 2003 年版,第 237 页。

② 参见游斌:《基督教史纲》,北京大学出版社 2010 年版,第 110 页。

建立，教皇在拥有精神领地的管辖权的同时，也获得了一块世俗领地的管辖权，史称"丕平献土"。随后罗马教廷为了表明教皇国自古就存在，于是就假借君士坦丁之手，伪造了一个所谓的《君士坦丁献礼》的文件，在这一文件中，君士坦丁表示，出于感激教会对其灵魂的拯救，决定把耶路撒冷、君士坦丁、亚历山大里亚和安提阿的宗教管辖权，以及包括罗马城和意大利在内的罗马帝国西部地区的世俗管辖权一并交给罗马教会。这份文件在中世纪被基督教徒深信不疑，从而加强了教皇的权力，成为了教权与王权争斗的一个有力武器。直到文艺复兴时期，研究者才恍然大悟，这份《君士坦丁献礼》的文件原来是罗马教会有意伪造的。

加洛林王朝的巅峰是查理曼大帝缔造的，其文治武功将中世纪前期的欧洲带到了鼎盛繁荣的高峰。随着加洛林王朝的日益壮大，基督教获得了查理曼大帝的支持，得到了进一步的传播。公元799年，教皇利奥三世被罗马贵族所驱逐，请求查理曼大帝的保护，于是查理曼带兵恢复了利奥三世的教皇宝座。出于对查理曼大帝的感恩之情，公元800年圣诞节，当查理曼去圣彼得教堂祈祷时，利奥三世突然将罗马皇帝的冠冕加到了查理曼的头上，宣称查理曼为"罗马人的皇帝"，并授予他奥古斯都的称号。这一事件产生了多方面的影响，其一，作为蛮族的法兰克王国变成帝国，成为罗马帝国的继承者；其二，罗马教会与西欧的世俗王国结盟，明确摆脱了拜占庭帝国的掌控；更重要的是在政教关系上，强调教会和王国是同一盾牌的两面，国家保证人民获得现世的幸福，教会引导人民得到来世的幸福，两者相依相存。教皇以基督在世上的代理人自居，给予君王统治的合法性和神圣性；而君王则以军事与政治后盾来保证教皇和教会的安全。

查理曼死后，帝国一分为三，面对层出不穷的皇帝，教皇更加频繁地对其加冕，以提升自身的影响力。公元823年，罗退尔一世被教皇加冕；850年，路易二世被加冕；875年，秃头查理被加冕；紧接着，881年，胖子查理被加冕。教皇逐渐垄断了为皇帝加冕的特殊权力。这些皇帝虽然拥有不同地域的世俗管辖权，但是教皇却拥有精神领域的统一管辖权，教皇在基督教世界精神领域的至上地位可谓定于一尊。在此期间，教权制约王权的最典型事例就是教皇尼古拉一世对中部法兰克国王罗退尔二世离婚案的裁决。罗退尔二世为了与情妇结婚，执意要和王后离婚，王后无奈于是向教皇尼古拉一世上诉。在863年的梅斯会议上，尼古拉一世的使者未经请示就批准了离婚决议，导致尼古拉一世极为不满，宣布梅斯会议的离婚决议无效，并把支持罗退尔二世的特里尔和科隆两位大主教革除教籍。这样一来，尼古拉一世限制了世俗国王的堕落行为，并使两位极有权势的主教威风扫地，充分展现了教皇的权威，是中世纪早期政教对立的集中体现。

公元936年，德国国王奥托一世登基为王，致力于中央集权的奥托一世，为了制服德国各地不愿服从其命令的各公国，决定依靠主教和修道院院长的力量，因为他们掌握着德国大片的土地，与他们联合可以抗衡任何与其作对的公国和诸侯。于是奥托亲自任命主教和修道院院长，并赋予他们在其领地的行政权和司法权，并享有集市贸易中的征税权。这些权力被称为"奥托特权"。奥托一世从而与教会结为同盟，在教会的极力支持下，巩固了其统治。教会则在奥托一世的帮助下，扩展了自身的影响力。这样德国就产生了一种特殊的政治制度：主教既享有宗教的领导权，又享有世俗的统治权。国家的权力建立在掌控主教册封权的基础之上，也就为后来神圣罗马帝国和罗马教皇争夺主教册封权的斗争埋下了伏笔。奥托一世在稳定国内局势之后，便向意大利进行扩张，公元951年，他侵入意大利。征服了意大利的北部地区，公元961年，教皇约翰十二世为了脱离罗马统治者贝伦加尔的控制，向奥托一世求助。奥托于是率兵进入意大利，帮助教皇恢复其统治。作为回报，教皇约翰十二世于公元 962 年 2 月 2 日，为奥托加冕，称奥托为"神圣罗马帝国"皇帝。这样，奥托就建立了一个政权与教权紧密结合的制度，国家的地位高于教会，皇帝有权任命主教，主教必须服从皇帝的命令。同时，教会可发挥着重要作用，主教可以维持商业贸易的开展，并使得教会具备了与各公国贵族较量的实力。

奥托是一个非常强势的皇帝，在其威逼利诱下，教皇实际上被其控制。一旦他发现教皇与其作对，就会立即废除教皇，奥托一共废除了三位教皇：约翰十二世、利奥八世和约翰十三世。在奥托时代的政教关系，教皇仅仅是皇帝的一个陪衬。奥托家族的皇权并没有持续很久，帝位很快由亨利二世取得，他同奥托一样，通过控制主教册封权来实现对帝国的统治，这种传统一直延续下来。当罗马教廷通过克吕尼运动加强中央集权后，与神圣罗马帝国争夺主教册封权的斗争就越来越白热化了，从而成为中世纪政教对立的聚焦点。

第二，中世纪中期：教权至上、王权衰落。11 世纪下半叶，教皇格利高里七世与神圣罗马帝国皇帝亨利四世的斗争是中世纪中期政教对立的集中表现。格利高里七世是极力强化教权的铁腕人物，在他看来，教皇而非君主具有册封主教的权力，这就与亨利四世在主教册封权问题上产生了矛盾。为了争夺权力，双方剑拔弩张。亨利四世自恃手中握有军队，与格利高里七世针锋相对，用武力威胁格利高里七世。格利高里七世也毫不示弱，宣布革除亨利四世的教籍，对其实行"绝罚"。很快亨利四世就众叛亲离了，因为人们都不愿追随一个灵魂不能上天堂的人，随后亨利四世被迫向教皇臣服，只身一人来到格利高里七世居住的卡诺莎城堡前，赤着脚在雪地里站了三天三夜，以示忏悔。最后格利高里七世被亨利四世的诚意所感动，撤销了他的"绝罚"。在这一次斗争中，教皇显然占据了上风。

此后，双方的继任者就主教册封权的问题又多次发生争执，经过反复的较量，1122 年双方签订了一个《沃尔姆斯协定》，在主教册封权问题上达成了妥协。该协定规定：德国的主教册封按照教会的规定自由选举产生，但选举时皇帝莅临监督，若选举有争议，皇帝应同该省都主教和其他主教协商解决。这个协定结束了教俗双方的授职权之争，实现了政教权力的分离，教皇的权力已经发展到了能与皇帝平起平坐、分庭抗礼的地步。这个由授职权之争而引发的全面政教冲突，被伯尔曼称之为"教皇革命"。教皇革命"使僧侣摆脱皇室、王室和封建的统治，并使他们统一在教皇的权威下"①。在教皇的领导下，"僧侣在欧洲第一次成为跨地方跨部落跨封地和跨国家的阶级。"②从而确立了西欧中世纪政教分权的局面，对近代西方的分权制度也产生了深刻的影响。

公元 13 世纪，英诺森三世登上了教皇的宝座，他扩张教权的雄心壮志是以前教皇所望尘莫及的，他提出了著名的"日月论"，认为"教皇是太阳，皇帝是月亮，像月亮要从太阳那里得到光辉一样，皇帝也要从教皇那里得到政权"。并宣称"罗马教皇不是普通的代理人，而是真正的上帝的代理人。教皇的职位看来是神圣的，它是万王之王，万主之主。主交给彼得治理的，不单是整个教会，而是整个世界"③。英诺森三世在实际行动上，不惜使用一切手段，

---

① 〔美〕哈罗德·J. 伯尔曼：《法律与革命——西方法律传统的形成》，贺卫方等译，中国大百科全书出版社 1993 年版，第124 页。

② 〔美〕哈罗德·J. 伯尔曼：《法律与革命——西方法律传统的形成》，贺卫方等译，中国大百科全书出版社 1993 年版，第 129 页。

③ 〔美〕亨利·奥斯本·泰勒：《中世纪的思维：思想情感发展史》第 2 卷，赵立行、周光发译，上海三联书店 2012 年版，第 303 页。

使得教会的权力达到了顶峰，在与神圣罗马帝国的斗争中占据了主导地位。

第三，中世纪后期：教权盛极而衰，王权日益强大。随着神圣罗马帝国的日益衰弱，罗马教会的权力在 13 世纪达到了顶峰。但从 14 世纪开始，罗马教会的对手发生了变化，从野蛮而虔诚的德国人变成了文明而狡诈的法国人。[①] 作为法国前身的高卢曾经是罗马帝国的一个行省，所以使得法国具有拉丁文化的因子，另外，随着日耳曼蛮族的入侵，高卢又被法兰克人所占领，所以又使得法国具有日耳曼文化的因子。这样一来，法国人既具有意大利人般的善于阴谋诡计，又具有德国人般的善于诉诸武力。面对狡猾而又蛮横的法国人，罗马教会为了维护其权力，可谓绞尽脑汁。

在此期间，一些新的历史因素也开始融入教权与王权的对立之中。一是民族国家意识的凸显。传统的分封制开始解体，人们开始以民族而非庄园为归属，越来越站在民族国家的立场上抵抗外来的势力。二是中产阶级的兴起。随着城市的建立和发展，产生了一批与教会在政治观念和财富追求上格格不入的中产阶级，他们反对罗马教会过于干涉世俗的生活，期望建立集权式的世俗王国来应对罗马教会，保护其自身权利和利益。总而言之，13世纪后西欧民族国家的王权逐渐增强，与罗马教会的矛盾愈加明显。

13 世纪末到 14 世纪初，教皇博尼法斯八世与法王腓力四世的斗争就是政教对立的鲜明写照。在法王腓力四世的统治下，法国的中央集权逐渐强化，国力大大提升，具备了挑战教皇权威的实力。13 世纪末，法国与英国发生了持久的战争，为了支付战争开支，法王腓力四世试图通过向法国神职人员征税，从而损害了罗马教会

---

① 参见赵林：《基督教与西方文化》，商务印书馆 2013 年版，第 158 页。

的利益。教皇博尼法斯八世规定，未经其允许，对教会财产征税一律以"绝罚"处置。法王腓力四世针锋相对，以禁止法国钱币出境作为报复，导致罗马教廷的收入剧减。

教皇博尼法斯八世发布《神圣一体敕谕》，宣布世俗权力必须服从教皇的权力，声称任何人得救都必须服从罗马教皇。对此，法王腓力四世召开法国三级会议，平民、贵族和神职界均派代表参加，会议决定支持国王。随后腓力四世召集兵马，将博尼法斯八世囚禁，虽然博尼法斯八世很快获释，但不久就去世了。这一事件与卡诺莎事件形成了鲜明的对比，昭示着罗马教权的衰落和民族国家的兴起。

教皇博尼法斯八世死后，腓力四世为了控制罗马教廷，把教廷从罗马搬到了法国的阿维农，又推举了一位波尔多主教担任教皇，从此把教皇紧紧掌握在自己手中。从 1305 年到 1377 年，大约 70 年的时间，法国人连续几次担任教皇，这些教皇完全听命于法王。这 70 年在教会史上被称作奇耻大辱，所以史称"阿维农之囚"。

1377 年，教廷正式迁回罗马，但随后不久枢机主教团内部发生严重的分歧。枢机主教团虽然重返罗马，但他们中大多是法国人，因此乐意返回阿维农。而罗马民众决意让教廷留在罗马，并强烈希望意大利人担任教皇。在强大的民意要求下，枢机主教团不得不选举意大利人乌尔班六世为教皇。但很快，四个月后，法国人控制的枢机主教团推翻之前的选举结果，另选法国人克雷芒七世为教皇。随后，克雷芒七世及其枢机主教团又迁往阿维农，但是乌尔班六世拒不退位，继续在罗马组织教廷。于是，就出现了由同一个枢机主教团选出的两个教皇同时并立的对峙局面。两个教皇各执一词，拥有各自的支持者。意大利北部和中部、德国的大部分、英国和斯堪的纳维亚半岛诸国、波兰等支持罗马教皇。法国、西班牙、苏格兰、那不勒斯、西西里和德国的部分地区追随阿维农教皇。双方实力旗鼓相当，这种分裂状态从 1377 年一直持续到 1417 年，长达 40 年之久，史称"西部教会大分裂"。两位教皇同时向欧洲各基督教国家收税，使欧洲民众的生活备受煎熬，尤其伤害了民众"教会只有一个"的感情，教皇的权力可谓一落千丈，其名声也变得威风扫地。

### 3. 儒家政教合一与基督教政教分离之比较

通过对儒家政教合一与基督教政教分离思想的论述，我们可以清晰地看出，二者无论是在思想观念领域，还是在处理具体的政教事务上，均表现出巨大的差异性，在此从以下三个层面对其予以简要的比较分析。

（1）政教结构中国家的状态

儒家主要专注于现世生活的完善，认为人生的最高境界可以在现世得以实现，无须寄托于来世。因而儒家的宗教观念相对淡漠，不过多追求彼岸世界的灵魂得救。虽然儒家没有完全否认彼岸世界，但也仅仅把其当作此岸世界的补充和延伸。儒家没有将此岸与彼岸、宗教与世俗、现世与来世、灵魂与肉体一分为二、截然对立，因此，儒家坚持世俗对宗教、此岸、来世和肉体的完全主宰，并将主宰权寄托在君王身上，君王实行政教一体化的统治，集政权与教权于一身，不可能像基督教那样教皇与君王双雄并立。对"一"的追求是儒家一以贯之的思维方式，儒家推崇"天人合一"，将天地宇宙和人类社会看作一个有机整体。而政治则在这个整体中起到中流砥柱的决定作用，它统摄一切，主宰一切，没有超脱于政治之外的领域，整个社会呈现出"泛政治化"的色彩，形成政治统领一切的一元结构。而君王作为政治的最高主宰具有"君临天下"的绝对权力。另外，儒家对君权的崇尚也不容其他宗教的侵蚀与染指。

佛教和道家虽然一度非常盛行，在面对强大的君权时，也不得不低头，基督教和伊斯兰教在国外组织化程度非常高，但在君权的高压下，也无法获得国外那样的独立性和权威。儒家推崇"天无二日，土无二王，家无二主，尊无二上"（《礼记·曾子问》），君权的绝对权威不容教权的质疑与挑战，不可能像西方那样出现教权与政权的严格分野。所以说君主作为天子，既是最高世俗权威，又是最高精神权威，是世间的唯一主宰和中枢。儒家文化归根到底就是王权主义的政教一体化。在"王权至上"的政治文化背景下，中国的各种宗教始终是从属于世俗王权的，既不可能与王权分庭抗礼，更不可能凌驾于王权之上。

犹太人为了刁难耶稣，询问他是否应当给恺撒缴税，耶稣的回答可谓是一语双关："恺撒的物当归给恺撒，上帝的物当归给上帝。"这句话在西方政治思想史上起到了划时代的作用，为以后宗教与国家的双峰对峙奠定了思想基础。一方面，国家应退出信仰领域，但要致力于世俗生活的管理，这样便可以遏制教会试图建立神权统治的野心。另一方面，教会应掌握信仰领域的权威，管理人们的精神生活，抵御世俗国家建立君主专制的欲望，并以上帝代言者的身份对世俗统治者进行有效制约。虽然耶稣划出了教会与国家的界限，但在基督教早期的发展中，国家牢牢地控制着教会，教会的独立没有得到彰显。但是随着"教皇革命"的发生，教会受制于国家的局面得到了彻底的扭转。当代美国著名法学家伯尔曼指出，"教皇革命"造成了"教会政治体与世俗政权的截然分离"[①]，"使一个独立的、自主的教会国家和一个独立的、自主的教会法体系首次形成。与此同时，它也使各种不具有教会职能的

---

① [美] 哈罗德·J.伯尔曼：《法律与革命——西方法律传统的形成》，中国大百科全书出版社1993年版，第642页。

政治实体和各种非教会的法律秩序首次形成。"① 可以说，"教皇革命"撕开了教会与国家的连体，是政教二元化权力体系正式形成的标志。自此之后，教会与世俗国家各自形成独立的权力实体，划分出大体相互分离的管辖范围。君主不再是教会的最高首脑了，笼罩在国王身上的神圣性被剔除，君主集政治权威与宗教权威于一身的时代一去不复返。君主的主要责任是对人们的世俗生活进行有效管理，而在精神和信仰生活中，教会则是绝对权威，甚至君主世俗统治的合法性也要受到作为基督代言人的教会的认可与承认。所以阿克顿入木三分地指出，"在古代世界，国家执行着教会的职责。国家把政教两大功能合二为一到自己手中，是基督教把政教两大功能分离开来，这是一个伟大的变化，这种变化在政治上产生的显著行为就是对权威施加限制"②。因此，中世纪西欧的君主在大部分时间里都只能实行有限的君主制。而不能"君临天下"，不同于中国的君主那样"溥天之下，莫非王土；率土之滨，莫非王臣"（《诗经·小雅·谷风之什·北山》），权力涵摄一切领域，具有绝对的权力与权威。需要指出的是，基督教世界教权与王权的界限并非泾渭分明、一成不变。两者间保持着必要的张力和弹力，双方的竞争形成钟摆式的变化，势力此起彼伏，政教对立成为中世纪政治生活的常态。

（2）政教结构中民众的状态

在儒家家国同构的社会形态中，民众在家庭家族层面上对父亲的孝，通过"移孝作忠"，转化为国家层面上对君主的"忠"，基于血缘的孝道与政治上的忠顺紧密相连，孝亲与事君是同一人性原则

---

① ［美］哈罗德·J.伯尔曼：《法律与革命——西方法律传统的形成》，中国大百科全书出版社1993年版，第331页。

② ［英］阿克顿：《自由与权力：阿克顿勋爵论说文集》，侯健、范亚峰译，商务印书馆2001年版，第347页。

在不同层面的体现。这样便构成了民众"家国臣民"的政治角色。这种"家国臣民"的政治角色，是以忠诚于君王，听命于尊者、长者、贵者为本质规定；以服从型、依附型和义务型为外在行为规范。其政治角色具有鲜明的单向性和绝对性，没有独立的权利，臣民绝对服从于君主的统治。君主作为整个社会的最高主宰，不仅臣民，即便是位居三公九卿的权贵，也不得不匍匐在君主脚下。所以儒家主张"君子其待上也，忠顺而不懈"（《荀子·君道》），"事两君者不容"（《荀子·劝学》），"君为臣纲，父为子纲，夫为妻纲"（《白虎通义·三纲六纪》），甚至"君叫臣死，臣不得不死，父叫子亡，子不得不亡"。在君主看来，臣民如同草芥，没有独立的人格和意志，君主为了使臣民安于现状，致力以血缘宗法的面纱来掩饰其统治，认为："资于事父以事君，而敬同。贵贵、尊尊，义之大者也"（《礼记·丧服四制》）。通过让臣民明白君权是对以父权为代表的血缘关系的发展，在"亲亲""尊尊""贵贵"等貌似温情而合理的教导下，从心理和行为上把人彻底改造为愚忠愚孝、卑微低下的臣民。整个社会等级秩序中各个层面的尊卑关系，归根到底是对君主一人的服从。总之，儒家的"家国臣民"意识在封闭、狭隘的小农业社会中，在"政教合一"的背景下，经过两千年的淬炼与沉淀，逐渐内化为一种超稳定性结构和深层心理认同，在人们的生活中如影随形。

耶稣"恺撒的物当归给恺撒，上帝的物当归给上帝"的教导在划出教会与国家权力范围的同时，也将基督徒置于一种看似矛盾的境遇，一方面他们在世俗生活中要服从国家的规约，另一方面他们在信仰生活中要接受教会的教导。这样就构成了基督徒一仆二主的独特地位。后来保罗也对耶稣的这一思想进行了进一步的发挥，认为基督徒在信仰领域服从教会的同时，着重强调基督徒在世俗领域应服从国家与君主的权威，因为他们的权威来自神的应许。"在上有权柄的，人人当顺服他；因为没有权柄不是出于神的；凡掌权的都是神所命的。……你们纳粮，也为这个缘故；因他们是神的差役，常常特管这事。凡人所当得的，就给他；当得粮的，给他纳粮；当得税的，给他上税，当惧怕的，惧怕他；当恭敬的，恭敬他。"（《罗马书》13：1—7）教会与国家的双雄对峙使基督徒开始扮演一仆二主的政治角色，他们不仅是教会的教民，也是世俗国家的臣民，生活被一劈为二，为了灵魂的拯救，他们要依赖教会；为了世俗的生活，他们要仰仗国家，所以他们要同时向教会和国家尽责。这种二元的角色如同灵魂与肉体一般不可分离，如影随形，并使他们逐渐形成一种根深蒂固的意识，即他们的二元生活由两个主人管理，而非一人支配，两个主人的权力范围如同楚河汉界，不可随意逾越。基督徒一仆二主的角色为其带来尴尬的同时，也带来了一定的自由。当两个主人争权夺利的时候，基督徒可以依据情况选边站队，维护自身的利益。所以萨拜因不无感慨地说，基督徒一仆二主的角色"对精神事物与世俗事物进行界分，乃是基督教观点的精髓之所在"①。

（3）政教结构中世俗统治者的状态

儒家崇尚贤人政治，把国治邦安寄托在君王身上，希望君王像"圣王"尧舜一般来治理国家，具有浓厚的"附魅"倾向。孔子深知君王在治理国家中的作用，认为"其人存，则其政举；其人亡，则其政息……故为政在人"（《礼记·中庸》）。另外儒家极为重视君王的表率作用，孔子认为贤人"其身正，不令而行；其身不正，虽令不从"，"上好礼，则民莫敢不敬，上好义，则民莫敢不服；上好信，则民莫敢不用情"（《论语·子路》）。孟子极力提倡"惟仁者宜在高位"，认为"君仁，莫不仁；君义，莫不义；君正，莫不正；一

---

①　[美]萨拜因：《政治学说史》，上海人民出版社 2008 年版，第 233 页。

正君而国定矣"(《孟子·离娄上》)。否则,"天子不仁,不保四海;诸侯不仁,不保社稷"(《孟子·离娄上》)。荀子对此分析得更为透彻,"天下者至重也,非至强莫之能任;至大也,非至辨莫之能分;至众也,非至明莫之能和。此三至者非圣人莫之能尽,故非圣人莫之能王。"(《荀子·正论》)后儒在《大学》中更是阐发道:"一家仁,一国兴仁;一家让,一国兴让;一人贪戾,一国作乱。其机如此。此谓一言偾事,一人定国。"极度拔高君王在治国理政中的作用,认为如有尧舜这样的圣王治国,则可以"率天下以仁,而民从之";如有桀纣这样的暴君治国,则导致"率天下以暴,而民从之"。概而言之,儒家寄托于君王的"附魅"色彩为"政教合一"奠定了思想基础。

与儒家不同,在基督教看来,世俗的统治者是不可信的,不能将国家的长治久安寄托在他们身上,相反,要对他们的权力与行为进行有效规约,防止他们滥用国家权力,侵蚀人们的精神生活和干涉教会的宗教事务,因而具有强烈的"去魅"色彩。这种对世俗统治者报以警戒的思想倾向,后来由休谟以"无赖假设"的形式明确地提出:"许多政论家已经确立这样一项原则:即在设计任何政府制度和确定该制度中的若干制约和监控机构时,必须把每个成员都假定为是一无赖,并设想他的一切作为都是为了谋求私利,别无其他目的。"[①]基督教认为世俗社会的人性是原罪的,世俗的统治者也不例外,力图剖析统治者的劣根性,剔除统治者身上的神性,将其视为普通的俗人。因此,基督教反对世俗的统治者集教权与政权于一身,全面控制人的精神和世俗生活,而倡导教权归于教会,政权归于国王,形成政权与教权双峰对峙的局面,如同灵魂与肉体之间保

---

① [英]休谟:《休谟政治论文选》,张若衡译,商务印书馆1993年版,第27页。

持必要的张力。总而言之，基督教对世俗统治者"恺撒"的"去魅"倾向为"政教对立"铺垫了理论基石。

综上所述，儒家与基督教伦理文化的本质差别也体现在两者对"政教关系"的设置上，通过对儒家政教合一结构与基督教政教分离结构的梳理与剖析，可以洞见两者之间的运行状态存在着显性的价值分野。

# 第四章

# 儒耶伦理文化核心价值观之比较（上）

　　任何一个民族的文化都包含着极其广泛的内容，诸如：以衣、食、住、行为标志的物态文化；以处理个体之间、群体之间或个体与群体之间关系准则为内容的制度文化；以具体社会行为、风尚习俗、惯性定势为要素的行为文化。除此之外，在上述各类文化背后还存在着一个影响不同民族社会心理、审美情趣、思维方式的价值文化，任何民族的价值文化都是由众多不同甚至是相互冲突的价值观念构成的复杂体系，其中必有一种价值观念体系处于核心地位，对其他价值观念起着主导和支配作用，这就是该民族文化的核心价值观。本书在深入探讨了儒耶伦理文化的符号标志（祠堂与教堂）以及赖以形成的自然环境、经济基础、政教结构等的差别之后，在此用上下两章的篇幅，对儒耶伦理文化的核心价值观进行全面系统的立体化、精细化比较研究，上章包括天人合一与神人二分、人之善性与人之罪性、重义轻利与以义统利、礼治社会与法治社会、群体本位与个体本位五个层面；下章包括差序仁爱与普世博爱、中庸尚和与崇力尚争、具象思维与抽象思维、君子人格与义人位格、现世超越与来世拯救五个层面。这十大层面的内容环环相扣、步步深入，构成一个完备自洽的儒耶核心价值观比较研究体系。

# 一、儒家的天人合一与基督教的神人二分之比较

由于自然地理环境、经济发展方式、社会政治生态等因素的共同影响，使得儒家和基督教伦理文化的精神内核呈现出明显的差异性，其最首要的差别表现在儒家和基督教对生命本体论的认识上，即儒家的天人关系与基督教的神人关系之差别。

## （一）儒家的天人合一

"天"字早在殷商时期就出现了，但当时"天"的承载者是"帝"，内含主宰者的意蕴，如《尚书·西伯戡黎》云："呜呼！我生不有命在天？"而时至西周则赋予了"天"更多的道德伦理意义，"敬德配天""文王受天有大命"凸显了"人德"成为王权与"天命"之间的一条关键纽带。而儒家对"天"的认知既延续了前人的思想，同时又有了新的发展。

### 1.人德与天德合一

孔子对"天"的理解是多角度的，概括起来可分为：一是主宰人类命运之天，夫子矢之曰："予所否者，天厌之，天厌之！"（《论语·雍也》）二是道德判断之天，子曰："不然；获罪于天，无所祷也。"（《论语·八佾》）三是造生万物之天，子曰："天何言哉？四时行焉，百物生焉，天何言哉？"（《论语·阳货》）"四时行"暗示我们天是"载行者"，"百物生"则暗示我们天是"造生者"，这里所谓"以天为自然界"，是指以天为万物之造生与载行的根本原理

或原动力。[1] 在《孔子家语·五帝》中孔子曰："昔丘也闻诸老聃曰：'天有五行：水、火、金、木、土。分时化育，以成万物，其神谓之五帝。'"这证明孔子极力赞成老子"天"或"道"是万物之源的观点。而且《周易·乾·彖》有云："大哉乾元，万物资始，乃统天。"万物产生的条件在于盛大的元气，而盛大的元气却归属于"天"。周敦颐言："无极而太极。太极动而生阳，动极而静。静而生阴，静极复动……乾道成男，坤道成女。二气交感，化生万物。"这都表明儒家思想中浓厚的"天"才是万物之始的主张，显现了"天"的生生之德。

"天"的伟大不仅在于它的好生之德，而且在于它的公正无私之心，"天无私覆，地无私载，日月无私照。"（《礼记·孔子闲居》）在孔子看来，禹、汤、文王之所以能够统摄天下，就在于他们用"三无私"之德行来服务天下。故《周易·文言传》说："夫大人者：与天地合其德；与日月合其明；与四时合其序；与鬼神合其吉凶。"天德成为孔子和儒家所追求的最高道德境界。《中庸》言："天命之谓性，率性之谓道，修道之谓教。"这在人性本于天命、天人一性中揭示着天人关系。而到宋明时期，儒家学者不仅认为大人之德与天地之德是合一的，而且就是一。正如程明道纠正张载的表达方式，"天人合一"并不准确，严格说应称之为"天人同一""天人同体""天人不仁"。[2] 诚然，人德并不会自然而然地接近天德，它需要经历一个艰苦而漫长的求学与向善之路，是一个主动求取人格完善而不是一个被动接受的过程，即要通过"下学而上达"来完成。所以，儒家所追求的"天人合一"，是要在德上达到统一的"天人

---

① 傅佩荣：《儒道天论发微》，中华书局 2010 年版，第 91 页。

② 罗秉祥：《上帝的超越与临在——神人之际与天人关系》，载《对话二：儒释道与基督教》，社会科学文献出版社 2001 年版，第 247 页。

合德"，这是一个人积极主动进行道德实践的过程。这种至圣人生道德境界的实现其关键在人，而不在天，这是儒家人本主义思想的主要来源，后来这种思潮在思孟学派中得到了进一步的发展。《中庸》言："唯天下至诚，为能尽其性。能尽其性，则能尽人之性。能尽人之性，则能尽物之性。能尽物之性，则可以赞天地之化育。可以赞天地之化育，则可以与天地参矣。"孟子曰："尽其心者，知其性也；知其性，则知天矣。存其心，养其性，所以事天也。夭寿不贰，修身以俟之，所以立命也。"（《孟子·尽心上》）这种尽人之本性则知天之本性的思想，不仅反映了儒家对上天至善德性的追求，而且彰显了儒家学派"求诸己"的道德修养路径，而在这修养进程中又必须遵循"人道"与"天道"相吻合的自然人生法则。

## 2. 人道与天道齐一

子贡曰："夫子之文章，可得而闻也；夫子之言性与天道，不可得而闻也。"（《论语·公冶长》）孔子虽然很少谈及天道，但并不能据此而认为孔子重人道而轻天道，其实孔子并不漠视和否认天道的作用，他承认天道与人道之间存有一种必然的关系，人道必须尊重天道，并按照天道运行的规律行事，万物才能顺道而成永不停息。哀公曰："敢问君子何贵乎天道也？"孔子对曰："贵其不已。"（《礼记·哀公问》）因而，尊重客观规律是万事万物自然生命得以健康有序成长，以至发展壮大的前提。同时，在人伦法则与天道关系中，孔子提出了"仁人之事亲也如事天，事天如事亲"的天人合一思想，即人际性的社会生命要稳定而良好地向外扩展同样需要遵循天道。除此之外，孔子还言："天地不合，万物不生。大昏，万世之嗣也"（《礼记·哀公问》）。在孔子看来，诸侯的婚配既是合于天道的人道行为，又是国家政治生命得以延续的根本所在。

孔子这种人道与天道齐一的思想在后来儒家思想中到处可见。

《中庸》里"诚者，天之道也；诚之者，人之道也"的人道顺应天道的思想被孟子发挥为"诚者，天之道也；思诚者，人之道也"。其具体的表现在孟子认为："有天爵者，有人爵者。仁义忠信。乐善不倦，此天爵也。公卿大夫，此人爵也。古之人修其天爵，而人爵从之。"（《孟子·告子上》）而周敦颐则为"诚"增添了新的特色，诚者，圣人之本。"大哉乾元，万物资始"，诚之源也。"诚"与"太极"为一体，成为道德的本体。① 而程朱理学将"天理"视为其学说的最高范畴，而"天人一理""天人本无二""道未始有天人之别"反映了"天道"和"人道"原是"一本"，即"一理"。② 而这种"天人一理"的思想也就决定了儒家对待"天道"或"天命"的顺应和不可违之态度。

对孔子而言，后来天道演化成了历史王道，顺应天道不仅是统治阶级治理国政、延续政治生命的基本方略，也是被统治阶级维系生存、发展其社会生命的基本前提。而"天命"，那是不可违背的客观规律，是一种不可知的客观必然性，既要"顺命""认命"，还要"知命"。于是，孔子一方面强调"道之将行也与，命也；道之将废也与，命也。公伯寮其如命何！"（《论语·宪问》）另一方面又言"不知命，无以为君子"（《论语·尧曰》）。而孟子不仅言："天下有道，小德役大德，小贤役大贤。天下无道，小役大，弱役强。斯二者天也，顺天者存，逆天者亡。"（《孟子·离娄下》）而且还认为"莫非命也，顺受其正。是故知命者，不立乎岩墙之下。尽其道而死者，正命也。桎梏死者，非正命也"（《孟子·尽心上》）。而周敦颐也说："天道行而万物顺，圣德修而万民化。"（《通书·顺化》）

---

① 朱贻庭主编：《中国传统伦理思想史》，华东师范大学出版社 2003 年版，第 338 页。

② 朱贻庭主编：《中国传统伦理思想史》，华东师范大学出版社 2003 年版，第 369 页。

这种顺应不是逆来顺受，不是完全的宿命论者，而是需要依靠自我德行的修炼和完善，还必须要有人生智慧的指引。因为只有遵循天道，乐天知命，才能真正理解自己的人生道路，发挥自我的生命潜能，理解人生的真谛，了悟不随人的意志为转移的生死法则。而真正做到以人道合天道的人生境界便是儒家学者一生不懈追求的圣人理想。

## （二）基督教的神人二分

与上述儒家的天人关系不同，基督教的神人关系继承了古犹太教关于上帝是万物的创造者，人是上帝形象表征的思想，同时又进一步发展了《旧约》中的神人关系。

### 1.神人关系从同形质到似父子

在《旧约》开篇的《创世纪》中形象地记载了上帝不仅创造天地、日月和星辰，创造世界，而且"上帝就照着自己的形象造人，乃是照着他的形象造男造女。"（《创世纪》1：27）这充分说明了在《圣经》中，上帝是万物的本原，是积极的创造者，人是上帝的产物，是上帝形象的生动体现。上帝也因此赋予了人生命中的一切权利和义务，规定着人的所为和不为。当然，上帝的形象并不是静态的、不变的、绝对的被规定着，而是动态的、变化的、相对的被规定着，这反映了人与上帝之间的一种实际上发生着的关系。也就是说，人之所以是上帝的形象，是因为人是上帝的创造物、对话者、呼召对象，他们之间是盟约关系。因此，基督教对于人的存在在本质上看成是一种面对上帝的存在。而构成人最内在本质的理性、意志自由、理解道德义务的能力是人之所以能与自己的创造者上帝保持着一种特殊关系的能力。

"耶和华上帝用地上的尘土造人，将生气吹在他的鼻孔里"，然后又用男人的一根肋骨创造了女人。（《创世纪》2：7）马丁·路德认为上帝创造亚当时所依照的上帝形象是最完美和最高贵的事物，因为无论是他的理性，还是他的意志，都没有罪的玷污，理智是完全纯粹的，记忆是完全好的，意志是完全正直的，处在非常美好和可靠的良知中，没有任何对死亡的恐惧，没有任何忧虑。从根本上讲，亚当自身完全具有上帝的形象，他不仅认为和相信上帝是仁慈的，而且还过着一种属神的生活。① 因而在亚当心中充满了上帝所赋予的智慧和爱，他在上帝爱的海洋中可以过着犹如上帝一样的生活，没有忧虑，更不需要去思考生死问题。《智慧书》有云："上帝创造人原是不会死的，并且依照他自己原有的本性造他。"由此看来，人在最初状态，既拥有上帝的外在形象，又具备上帝固有的本性。

但是好景不长，由于人滥用了上帝所赋予的自由意志，偏离了原来所具有的最完美的善，远离了上帝所指的方向。人的上帝形象在亚当的原罪中遭到了完全的破坏，人似神般的生活已被打破，死亡成为人必须面对的难题，而人对死亡则带有深深的恐惧感和神秘感。人虽然丧失了上帝的形象，但基督教神学仍然认为："此时人即便是作为罪人，在原则上是上帝的形象（普遍的上帝形象）"。毕竟人最初的原型是造物之主上帝这点无法改变，亚当失去的是上帝所赋予的内在本质的东西，而损坏了上帝所描绘的形象。但人必须面对上帝，不可避免地要承担自己的责任，因此人需要得到上帝的恩典，这要通过对耶稣基督的信仰恢复上帝的真正形象（神学人学中称之为特殊的上帝形象），只有这样才能真正实现自己的生命。

---

① ［德］奥特、奥托编：《信仰的回答——系统神学五十题》，李秋零译，香港：汉语基督教文化研究所 2005 年版，第 147 页。

耶稣基督的仆人保罗认为，人只有在耶稣基督里才能重新获得真正的自身，重新走近上帝。"因一人的悖逆，众人成为罪人；照样，因一人的顺从，众人成为义人了。"（《罗马书》5：12—21）"我不以福音为耻；这福音本是上帝的大能，要救一切相信的，先是犹太人，后是希腊人。因为上帝的义正在这福音上显明出来；这义是本于信，以致于信。如经上所记：'义人必因信得生。'"（《罗马书》1：16—17）众人成为义人，是因耶稣基督的绝对信靠成了上帝的众儿子。如果没有耶稣这座桥梁，这根纽带，这个中保，仅仅依靠人自身的努力，永远无法与上帝发生良好的关系，更不可能成为上帝之子。而人与人之间也因此形成了一种彼此平等、互相和睦的兄弟关系。"爱人不可虚假，恶要厌恶，善要亲近。爱弟兄，要彼此亲热；恭敬人，要彼此推让。"（《罗马书》12：9—13）在基督教会里，人与人之间不是互为陌生客，更不是孤独的个体，他们都是兄弟姐妹，因为拥有同一位天父——上帝。[①] 在耶稣未来世界以前，没有人能与上帝接近。保罗说，借着耶稣，我们得引进现在所站的恩典中。[②] 可见，上帝的恩典要借着耶稣的救赎才得以让基督徒的生命发生何等变化，而这变化的结果又完全取决于基督教的灵魂观。

### 2. 灵肉二元的整全论

自古希腊以来就有哲学家对灵魂与肉体的关系进行讨论，柏拉图将灵魂和肉体的区分推论出两个不同的世界，人的肉体属于感性世界，灵魂属于理性世界。柏拉图还认为人的本质是使用身体的灵魂，灵魂不仅高于肉体，而且是不朽的。

---

① ［英］巴克莱：《新约圣经注释》下卷，中国基督教两会 2007 年版，第 1473 页。

② ［英］巴克莱：《新约圣经注释》下卷，中国基督教两会 2007 年版，第 1417 页。

《圣经》的神创论表明上帝用泥土造人，又将"生气"吹在人的鼻子里，人就成了有灵的活人。人包括了肉体与灵魂两部分，肉体由神所造而有其尊严和完满性，灵魂由神所赐则有其纯洁和神圣性。二者虽都来源于神，但灵魂却要优越于肉体，因为人是由于灵魂作用于肉体之上而成为一个活人，肉体缺乏独立行为的能力。并且，始祖亚当也因灵魂受到恶魔的引诱才导致肉体受到惩罚的，原罪后，灵魂遭到玷污，肉体带着罪孽。人既有属土的肉体形象，也有属天的灵魂形象，且灵魂要优于肉体。因"叫人活着的乃是灵，肉体是无益的"（《约翰福音》6：63）。"那杀身体不能杀灵魂的，不要怕他们。"（《马太福音》10：28）但对于现实中的人，无论肉体还是灵魂都需要耶稣的拯救，耶稣的救恩是整全的救恩，是对灵魂和肉体全部的救恩，肉体同样受到上帝的关心。但是，只有充满良善的灵魂才能使人走进天国，只有在耶稣基督里，人的灵魂才能与上帝相遇，短暂的肉体才有化为永恒的前提，人的生命才会脱胎成全新的生命。耶稣虽承认灵肉二元，但他并未把它们绝对平行或截然对立，而是灵魂的良善将带来肉身的复活，灵肉二者是整全而统一的。故奥古斯丁认为，不承认肉体的实体性不能适应"肉身复活"的教义，而只把肉体看作灵魂临时使用的工具则会选择"灵魂转世论"，他强调灵魂和肉体的实体性才结合为人，都没有失去各自的独立性，但却又有着主从关系。① 可见，灵魂与肉体在地位上是不能等同的。

而作为耶稣基督的仆人保罗也持有同样的灵魂观，保罗认为只关心肉体的人生是短暂而易死去的，只有体贴圣灵的生命才能有基督的常住，和基督一同获得荣耀。"因为随从肉体的人体贴肉体的事；随从圣灵的人体贴圣灵的事。体贴肉体的就是死，体贴圣灵的

---

① 赵敦华：《基督教哲学1500年》，人民出版社2007年版，第146页。

乃是生命平安。"（《罗马书》8：5—11）"弟兄们，这样看来，我们并不是欠肉体的债，去顺从肉体活着。你们若顺从肉体活着必要死，若靠着圣灵治死身体的恶行必要活着。因为凡被上帝的灵引导的，都是上帝的儿子。"（《罗马书》8：12—17）肉体虽不优于灵魂，但在分有上帝的恩典、收获永生的过程中肉体和灵魂同样重要，保罗不承认希腊人要抛弃肉体而获得永生不朽的观念，他相信整个人的复活。他仍然是他自己；凡是属于身体及灵魂的每一件使人成为人的东西都要存留，不过同时，一切东西要成为新的，身与灵一样，与地上的东西完全两样，因为他们都是圣的了。[①]但无论如何，灵魂才是人的本质所在，它可以从肉体中分离出来，成为一个超自然的实体与上帝相沟通。

## （三）儒家天人关系与基督教神人关系之比较

宋代哲学家邵雍曾在《观物外篇》中言："学不际天人，不足以谓之学"，这足以看出探究天人之际在中国古代是一个十分重要的课题。而在基督教哲学中，上帝与人的关系问题也是一个核心议题，关于它们之间的比较，本书主要从以下两方面入手：

1."天"与"上帝"作为生命之源的异同

在儒家伦理文化与基督教伦理文化的碰撞与交流中，"天"与"上帝"的对话是一个绝对绕不开的问题，对它们的关系问题很多学者抱持迥然有别的态度。有学者认为，儒家之"天"与基督教之"上帝"完全不同，儒家之天不可能代替基督教之上帝，天的作用

---

① ［英］巴克莱：《新约圣经注释》下卷，中国基督教两会 2007 年版，第1595 页。

远不及于上帝，如刘小枫在《拯救与逍遥》中认为："无论在三代之时还是先秦时代，中国都没有一部类似《旧约全书》那样通篇讲人与上帝关系的圣典，'诗'、'书'、'左'、'国'以及诸子百家中，当代学人竭力论证出来的神性之'天'（上帝），都不过是一堆捡出来的片语。"① 苏州大学的周可真在《儒教之"天"与基督教之"上帝"》中指出："上帝"是外于世界、超于世界的存在者，"天"是存在于世界之中的宇宙主宰；"上帝"是唯一真神，"天"是众神之主；"上帝"是人类的创造者，"天"是人类的老祖宗。但与之截然相反的是，中国台湾学者房志荣在《儒家思想的"天"与〈圣经〉中的"上帝"之比较》一文中则认为，天与上帝不但毫无冲突，而且应该整合为一，他认为，儒家思想的"天"就是《圣经》所启示的"上帝"，"人人可为尧舜"与"人人可为基督"并无区别。② 特别是以唐君毅、牟宗三等为代表的当代新儒家，都对儒学的宗教性持肯定态度，认为儒学中的"天"，就是基督教的"上帝"。③ 这些学者的比较研究都立足于儒家文化与基督教文化的大背景之下，并分别从自身的学术背景出发，有着其各自存在的合理性。但如何将儒家之"天"与基督教之"上帝"放置于生命伦理的维度下进行探究？它们之间存在哪些异同？

"天"与"上帝"各是东西方生命之源、人类存在之基，它们都承载着生命之本体的天职。但是，它们在上演这一角色之时发挥的功效却完全不同，它们之间存有造生之力与创世之主的区别。在孔子看来，"四时行焉，百物生焉，天何言哉？"（《论语·阳货》）"天

---

① 刘小枫：《拯救与逍遥》，上海三联书店2001年版，第94页。

② 董小川：《儒家文化与美国基督新教文化》，商务印书馆1999年版，第153页。

③ 罗秉祥：《上帝的超越与临在——神人之际与天人关系》，《对话二：儒释道与基督教》，社会科学文献出版社2001年版，第243页。

地纲缊，万物化醇。男女构精，万物化生。"(《周易·系辞下传》)
和《诗经》中所说的"上天之载，无声无臭"，都表明"天"享有
孕育化生万物的条件和内在动力。"天生万物"的观念也成为中国
人的一种传统信仰，故中国台湾学者傅佩荣在分析"天"时将"天"
释为"造生者"和"载行者"。由此观之，"天"之运行化生乃是一
种自然之为，而非有意之行，人很难看到其中"天"之喜怒哀乐等
情绪的变化。所以，刘小枫在《拯救与逍遥》中谈到，儒家天人这
两端的关系并非表现为犹如上帝创造人的创世论的关系，而是一种
共生性的关系。

　　但耶稣之上帝作为创世主则全然不同。上帝是有目的、有意
识、有情感的造物主。神说："我们要照着我们的形象，按着我们
的样式造人，使他们管理海里的鱼、空中的鸟、地上的牲畜和全
地，并地上所爬的一切昆虫。"(《创世纪》1：26) 再如《创世纪》
中记载："只是那人没有遇见配偶帮助他。……耶和华神就用那人
身上所取的肋骨造成一个女人，领她到那人跟前。"上帝在造人的
同时还有意识地安排着人的一切。更值得注意的是，上帝借此创造
了一切，他创造的一切事物在被造前后都令他喜悦。柏拉图相当
大胆地表明，当整个创世被完成之时，上帝是充满了欢乐的。① 上
帝是一个快乐的创造者。因此，"天"是按照自然规律去化生万物，
造就人类，万物苍生的存有并非刻意为"天之意愿"，但却又实为
"天意"的真正体现。而上帝则是一切按照自己的意志去创造人类，
从人之相貌到人之衣食住行及人之地位等均在上帝的规划之中，这
都将上帝的喜好和意愿显现其中。因此，法国 20 世纪下半叶著名
的汉学家谢和耐曾指出：基督徒的上帝是高谈阔论、发布命令和提

---

　　①　[古罗马] 奥古斯丁:《上帝之城》，王晓朝译，人民出版社 2006 年版，
第 469 页。

出要求的会起干涉作用的神，它主动地创造世界，赋予每个人灵魂，在人生的长河中始终都要表现出来。而中国人的"天"则相反，它不会讲话，仅以间接方式起作用，它的活动是沉默的、无意识的和持续不断的。① 由此可知，孔子之"天"是自为自在的，而耶稣之"上帝"是自有永有的，"am who I am"（《出埃及记》3：14）。在生命起源上，"上帝"比"天"更费尽心机，这也必然成为上帝在一切生命面前具有绝对威慑力和主宰力的前提。

同时，"天"与"上帝"二者都是至上至善的存在。在另一层面，"天"与"上帝"一样都是有意志、有人格的，具有赏善罚恶的功能，决定着人与人之间的伦理关系，但它们所决定的伦理秩序却表现出纵横之别。子曰："大哉尧之为君也！巍巍乎！惟天为大，惟尧则之。"（《论语·泰伯》）"获罪于天，无所祷也。"（《论语·八佾》）"故天之生物，必因其材而笃焉。故栽者培之，倾者覆之。"（《礼记·中庸》）"天"作为最高最大最善者的同时，还是人类道德的裁决者。而且，"天"的伦理特性决定了人类的伦理秩序。《易传》中载有："天尊地卑，乾坤定矣。卑高以陈，贵贱位矣。"（《周易·系辞上传》）"有天地然后有万物，有万物然后有男女，有男女然后有夫妇，有夫妇然后有父子，有父子然后有君臣，有君臣然后有上下，有上下然后礼义有所措。"（《周易·序卦》）天地的尊卑贵贱决定了中国传统男女的不平等地位，最终形成了尊卑有序、上下有别的伦理秩序，成为制约中国人民几千年来的森严等级的封建伦理纲常。在地上的君臣、父子、夫妇等之间的关系是与天地之关系相映衬的，犹如阴阳在不平等中达至平衡一般，人伦关系中既有等级又有相互协调，人与人之间既有距离感又有依赖感。而在耶稣看来，上帝是万

---

① ［法］谢和耐：《中国与基督教——中西文化的首次撞击》，耿昇译，上海古籍出版社 2003 年版，第 176 页。

能的、是良善的，上帝是人类道德的来源。上帝在赋予人与之相同的形象时，也给予了人与之相等的善性，他是一切伦理道德的评判标准。上帝就是人的尺度。①但是上帝在决定人与人之间的关系方面却与天的作用判若有别。耶稣说："新郎和陪伴之人同在的时候，陪伴之人岂能哀恸呢？但日子将到，新郎要离开他们，那时候他们就要禁食。"（《马太福音》9∶15）"凡遵行我天父旨意的人，就是我的弟兄、姐妹和母亲了。"（《马太福音》12∶50）上帝所决定的人人关系是一种陪伴式或兄弟姐妹式的平等的伦理关系，他们之间没有高低贵贱之别，是一种抽象的平等主义的表现。而这种兄妹式的人际关系在基督教中一直延续至今，成为规范教会成员的一种天然的约束力。但是，在基督教的团契内外，所形成的是一种义人与罪人的关系，这不是地位之别，而是性质之异，从而预制着基督教内外的一种天然的敌对关系。

总体上看，在"天"与"上帝"管理和统治之下的社会人伦关系反映出不同的表现形式，一言以蔽之，即"天"之下的纵向有序和"上帝"之下的横向平等。而正是这两种方向完全相异的人伦关系，造就了人们在各自社会中的不同地位，形成了不同的家庭关系和社会关系，导致了两种文化在交流过程中出现激烈的碰撞。基督教关于人类平等的论点，严重威胁了中国的一整套社会体系，因为中国社会秩序赖以存在的人类的行为、伦理、社会和家庭等级，都离不开上下级之间的角色分配。②这也就必然会导致17世纪基督宗教与中国文化的"礼仪之争"问题。除此之外，在孔子与耶稣看来，不仅世俗的人伦关系因"天"与"上帝"表现出差异性，而且

---

①　徐行言主编：《中西文化比较》，北京大学出版社2004年版，第204—205页。

②　[法] 谢和耐：《中国与基督教——中西文化的首次撞击》，耿昇译，上海古籍出版社2003年版，第100页。

"天人关系"与"神人关系"间也存有相当的可比性。

### 2."天人"与"神人"中生命主体之异同

无论是在"天人"抑或在"神人"关系中，"人"都是"天"和"上帝"孕育众生或创造的万物中最高贵的生命体。人是独一无二的道德主体，"德"成为联结人与"天"和人与"神"的共同纽带。前者依靠的是人德，而后者依赖的是耶稣之德，而且"天与人"和"神与人"之间都存在着无限与有限的统一。但是，天人关系与神人关系却存在着非父子式与父子式关系的区别。一般而言，父子关系是最亲密的一种社会关系。可实质上，父子式的神人关系却不及普通的天人关系那般紧密与融洽，因为"人"作为独立的生命体，他们在"天"与"上帝"面前发挥主体性的深度和自由度不尽相同。在孔子的"天人关系"中，人可以积极、自主、全然地发挥自我生命的主动性，可以完全依靠自己的道德主体性去达到与天齐一的道德境界，中间无须任何的外力，生命的潜能可以依靠自己的德性得以全部挖掘，如"天行健，君子以自强不息"（《周易·乾卦》）。君子自强不息的道德品格与天德存在着自然合一的逻辑关系性，就是天人合一最明显的表现。现代学者周桂钿把儒家的天人合一归为天人一德、天人一类、天人一性和天人一气。但是，天和人之间有一致性和统一性，这是合的基础。① 德是天人相合的一个重要基础。人道与天道的统一，又是人德向天德迈进的前提条件，人积极主动与否成为能否与天"合"的重要环节。"天"虽然高高悬挂在空中，但人要达到天人合一的目标，关键在人本身而不在于天。孟子曾云："尽其心者，知其性也，知其性，则知天矣"（《孟子·尽心上》），

---

① 郭清香：《耶儒伦理比较研究——民国时期基督教与儒教伦理思想的冲突与融合》，中国社会科学出版社 2006 年版，第 66 页。

"人皆可以为尧舜"（《孟子·告子下》）。对中国儒者而言，人不仅可以在天面前无限地彰显自己，而且把与天合一作为他们一直以来激发自我追求和超越的标的。

但是，在耶稣的"神人关系"中，"人"作为一个完全的生命主体，他们自主性的发挥却不是完全的，只能是消极的、被动的、有限的。奥托曾在《论"神圣"》中将上帝作为"Wholly Other"进行描述，这说明上帝是一种"完全的相异者"。上帝之所以是超越于人之上的上帝，就因为他与人完全相异。罗秉祥在其《上帝的超越与临在——神人之际与天人关系》一文中解释人在六个方面的先天定限：第一，人在存有上的定限；第二，人在本性上的定限；第三，人对上帝认知的定限；第四，人对上帝言说的定限；第五，人类道德能力及成就的定限；第六，人类社会、政治、文化在完美上的定限。[①] 人先天的局限性与上帝的完满性之间构成了一道不可逾越的鸿沟。对于一般人而言，人人皆是罪人，在他们的人生活动中无论自身如何努力，都不可能达到一种全然的"神人合一"境界，这种超自然的境界只有耶稣才能做到。当代新儒家杜维明也指出，在基督教传统中认识到天人之间存在的本体论鸿沟是非常重要的。[②] 不仅如此，即使人要逐步地走近上帝，也不是仅仅发挥自己的道德主体性就可以完成，神人之间离不开耶稣的桥梁作用，耶稣是人迈向上帝的引领者。而且，在耶稣眼中，人生命境界的提升不在于自己付出的多少，而在于上帝的救恩。如："门徒就分外希奇，对他说：'这样，谁能得救呢？'耶稣看着他们，说：'在人是不能，在神却不然，因为神凡事都能。'"（《马可福音》10：26—27）耶稣

---

① 罗秉祥：《上帝的超越与临在——神人之际与天人关系》，《对话二，儒释道与基督教》，社会科学文献出版社 2001 年版，第 261—265 页。

② ［美］白诗朗：《普天之下：儒耶对话中的典范转化》，彭国翔译，河北人民出版社 2006 年版，第 191 页。

还说："凡你们祷告祈求的，无论是什么，只要信是得着的，就必得着。"(《马可福音》11:24)于是，虽然上帝深埋在人的内心深处，人也具有着上帝的肖像，但人却无法真正企及上帝，更不可能与上帝达到"貌神合一"的状态。在耶稣的神人关系中，神是绝对的主动者和主宰者，而人是相对的受动者和执行者，人向上求善的动力在于神的恩典而不在于人自身。

由上可知，生命主体之"人"在"天人关系"与"神人关系"中所表现出来的能动性差距相当之大。但我们需要用辩证的眼光看待这种差距，生命主体性发挥的深度与自由度的不同必然会产生优劣有别的结果。因为"天人关系"中之"人"可能会在无尽释放自我能量的同时萌生出一种自我膨胀感，导致绝对以人为中心的人本主义；而"神人关系"中之"人"亦会因为时时心存敬畏之心却无法完全地表现自我，甚至可能会导致完全丧失自我的神本主义，所以人的能动性的发挥需要控制在一定度的范围之内。而正是这种天人与神人关系中的冲突与融合产生了中西方人的生命态度和生存方式的异同。

## 二、儒家的人之善性与基督教的人之罪性之比较

儒家作为中国传统文化的代表，其人性论的奠基者主要是孔子和孟子，孔子虽然不像孟子那样直接提倡人性本善，但对人性却流露出乐观的态度。后来荀子另辟蹊径，主张人性本恶，但终究无法成为儒家思想的主流。而基督教作为西方文化的代表，与儒家的理念截然不同，主张人性罪。儒家和基督教人性论的最大分歧是"恶"能否被人克服的问题，儒家认为人性的善端，虽然可能受到后天"恶"的浸染和遮蔽，但人终究可以通过道德修养

来克服，而基督教认为人"如羊走迷，各人偏行己路"（《以赛亚书》53：6），不能克服自身的"罪"，必须依靠上帝的力量。所以在深入探讨了儒家与基督教的天人合一与神人二分问题之后，对两者的人性论进行系统的比较研究，更能从根基处窥探儒耶伦理文化核心价值观的异同，从而开辟出一条通向两种文化深处的通道，体味两种文化的深层内蕴，这对构建中国特色社会主义文化必将有所裨益。

## （一）儒家的人之善性

### 1. 孔子人性论的向善性

孔子是儒学的开创者，也是首先关注人性问题的思想家。据《论语》记载，孔子讨论"性"的地方有两处：一是"性相近，习相远也"。二是由子贡转述的"夫子之文章，可得而闻也。夫子之言性与天道，不可得而闻也"。孔子的人性论思想主要集中在"性相近，习相远也"这句话上，却并不被人重视，甚至他的学生子贡也是如此，所以才说"夫子之言性与天道，不可得而闻也"。但是子贡的不重视并不代表孔子人性论思想的不重要。作为儒家的创始人，孔子在人性论上恰恰为后学奠定了基本的框架和思路，并且凸显了其后儒学人性论思想的内在张力。

首先，"性相近"是指人所具有共同本性是相近的，虽然孔子没有明示这个共同本性的属性，不过仔细剖析孔子的思想可知，孔子的人性论涵摄出明显的向善性。孔子认为"仁者，人也"（《礼记·中庸》），将仁视作人之天赋秉性，主张"仁远乎哉？我欲仁，斯仁至矣"（《论语·述而》），"为仁由己，而由人乎哉！"（《论语·颜渊》）可知仁是内在于人性本身的，是人固有的特性。如果人性没有向善性，"仁"所蕴含的"爱人""立人""达人"的内涵就失去了根基。换言之，人性的向善性是孔子仁学确立的基础。另外，孔子也说"人之生也直"（《论语·雍也》），郑玄注："始生之性皆正直。"（《论语正义》）朱熹曰："生理本直。"（《论语集注》）冯友兰说："人之生也直"，"就是说，以自己为主，凭着自己的真情实感，是什么就是什么，有什么说什么，这是人的本性，生来就是这个样子的。"①"直"是人性善的一种体现，这在一定程度上也彰显出性善论的倾向。之后儒家先确立"性善论"而非"性恶论"，是对孔子人向善性的弘扬与推进。可以说儒学以性善论为主流观点是由孔子人性论的向善性所奠定的。

其次，子贡称"夫子之文章，可得而闻也。夫子之言性与天道，不可得而闻也"（《论语·公冶长》）。朱熹对此解释说："文章，德之见乎外者，威仪、文辞是也。性者，人所受之天理。天道者，天理自然之本体。其实一理也。言夫子之文章日见乎外，固学者所共闻；至于性与天道，则夫子罕言之，而学者有不得闻者，盖圣门教不躐等，子贡至是始得闻之，而叹其美也。"又引程颐的话："此子贡闻夫子之至论而叹美之言也。"（《四书章句集注》）朱熹的意思是说这里的"文章"不是指代书本与文字，而是德行的外在体现，而此处也不是说孔子不言"性与天道"，而只是"罕言"，因为"性与天道"是内在于主体生命的东西，是纯粹的概念范畴，说不清楚明白。梁漱溟先生认为孔子不是采用概念推演概念的方法，而是从人的生活处讲开去，使得主体性的生命与现实性的存在达到交融。②因此，孔子是在现实处讲学问，融主体性与客观性于一体，他的人性论即体现在《论语》中的整个微言大义处，他不是不讲"性"，而是将其主体性的"性"溶解在客观的现实中，在其道德论中，在

---

① 冯友兰：《中国哲学史新编》（第一册），人民出版社1982年版，第132页。

② 张岱年：《中国哲学大纲》，中国社会科学出版社1982年版，第183页。

其教育论中，在其行为表现中。徐复观先生着重论述了这一点，他也认为孔子的功夫即是"下学而上达"，最后达到"性与天道"的融合。①"吾十有五而志于学，三十而立，四十而不惑，五十而知天命，六十而耳顺，七十而从心所欲，不逾矩。"（《论语·为政》）孔子通过一生的努力，终于在五十岁的时候而"知天命"，即达到了"性"与"天道"的合一，并通过成己成物的功夫，使得与外物之间和谐一致，即达到了"从心所欲不逾矩"的至高境界，这样的境界是道德境界和彻底的主体性境界，自然是人性向善的最终归宿。

最后，如若《易传》为孔子所作，其"一阴一阳之谓道，继之者善也，成之者性也"（《易传·系辞传》）的论述也是其人性论向善性的鲜明例证。"一阴一阳之谓道"，道统率了天地万物。"继之者善也"，是指性在本源上是善的，"成之者性也"，则凸显了人的自觉性和主体性。可见，《易传》的人性论思想有两方面的意义：一方面表明人性发端于天道阴阳，在本质意义上是善的；另一方面又指出人应精进于后天的道德修养，不断涵养与扩充自己的本性。②

一言以蔽之，孔子人性论的精神旨归不在于自然欲求的满足，而在于昭彰人性的善端与高贵，从而赋予人以高度的信任。

## 2. 孟子的性善论

虽然孔子没有明确提出性善论，但其"性相近，习相远也"的论述为后世儒家的人性论思想点明了航灯。孔子的"私淑弟子"孟子作为一个敏锐的思想家，把孔子没有明言的思想，旗帜鲜明地用

---

①　梁漱溟：《梁漱溟先生全集》（四），山东人民出版社 1989 年版，第 767 页。

②　余敦康：《易学今昔》，新华出版社 1993 年版，第 133 页。

性善论来加以彰显，率先举起了中国人性史上人性善的旗帜。

在孟子看来，善是人区别于动物的最终依据，是人存在的最高本质。"人之所以异于禽兽者几希，庶民去之，君子存之。"（《孟子·尽心上》）孟子认为，人都有一种最基本的共同天赋本性，就是"恻隐之心"。他举例说，人突然看到小孩子要掉进井里去，都会有惊惧和同情的心情。这种心情并非要讨好孩子的父母，也并非要扬名乡里，是从本性中发出来的，也即"恻隐之心"。除此之外，人还有"羞恶之心""辞让之心""是非之心"。在此，孟子明确把恻隐之心、羞恶之心、辞让之心和是非之心说成是人皆有之的共同本性，使得仁义礼智成为人性的全部内容。孟子对"四端"的追求须臾不可离，强调"四端"对人之所以为人的重要性，"无恻隐之心，非人也。无羞恶之心，非人也。无辞让之心，非人也。无是非之心，非人也。"（《孟子·公孙丑上》）

对于人性问题，在孟子看来，人性虽然本善，但后天如果受到环境或情欲的浸染，人的善性就会丧失，因此孟子积极倡导"养性"，而"养性"的方法也有积极和消极之分。

从积极方面来说，就是充分扩大先天的善良本性，存心尽心。"四端"毕竟是仁义礼智的萌芽，不扩充是无法立身的。"凡有四端于我者，知皆扩而充之矣，若火之始然，泉之始达。"（《孟子·公孙丑上》）"四端"就像种子，具有巨大的潜能，因此要坚持和扩充，不断提升道德境界。孟子还说："尽其心者，知其性也，知其性，则知天矣。存其心，养其性，所以事天也。"（《孟子·尽心上》）由于善性是根植于心的，所以要充分发挥道德主体的功能——"尽心"，就能认识仁义礼智四种本性——"知性"，又由于性善受之于天，认识了善也就认识了天命——"知天"。孟子"尽心—知性—知天"的路径沟通了人性和形而上的天。

从消极方面来说，就是"求放心"。孟子强调，后天环境的熏染和物质欲望的引诱随时都会使人的善良本性沦陷和丢失。一旦善良本性丧失，人们也不能妄自菲薄，而应竭尽全力地把丢失的善良本性找回来。寻找丢失的善良本性，孟子称之为"求放心"。孟子甚至认为："学问之道无他，求其放心而已矣。"他将"求放心"的过程看作是学问之道，正是因为明察到人有丢失本性的可能，而"求放心"则为道德修养的继续进行作了前提的预设。

孟子的性善论可谓是奠定了其仁政学说的基础，他把人的善性扩展到政治领域，就是"以不忍人之心，行不忍人之政"，即推行"仁政"；扩展到自然界，就是爱护生态环境，即所谓的"仁民爱物"。

当然，我们并不否认，在儒家思想史上也存在荀子之类的性恶论主张，但他毕竟不代表儒家的主流思想，性善论可谓贯穿于儒家的从始至终，主导了儒家的人性论思想的发展脉搏。蒙学读物《三字经》一开头就讲"人之初，性本善，性相近，习相远"，可见儒家性善论的深入人心。

### （二）基督教的人之罪性

#### 1. 人的起源

对于人的起源，《旧约》开宗明义地说道：人是由神创造的。《圣经》载，神说："我们要照着我们的形象，按着我们的样式造人……神就照着自己的形象造人，乃是照着他的形象造男造女。"（《创世纪》1：26—27）"在造出了最初的人之后，神还要人生养众多，遍满地面。"（《创世纪》1：28）亚当和夏娃是人类的始祖，人类由此开始繁衍。

人由上帝所造，就显示出人并非是独立的存在，而是有限的存在。人的生命完全是依靠神的恩赐，人的存在也要凭借神才可延续，所以人不是自主的。《罗马书》11章36节说："万有都是本于他，倚靠他，归于他。"更是彰显出神的伟大与人的卑微。无限性的神创造了有限性的人，人神之间具有不可逾越的鸿沟，人的存在就是为了侍奉神和荣耀神。概而言之，人不可能成为神。

### 2. 人的堕落与犯罪

神造好亚当和夏娃后，为他们立下第一条诫命："分别善恶树上的果子，你不可吃，因为你吃的日子必定死！"（《创世纪》1：17）不过蛇诱惑夏娃说："你们不一定死，因为神知道你们吃的日子眼睛就明亮了，你们便如神能知道善恶。"（《创世纪》3：4—5）于是亚当、夏娃偷吃了禁果，希望像神一样明辨善恶。由此导致人类本性的裂变，滑向了罪恶，"我们要建造一座城和一座塔，塔顶通天，为要传扬我们的名，免得我们分散在全地上"（《创世纪》11：4）。卡尔·巴特从巴别塔事件看到了人罪恶的一面：渴望在上帝面前宣告人类的权柄和能力。①

使徒保罗对人类犯罪论述道："世人都犯了罪，亏缺了神的荣耀。"（《罗马书》3：23）上帝"道成肉身"，通过耶稣来救赎人的罪恶。因此人要信耶稣基督。"我们既因信称义，就藉着我们的主耶稣基督得与神相和。我们又藉着他，因信得进入这恩典中，并且欢欢喜喜盼望神的荣耀。"（《罗马书》5：1—2）只有信耶稣基督，人才能得以拯救，罪恶方可赦免。后来，奥古斯丁把原罪与人性紧密结合起来，他说："天主，请听我说，人们的罪恶真可恨！而当一个人这样说时，你就会怜悯他，因为你创造了他，但并没有创造他身上的罪恶。谁愿意告诉我幼时的罪恶？因为在你的面前，没有一个人

---

① 〔英〕阿利斯特·E.麦格拉思：《基督教概论》，上海人民出版社2013年版，第179页。

是纯洁无罪的，即使是出生一天的婴儿"。① 在奥古斯丁看来，人性本罪，人一生下来就背负着原罪。可以说，深重的原罪意识成为高悬在基督徒心头之上的一把"达摩克利斯之剑"。宗教改革家马丁·路德深受奥古斯丁思想的影响，也坚持认为人性本罪。"我们所有的人生来就是有罪的——在罪恶中被怀孕和被产生出来；罪恶把我们由头到尾地浸渍了。"② 另一位宗教改革家加尔文也认为，自从人生下来，原罪就与人如影随形，直到终始。"原罪是祖传下来的我们本性的堕落与邪恶，它浸透入灵魂的一切部分。我们的本性是全部受到了污损和败坏，正是因为这样的堕落，致使在上帝看来，我们是有罪的，并且是正当地判定为犯了罪的人。"③ 总之，在基督教看来，人性在现实的层面上是完全恶的，人无往而不在罪恶之中，恶的本性深深地植根于每一个人的生命之中，伴随着人生的始终。④

### 3. 人的救赎

原罪作为一个隐喻，显明出人类作为亚当和夏娃的子孙，从出生的时候起就具有作恶和犯罪的意向。基督教在原罪的基础上提出了救赎思想，使得原罪与救赎成为基督教神学的基本教义。原罪与救赎可以说是从正反两面构成了基督教教义的逻辑架构，原罪从反面和消极方面否定了人，而救赎却从正面和积极方面肯定了神。正

---

① ［古罗马］奥古斯丁：《忏悔录》，周士良译，商务印书馆 1981 年版，第 49 页。

② 周辅成：《西方伦理学名著选辑》（上卷），商务印书馆 1964 年版，第 481 页。

③ 周辅成：《西方伦理学名著选辑》（上卷），商务印书馆 1964 年版，第 487 页。

④ 尚九玉：《简析宗教的人性论》，《宗教学研究》2001 年第 1 期。

因为人有了原罪，才能有人对救赎的希望，正因为人有了原罪，才能有人对永生的冀求，正因为人有了原罪，才能彰显出神救赎人的至善与伟大。原罪与救赎看似相互对立，实则相互渗透融合。奥古斯丁对此的分析可谓鞭辟入里："永生是至善，永劫是极恶。而我的生活的目的，则在于求永生，避永劫。"①

（三）儒家的人之善性与基督教的人之罪性之比较

通过上文对儒家的人性善与基督教的人性罪发展脉络的抽丝剥茧，可以洞见两者具有旗帜鲜明的价值分野，主要彰显在以下四个方面。

1. 儒家的身心和谐与基督教的灵肉对立

儒家身心关系论的基础是人性善，人先天具有善性，之所以向恶，那是因为有情与欲的侵扰，而产生情欲的根本原因在于人身的存在。所以人身所蕴含的自然情欲需要道德修养（修身）来节制。儒家十分重视道德修养，将其视为达到身心和谐的必然路径。《大学》更是将修身当作"内圣外王"的枢纽。"自天子以至于庶人，壹是皆以修身为本。"任何人想要实现齐家、治国、平天下的人生理想，就应该致力于"身心和谐"，以修身为本，从格物、致知、诚意、正心一步步践行起来。对于身心关系，虽然儒家认为应该以心主宰身，以道德理性主导感性欲望，但并没有扼杀感性欲望（孔子也认为："饮食男女，人之大欲存焉。"——《礼记·礼运》)，而是正视它们的存在，并努力追求身心之间的和谐。可以说，儒家在

---

① ［古罗马］奥古斯丁：《忏悔录》，周士良译，商务印书馆1981年版，第25页。

探求身心关系时，并没有陷入纵欲与功利的窠臼，也没有受到禁欲和解脱的羁绊，而是努力在身心的二元张力中，探求二者的和谐共存。儒家的身心和谐为其实现人与社会和谐、人与自然和谐的"大同社会"奠定了稳固的基础。

而基督教则认为人性罪，属人的肉身是有罪的，而属神的灵魂是圣洁的，灵与肉之间存在着强烈而紧张的二元张力，常常出现对立的状况。使徒保罗对灵肉关系的理解可以说是基督教神学灵肉对立的滥觞。在使徒保罗看来，灵魂和肉体是人生命中两个等级不同的层次，人的肉体是罪恶的，而灵魂则是圣洁的，灵魂高于肉体，两者之间是根本对立的。"我也知道在我里头，就是我肉体之中，没有良善。"（《罗马书》7：18）"我以内心顺服神的律，我肉体却顺服罪的律了。"（《罗马书》7：25）后来奥古斯丁和托马斯·阿奎那等也积极倡导灵肉对立。奥古斯丁认为人的本质是理性灵魂，灵魂起着统辖肉体的主导作用，人的肉体却是被动的、被统辖的、被驱使的。但同时他又不像柏拉图那样，完全否认肉体的实体性。在他看来，人是肉体和灵魂的结合，但是，二者是作为两种不同实体的"不相混合的联合"。[1] 托马斯·阿奎那也认为人是由肉体和灵魂构成的有形实体。人的灵魂可以划分为理性灵魂、动物灵魂、植物灵魂等形式。灵魂涵容在肉体的各个部分，灵魂与肉体复合活动，从而产生人的内外感觉以及各种欲望。但是，人的理性灵魂是一个理智实体，它独立于肉体。灵魂与肉体的结合并没有影响灵魂的独立性，灵魂在肉体之中仍然进行着不受肉体影响的理性活动。[2] 奥古斯丁和托马斯·阿奎那作为教父神学与经院哲学的代表和典范，其所倡导的灵肉对立思想对后世基

---

[1]　赵敦华：《基督教哲学 1500 年》，人民出版社 2007 年版，第 146 页。

[2]　赵敦华：《基督教哲学 1500 年》，人民出版社 2007 年版，第 379—382 页。

督教神学的发展影响深远。

### 2.儒家的崇尚教化与基督教的崇尚规训

儒家认为人性善，每个人都先天具有"良知""良能"，具有"恻隐、羞恶、辞让、是非"四心，且有向善趋善的能力，固人人可得而教之。作为人性善所蕴含的善端，如果不能"扩而充之"，就会枯萎，进而丧失。孟子说："人之有道也，饱食暖衣，逸居而无教，则近于禽兽。"(《孟子·滕文公上》)善端犹如刚刚流出的一泓清泉，人们应该保持和扩充善端，而教化就可以将善端激发起来，因此儒家强调对个体的教化与人治，而不提倡惩戒和法治的作用，甚至蔑视法治，认为"道之以政，齐之以刑，民免而无耻；道之以德，齐之以礼，有耻且格"(《论语·为政》)。儒家在具体施教过程中，主张"以德育人""以理服人""以情感人"，提倡从人的情感、心理着手进行道德教化，"动之以情，晓之以理"，"情"寓于"理"，"情""理"交融，从而提升人们的道德素养，实现教化的目标。总之，在儒家看来，既然人性善，只需通过道德教化就能使人们不断地扩充善端，就没有必要诉诸信仰，寻找一个上帝从外部监督人。所以梁漱溟先生说："道德为理性之事，存于个人之自觉自律。宗教为信仰之事，寄于教徒之恪守教诫。中国自有孔子以来，便受其影响，走上以道德代宗教之路。"①

而基督教认为人性恶，人无法超越自身的"原罪"，为了遏制人性恶的泛滥，必须依靠外在法律的规训。西方整个法律制度乃至政治制度都是根植于"人性罪"的基础上。人有堕落和罪恶的本性，即使可以得到救赎，但永远无法臻于至善至美，只有神才是至善至美的，而人神之间横亘着一道无法逾越的鸿沟，人神之

---

① 梁漱溟：《中国文化要义》，上海人民出版社 2003 年版，第 106 页。

间泾渭分明。正因为人与生俱来的罪恶，促进人们对统治者膨胀的权力有着深刻的忧虑和警惕。在基督教看来，人无完人，人治是极端不可靠的。因此，有必要制定一整套完备的法律制度去规训统治者。为此，英国阿克顿勋爵一针见血地指出：“权力导致腐败，绝对权力导致绝对腐败”。正是基于对人性恶的深切体察，所以不能任人的权力欲如脱缰野马，必须加以控制。于是“分权和制衡”的理念得以贯彻，法律成为预防权力洪水肆虐的堤坝。而享有美国“宪法之父”之称的詹姆斯·麦迪逊入木三分地宣称：“政府之存在不就是人性的最好说明吗？如果每一个人都是天使，政府就没有存在的必要了。”①值得说明的是，基督教并非不讲内在的教化，例如提倡忏悔与礼拜，也是内在的教化的体现，只是由于人性浸染了难以去除的罪恶，基督教更推崇外在的规训对人性的制约。

### 3. 儒家的超越意识与基督教的幽暗意识

儒家思想的人性本善蕴含着强烈的超越意识。在旅居美国的中国台湾思想家张灏看来，自孔子创建儒学以来，儒家的超越意识极大地凸显了人的能动性和主体性。正因为人性本善，人可以充分挖掘自身所具有的潜在因子，超越外界的藩篱和阻隔，从而挺立自身，努力迈向“从心所欲不逾矩”的理想境界。张灏认为，超越意识主要反映于儒家“天人合一”的观念上。孔子崇尚“知天命”，冀求与天相契合，其“德性伦理”也蕴含着以人为主的超越意识。随后孟子继承并发展了孔子内在超越的理路，提倡“人人皆可为尧舜”，并认为人与天之间不存在难以逾越的鸿沟，强调人只要彰显

---

① ［美］汉密尔顿、杰伊、麦迪逊：《联邦党人文集》，程逢如译，商务印书馆 1982 年版，第 264 页。

自身与生俱来的善端，尽心知性则知天，体察到天的运行规律，就能与之相遥契。《中庸》甚至认为，人"可以赞天地之化育，则可以与天地参矣"。在张灏看来，后来陆王心学更是将儒家的超越意识愈加内化，形成了内化式的超越意识，"内化超越意识所引发的批判精神在陆王心学里有着空前的发展"，因为"陆王思想的义理结构深受孟子的影响"。①陆王主张"心即理"，"把成德的潜能完全置于内化超越的基础上。"②儒家人性善所蕴含的超越意识得到充分的发扬和彰显。

基督教的人性罪具有浓厚的幽暗意识。何谓"幽暗意识"？张灏认为，"幽暗意识是发自对人性中与宇宙中与生俱来的种种黑暗势力的正视和省悟。因为这些黑暗势力根深蒂固，这个世界才有缺陷，才不能圆满，而人的生命才有种种的丑恶，种种的遗憾。"③幽暗意识根植于人根深蒂固的罪恶性，而这种罪恶性与基督教的人性罪紧密相连。张灏认为基督教人性罪的幽暗意识不仅成为西方文化一大特点，而且推动了近代自由主义的兴起和发展。"基督教与西方自由主义的形成与演进有着牢不可分的关系，这在西方已为欧美现代学者所公认。"④基督教的幽暗意识可以说构成了西方自由主义的逻辑起点和深层内核。基督教深刻地体察到人性与生俱来、根深蒂固的罪恶性和堕落性，对于世俗统治者先天地抱有一种疑虑性和警戒感，于是寻求在体制和制度上对其权力进行规约与限制。在基督教幽暗意识的哺育与滋养下，反抗专制、追求民主、崇尚人权的自由主义应运而生，融入西方文明的血液中。

---

① 张灏：《幽暗意识与民主传统》，新星出版社 2010 年版，第 53 页。
② 张灏：《幽暗意识与民主传统》，新星出版社 2010 年版，第 54 页。
③ 张灏：《幽暗意识与民主传统》，新星出版社 2010 年版，第 23 页。
④ 张灏：《幽暗意识与民主传统》，新星出版社 2010 年版，第 24 页。

## 4.儒家的内圣外王与基督教的奔向天国

儒家人性善的终极理想是成为"内圣外王"的圣人。"内圣"，即将"道"藏于内心，真实无妄；"外王"，即将"道"彰显于外，推行仁政。"内圣外王"，是指圣人既有厚德载物的美德，也有博施于民的抱负，人格理想与政治理想两者融会贯通。其中，"内圣"是根基，外王则是旨归。"儒家以圣人为决定历史发展的关键人物，承担着为天地立心，为生民立命，为往圣继绝学，为万世开太平的崇高历史使命。圣人的不朽功勋、崇高价值，不仅在于他自身实现了道德完善，更在于他所开辟的伟大事业，成就的伟大功业，他的道德光辉，泽被苍生，流芳万世。"①可见，圣人是儒家至高境界"内圣外王"的化身，是"止于至善"的楷模，是"修齐治平"的典范。儒家先贤对圣人多有论述，孟子认为："圣人，人伦之至也。"（《孟子·离娄上》）在孟子看来，圣人是人伦极致的体现，是人的本质淋漓尽致的反映。《周易·系辞传上》说："圣人有以见天下之动，而观其会通。"就是说圣人敏锐地体察到天下不断运转的性质，并能掌握其中的规律，将它们融会贯通。《中庸》记载："圣人之道洋洋乎！发育万物，峻极于天。"就是说圣人之道浩浩荡荡充满天地之间，生成万物并使之充分地发育成长，极其崇高而上达于天。《荀子·正论》说："圣人，备道全美者也，是县天下之权称也。"把圣人看作十全十美的化身，是衡量天下万事万物的标准。总之，儒家对"内圣外王"的圣人的崇尚，根植于其对人性积极乐观的肯定，是儒家人性善顺理成章彰显的结果。

而基督教人性罪的终极理想则是奔向天国，使人自身从罪的牢

---

① 唐凯麟、张怀承：《成人与成圣——儒家伦理道德精粹》，湖南大学出版社 2003 年版，第 111 页。

笼中解脱出来。天国是抚慰灵魂的庇护所，是人苦难得以摆脱的"流着奶与蜜的地方"，天国最大的幸福在于与基督耶稣同在，永远承蒙主的恩典。天国是不分国家、民族、性别与身份的，接纳异族、税吏、罪人、残疾甚至妓女，无论你是地位尊贵的祭司和国王，还是地位卑微的税吏和妇女，无论你是富有的财主，还是贫困的穷人，无论你是纯正的犹太人，还是被视为异族的撒玛利亚人，无论你是身体完整的健康人，还是瞎眼的、患麻风病的残疾人，只要信徒接受上帝的教导与统治，都可以投入天国的怀抱。在基督教看来，人是由肉体和灵魂两部分组成的，由于人性本罪，人的肉体与灵魂陷入了紧张的对立中。为了超越这种对立，人们只能把希望寄托于上帝，希冀上帝的恩典与救赎。只有通过上帝的拯救，人们才能奔向天国，挣脱肉体的束缚，获得灵魂的永生。可以说，基督教的人性罪开启了奔向天国的阀门。

综上所述，儒家与基督教作为中西文化的主要代表，塑造了中西文化的价值内蕴，而人性问题关乎中西文化的根基。通过对儒家人性本善与基督教人性本恶的比较研究，可以触摸到中西文化的深层肌理，感知两者精神气象的分野与差异，从而促进中西文化的交流与融通。当前构建中国特色社会主义文化，正如习近平总书记所言："把继承传统优秀文化又弘扬时代精神、立足本国又面向世界的当代中国文化创新成果传播出去"①，应该汲取中西方文化的精髓，在高度国际化与深度本土化两个维度上推进。儒家文化作为中国传统文化的代表，其人性善彰显了对人性的乐观精神，注重弘扬人内在的能动性，而基督教吸纳古希腊文明与古希伯来文化，成为西方传统文化的代表，其人性罪昭示了对人性的悲观倾向，注重从

---

① 中共中央文献研究室：《习近平关于全面深化改革论述摘编》，中央文献出版社 2014 年版，第 87 页。

制度层面对人的行为给予必要规范。这启示我们在当前构建中国特色社会主义文化的过程中，应该从文化内在涵养的培育与外在制度的构建上双管齐下，齐头并进，推进中国特色社会主义文化的发展与繁荣。

## 三、儒家的重义轻利与基督教的以义统利之比较

不管是儒家还是基督教，义利观都是其经济伦理的基本原则。对义和利进行深入了解以及对两者关系的厘清，不仅可以洞察它在儒家和基督教经济活动中所表现出的伦理倾向，而且还可以挖掘其最深层的精神根基，使其成为研究儒耶伦理文化核心价值观必不可少的一部分。所以接下来，有必要分别就儒家和基督教的义利观进行探析，并以此总结其有异有同之关系，以及对现今社会的借鉴价值。

### （一）儒家重义轻利的义利观

自孔子的"重义轻利""见利思义"开始，儒家言"义""利"之人不在少数，孟子"何必曰利""舍生取义"、荀子"以义制利""义利两有"、汉儒董仲舒"正其谊不谋其利，明其道不计其功""义利两养"，以及发展至极端的宋明理学"存天理灭人欲"，虽然在不同时期他们对义利关系有不同解释，但是儒家对"义"和"利"的理解却基本上是一以贯之的。义，即仁义、道义，在根本上就是儒家所推崇并遵循的道德规范或封建伦理纲常；而"利"一般有两种解释，一种是公利，即出于对他人、对整个社会、对整个国家之利益而所谋之利，这种利非但不是儒家所轻之利，而且认为这是义之

体现；另一种是个人私利，不仅包括个人为了满足自身基本生理需求、谋求更好发展所需之利，还包括基于人的额外欲望并通过不义方式而所逐甚至所贪之利，这正是儒家义利之辩语境中所指向的真正对象。正是在此理解的基础上，儒家开始了其不同取向的义利之辩。

### 1. 重义轻利

仁和礼构成了孔子思想体系的整体架构，其在经济方面的展开即是孔子的经济伦理思想，而义利之辩就是孔子经济伦理思想的基本出发点。在《论语》中，孔子言"义"言"利"之语并不少见，如"君子义以为上"（《阳货》）、"君子喻于义，小人喻于利"（《里仁》）、"君子义以为质"（《子张》）等。不难发现，"义"之所言始终有一个不可分离的主体，即"君子"。义是君子所具有的特质，所以对君子这一理想人格的追求成为义利之辩的动力与最终指向。

而关于君子到底是怎样的，孔子说："君子去仁，恶乎成名？君子无终食之间违仁，造次必于是，颠沛必于是"（《里仁》）。君子之所以成为君子，与仁不可须臾离也，离开了仁，就不可称其为君子，所以君子是仁的人格化。基于仁学立场，孔子对君子这一终极理想人格的追求落实到具体的现实行动上，即有对义、知、勇的践行，义便是其一，是实现仁这种至高道德信念的形式。所以，要想成为君子，守义行义成为必不可少的一步。

然而，成为守义行义之君子毕竟是最高的追求、是理想状态，不管是身处孔子所生活的春秋时代之人，还是生活于当今时代之人，要想生存、要想发展，就不得不言利、逐利。虽然孔子"罕言利"，但利的存在与必要却使之成为不得不言说的对象。孔子认为，"富与贵，是人之所欲也……贫与贱，是人之所恶也"（《里仁》）、"富而可求，虽执鞭之士，吾亦为之"（《述而》），可见对富与贵的追求是一种自然的客观需求，无法压制更不能舍弃，孔子对这一点并没有质疑。但是，孔子认为，人不只有满足自身生存的需求之利，比其更重要的是精神需求或道德需求。"子贡问曰：'贫而无谄，富而无骄，何如？'子曰：'未若贫而乐道，富而好礼者也'"（《学而》），是贫是富不重要，重要的是乐道与好礼，道与礼即孔子所言之义，"饭疏食饮水，曲肱而枕之，乐亦在其中矣"（《述而》），这很明显地表现了孔子"重义轻利"的道德立场。在这里要注意的是，孔子重义轻利，"轻利"不是不讲利，更不是舍利而全然不顾，"邦有道，贫且贱焉，耻也；邦无道，富且贵焉，耻也"（《泰伯》），孔子不但不舍利，反而认为在有仁有义之社会，贫且贱是一种耻辱。

另外，逐利之方式的正当性与否也是孔子关注的重点。毋庸置疑，"富与贵，是人之所欲也……贫与贱，是人之所恶也"（《里仁》），但是孔子的重点在于"不以其道得之，不处也……不以其道得之，不去也"（《里仁》）、"不义而富且贵，于我如浮云"（《述而》）、"君子喻于义，小人喻于利"（《里仁》），孔子极其鄙夷这种通过非道或不义的方式所获之利，这不是孔子所追求的君子应行之径，相反恰恰是小人常常所为，不义之财、非道之利宁可不取，将之视若浮云。这就要求人们取之有道，见利思义，在遵守道义的前提下追求利益以满足自身需求。

总结来看，孔子义利观的整体倾向是重义轻利，同时这也定下了整个儒家义利观的基本基调。而轻利并不是舍利，且利之所求须以义为根基与指向，实际上强调了道德在个人或社会中的基础性地位，即义与利相比具有优先被选择、优先被考量的价值，整体看来是一种德性主义经济伦理学。

## 2. 何必曰利

孟子继承了孔子义利之辩中"重义轻利""见利思义"的基本

精神，并且似乎走得更远，从孔子的"罕言利"走向了更为直接的"何必曰利"。

孟子的义利观以其"性善"的人性论为内在根基。孟子认为，"无恻隐之心，非人也；无羞恶之心，非人也；无辞让之心，非人也；无是非之心，非人也"（《孟子·公孙丑上》），所以人天生具有恻隐之心、羞恶之心、辞让之心、是非之心，这是人区别于动物的本质属性。又因为，"恻隐之心，仁之端也；羞恶之心，义之端也；辞让之心，礼之端也；是非之心，智之端也"（《孟子·公孙丑上》），这四心扩而充之，就可成为仁义礼智四德。所以，孟子认为，仁义乃人的内在本性所自然引发出来的，人天生就有为善、守义的自然倾向。而追求私利完全是被后天环境浸染、把人本具有的四心丢失以及主观不努力等所致。

由此可见，在孟子这里，义与利是完全对立的两个概念，"君臣父子兄弟终去仁义怀利以相接，然而不亡者，未之有也……君臣父子兄弟去利怀仁义以相接也，然而不王者，未之有也"（《孟子·告子下》），怀利与怀义作为根本相反的两种价值取向，导致了全然相异的结果，怀利亡天下，怀义却可王天下，所以要去利怀义，孟子甚至直接发出了"何必曰利"的呼声。"王曰，何以利吾国？大夫曰，何以利吾家？士庶人曰，何以利吾身？上下交征利而国危矣。万乘之国，弑其君者，必千乘之家；千乘之国，弑其君者，必百乘之家。万取千焉，千取百焉，不为不多矣。苟为后义而先利，不夺不餍。未有仁而遗其亲者，未有义而后其君者。王亦曰仁义而已，何必曰利？"（《孟子·告子下》）君王治理天下，靠人本性所发之仁义就够了，没有必要曰利，相反，公开言利就会诱发私利、私欲，进而危及社会、国家，即使为了国家之大利也不可大肆提倡。在这里，孟子将义提升到了很高的位置，极力强调仁义的社会政治作用。虽然如此，但是孟子并没有因此而完全否定利之作用，并强调所取之利必须合乎仁义道德，"君不向道，不志于仁，而求富之，是富桀也……君不向道，不志于仁，而求为之强战，是辅桀也。"（《孟子·告子下》）并且在义利发生矛盾、鱼和熊掌不可兼得时，也当然以义为先，舍生取义。由此可见，孟子依然遵循着孔子的德性主义伦理立场去处理义利关系，只是在此基础上更进一步。

在义利关系的处理上，比孟子"何必曰利"走得更远的是呼求"存天理灭人欲"的宋明理学各大家，他们基于自身对人性的理解从理欲关系的角度论证了义利关系，在一定程度上，义利之辩是其理欲之辩在价值观层面的延伸。在理学家那里，"理"是宇宙万物的本体，是形而上者，是永恒不变的绝对，而"义者，天理之所宜……利者，人情之所欲"（《论语集注·里仁》），意即天理之合宜存守与发用便是义，出于人之性情所欲求的便是利，所以循天理而为义是天经地义的基本道德要求。二程有云，"大抵人有身，便有自私之理，宜其与道难一"（《二程遗书》卷三）、"大凡出义则入利，出利则入义"（《二程遗书》卷十一）、"不是天理，便是私欲"（《二程遗书》卷十五）等等。在二程这里，天理和人欲是难于统一的，由此引发的仁义和私利当然也是根本对立的。在这一层面，对于什么是天理、什么是人欲，朱熹理解为"饮食者，天理也；要求美食，人欲也"（《朱子语类》卷十三），正常饮水吃饭是遵循天理，而超出正常生理需求之外的欲求就是人欲了，"天理存，则人欲亡；人欲胜，则天理灭"（《朱子语类》卷十三），人之有一心，必须让此心充满天理，而非人欲。由此出发，人才可以"只向义边做"（《朱子语类》卷五十一）而成为圣人，并且"正其义则利自在，明其道则功自在"（《朱子语类》卷十三），只要人们按照天理做事，利自然存于其中，不用专门去计较利害得失。另外，人不仅不能追求私利，而且对于基本的生存需要，二程也一并给予否定，"有人问程颐：'或有孤孀贫穷无托者，可再嫁否？'程颐回答说：'只是后世怕寒饿死，故有是说。然饿死事小，失节事大。'"（《二程遗书》卷二十二）在此，不仅将天理、仁义上升到了形而上的层面，而且对天理、仁义的遵守也完全掩盖了对形而下之人欲、私利的追求，不得不说这把孔子以来的儒家德性主义义利观推向了另外一种全然不同的形态。

### 3. 义利两有

荀子现实主义的义利观与之不同，他在义利及其两者关系的处理上采取了更加平衡的态度。荀子认为"义"是人之所以为人者，"水火有气而无生，草木有生而无知，禽兽有知而无义；人有气、有生、有知亦且有义，故最为天下贵也"（《荀子·王制》）。虽然义是人区别于禽兽的根本特质，但是"今人之性，生而有好利焉"（《荀子·性恶》），"今人之性，饥而欲饱，寒而欲暖，劳而欲休，此人之性情也"（《荀子·性恶》），人生而就具有好利的本性，不可去除、不可消灭，并且"从人之性，顺人之情，必出于争夺"（《荀子·性恶》），也就是说如果顺其自然流行，必然招致祸患。相反，如果后天对人好利的性情进行疏导与节制，"必将有师法之化、礼义之道，然后出于辞让，合于文理，而归于治"（《荀子·性恶》）。荀子以此提出了"道欲"或"节欲"的观点，即用后天的礼义教化去规范与匡正人生而具有的好利性情，以义导之，以礼节之。

另外，荀子认为"欲虽不可尽，可以近尽也"（《荀子·正名》），意即欲望虽然不可完全被填满，但是可以尽可能被满足，所以要"养人之欲，给人以求"（《荀子·礼论》）。义与利是人之两有，不能取其一而舍其一，要丰富社会物质财富以尽可能满足人的欲求，不能寡之，更不能弃之。但是，对利的满足并不代表对义的抛弃，"人一之于礼义，则两得之矣；一之于情性，则两丧之矣"（《荀子·礼论》），"义胜利者为治世，利克义者为乱世"（《荀子·大略》），利之满足显然不能超越义之遵守。荀子依然践行着孔子德性主义的义利观，道德需要的满足依然具有优先地位，"先义而后利者荣，先利而后义者辱"（《荀子·荣辱》）。但是，荀子毕竟公开明显地将利提升到了社会现实所不可或缺的地位上，是较前人义利观的一大突破。

与荀子义利观思路一致的是汉儒董仲舒。他在"道之大原出于天""人副天本"的哲学基础上，提出了"义利两养"的义利观。他认为："天之生人也，使之生义与利。利以养其体，义以养其心；心不得义不能乐，体不得利不能安。义者，心之养也；利者，体之养也。"（《春秋繁露·身之养重于义》）作为物质需求之利是维持生命存在之必要，作为精神需求之义是人之为人不可或缺的本质规定性，两者都是人之存在必需的客观资源，所以董仲舒主张要义利两养，得义才能心乐，得利才能体安。

同时董仲舒认为，人天生就有仁、贪之性，贪之本性就是求利心在败坏仁义，"凡人之性，莫不善义。然而不义者，利败之也"（《春秋繁露·玉英》），并且万民之从利犹如水往低处流，是一种自然的趋势，任其自然只会招致灾祸，所以他在如何抑利以彰显仁义上表现出了其"义重于利"的价值论立场，"夫仁者，正其义不谋其利，明其道不计其功"（《汉书·董仲舒传》），要成为一个仁人君子，重要的是正义、明道，落实到具体的现实行动上就是遵行儒家的仁义道德、纲常礼教，而不是谋利、计功，与义相比，这显然是次要的，尽管它是维持人类基本生理需要的唯一资源，然而在价值判断上却"义重于利"，义之需要更为根本。总体看来，董仲舒依然延续着儒家义利之辩的基本精神，并为之刻上了更多的时代烙印。

综上所述，儒家基于一种道义论的立场阐述其对义利及其关系的理解，这就奠定了其义利之辩的基本精神必然是重义轻利。尽管在自然观领域，不同思想家对利的侧重程度有所不同，但对义之提倡与遵行却是从一而终的，此基本精神具有连贯性与一致性。

## （二）基督教以义统利的义利观

基督教在对待义利问题时，有一个不同于儒家德性主义义利观的根本出发点，即信仰，对上帝的信仰使得基督教对义利及其关系的理解有独特的视角，使其在信仰中获得其经济活动乃至整个人类活动的基础。"你要尽心、尽性、尽意爱主你的神。这是诫命中的第一，且是最大的。其次也相仿，就是要爱人如己。"（《马太福音》22：37—39）在某种程度上，对上帝的信与爱是最大的义，当然也包括对邻人的爱。至于利，基督教的理解与儒家并无太大的不同，一是自利、私利，即为了自身生存所需求之利和为了享乐所贪求之利；二是为了荣耀上帝所创造的最大财富，这当然不是基督教所否定之利。随着基督教历史的不断发展，其对义利问题及其关系的处理也随之表现出不同的状态。

### 1. 重义轻利的财富观

基督教对义利关系的处理与其财富观直接相关。在耶稣那里，财富有地上的财富和天上的财富，地上的财富是人们在世俗人间所积累的物质财富，而天上的财富则是靠信仰在基督的国度所积聚的来自上帝的怜悯与恩宠，"不要为自己积攒财宝在地上，地上有虫子咬，能朽坏，也有贼挖窟窿来偷。只要积攒财宝在天上，天上没有虫子咬，不能朽坏，也没有贼挖窟窿来偷。因为你的财宝在哪里，你的心也在哪里。"（《马太福音》6：19—21）耶稣在旷野接受的第一个试探更是直接表明了其对物质财富的道德态度，耶稣在禁食四十昼夜后依然说，"人活着，不能单靠食物，乃是靠神口里说出的一切话"（《马太福音》4：4）。"你们的祖宗在旷野吃过玛哪，还是死了。这是从天上降下来的粮，叫人吃了就不死。我是从天上降下来生命的粮；人若吃这粮，就必永远活着。"（《约翰福音》6：49—51）人要想永生，就不能靠只可以满足生理需求的事物，而必须靠耶稣这一生命的粮。

单靠食物等地上的财富可以使人肉体的生理需求得到满足，保证人信仰上帝的现世生命和将来肉体复活的物质基础，在这一点上毋庸置疑，基督教肯定人肉体的正常生理欲望。这是一种利，一种自利，然而这并不是耶稣所反对之利。耶稣所反对之利正如教皇保禄二世在《百年》通谕中所说："人想要活得更好些，这并没有什么差错。错在一种名为更好、实际上却是把人导向'拥有'而非'存有'的生活方式。这类生活方式所追寻的，是更多的拥有，其用意不在于使人生更为充实，而在于把享乐主义作为目的，并把生命消耗于其中。"① 所以，耶稣教导说，"不要忧虑，说：吃什么？喝什么？穿什么？这都是外邦人所求的。你们需用的这一切东西，你们的天父是知道的。你们要先求他的国和他的义，这些东西都要加给你们了"（《马太福音》6：31—33），"只要有衣有食，就当知足"（《提摩太前书》6：8），追求上帝之国和上帝之义显然重于思虑满足基本需求之外的东西，一个只有钱财的人是无法进天国或很难进天国的，"耶稣对门徒说：'我实在告诉你们，财主进天国是难的。我又告诉你们，骆驼穿过针的眼，比财主进神的国还容易呢。'"（《马太福音》19：23—24）一个不愿意为神放弃所有的人，何况是放弃在地上积攒的物质财富，何况是变卖掉分给穷人，很显然他的心被私利所占据，而不是充满对神的信与爱。

---

① 转引自李昱霏：《当代天主教经济伦理思想及其价值》，硕士学位论文，2014年，黑龙江大学。

保罗在给提摩太的书信中写道，"那些想要发财的人，就陷在迷惑，落在网罗和许多无知有害的私欲里，叫人沉在败坏和灭亡中。贪财是万恶之根"（《提摩太前书》6：9—10），贪财之人爱钱财胜过爱上帝，这是最大的恶，只会偏离正道而离上帝越来越远。因为财富和金钱一旦成为人们迫切追求的目的，就会阻碍人们对上帝的信仰，人们心里的真理之光也就随之熄灭。财富给人的只是一种虚假的安全感，只有上帝才是人内心平安的保障和永生的寄托，上帝才是人最高的和永不枯竭的财富。奥古斯丁在《上帝之城》中也提到同样的观点："忠诚仆人的财富，是天主的旨意，越随从它，就越富有，不忧愁平生将失去财物，因为死时总当放下。软弱的人，更恋爱世物，虽然不将它放在基督上，但失去时，若觉得恋爱它，就犯罪了。"[①] 所以，不要过多地贪恋世俗财物，有吃有穿，就当知足，灵魂的虔诚与纯洁而非肉体的强壮与富有才是接受上帝光照的最佳状态。

### 2. 重义舍利的禁欲观

轻视物质利益发展至极端就是完全舍弃对财富、对基本物质资料的追求，即舍利，在一定程度上可以看成是一种禁欲主义。首先，由于最初的基督徒绝大多数都是下层劳动者，其生活必然是清苦的，在观念上势必发展出一种轻视金钱、安于清贫的禁欲主义思想。[②] 公元 3 世纪末，第一位著名的禁欲虔修的埃及基督徒安东尼，他在耶稣"你若愿意作完全人，可去变卖你所有的，分给穷人，就必有财宝在天上；你还要来跟从我"（《马太福音》19：21）的教导下开始其接近与世隔绝的苦修生活，将饮食睡眠减少到仅能维持生

---

① ［古罗马］奥古斯丁：《上帝之城》，王晓朝译，人民出版社 2006 年版，第 16 页。

② 吕大吉：《概说宗教禁欲主义》，《中国社会科学》1989 年第 5 期。

命的最低限度，免去世俗的种种干扰，全身心服侍神，并因此得到众多基督徒的追捧与效仿。耶稣教导说："一个人不能侍奉两个主；不是恶这个爱那个，就是重这个轻那个。你们不能又侍奉神，又侍奉玛门"（《马太福音》6：24）。所以，这些禁欲主义者们不仅不侍奉玛门，还采取了更为干脆直接的方式，他们纷纷抛弃财产，抛弃现实世界的一切物质生活，甚至自己的肉体，歌颂清贫，以受苦磨炼自身意志，经受各种身外利益的诱惑，将所抛弃之财产积累在上帝之国，将在世间所受之苦当成灵魂得救之通道。后来，这种个人修行逐渐规模化、体制化，发展出了专门的修道院制度，进入修道院的修士们发誓绝财绝色绝意，与世隔绝，并常常禁食，将自己全然奉献给上帝，尘世生活的安稳与享乐并不是他们修行禁欲的目的，上帝之国的荣耀与永福才是他们为之献身的根本动力。在这里，对上帝的信、爱已全然取代了对世俗生活的物质利益的追求，并且认为尘世的一切都是他们全身心服务上帝的阻碍。贪求物质财富是万恶之首，所以他们为了不作恶、不犯罪，宁可完全舍弃。

后来清教徒"拼命省钱"的教理也有某种禁欲主义的色彩，它反对追求物质财富，并要求人们要主动地自我克制，因为"占有财富将导致懈怠，享受财富会造成游手好闲与屈从于肉体享乐的诱惑，最重要的是，它将使人放弃对正义人生的追求。事实上，反对占有财富的全部理由就是它可能招致放纵懈怠"[1]。他们清楚地知道，人只是上帝财产的管理者，"仅仅为了个人自己的享受而不是为了上帝的荣耀而花费这笔财产的任何一部分至少也是非常危险的"[2]，所以他们拼命地省钱，节俭乃至吝啬。但是与上述天主教禁

<hr/>

[1]　[德]马克斯·韦伯：《新教伦理与资本主义精神》，于晓、陈维纲等译，生活·读书·新知三联书店1987年版，第123页。

[2]　[德]马克斯·韦伯：《新教伦理与资本主义精神》，于晓、陈维纲等译，生活·读书·新知三联书店1987年版，第133页。

欲主义依然有所不同，它被马克斯·韦伯称之为入世的禁欲主义。因为清教徒拼命省钱有一个基本的前提——拼命赚钱，他们并没有与世隔绝，也没有不进行经济活动，没有舍弃对物质财富的追求。清教禁欲主义竭尽全力所反对的只是无节制地享受财富及其所带来的一切，所以他们主动克制、拼命节俭，以至于带上了禁欲主义的色彩。

### 3. 义利并重的天职观

与禁欲主义对物质财富的舍弃相比，中世纪"圣哲"托马斯·阿奎那对其有所调和。他认为世俗生活与灵修生活并不是截然对立的，并且物质财富在一定程度上是必不可少的一方面，"任何良善的生活均需有某种增加物质的'外部财货'的办法才能实现，……人们在维持自己生存的必需品以外，还须从事某种慈善活动，……那些从事于此种活动的人或机构就必须在维持生存的需要以外保存若干剩余……人们必须保有一些超过生存水平的物品，以便于实现社会需要他们进行的适当职能。"① 所以，在阿奎那那里，世俗生活的正常维持必须以适当的物质财富作为支撑，物质财富并不是人们进入上帝之国的阻碍，而是使其更完善的手段。并且"一个人将在贸易中得到的适度利润用来维持家用或帮助穷人，或是为了公共福利而进行贸易，或者赚取的利润仅限于其劳动报酬，那么这种贸易就是可取的"②，阿奎那在维护宗教权威的前提下，给予世俗生活中人们积累物质财富等经济活动一定的现实合理性。

随着资本主义经济的发展，在宗教改革之后，新教提出了另外

---

① [英] 罗素:《西方哲学史》(上卷)，马元德译，商务印书馆 1986 年版，第 17 页。

② [意] 托马斯·阿奎那:《阿奎那政治著作选》，马清槐译，商务印书馆 1963 年版，第 144—145 页。

一种对禁欲主义有所调和的核心教理："上帝应许的唯一生活方式，不是要人们以苦修的禁欲主义超越世俗的道德，而是要人完成个人在现世里所处地位赋予他的责任和义务。这就是他的天职。"①这就是著名的天职观，其源于基督教的一个基本精神，"你们或吃或喝，无论作什么，都要为荣耀神而行"（《哥林多前书》10：31），"无论作什么，都要从心里作；像是给主作的，不是给人作的；因你们知道从主那里必得着基业为赏赐"（《歌罗西书》3：23—24）。人们在世的一切世俗活动，归根到底是为了荣耀上帝而行。所以修道士放弃世俗活动的行为，在马丁·路德看来"不仅毫无价值，不能成为在上帝面前为自己辩护的理由，而且，修道士生活放弃现世的义务是自私的，是逃避世俗责任"②，这种与世隔绝根本无法实现荣耀上帝的终极目的。所以，马丁·路德强烈批判这种对世俗生活的冷漠态度，相反，要积极参与世俗的职业劳动，这与自身的宗教信仰并不矛盾，而且这是上帝的呼召，上帝给予每一个人一份职业，所以人们应当积极工作，将之视为一份来自上帝旨意的严肃的、神圣的活动，因为其终极意义不是世俗人间，而是在上帝之国。

加尔文也秉持这一观点，认为圆满地完成在世的职业劳动是基督徒本质的属性，它是他们在世生活的唯一目的。这与加尔文的预定论思想相关，他认为，人在不确定自己是否被上帝拣选时，消除这种疑虑之最合适的途径就是在世兢兢业业地工作，尽可能地多赚钱，以此获得恩宠的确定性。"天职"这一观点鼓励人们辛勤工作赚更多的钱来荣耀上帝，在某种程度上解决了宗教信仰与世俗生活的矛盾，即义与利的矛盾，赋予世俗活动以宗教意义，给予追求财

---

①　［德］马克斯·韦伯：《新教伦理与资本主义精神》，于晓、陈维纲等译，生活·读书·新知三联书店1987年版，第59页。

②　［德］马克斯·韦伯：《新教伦理与资本主义精神》，于晓、陈维纲等译，生活·读书·新知三联书店1987年版，第59页。

富以合理性，这是可以荣耀上帝之最大的义。

在基督教的整个信仰架构中，对物质财富的轻视甚至舍弃是为了将财富积累在天上，免去各种利益困扰，以期倒空自己来全心盛满对上帝的信与爱，而对物质财富的重视，其出发点仍然是对上帝的信与爱，以巨大的世俗财富来荣耀上帝，并显示上帝对人的怜悯与慈爱。

### （三）儒家义利观与基督教义利观之比较

儒家义利观与基督教义利观分别作为中西核心价值观的重要组成部分，于不同的时空背景中存在，尽管它们处理的是相同的问题，小即义与利之关系，大则伦理与经济或宗教与经济的关系，并且重义轻利、重义舍利、义利并重所表现出的更多的是程度上的相似性，但透过表面的相似性，我们会发现以上各种义利关系的不同状态有着深层次的、不同的根本立足点、基本精神和最终指向。

#### 1. 根本立足点不同——立足社会与立足信仰

儒家义利观从人出发，力求解决的是人与人、人与社会之间的关系，它处理这一问题的根本出发点是性善的人性论。孟子认为，人性天生就是善的，"仁义礼智，非由外铄我也，我固有之也"（《孟子·告子上》），追求仁义道德乃自然而然、天经地义，舍弃仁义不顾而追逐私利是恶的、是违背人性的、是不正常的，所以从一开始，儒家的义利观就带上了轻利的色彩，并且其在整体上基于一种德性主义的价值立场。这种张扬德性主义的伦理现象与其所立足的封建社会政治与经济密不可分，即以宗法血缘为纽带的封建专制制度和以一家一户为特点的封建小农经济，"在自然经济条件中，在等级制度中，对经济现象的考量往往不会是一种现代意义的纯经济学考量，而是一种政治学考量，是一种政治经济学或政治经济思想，这种思想的一个重要特征就是将经济问题化约为一个政治问题，用传统的话语来说，是一个'王政'问题"①。在中国古代社会，经济的运行是实现伦理道德目的的手段，而伦理道德的终极目标却是个人的安身立命与社会的团结安定。所以，中国传统社会"家国同构"的封建政治架构与"重农抑商"的自然经济体系给予了德性主义义利观最深厚的现实根基，并为之提供了伦理合法性的辩护，使之从社会中来、到社会中去。

而基督教作为宗教，它要处理的不仅是横向的人与人之间的关系，更重要的是纵向的人与上帝之间的关系，上帝取代人成为一切活动的基础。首先，上帝是造物主，世间的一切包括人都是上帝悉心创造的产物，当然财富也不例外。财富是上帝为了人类的生存与发展而对人类的赐予，而人类也只是财富甚至这个世界的管理者，而不是拥有者。"神创造了万物供人享用，因此，富有的人应该感恩，而不应该感到尴尬。一个人可拥有任何东西，都来自造物主。因此，所有财富都应视为神的祝福。"② 所以不管是重利还是轻利，关键是合于上帝之义，利之所用也需极尽对上帝的荣耀与赞美。其次，由于人类始祖亚当和夏娃在伊甸园违背上帝禁命而使全人类背负原罪，尽管人的罪性基本含义就是人性的傲慢、贪婪进而与上帝的疏远，延伸至经济领域就是人对金钱永不休止的追逐，只侍奉玛门，以对财富的狂热追求取代对上帝的信与爱，最终将导致拜金主义，但是，这是一种不正常的极端化。在某种程度上，可以把"天职观"引领下的追求物质财富看成是一种拜金主义，正如它后来所

---

① 唐凯麟、陈科华：《中国古代经济伦理思想史研究导论》，《株洲工学院学报》2004 年第 6 期。

② 安多马：《永不朽坏的钱囊——基督徒的金钱观》，上海三联书店 2011年版，第 44 页。

成为的那样，但是其根本出发点却依然是：以在世间不知疲倦的工作获取巨大物质利益来最大程度地荣耀上帝。可见，与儒家从社会中来、到社会中去的义利观相比，基督教义利观以对上帝的信与爱为立足点展开其在世的经济活动。

## 2. 基本精神不同——重义轻利与以义统利

在谈论儒家和基督教义利观的基本精神这一点上，我们将之置于价值观或道义论的立场，暂时不涉及自然观的领域，因为在自然观领域，不管儒家还是基督教，都在一定程度上承认并追求物质利益，这是人之生存与发展之必需，以利养其体。

儒家义利观的基本精神是"重义轻利"，从孔子的"君子喻于义，小人喻于利"，孟子的"何必曰利""舍生取义"，荀子的"先义而后利者荣"，到董仲舒的"正其义不谋其利，明其道不计其功"，再到发展至极端的宋明理学之"存天理灭人欲"，很明显，义比利具有更为优先的考量性和选择性。孔子所追求的"君子"的理想人格，在整体上可以代表整个儒家甚至整个社会的价值追求，内可修身治己，外则齐家治国平天下，由此衍生出的一整套儒家纲常礼教、道德规范都不可避免地成为整个社会的规约，所以对此大义的遵守与践行就超越于其他一切社会活动，当然包括追求物质利益的经济活动，所以强调经济活动中的仁义道德比从事经济活动本身更具伦理价值。

不可否认，基督教中上帝之义在考量性和选择性上与儒家之义一样，具有同等程度的优先性。"无论作什么，都要为荣耀神而行"（《哥林多前书》10：31）、"无论作什么，都要从心里作；像是给主作的，不是给人作的"（《歌罗西书》3：23），对上帝的信与爱是对任何世俗活动进行评判的最高标准。但是不同的是，基督教也给予利以价值观上的肯定。因为财富是上帝的赐予与祝福，所以财富本身是好的、是善的，人应当喜悦与感恩，如果人类运用得好，则好上加好、善上加善，反之即是恶，是应受谴责的；物质财富可以满足人最基本的生理需求，保证人信仰上帝的现世生命和将来肉体复活的物质基础，这使得物质财富在基督教那里也带上了一定的伦理色彩；永不停歇地工作以换取巨大的物质利益，最终目的却是为了荣耀上帝，彰显上帝之义，毋庸置疑，这种"超越经济"的经济活动必然是善的。所以，与儒家重义轻利相比，基督教义利观的基本精神更倾向于既重义又重利。

### 3. 最终指向不同——修齐治平与称义得救

在儒家德性主义义利观中，义是个人安身立命与社会安定的关键，"古之欲明明德于天下者，先治其国。欲治其国者，先齐其家。欲齐其家者，先修其身。欲修其身者，先正其心。欲正其心者，先诚其意。欲诚其意者，先致其知。致知在格物。物格而后知至，知至而后意诚，意诚而后心正，心正而后身修，身修而后家齐，家齐而后国治，国治而后天下平"（《礼记·大学》），遵守仁义、修身治己以成为君子，并进而齐家治国平天下。不管是孔子追求的君子、孟子推崇的"养浩然之气"之人，还是董仲舒理想中的"圣人"，尽管这些理想人格具有不同的时代内容和特点，但是不容置疑，修齐治平是它们共同的应有之义。这既可以说是一种道德实践，但更是一种道德依归。修齐治平之道涵盖着从个人、他人，到社会、国家这一整套体系的完善，所以就中国古代的特殊历史背景而言，这不仅是个人修己之道，也是一种政治之道。对义的追求、对义利关系的正确处理是修齐治平之大道上的必然环节，这正与儒家义利观的基本立足点相呼应，以道德规范约束经济活动，最终实现政治上的稳定与统一。

与儒家求社会的整体稳定不同，基督教义利观带上了更多的个人色彩。由于人始终背负着原罪，自出生起就处于与上帝疏离的状态，所以人的一生就是赎罪、靠上帝得拯救的过程。即使其最终目的是得到救赎、成为义人而进入新天新地之永恒天国，但身在尘世，义利关系的处理是其必须面对的现实问题，且这一问题的解决也可以为实现最终目的助一臂之力。无论是禁欲主义的拒绝物质利益、克服生理欲望，还是天职观指引下的拼命工作、赚取最大物质财富，利之有无、财之多寡都成为有益于灵魂完善的东西，都使自己离上帝越来越近，靠在世行动为自己在天上积攒财富，"因为你的财宝在哪里，你的心也在哪里"（《马太福音》6：21），决不可像犹大那样为了三十块钱而出卖耶稣。信上帝、爱上帝，才可末日审判成为义人，进入永生天国。基督教义利观的这一最终指向与其宗教的信仰立场相一致，是宗教信仰而非政治稳定成为其义利观的根本立足点、基本精神与最终指向的深层原因。

综上看来，儒家义利观与基督教义利观既有外在表象的不同，也有内在根基的不同。但透过这些不同点，我们仍可发现其本质相通、殊途同归之处。首先，对利的肯定。尽管孔子"罕言利"、孟子"何必曰利"，甚至宋明理学宣扬"存天理灭人欲"，表面看来是将利置于不予考虑甚至舍弃的位置，但是这只限于价值观层面的考量，他们对于维持人类生理需求之物质利益并没有完全否定，孔子认为"富与贵，是人之所欲也……贫与贱，是人之所恶也"（《论语·里仁》），孟子在"何必曰利"之同时也提出了恒产、恒心及劳力者、劳心者区分的社会分工论，甚至宋明理学"灭人欲"也只是反对仅把追求私利作为行动的唯一动机与目的，而非一概不讲利。基督教义利观也一样，耶稣、保罗及路德、加尔文都没有摒弃对物质财富的追求，也没有把肉体看成是得救的障碍，他们所反对的只是单纯逐利、单纯求得肉体的享受以至于把上帝抛之脑后，以满足人们基本生理需求来保证人信仰上帝的现世生命和将来肉体复活的物质基础。在肯定利之存在和追求之必要这一点上，儒家义利观与基督教义利观基本相同。

另外，对待义，两者都极为看重。在儒家那里，遵守仁义、修身治己以成为君子，并进而齐家治国平天下；在基督教，人们靠信仰上帝、积极做善功成义人而获得救赎、进入天国。尽管义之所指不相同，儒家之义侧重道德上的纲常规范，基督教之义更侧重对上帝的信与爱；尽管实践途径与最终指向也并不相同，修齐治平的政治伦理在儒家义利观中是最基本的价值导向，而基督教义利观却以个人的称义得救而进入天国为终极目标。但是，种种不同并无法阻挡两者"重义"这一共同的倾向与态度，见利思义、舍生取义、要积攒财宝在天上等等，不管在什么时期、在什么状态中，义在伦理考量上一直占据优先地位，精神世界对于物质世界拥有绝对的优势。通过儒家与基督教义先于利的伦理学考量，我们也许会发现中西文化共同的价值观倾向，人不仅是一个物质实体，也是一个精神实体，不仅要靠食物维持肉体生命，而且精神食粮也许会使人获得更大的满足。

对儒家和基督教义利观进行梳理和比较，不仅明晰了其对义、对利及其两者关系的基本态度，而且窥测出了中西方核心价值的深层根基。然而我们不应该仅仅堆积一些死的知识，而是应该从这些死的知识中发掘活的价值与精神，使其能够超越时空继续为现今社会所用。对义利观的重新审视与考察，是时代发展的必然与应然。面对日益多样化与务实化的中国现今社会，在追求物质利益以促进社会繁荣发展与遵行仁义道德开展经济活动之间依然存在着极大的张力。毋庸置疑，义利两者都要取，问题在于两者发生冲突时该如何取舍。这时，儒家和基督教义利观中所表现出的思维模式和实践方式就展现出了对现今中国社会的借鉴意义。他们对义的重视、对合义之利的肯定与社会主义义利观不谋而合，在"不忘本来、吸收

外来、面向未来"的理论指导下，其对社会主义现代化实践具有极
为重要的借鉴价值。

# 四、儒家的礼治社会与基督教的法治社会之比较

纵观中西文化，以儒家为主导的传统中国基本上是一个以"礼
治"维系的社会，而以基督教为主导的西方社会主要依靠"法治"
来实现国家的治理。近代著名学者王亚南认为："在中国，一般的
社会秩序，不是靠法来维持，而是靠宗法，靠纲常礼法来维持。"①
而在美国著名法学家伯尔曼看来，基督教具有浓厚的法治传统，西
方法治社会的形成受到了基督教文化的深刻影响。梁漱溟归纳总结
说："西洋走宗教法律之路，中国走道德礼俗之路"②。最终，中西方
走上了泾渭分明的不同道路。而要进行儒家礼治社会与基督教法治
社会之比较，势必首先要对两者的嬗变历程进行系统剖析。

## （一）儒家礼治的嬗变历程及其人治倾向

周公制礼作乐奠定了"礼治"的基础。周公鉴于取代商朝后复
杂的政治状况，通过制礼作乐，将以前纷乱繁杂的礼加工、整理、
补充，使之规范化、制度化，成为具有系统性的一整套规范体系。
最具影响的是周公"引德入礼"，将道德观念注入礼的范畴，提出
"以德配天""明德慎罚"，用德来沟通天命，使德成为评判是非的
准绳。通过制礼作乐，周公将礼转化为维护分封制和宗法等级制的

---

① 王亚南：《中国官僚政治研究》，商务印书馆 2012 年版，第 33 页。
② 梁漱溟：《中国文化要义》，上海人民出版社 2003 年版，第 339 页。

周礼，奠定了中国传统政治文化的基调，为后世儒家正式提出"礼治"培育了思想的土壤。

"礼治"的开创者是儒家的创始人孔子。春秋末年，周王室衰微，"礼乐征伐自诸侯出"（《论语·季氏》），臣弑君、子杀父的现象屡出不断。面对"礼崩乐坏"的严峻形势，孔子锲而不舍地提倡"正名"的思想，认为"名不正则言不顺"（《论语·子路》）。"正名"是维护周礼所规定的尊卑有序、上下有别的宗法等级制度，使"君君、臣臣、父父、子子"各安其位，各守其责。在"正名"的同时，孔子也"纳仁入礼"，提出"克己复礼为仁"（《论语·颜渊》）。在孔子看来，"仁"与"礼"是两个相辅相成、相互贯通的概念，仁是礼的精神实质，"人而不仁如礼何？人而不仁如乐何？"（《论语·八佾》），礼是仁的外在表现，遵守礼的规范是仁在社会行动方面的表现，礼成为走向"仁"之理想境界的桥梁。

在孔子之后，荀子"摄法入礼"，进一步发展了儒家的"礼治"思想。荀子主张"性恶论"，认为"人之性恶，其善者伪也"。如果任人性恶发展下去，就会出现争权夺利、相互残杀的状况。为此就需要"礼"来对人们的行为进行规范和引导。荀子在重视"礼"的作用时，也把法摄入礼的范畴，把礼和法都看作是治国的基础和起点，两者相互补充，在国家治理方面，只有礼法互补才能使天下大治。认为"礼者，法之大分，类之纲纪也"（《荀子·劝学》）。在荀子看来，礼是法的纲领和准则，法是根据礼的原则并为维护礼而制定的，二者互相依存。荀子"礼治"思想的一个重要内容是尊崇君权。认为"人君者所以管分之枢要"（《荀子·富国》），势在独尊，"儒者法先王，隆礼义，谨乎臣子而致贵其上者也"（《荀子·儒效》），宣称"君者国之隆也，父者家之隆也。隆一而治，二则乱"（《荀子·致士》）。

综上所述，儒家的礼治思想由周公开启，由孔子奠定基础，由荀子走向成熟，可以说"礼治"在荀子身上走向专制，谭嗣同一针见血地指出："中国两千年之专制，皆荀学也。"① 后来，董仲舒"独尊儒术"，儒家"礼治"思想得到进一步推崇和发展，逐渐演化为中国传统社会至高无上的行为规范。作为儒家"礼治"理论的渊薮，《仪礼》《周礼》与《礼记》先后被奉为官学，《礼记·王制》将礼分为"冠、昏、丧、祭、乡、相见"六类，《礼记·婚义》将礼分为"冠、昏、丧、祭、朝、聘、射、乡"八类，《大戴礼记·本命》将礼分为"冠、昏、朝、聘、丧、祭、宾主、乡饮酒、军旅"九类，可见礼的类别繁多，可谓"礼仪三百，威仪三千"。不过由于《周礼》在汉代取得了权威地位，《周礼·春官·大宗伯》将礼坐实为吉、凶、军、宾、嘉五礼，其五礼划分法逐渐为社会所普遍接受。后世修订礼典，基本都以吉、凶、军、宾、嘉为纲，如北宋的《政和五礼新仪》、明朝的《明会典》和清代的《大清会典》。② 所以说唐宋元明清以来，对礼治仅仅是修剪其枝叶，未动摇其根本。一言以蔽之，礼治在先秦和两汉便奠定了其基调和形态。

另外，值得强调的是儒家的礼治与人治具有天然的亲和性。儒家重视礼治，主张为政在礼，但礼治的推行需要德才兼备的贤人来贯彻。因此儒家极为重视贤人的重要性，孔子云："为政以德，譬如北辰居其所而众星拱之"（《论语·为政》）。孟子云："惟仁者宜在高位，不仁而在高位，是播其恶于众也"（《孟子·离娄上》）。儒家提倡贤人应以身作则，积极发挥道德引领作用，认为"政者，正也，子帅以正，孰敢不正"（《论语·颜渊》），"上有好者，下必有甚焉者矣"（《孟子·滕文公上》），并主张尚贤使能，任用得力官吏

---

① 参见张晋藩：《中国法律的传统与近代转型》，法律出版社1997年版，第166页。

② 彭林：《中国古代礼仪文明》，中华书局2004年版，第21页。

推行礼治。礼治的推行与否系于人，可谓是"其人存，则其政举，其人亡，则其政息"（《礼记·中庸》），从而将人治与礼治紧密结合。

## （二）基督教法治的历史流变

### 1.《圣经》与基督教法治的萌芽

《圣经》包含《新约》和《旧约》两部分，是基督教最基本的经典文献。《圣经》具有浓厚宗教色彩的同时，也彰显出丰富的法律思想。因此伯尔曼说："事实上，在有的社会，法律，即《摩西五经》，就是宗教。"[1] 梁漱溟也说，"宗教自来为集团形成之本，而集团内部组织秩序之厘定，即是法律。所以宗教与法律是相连的"[2]。

在某种程度上说，《圣经》本身就是契约，即上帝耶和华与人之间的契约。在旧约时代，上帝与人立下的契约，分别是亚当之约、诺亚之约、亚伯拉罕之约与摩西之约。因为亚当偷吃了智慧树上的果实，毁坏了与上帝的契约，从而划定了神人之间的界限，人从而被逐出伊甸园，背负了原罪的重负。其后的诺亚之约、亚伯拉罕之约与摩西之约则是人犯罪之后与上帝所立下的契约，这三个约分别以"彩虹""割礼"与"十诫"为标志重新为人确立基本的道德行为准则，其中最为重要的就是"十诫"。在上帝的眷顾与指引下，摩西带领以色列人摆脱埃及人的统治，即将抵达"流着奶和蜜的地方"——迦南美地。在西奈山上，上帝与摩西立约，这就是著名的"摩西十诫"。"摩西十诫"对以色列民族的信仰、民事与刑事

---

① ［美］伯尔曼：《法律与宗教》，生活·读书·新知三联书店 1991 年版，第 38 页。

② 梁漱溟：《中国文化要义》，上海人民出版社 2003 年版，第 339 页。

等各个方面都有涵摄，因而成为以色列民族法律的总纲，对后世基督教崇尚法律的观念可谓影响深远。总体而言，基督教把契约与上帝紧密联系起来，契约在某种程度上说具有神圣性，从而推动了契约精神的发展。

《圣经》除了崇尚契约精神，还要求人们遵守世俗社会的法律。在《新约》中，有人问耶稣是否要纳税。耶稣说："恺撒的物当归给恺撒，上帝的物当归给上帝"（《马太福音》22:21）。基督教认为，人是由灵魂和肉体两部分组成的，人的生活也相应地由宗教生活和世俗生活组成。所以，基督教要求人们应立足于世俗社会来追求理想的天国，要求人们在信仰上帝的同时，也应当遵守世俗社会的法律。基督教的灵肉二元论为上帝的这种双重要求提供了思想来源。另外《圣经》也播撒了法治所倡导的人人平等的思想种子。《创世纪》认为上帝创造了人，世上之人不管富贵贫贱都是上帝之子。在上帝面前，人人都是平等的。

### 2. 基督教对法律的维护与对罗马法的传承

由于蛮族的入侵和自身的腐朽堕落，罗马帝国后期国力急剧衰落，罗马帝国统治者为了极力维护其摇摇欲坠的统治，也开始违背其亲自制定的法律。这时，教会经常起到维护法律的作用。比如罗马皇帝狄奥多西一世以暴乱为名，残忍镇压几千帖撒罗尼迦的无辜市民，米兰主教安布罗斯对其暴行以"绝罚"予以抗议。他在给皇帝狄奥多西一世的信中训诫道："你制定的法律允许任何人不按照它判断是非吗？你要求别人做到的，你自己也要做到，因为皇帝制定了法律，他就要第一个去遵守法律。"① 在教会里，主教和信徒极

---

① ［美］约翰·麦·赞恩：《法律的故事》，刘昕、胡凝译，江苏人民出版社1998年版，第181页。

力提倡法律的权威，主张法律权威高于国王的权威，国王应服从于法律。可见，"权力服从法律"的思想已经深深镶嵌在基督徒的心中，体现了基督教对法律的极度重视。为了保持教会的独立，就必须限制国王的权力，法律顺理成章就成为规约王权最有效且最有力的"杀手锏"。

随着日耳曼蛮族的大举入侵，他们用野蛮的手段毁灭古罗马文明的时候，基督教以一个捍卫者的身份出现，把残留的古罗马法治思想的火种保留了下来。享誉西方的学者罗素说："公元6世纪及以后几世纪连绵不断的战争导致了文明的普遍衰落，在这期间，古罗马所残留的一些文化主要借教会得以保存。……教会的诸组织创造了一种稳固的体制，后来，使学术和文化在其中得到复兴。"[1] 正是这些罗马法及其法治理念的保留，才有了中世纪罗马法的复兴和人们对法律和正义的不断呼声。

### 3."教皇革命"的法治意义和教会法的形成

在教皇革命之前，主教和修道院院长的册封权实质上是操纵在皇帝、诸侯手中。随着罗马教会的权力集中和教皇权威的提升，教皇与世俗统治者针对主教册封权的斗争愈演愈烈。伯尔曼认为格利高里七世在1075年发起了教皇革命，这场革命的使命是为了维护教会的独立和利益，试图挣脱世俗国家羁绊与控制。教皇革命旨在使罗马教会成为一个在教皇领导下的独立的并具有政治和法律实体的革命，教会通过法律朝着正义与和平的方向为拯救俗人和改造世界而努力。值得注意的是：在教皇革命的过程中，教俗双方都从法律上为自己积极寻找理论根据，力图构建自身的法律体系。就教会

---

① ［英］罗素：《西方哲学史》上卷，何兆武、李约瑟译，商务印书馆1963年版，第461页。

而言，为了维护教会的利益，制定新的教会法是势在必行的。所以伯尔曼认为，教皇革命导致了第一个近代西方法律体系——教会法体系的形成。1234 年著名的《教会法典》制定完成，这个法典是将历届公会的决议和历代教皇颁布的教令编辑而成的教会法规集。教会法体系体现了罗马教会作为西部教会上诉法庭的至高地位，奠定了其立法和司法权威，可谓是罗马教会"以法治教"的鲜明体现。教会法和世俗法并存，以及教会法和世俗法的相互融合和促进，法律与信仰的紧密结合，逐渐孕育出"法律信仰"的理念，正如一句名言："法律必须被信仰，否则形同虚设。"① "法律信仰"对西方法治思想产生了积极的影响，可谓是西方法治传统的精髓。

教皇革命加剧了教权与王权的对立，双方为了制约对方的权力，不得不把法律作为对付对方的有效手段。西方著名学者哈耶克也认为："中世纪提出的'法律至上'观念，作为现代各个方面发展的背景，有着极为深刻的意义。"② 教皇革命促成了教权与王权"双峰对峙"的局面以及随之而来的二元化的法律系统，这种权力制约的形式和思想也对近现代法律中的"三权分立"产生了积极影响，立法权、行政权与司法权的"三权分立"事实上就是对教权与王权"两权博弈"的深化与发展。另外，教会法以其独树一帜的理念原则和卓有体系的制度安排逐渐被西方近代法律汲取和改造，成为其重要渊薮之一，并构成了西方法治传统的一个重要组成部分。如果对后世的《拿破仑法典》《德国民法典》抽丝剥茧，可以洞见教会法的诸多印迹。

综上所述，基督教的法治经过《圣经》与基督教法治的萌芽、

---

① ［美］伯尔曼：《法律与宗教》，生活·读书·新知三联书店 1991 年版，第 14 页。

② ［英］哈耶克：《自由秩序原理》（上），邓正来译，生活·读书·新知三联书店 1997 年版，第 204 页。

基督教对法律的维护和对罗马法的传承、"教皇革命"的法治意义和教会法的形成三个阶段的嬗变，最终内化为基督教的精神内核，与基督教的发展如影随形，并深深塑造了西方文明的发展。

## （三）儒家礼治与基督教法治之比较

通过剖析儒家礼治与基督教法治的嬗变历程，可以洞见到礼治与法治作为儒家与基督教的精神内核，折射出迥然不同的价值分野。对于两者的比较主要体现在自律与他律、差等与平等、权力至上与法律至上、集权与限权四个方面的区分。

### 1. 自律与他律

儒家礼治和基督教法治作为两种治国理政的基本方略，其作用是大相径庭的。儒家礼治侧重于自律与内在的约束，是统治者根据特定的礼仪规范，通过道德教化对民众进行引导与劝勉，使之各守其责，安分守己，从而实现国安邦宁。而基督教法治则更多依赖于他律与外在的制约，是统治者颁布各种法律，通过法律的权威性和强制性迫使民众依法行事，服从国家的统治，从而维护社会的安宁与稳定。儒家礼治从人性善的角度出发，希望激发和涵养人性本身的善性因子，提高人们道德自觉的意识，升华其道德境界。礼治的一些内容虽然也有一定外在强制的色彩，但终究是通过道德教化，并逐渐内化于心而实现的。所以梁漱溟先生极为推崇礼的作用，"抽象的道理，远不如具体的礼乐。具体的礼乐，直接作用于血气，人的心理情致随之顿然变化于不觉，而理性乃油然现前，其效最大最神。"① 而基督教法治则从人性恶的角度出发，希望抑制与

---

① 梁漱溟：《中国文化要义》，上海人民出版社 2003 年版，第 109 页。

规约人性本身的向恶倾向，力求从外在具有刚性的法律着手，去规范人们的行为，并对其违法行径进行严厉惩罚。可以说儒家礼治注重自律，柔性色彩浓厚，思维路径是先扬善后抑恶，具有泛道德化的倾向。而基督教法治注重他律，刚性色彩浓厚，思维路径是先抑恶后扬善，具有法律至上的倾向。

### 2. 差等与平等

深受儒家浸染的中国传统社会是一个宗法等级社会，礼是支撑这种社会的基本规范。礼的精神内涵是上下有差、尊卑有别、长幼有序，即使有"王子犯法，与庶民同罪"和"刑过不避大臣，赏善不遗匹夫"的理想，却总被"刑不上大夫，礼不下庶人"等级制的现实所遮蔽和湮灭。如费孝通先生条分缕析，贯穿中国传统社会的轴心，始终是一个以血缘或亲缘关系为纽带的"圈子社会"。在这种"熟人圈子"中，人们严格恪守儒家道德规范，遵循"父子有亲、君臣有义、夫妇有别、长幼有序、朋友有信"的原则。如《礼记·大传》所言："亲亲也、尊尊也、长长也、男女有别，此其不可得与民变革者也。"相反，在与陌生人或圈子之外的人打交道时，自然会出现"熟人—陌生人"内外有别的不平等状况。虽然儒家有"己所不欲，勿施于人""老吾老以及人之老，幼吾幼以及人之幼"、主张推己及人，宣称"四海之内皆兄弟"，看似是在追求一种普遍平等的理想境界，但深入考察就会发现，儒家终究无法超越宗法等级"实然"的窠臼，抵达"应然"的平等状态。因而当代社会中"重情轻法"观念的盛行，圈子意识和宗族观念根深蒂固，甚至在一般民众看来，打官司就是讲人情、拼关系，对法律的平等性和普遍性原则熟视无睹，以及其所带来的"有法不依""执法不严""违法不究"等现象，不能不说与儒家礼治的等级性有着"剪不断，理还乱"的关系。

　　平等原则是现代法治的基本精神和价值追求，在西方文化传统中，法常常被视为正义的化身。法治之所以能成为西方文化的传统，离不开古希腊和古罗马法治精神的浸染，更离不开基督教潜移默化、润物无声般的影响。在《圣经·创世纪》中，上帝在创世第六日时，并没有将人分为三六九等，世上之人，不论尊卑贵贱，在上帝眼中都是平等的。因而在基督教看来，人在本源中都是平等的。在古代，世界各民族男尊女卑的观念十分盛行，基督教的创始人耶稣却极为重视女性的地位。在教会活动中，基督徒消弭地位身份的差别和壁垒，都以弟兄姊妹相互称呼，为此保罗也说，"并不分犹太人，希腊人，自主的，为奴的，或男或女，因为你们在基督耶稣那里都成为一了"（《加拉太书》3：25）。另外，基督教的原罪说和末日审判论进一步深化了人们的平等意识。基督教认为，由于人类祖先亚当和夏娃偷食了智慧之果，犯了原罪，因而后来的人们都是带着原罪来到世上。正因为每个人都是"戴罪之身"，所以都希冀得以拯救。在末日审判降临之时，人们无论高贵卑贱都将面临上帝平等公正的审判。总之，基督教的诸多理论在一定程度上弥合了身份、地位、等级、阶层等隔阂和藩篱，为西方平等原则的确立和发展提供了不懈的精神动力和力量源泉，如同源头活水般滋润着平等的种子，灌溉着它发芽成长。

### 3. 权力至上与法律至上

　　在传统中国宗法等级制度的政治体系中，礼治作为维护尊卑有序的统治秩序的制度根基，是为专制王权服务的。"礼者，贵贱有等，长幼有序，贫富轻重皆有称者也。"（《荀子·富国》）礼治本身就是强调等级性和特殊性的，处于权力金字塔顶端的君主受命于天，"奉天承运"地统治天下。可是中国传统境遇中的"天"并非基督教的上帝那样人人共有，而是只有君主才有资格与天沟通，代表天在人间进行统治，所以其也号称"天子"。在世俗国家中，君主的权力至高无上，强调"君尊臣卑"，实行"愚民"统治，一人垄断国家的行政、司法、财政等大权，可以说君主掌握着裁决是非的标准，是国家一切权力的源泉。如黄宗羲《明夷待访录·学校》所说："三代以下，天下之是非，一出于朝廷。"[①]这就直接导致在传统社会的政治活动中，"唯上是从""唯命是从"的风气浓厚，各级官员只需对上级和君主负责，而不必向民众负责。这就潜移默化地铸造了国人强烈的权力崇拜意识，"权力至上"的观念逐渐积淀而成。

法律至上是法治的基本理念，基督教为法律至上观念的确立提供了坚实的理论支撑。概而言之，法律至上的观念是在教权和王权的斗争过程中逐渐孕育和成长出来的。在黑暗时代，基督教还没有发展壮大，世俗国王的权力极大，"朕即国家""朕即法律"观念肆意横行，在这种境遇下，法律没有独立性，甚至沦为权力的仆人，更妄谈其至上性。随着中世纪到来，教会的权力逐渐增强，不满于王权的控制和摆布，为此教权和王权剑拔弩张，争权夺利。为了制约和打败对手，他们不约而同地将目光投向法律。因为当时的普遍意识是上帝而非人发现并创造法律，上帝的崇高性与神圣性为法律至上性和权威性的确立奠定了"形而上"的坚实基础。中世纪著名神学家阿奎那将法律分为"永恒法""自然法"和"人法"三类，把上帝治理的法律奉为"永恒法"，具有至上性，认为："上帝对于创造物的合理领导，就像宇宙的君王那样具有法律的性质……这种法律称之为永恒法。"[②]既然法律是上帝意志的体现，那么人们就必

---

① 沈善洪主编：《黄宗羲全集》第 1 册，浙江古籍出版社 1985 年版，第 10 页。

② ［意］托马斯·阿奎那：《阿奎那政治著作选》，马清槐译，商务印书馆 2010 年版，第 106 页。

须遵守它，违法就直接意味着违背上帝。尽管说世俗的法律是由国王制定的，但是他们仅仅是上帝意志的代理人，所有的法律都来源于上帝，代表其意志的法律在世间当然是至高无上的。可以说，国王虽在万人之上，但却在上帝与法律之下，是法律造就国王而非国王造就法律。公元390年，面对皇帝狄奥多西一世的暴政，安布罗斯激烈谴责道："任何人，甚至皇帝，都不能凌驾于法律之上"[①]。在这样的背景下，不畏王权、法律至上的法治理念逐步形成。所以伯尔曼鞭辟入里地指出，"最先让西方人懂得现代法律制度是怎么回事的，正是教会"[②]。

### 4.集权与限权

儒家"礼治"遵从上下有别、尊卑有序，强调君君臣臣，父父子子，提倡非礼勿视，非礼勿听，具有明显的中央集权色彩。社会各阶层的等级泾渭分明，君王高度集权，拥有绝对权力，可谓是"溥天之下，莫非王土；率土之滨，莫非王臣"（《诗经·小雅·北山》），各种社会规范应由君王颁布，强调"礼乐征伐自天子出"（《论语·季氏》），礼治的实质也是为了维护由君王所主导的等级森严的统治秩序。特别是汉武帝施行"罢黜百家，独尊儒术"后，儒家在中国传统思想与政治领域取得独尊的地位，其所倡导的礼治思想更是融会贯通到社会的方方面面。尤为重要的就是"三纲"的逐渐形成，即"君为臣纲，父为子纲，夫为妻纲"，强调"三纲"是天道在人间的彰显，可谓"道之大原出于天，天不变，道亦不变"（《汉书·董仲舒传》）。其中"君为臣纲"更是从天道的高度将"臣"彻

---

① [美] 阿尔文·施密特：《基督教对文明的影响》，汪晓丹、赵巍译，北京大学出版社2004年版，第249页。

② [美] 伯尔曼：《法律与宗教》，生活·读书·新知三联书店1991年版，第52页。

底限定在"君"的从属位置，为中央和君王的集权提供了充分的理论支持。

根植于"人性本罪"的基督教法治具有鲜明的限权维度。正因为充分洞见人性的罪恶，基督教对于具有绝对权威和权力的统治者抱有深深的疑虑，深知权力犹如洪水，如没有堤岸的阻挡，它会汹涌澎湃地肆意横行。所以耶稣提出"恺撒的物当归给恺撒，上帝的物当归给上帝"（《马太福音》22：21），为世俗权力与信仰权利划定了泾渭分明的分界线，将世俗权力排除在信仰之外，努力维护信仰的纯洁性和神圣性。后来教会不仅取得了独立权，同时希望在多方面规约世俗君王的权力和行为，在中世纪甚至形成了教权与王权"双峰对峙"的局面。这种"双峰对峙"的势态打破了罗马帝国以来高度集中的政治体系，潜移默化地内化为一种制衡权力、提倡分权的思维和理念。另外教会为了加强自身管理，且更好地对抗世俗王权，相继制定和修改了教会法。教会法是统摄教会自身的组织、制度和信徒生活规范的法规，它对于教会与世俗政权的二元张力关系，以及土地、财产继承、婚姻家庭、刑法与诉讼法等各个方面都有明确详尽的规定。这就不可避免地与世俗君主制定的世俗法直接竞争和交锋。这场法律与法律之间的较量为君主的权力划出了界限，逐步形成了"国王虽在万人之上，但却在上帝与法律之下"的观念，从而深深限制了君主权力的膨胀与扩张。

综上所述，稳定社会秩序的构建是文明走向成熟的一种标志，中西方在确立各自的社会发展蓝图时选择了不同的路径。儒家的礼治深深扎根于以血缘谱系为基础的宗法观念和等级秩序，遵循"亲亲""尊尊"的原则，强调"君君臣臣，父父子子"，君臣、上下、贵贱、长幼都设定有明确的等级和界限，这就使儒家的"礼治"带上了强烈的"人治"色彩，从而预定了中国传统国家治理的道路。相比而言，基督教自发端以来，就弥漫出重视法治的倾向，经过历史长久的演化与嬗变，法治更是内化为基督教的精神传统。基督教的法治传统对后世影响深远，近现代资产阶级思想家霍布斯、洛克、卢梭的社会契约论和世俗法律至上论，可以说是脱胎于基督教的神圣契约论和教会法理论。深受基督教浸染的西方社会，最终能走向法治社会，势必与基督教的法治传统息息相关。

另外，儒家礼治的差等性、权力至上、集权等特征在当今中国治国理政的诸多方面留下深刻的印迹，窒碍了其现代化的发展，当今建构法治社会的步履蹒跚也与此息息相关。不过儒家礼治重自律，遵循人性发展之自然脉络，在潜移默化中将人引向伦理之途，于无声无息中升华人的道德境界，相信如果能够经过理性的损益与扬弃，汲取其精华并剔除其不合时宜的因素，儒家礼治的精神可以凤凰涅槃，实现创造性的转换，重新焕发出其独特的活力与价值。相对而言，基督教法治的平等性、法律至上、限权等特征直接与近现代法治文明相对接，让"法律必须被信仰，否则形同虚设"的观念根植于心，赋予法治以信仰的深蕴，并通过刚性的"他律"保证法治的贯彻与实施，对西方法治社会的塑造发挥了"灵魂守护神"的作用。但与此同时也应该防范宗教对法治的过度干预，以免其逾越世俗与信仰的界限，侵蚀本属于世俗的领地。

## 五、儒家的群体本位与基督教的个体本位之比较

儒家以家国群体为思想导向，重视家国的群体利益，具有浓厚的家国情怀，形成了一种群体主义的价值系统。而基督教突破了传统犹太群体文化的窠臼与藩篱，极大地彰显了个体的价值与意义，建构了一种个体主义的思维范式，为后来西方个人主义的发展奠定了坚实的思想根基。因此，对儒家的群体主义与基督教的个体主义

爬梳抉剔，进行深刻而透彻的比较，更能鲜明地蠡测到两者精神内核之间的张力结构。

### （一）儒家的群体本位

儒家重视群体和谐，强调群体的利益高于个体，个体应服从群体。家族和国家作为中国传统社会的重要组成部分，两者之间存在着紧密的联系，家是国之缩小，国是家之放大，由此形成了"家国同构"的结构，从而彰显出浓厚的群体主义色彩。

#### 1. 家族本位——群体主义的根基

在中国传统儒家社会中，一个家族通常聚族而居，有统一的祠堂，修订家谱和宗谱，拥有族田，建立以族长为主体的组织机构，族长作为家族的维持者行使管理族人的权力。在这种宗法家族中，个人被包围在一重又一重的宗族关系中，个人只是家族生命链条上的一环，是家族的一砖一瓦，一个齿轮，一个螺丝钉，他既是生身父母的直接结果，又是本族先人的间接结果，其间，每个人首先要考虑的是自己的责任与义务，如父慈、子孝、兄友、弟恭之类，很少考虑个人的权利。

儒家强调"天下如一家"，是家族本位主义的典型代表。陈独秀认为："西洋民族以个人为本位，东洋民族以家族为本位。"[1] 在费孝通看来，在以家族群体为本位的中国传统社会中，人与人之间是以亲属关系为主轴的网络关系，从而形成了一种差序格局。[2] 梁漱溟强调："家庭生活是中国人第一重的社会生活……人从降生到老

---

① 陈独秀：《东西民族根本思想之差异》，《新青年》第 1 卷第 4 号。

② 费孝通：《乡土中国》，生活·读书·新知三联书店 1985 年版，第 23 页。

死的时候，脱离不了家庭生活，尤其脱离不了家庭的依赖。"①从小家到大家，从血亲到民胞，从家族到国家，也就从家族本位延伸到社会和国家。

在传统儒家经典中，也显现出家族本位的倾向。《论语》曰："孝悌也者，其为仁之本与！"家族中的孝悌关系是仁之根本，因此孔子提倡"三年之丧"和"慎终追远"，竭力维护家族的凝聚力。《大学》开列了治国原则"三纲领八条目"，其"八条目"的前五项是关于个人修养的，而其社会性内容的第一项就是"齐家"，"古之欲明明德于天下者，先治其国；欲治其国者，先齐其家……家齐而后国治，国治而后天下平。"可见家是国的基础。《周易》也强调："父父、子子、兄兄、弟弟、夫夫、妇妇，而家道正。正家，而天下定矣。"家族的安宁和谐构成了安定天下的前提。可以说，家族本位构成了儒家群体主义的根基，中国传统社会的稳定和发展与儒家崇尚家族的文化传统息息相关。

### 2.移孝作忠——群体主义的深化

在儒家看来，"孝"是维系家族正常运转的根本所在。"孝悌也者，其为仁之本与"（《论语·学而》），可见孝在儒家思想中的核心地位。由此近世学者如钱穆、梁漱溟甚至将中国文化称之为"孝的文化"。秦汉之前，孝是具有双向性的，强调父子之间的相互关系，即父慈子孝。儒家的创始人孔子最早对"忠""孝"作了沟通性的解释。有人曾经问孔子为什么不参政，孔子援引《尚书》表达了自己的想法，"书云：孝乎惟孝，友于兄弟，施于有政。是亦为政，奚其为为政"（《论语·为政》），在孔子看来，孝敬父母，友爱兄弟，并将这种行为贯彻到政治上去，也就相当于参政了。孔

---

① 　梁漱溟：《中国文化要义》，上海人民出版社 2003 年版，第 18 页。

子的弟子有子说："其为人也孝悌，而好犯上者，鲜矣；不好犯上，而好作乱者，未之有也。君子务本，本立而道生。孝悌也者，其为仁之本与！"（《论语·学而》）孝为仁之根本，君子专心致力于根本的事务，根本夯实了，国家自然就安定了。因此孔子提倡"孝慈则忠"（《论语·为政》），"孝"成为"忠"的基础，"忠"作为"孝"的延伸，这样孔子就自然衔接了温情脉脉的"孝"和俨乎其然的"忠"。

秦汉以来，父慈渐隐，统治者过于强调下辈对上辈的义务，极力凸显孝道的重要性。"孝"的双向性逐渐蜕化为"父为子纲"的单向性，人们敬畏父母的权威从而丧失自身的独立人格，唯父母之命是从。由此，汉初的《孝经》应运而生，《孝经》假借孔子之言，提倡"忠君"是"孝亲"的目的之所在，认为"君子之事亲孝，故忠可移于君"，所以"以孝事君，则忠"。由此儒家"移孝作忠"逻辑演进路径最终形成，"孝"逾越了宗法血亲的范畴，扩展到君臣关系的维度上，从而沟通了家国之间的关系，深化了儒家的群体主义。

### 3. 家国同构——群体主义的定格

由孝到忠，再由忠到孝，孝被忠化，忠被孝化。因此，一个合格的儿子应当是合格的臣子，合格的臣子也应当是合格的儿子，孝子即忠臣。这样，家与国的同构在忠与孝的相互融通上得以建立。国家之缩影就是家族，家族之放大则是国家。君王就是国家之族长，族长也是家族之君王，政治制度起到治理国家的作用，祠堂起到治理家族的作用。所以思想史学者葛兆光认为"家国同构"把"父子关系为纵轴，夫妻关系为横轴，兄弟关系为辅线，以划定血缘亲疏远近次第的'家'，和君臣关系为主轴，君主与姻亲诸侯关系为横轴，君主与领属卿大夫的关系为辅线，以确定身份等级上下的'国'重叠起来"①。家庭的最高统治权归于父权，国家的最高统治权属于君王，尊卑有序的统治秩序建立在维护君、父的绝对权威基础之上。因此孔子主张"君君、臣臣、父父、子子"，认为君臣的国家关系与父子的家族关系是一种同质化的关系。《礼记·丧服四制》说："天无二日，土无二王，国无二君，家无二尊。"《大学》认为"治国必先齐其家者"，"为人君，止于仁；为人臣，止于敬；为人子，止于孝；为人父，止于慈"。荀子曰："君者，国之隆也；父者，家之隆也。隆一而治，二则乱"（《荀子·致士》）。儒家把国家与家族看作是一个统一体，常把父权与君权并提，充分表现了其维护父权和君权的内在一致性观点，由此儒家群体主义得以定格。总之，肇始于孔子的儒家，其"家国同构"的体系透露出明显的群体主义色彩。

## （二）基督教的个体主义

基督教的个体主义作为基督教精神的深层内核，主要经历了《圣经》中个体主义的萌芽与生发、中世纪基督教个体主义的遮蔽与延续、宗教改革时期个体主义的彰显与定型三个阶段。

### 1.《圣经》中个体主义的萌芽与生发

《圣经》分为《旧约》与《新约》两部分，《旧约》同样是犹太教的经典。《旧约·约伯记》记载了作为个体的约伯的信仰历程，约伯面对种种艰难困苦以及由此带来的困惑，最终依然信靠上帝，得到了上帝的眷顾。《旧约·以西结书》指出："儿子必不担当父亲的罪孽，父亲也不担当儿子的罪孽。义人的善果必归自己，恶人的

---

① 葛兆光：《中国思想史》（第一卷），复旦大学出版社1998年版，第107页。

罪报也必归自己。"这些记载都透露出个体意识逐渐在《旧约》中萌发，个体的价值得到了一定的承认。基督教与脱胎于其母体的犹太教有着千丝万缕的关系，因此学者丛日云认为："基督教继承了犹太教的衣钵，但它将犹太教个人承担罪与罚的教义发展为明确的个人得救的宗教，将犹太教关于犹太民族是选民的观念改造为信徒个人是选民的观念。"①

基督教是两希文化的融合，在吸收古希伯来文化的同时，也必定对古希腊文化有所观照。古希腊文化充分肯定个体的价值与意义，智者普罗泰戈拉认为："人是世间万物的尺度。"强调每一个独立自主的个人是世间万物的尺度，因此普罗泰戈拉也被视为西方个人主义的先驱。另外古希腊戏剧中也彰显了个人的独立精神。索福克勒斯的《安提戈涅》《俄狄浦斯王》和欧里庇得斯的《美狄亚》，这几部戏剧中的主人公为了追求个人理想或真理，面对权威，毫不退缩。最终虽然不免一死，但却凸显出个体的价值和意义，成为古希腊文化中重视个体的鲜明象征，激励了古希腊人崇尚独立的精神。

《新约》把《旧约》中个体主义的萌芽和古希腊文化中重视个体的思想融会贯通，从一开始就把个体的价值放在突出的位置。在福音书中耶稣声称，对父母兄妹的过分依恋是信仰上帝的阻碍，任何人想要获得上帝的拯救，就应该摆脱家庭的束缚，以个体的身份全身心地投入上帝的怀抱。当法利赛人诘问耶稣，一位寡妇一生中嫁给了多个人，其死后在天堂里她是谁的妻子，耶稣郑重其事地宣称寡妇在天堂中既不婚也不嫁，而是以独立自由的个体身份像天使一般生活。由此，《新约》将人的尊严与内在价值抬升到从未有过

① 丛日云：《在上帝与恺撒之间》，生活·读书·新知三联书店2003年版，第92页。

的高度，"基督教从有机的整体主义的世俗社会中，将人的精神生活剥离出来，赋予其独立性和个体性特征。"①

### 2. 中世纪基督教个体主义的遮蔽与延续

中世纪，人们的信仰依赖于教会这个团体，个人逐渐被隐没在教会中。在上帝与平信徒之间，有着上至教皇、下至神父等级严密的教阶制度充当中介。上帝的恩典是人得救的源泉，而恩典的获得都必须通过教会这个中介。天主教会鼓吹信徒去做"善功"，比如购买赎罪券、捐献财产给教会等，这样信徒的灵魂才能得救。由于天主教会对信仰的垄断，个人的作用在一定程度上被遮蔽。

不过，中世纪基督教同样也蕴含着某些个人主义的思想，对基督教个人主义的发展却起着承上启下的作用。比如中世纪的唯名论重视个别事物，否认共相具有客观实在性，认为共相后于个别事物，只有个别事物才是真实的存在。德国新教主义的先驱埃克哈特主张神秘主义，认为个人灵魂可以与上帝直接相通，从而实现人与上帝合一，这种合一需要人的超脱。在埃克哈特看来，超脱也就意味着把个体的人从群体中剥离出来，成为独立的"一个"，而每一个独立的"一个"又都是与上帝组合成的"一个"。② 这些思想都有益于基督教个体主义的延续。

### 3. 宗教改革时期个体主义的彰显与定型

随着宗教改革的开展，路德和加尔文等宗教改革家批判了天主教会对《圣经》诠释的垄断地位，并认为教士对《圣经》的解释时

① 丛日云：《在上帝与恺撒之间》，生活·读书·新知三联书店2003年版，第70页。

② 王亚平：《基督教的神秘主义》，东方出版社2001年版，第208页。

常有偏差，信徒的信仰不应被他人判定。路德宣称每个信徒都有权阅读和解释《圣经》，主张"因信称义"，认为个体不需要教会作为与神沟通的中介，成为正义的人只能通过上帝的拯救而获得。这样就大大抬升了个体的地位，从而抵消了教会和教士等外在力量的干预。所以罗素说道："新教移动了宗教中权威的位置，起初是把权威从教会和《圣经》转移到单独的《圣经》方面，然后又把它转到各个人的心灵里。"① 可以说，中世纪后，"个人"不再依附团体的观念首先在基督新教中迸发，个体的自我意识开始觉醒。伴随着宗教改革的深入，个体的自我意识进一步被激活和彰显，嬗变为新教的个人主义。加尔文宗提倡"预定论"，认为个人能否得救，在上帝创世以前就已经预定了，他人或任何组织在其中不发挥任何作用。这样就使得基督徒孤零零地站立在上帝面前，没有任何中介。

新教徒进而把这种新教的个人主义发展为系统的全方位的个人主义。总体而言，在这种个人主义中，个人优先于团体，个人存在的目的不是为了团体，而是自身。相反，任何团体仅仅是实现个人福祉的方式和手段。体现在政治上，就是政治的个人主义。在新教徒看来，国家是为了个人而存在的，国家的作用在于维护社会安定，增进个人的福利，保护个人的财产权、生命权和自由权等等。体现在经济上，就是经济的个人主义，新教徒认为，每一个个体都是为了荣耀上帝的，负有生活在尘世的使命。在职业上，每一个人都应该尽最大可能去做好本职工作，从而荣耀上帝。在经济生活中，每一个人应凭借自身的能力和付出，独立自主地为社会做贡献，然后获得属于自己的报酬。

基督新教强调了个人在宗教信仰中的自由和权利，凸显出宗教信仰中的个人主义。随着时间的推移，新教个人主义逐渐向世俗个

---

① ［英］罗素：《宗教与科学》，商务印书馆1982年版，第6页。

人主义转变，为个人在世俗世界中的自由和权利奠定了宗教思想基础，从而促进了西方世俗个人主义的发展。在学者丛日云看来，西方个人主义的源头有多个，但是，基督教是日益发展的个人主义的另一种表达形式。①基督教的这种个人主义观念为近现代政治自由主义中个人主义传统的形成和发展提供了内在动力，如果说新教改革考虑的是人在摆脱了教会的束缚后如何孤立地面对上帝，那么近代政治自由主义考虑的则是人如何离开上帝，转过身来自己扮演上帝的角色，从而取代教会和上帝，独自袒露在国家面前，与国家权力相博弈，极力争取自身的生命权、财产权和自由权。

另外，西方民主体制中三权分立原则的确立，在一定程度上说，也得益于新教个人主义以及受其影响的世俗个人主义的发展。为了防止国家公权力对个人利益的损害，对国家公权力各部门的相互制衡显得尤为重要，由此行政权、立法权和司法权逐渐分开，以保证公民的权利免受侵害。"正是基督教信仰把个人从政治集团的暴政中解放出来，并使个人有一种信念，借此个人便能公然蔑视强权的命令，使国家企图将他纯粹当作工具的企图落空。"②可以不夸张地说，近现代西方长期占据主导地位的政治自由主义理念很大程度上是基督教神学个人主义理念在世俗国家领域的最终实现和完成。

总之，在新教的影响下，西方基督教社会越来越强调人是具有独立自主性的个体，基督教个体主义得以彰显与定型，由此推动了西方民主与自由的发展，使得西方社会逐渐成为以个体为本位的社会，西方文化成为个人主义的文化。

---

① 丛日云：《在上帝与恺撒之间》，生活·读书·新知三联书店 2003 年版，第 113 页。

② 刘小枫：《走向十字架上的真》，上海三联书店 1995 年版，第 238 页。

### （三）儒家群体主义与基督教个体主义之比较

儒家以群体主义作为价值核心，根植于世俗人伦，建构在世俗人伦基础之上的家国极为重要，家与国之间的社会逐渐隐没，个体需要履行家国所给予的两重义务，其价值难以得到充分伸张。与儒家相比，基督教以个体主义作为价值核心，根植于神圣信仰，淡漠家国观念，家国之间的社会得以凸显，个体的权利在社会的庇护下得以彰显。

#### 1. 群己视野下的圣俗：世俗人伦与神圣信仰

儒家将关注的重点放在世俗人伦上，汲汲于齐家治国平天下，认为个人应以父子、君臣、兄弟、夫妻、朋友等世俗人伦关系为导向。儒家的创始人孔子致力于构建世俗人伦之间的合理秩序，主张"君君、臣臣、父父、子子"（《论语·颜渊》），认为"孝乎惟孝，友于兄弟"的家族关系相当于国家政治。虽偶尔感叹"道不行，乘桴浮于海"（《论语·公冶长》）、"天下有道则见，无道则隐"（《论语·泰伯》），也不过是世俗人伦失意的一种排遣，以退为进，而非真正像隐士一样"独善其身"。孟子继承了孔子的思想，认为"天下之本在国，国之本在家，家之本在身"（《孟子·离娄上》），提倡"父子有亲，君臣有义，夫妇有别，长幼有序，朋友有信"（《孟子·滕文公上》），也将思想的重心放在以家国为导向的世俗人伦上。总之，儒家将个人拘囿于世俗人伦关系上，致使个人的价值在某种程度上被湮没，人的群体性得以凸显。

而基督教主要关注神圣信仰，对家庭与国家等世俗人伦关注较少，甚至主张信徒应该适当脱离家庭与国家的束缚，专注于信仰的生活。对于灵肉的关系，由于灵魂与信仰息息相关，灵魂高于肉体，人灵魂的价值得以提升，从而彰显了个体的内在价值。基督教提倡信仰不应由于性别、出身和地域的原因而不同，每一个个体在上帝面前都是平等的，都平等地享有上帝的恩典。另外，信仰的人群组成一个团契，团契之内的信徒关系区别于世俗社会的尊卑等级关系，耶稣教导信徒说："你们知道外邦人有君王为主治理他们，有大臣操权管束他们。只是在你们中间不可这样。你们中间谁愿为大，就必作你们的用人；谁愿为首，就必作你们的仆人。"（《马太福音》20：25—27）信徒之间的关系不应强调尊卑，而是一种相互服务的平等关系，因此个体的价值在信仰的团契中也得以突出。总之，基督教的神圣信仰使得个体的价值得以彰显。

### 2.群己笼罩下的家族：家族本位与淡化家族

儒家极为重视家族的根基性，流露出浓厚的家族本位色彩。孔子提倡"父为子隐，子为父隐"，孟子主张"幼而知爱其亲，长而知敬其兄"，两者都对家族之间的"亲亲"关系怀有深深的温情。《礼记·大传》曰："人道，亲亲也。亲亲，故尊祖；尊祖，故敬宗；敬宗，故收族"，家族的凝聚与延续就是所谓的"收族"。因此，个体常常被看作是家族血脉的一环。相比于儒家，基督教从形成之初，就流露出淡化家庭的思想。耶稣曾说："你们不要想，我来是叫地上太平；我来并不是叫地上太平，乃是叫地上动刀兵。因为我来是叫人与父亲生疏，女儿与母亲生疏，媳妇与婆婆生疏。人的仇敌就是自己家里的人。爱父母过于爱我的，不配作我的门徒；爱儿女过于爱我的，不配作我的门徒。"（《马太福音》10：34—37）《马太福音》记载了一个故事："耶稣还对众人说话的时候，不料，他母亲和他弟兄站在外边，要与他说话。有人告诉他说：'看哪，你母亲和你弟兄站在外边，要与你说话。'他却回答那人说：'凡遵行我天父旨意的人，就是我的弟兄、姐妹和母亲了。'"（《马太福音》12：46—

50）耶稣主张信仰上帝，淡化和轻视家庭关系，这就把人们对家族承担的责任引向对超越家庭的信仰权威和宗教力量的效忠上，家族的权威让位于宗教的义务，可见，基督教极大地削弱了血亲性团体的分量，抑制了家族主义的发展，使得个人跳出了对家庭和家族的依赖，凸显出个人作为个体的重要性。

### 3. 群己氤氲下的社会：社会的隐没与社会的凸显

儒家具有浓厚的群体本位色彩。在儒家的思维方式和价值观念中，家和国是同构的——家是国的缩影，国是家的放大。儒家将家与国贯通开来，直接从家进入国，没有为家国之间的社会留出空间。深受孔子思想熏陶的中国，在浓厚的家族本位和强大的国家政权中间很难产生出自主的甚至可以挑战国家政权的社会组织，更无法培育出独立的公民社会，因为"每一个相对于独立于政府又能对中央政府形成压力的社会力量才称得上是一个蓬勃的公民社会"①。儒家"家国同构"的群体本位思想势必导致了社会的隐没。就如钱穆所言，儒家思想"生命中有身家国天下之别，而独无社会一名称"②。这种社会的隐没也直接导致了深受儒家思想影响的中国缺乏公民意识。儒家的民众只能是族民或者臣民，而非现代意义上的公民。

基督教在淡化家庭并为世俗国家的权力划下界限的同时，为社会的发展留下了巨大的发展空间。基督教一方面打破了家族的藩篱，将个人从家庭的束缚中解脱出来，并且打破了民族、等级、性别和阶级区分，提倡"在上帝面前人人平等"，从而将信徒组成了

---

① ［美］杜维明：《儒家传统与文明对话》，河北人民出版社2006年版，第43页。

② 钱穆：《晚学盲言》（下册），广西师范大学出版社2004年版，第621页。

一个超越家族、超越各种身份区分的团体——教会，教会淡化了人的家族性，强化了人的社会性。另一方面，基督教倡导"恺撒的物当归给恺撒，上帝的物当归给上帝"，从而剥离了世俗政权的神圣性，使其权力仅仅局限于世俗生活，同时抬高教会的地位，赋予其精神生活以至高无上的价值，使其具有独立自主的权力。后来在中世纪，教会甚至与世俗王国双峰对立，极大地限制了王权，为社会的发展开拓了广阔的空间。基督教在"家族本位"和"世俗王国"的双重突破，就使得教会能够作为最大的社会组织横亘在家族与世俗王国之间，切断了家国同构与合流的可能，凸显出其独立性和重要性。后来经过宗教改革和启蒙运动，教会的神圣性和至上性受到极大打击，教会的角色逐渐由"公民社会"代替，可以说，当代西方公民社会的形成直接继承了教会冲破"家族本位"和"世俗王国"的精神衣钵，从而得以独立发展。相应而言，公民意识的形成也是直接由教民意识所转化过来的，所以汤因比指出，"我们的西方基督教社会在一千二百年以前从教会的母体里呱呱坠地"[①]。

### 4.群己统摄下的义利：义务为重与权利为本

儒家以群体为本位，把个人仅仅当作群体的组成部分，个人存在的义务是为群体服务的。儒家所提倡"修齐治平"思想，具有鲜明的群体本位色彩，个人的"修身"，是为了"齐家、治国、平天下"。在天下国家的"大义"下，个人应舍弃自身的"小利"，"先天下之忧而忧，后天下之乐而乐"。可以说，"重义轻利""以义为上"是儒家先贤一以贯之的理念。孔子认为"君子谋道不谋食……君子忧道不忧贫"，"君子喻于义，小人喻于利"，对待义利的态度

---

① [英]汤因比：《历史研究》（中册），曹未风等译，上海人民出版社1966年版，第98页。

是区分君子与小人的标志。孟子也说："生，亦我所欲也，义，亦我所欲也。二者不可得兼，舍生而取义者也。""不义之禄而不食也……不义之室而不居也"（《孟子·滕文公下》），后来董仲舒提出"正其义不谋其利，明其道不计其功。"（《汉书·董仲舒传》）极为推崇"义"的重要性，将个人的权利与义务割裂开来。其所倡导的"三纲五常"也要求臣、子、妻应为君、父、夫尽义务，并遵守"仁义礼智信"的道德规范。儒学发展到宋明理学，更是标榜"存天理灭人欲"，蔑视个人的权利，极力突出个人应尽的义务。纵观儒家的发展脉络，其重义务、轻权利的倾向可见一斑。

基督教以个体为本位，强调对个人权利的重视。首先，基督教形成之初，就蕴含着人人平等的种子。在耶稣生活的年代，存在着大量的奴隶，他们仅仅被视为生物学意义上的人，没有被赋予相应的权利，妇女被普遍歧视。在等级如此严格的社会中，耶稣提出不分民族、等级、性别和阶级，"在上帝面前人人平等"的思想。后来保罗又在《加拉太书》中宣称："你们因信基督耶稣，都是神的儿子。你们受洗归入基督的，都是披戴基督了。并不分犹太人，希腊人，自主的，为奴的，或男或女，因为你们在基督耶稣那里都成为一了。"这些教义中包含的权利平等观念对现代宪政人权保护制度有重要影响。其次，基督教的教义也彰显出对财产权的重视，《旧约》摩西十诫中的"不可偷盗"和"不可贪恋人的房屋，也不可贪恋人的妻子、仆婢、牛驴，并他一切所有的"，从律法的角度向世人明确地昭示了上帝对财产权的维护——财产具有合理性和神圣性。财产是上帝天赋的，作为上帝的子民，不论高低贵贱，都享有私人财产权，并不受世俗政权的侵扰和干涉。可以说，基督教为西方现代私人财产权观念的形成奠定了理论基础。最后，基督教也彰显出对自由权的追求。基督教认为"恺撒的物当归给恺撒，上帝的物当归给上帝"（《马太福音》22：21），从而将人划分为灵魂和肉体，将人的肉体划归给世俗政权管理，允许人的肉体屈从于世俗的约束，但将人的灵魂划归于上帝管理，从而使人的内在精神摆脱了外在世俗政权的束缚，获得了自由，即内在的自由。基督教赋予了人内在的自由，使得人获得自由的基点，从而构建出抵御外在政权的堡垒。在这个堡垒的保护下，人的自由权得以不断扩张，从而达到了人的各个领域。

综上所述，群体主义作为儒家精神的价值导向，折射出家族本位、移孝作忠、家国同构三个维度，最终沉淀为儒家的内在精神，在中华文明的发展历程中镌刻下深深的印记。而个体主义作为基督教精神的深层内核，经过《圣经》中个体主义的萌芽与生发、中世纪基督教个体主义的遮蔽与延续、宗教改革时期个体主义的彰显与定型三个阶段的嬗变，最终演化为基督教的内在肌理，深深塑造了西方文明的发展。通过对群己关系的比较研究，可以深刻地管窥到儒家与基督教核心价值观中各自独树一帜的特征。

# 第五章
# 儒耶伦理文化核心价值观之比较（下）


## 一、儒家的差序仁爱与基督教的普世博爱之比较

以世俗伦理为指向的儒家和以宗教精神为指向的基督教都不约而同地强调"爱"，并将"仁爱"与"博爱"奉为各自的精神圭臬，引领其传播与发展。但由于两者建立在不同的文化形态之上，其"爱"的意蕴与内涵出现了鲜明的分野，这就决定了儒家仁爱与基督教博爱具有明显相异的价值追求和思维路径。通过对儒家仁爱与基督教博爱比较，在探求两者"显性"相异之处的同时，力求挖掘背后"隐性"的相通之处。


### （一）儒家差序仁爱的意蕴

"仁"字在字形结构上，左边是"人"，右边是"二"，合之为两个人，可以说，仁是处理人与人之间关系的原则。仁爱在儒家美德中占据至高的地位，"仁之所以高于所有其他一切美德，还在于仁是所有美德赖以建立的基础，是美德之树借以生长、汲取营养的根。仁不局限于任何个别美德。仁渗入于每一种美德之

中。"① 儒家的仁爱是发端于家庭血缘亲情中。儒家认为："孝悌也者，其为仁之本与！"（《论语·学而》）随后仁爱再推己及人，"亲亲而仁民，仁民而爱物"（《孟子·尽心上》）。由最基本的"亲亲"推向"仁民"，再指向"爱物"，一个从亲到疏、从近到远的价值推进取向得以彰显。

　　儒家处理人际关系的特征是以自己为核心、由内向外不断推广开来，费孝通形容为"就像一粒石子投入水中，形成水的波纹，一圈圈推出去，愈推愈远，也愈推愈薄"②。孔子所言集中反映了这一思想，"其为人也孝悌，而好犯上者鲜矣，不好犯上而好作乱者，未之有也。"（《论语·学而》）在《大学》中概括为修身、齐家、治国、平天下。正是这种由近及远的人伦差序格局将中国社会编织成由无数私人关系构成的网络，在这个网络的每一个结上都附带着一种道德要素。其中，最亲密和最基本的是直系亲属：父子和兄弟，与之相配的道德要素是孝和悌；向外推是君臣、朋友，与之相配的道德要素是忠和信。在这种差序格局中，公与私是相对而言的，站在任何一个圈子内看问题，其所作所为都可以看作是为公。

　　在宗法血缘的土壤里，人无法阻挡来自血缘亲近威力的渗透和诱惑。儒家仁爱思想虽然在理论上包含着"泛爱众""老吾老以及人之老""民胞物与"等可能激发公共道德的因子，但囿于仁爱本质上的差等性，这些因子无法得到充分的释放。"我们所有的是自我主义，一切价值是以己作为中心的主义"。③ 从而导致在现实生活中，这种差等之爱极易导致人们把孝悌的血亲规范置于其他一切

　　① 　姚新中：《儒教与基督教——仁与爱的比较研究》，中国社会科学出版社2002年版，第195页。

　　② 　费孝通：《乡土中国》，生活·读书·新知三联书店1985年版，第25页。

　　③ 　费孝通：《乡土中国》，生活·读书·新知三联书店1985年版，第25页。

行为规则之上，为了宗法家族的特殊性小团体利益，不惜违背社会共同体的普遍伦理准则。

### （二）基督教普世博爱的内涵

相比于儒家的仁爱，基督教具有鲜明的博爱倾向。《哥林多前书》对爱的论述最为著名和经典，"爱是恒久忍耐，又有恩慈；爱是不嫉妒，爱是不自夸，不张狂……爱是永不止息……如今常在的有信、有望、有爱，这三样，其中最大的是爱"（《哥林多前书》13：8—13）。在"信""望""爱"三主德中，"爱"居于核心地位。"爱"更是被视为是否是基督徒的鲜明标志，"你们若有彼此相爱的心，众人因此就认出你们是我的门徒了"（《约翰福音》13：35）。基督教博爱是普遍无差别的爱，耶稣在回答"谁是邻居"时，用一个撒玛利亚人为例，说明邻居每个人都是，每一个有需要的、可怜的人都是我的邻舍，我都应该去帮助他，邻居没有性别、种族、地域和国家的区别。

基督教希望人们把上帝爱的恩典传遍普世众生。从四福音书到《使徒行传》，基督教不断宣扬不论是犹太人、希腊人还是其他民族的人，都是具有平等地位和相同尊严的人，都是上帝爱的恩典播撒的对象。基督教将《新约》解释为"新契约"。在基督教看来，《新约》不是上帝仅与以色列人订立的契约，而是同世界上所有民族订立的契约，具有普世性，因而上帝的爱也相应地具有普世性，超越了一切外在条件的束缚和隔阂，彰显出"博爱"的意蕴。

基督教的博爱不仅是理论的训导，更是实践的付诸。《圣经》主张"到世界各地去，将福音传播给每一个人"（《马可福音》16：15）。正是在这一思想的指导下，大量的传教士跋涉千里到世界各地传教。目前，基督教是世界上信仰人数最多、分布最广、影响最大的一种宗教。"与欧洲其他大宗教完全不同，基督教浸透了普济主义、改变异端信仰的热情和好战精神。从一开始起，基督教就强调四海一家，宣称自己是世界宗教。"①以博爱为指导的基督教超越种族、性别和等级的界限，从而成为一种普世性的宗教。随着基督教的广为传播，其博爱的理念和思想也在信徒内心润物无声般生长。施密特在《基督教对文明的影响》中指出："哥伦布的确源于经济动机而开始这段冒险，与此同时，作为一名基督徒也是一个重要因素。相信基督命令把福音传给万民。"②

### （三）儒家仁爱与基督教博爱的"显性"之异

儒家的仁爱与基督教的博爱作为两者异质思想形态，自然彰显出"显性"之异，主要体现在来源、指向、次序和实现方式四个方面。

### 1. 来源相异——人本与神本

儒家的仁爱是来源于人性的爱，它发端于亲亲孝悌的血缘关系，植根于人的自然情感和天性，可以说仁爱是人与生俱来的本性，是一种人本之爱。如孔子将仁爱诠释为"仁者人也"，提倡以人的视角与立场来待人接物，推崇"仁者爱人"，将仁爱与人紧密相连，并推而广之，以"泛爱众"。又如孟子强调人之所以区别于禽兽，就是源于人天生具有恻隐之心、羞恶之心、恭敬之心以及是非之心"四端"，并将这种内在的仁爱之心推及到社会政治层面，

---

①　[美] 斯塔夫里阿诺斯:《全球通史》，吴象婴、梁赤民译，上海社会科学院出版社 1999 年版，第 11 页。

②　[美] 阿尔文·施密特:《基督教对文明的影响》，王晓丹、赵巍译，北京大学出版社 2004 年版，第 189 页。

也就构成了其外在的"仁政"思想，这种由内及外的仁爱运转机制无不透显出儒家人本主义的精神。

而基督教博爱却来自"神"，神指引和教导人们去"爱人"，所以说人对人之爱"是基于一种普遍的意识，爱是人生特殊的、与人灵魂同样重要的要素"[①]。是遵循上帝的诫命而萌发的对他人的爱。基督教的博爱是建立在"神"的基础之上，本质而言是一种神性之爱。因此耶稣强调最根本的诫命："你要尽心、尽性、尽意爱主——你的上帝"，对上帝的爱奠定了"爱人如爱己"的基础。上帝创造了爱，并将爱的恩典施与人间，上帝赐予的爱是基督教维系个人与他人、个人与社会、个人与国家良性关系的重要支撑。

所以就儒家而言，仁爱以孝悌为本，通过亲亲、敬长、尊尊、泛爱众，从而达到"仁者爱人"的境界。正因为儒家仁爱的人本色彩，相比于基督教"神"至高无上的地位和绝对的权威，缺乏一种有力的外在保障，因而其遵循程度逊色不少。

### 2. 指向相异——此岸与彼岸

儒家的仁爱是极端现世的，具有鲜明的此岸性。儒家强调积极入世的精神，希望在现世中实现修身、齐家、治国、平天下的理想。在儒家的著作中，对来世的生活基本上持一种"悬置"的态度，孔子说："未能事人，焉能事鬼？""未知生，焉知死？"（《论语·先进》）"子不语怪、力、乱、神"（《论语·述而》），而对于现世则是一种积极进取的态度，努力弘扬人的主体能动性，追求的是一种"乐天知命""内圣外王"的境界。所以说儒家"理性精神的成熟，

---

[①] 姚新中:《儒教与基督教——仁与爱的比较研究》,中国社会科学出版社2002年版,第107页。

使得人们认识到远古文化中所谓神的局限性，从而更多地趋向于现世和人间"①。可谓是"悬置彼岸，深耕此岸"。

比较而言，基督教的博爱指向终极的来世，具有鲜明的彼岸性。在基督教看来，由于人类祖先亚当、夏娃的过错致使人与上帝契约关系的破裂，被逐出伊甸园，因此其后世子孙生下来就是有罪的，在现世饱经沧桑，尝尽人生百态。由于背负沉重的原罪，人们不能仅凭借自身的主观努力来实现自我拯救，只能期待上帝的恩典与拯救。因此人们要在现世忍受各种磨难，不得过于贪图现世的生活，而应追求来世的幸福，现世的价值都是在为来世做准备的，从而表现出浓厚的厌世与禁欲色彩，这种色彩在西方漫长的中世纪尤为突出。所以说基督教为了进入彼岸的天国，在现世遵循两个原则，对他人要博爱，对自身要禁欲。总之，基督教的"博爱"，具有浓厚而鲜明的彼岸色彩，此岸的种种努力都明确地指向彼岸，可谓是"身在此岸，心在彼岸"。

### 3. 次序相异——差等之爱与普世之爱

在爱的次序上，基督教与儒家表现出鲜明的区别，在儒家思想中，爱具有强烈的特殊主义色彩，表现为一种有差等的爱。而基督教的爱则散发出浓厚的普遍主义色彩，表现为一种普世之爱。

儒家所倡导的"仁爱"的次序是先亲人，再众人，后各种自然事物，可谓是以家族为圆心，爱由内而外、由近而远向外发散。对于不同的人们，根据自身关系的远近区别对待。在家庭中，父慈子孝，兄友弟恭，从家庭的父子有亲、夫妇有别、长幼有序，延伸扩展到社会层面的朋友有信，国家层面的君臣有义，以及更大范围的

---

① 陈来：《古代宗教与伦理——儒家思想的根源》，生活·读书·新知三联书店1996年版，第4页。

天下——即"亲亲而仁民，仁民而爱物"，由"亲亲"而"尊尊"，再"泛爱众"，"亲疏有差，尊卑有别"。仁爱的差等性有一种从上到下的恩赐关系和从下到上严格的遵从，从而使得严格的等级观念——"君君、臣臣、父父、子子"得以正常维持。

基督教的博爱的次序是先爱上帝，其次爱人。对于不同地位、等级、家族的人们，在上帝面前，人人都是平等的，所以爱人也要不分差等地去爱，"爱人如己"。基督教反对过于眷恋于血亲之爱，正如《圣经》记载：耶稣说，"人到我这里来，若不爱我胜过爱自己的父母、妻子、儿女、弟兄、姐妹，和自己的性命，就不能作我的门徒。"（《路加福音》14：26）基督教的爱是以"爱上帝"为基础，不仅仅涵容亲人，也提倡爱邻居，更要爱众人，甚至仇人。基督教倡导爱仇人的思想最独具特色。耶稣曾说过"我告诉你们，不要与恶人作对，有人打你右脸，连左脸也转过来给他打"（《马太福音》5：39）。另外据《圣经》记载，在耶稣被钉在十字架上，忍受鲜血直流的剧痛，祷告道："父啊！赦免他们，因为他们所作的他们不知道"。耶稣身体力行，视仇敌为所爱的对象，在十字架上昭示出爱的广博与宽广。化敌为友，变仇为恩，耶稣的博爱情怀深深震撼了信徒的心灵：即便是仇敌，也应当平等地享有上帝爱的恩典。在践履爱的过程中，平等地去爱任何人，方能得到任何人的爱，信徒相互之间的爱，才是基督教的基本特质，所以说"你们若有彼此相爱的心，众人因此就认出你们是我的门徒了"（《约翰福音》13：35）。"爱上帝"与"爱人"是相互融合、相互促进的，正是由于"爱上帝"，才能遵循"上帝"的旨意去"爱人"，而"平等"爱人更能彰显出"爱上帝"的虔诚与深沉。在全知全能全善的上帝面前，人与人的差别是那么渺小，那么轻于鸿毛。人人平等地站在上帝面前，相互关爱，并沐浴着上帝恩赐的爱，其乐融融。

## 4. 实现方式相异——修身为本与因信称义

儒家仁爱的实现方式是内在超越式的，儒家认为超越是每个道德主体将人与生俱来的本性发挥到极致，从而实现"止于至善""与天地参"的境界。这种内在超越是以修身为枢纽和根本，上格物、致知、诚意、正心，下齐家、治国、平天下。《大学》提纲挈领地揭示出儒家道德修养的八个循序渐进的步骤，修身被视为八条目中至关重要的一环。"自天子以至于庶人，壹是皆以修身为本"，可见，"溥天之下，率土之滨"的任何人，在实现仁爱的过程中，都应以修身为根本原则。尽管在内在超越的过程中也要受到外在事物的制约和羁绊，但最为关键的是道德主体能否自由地开展修养活动，在孟子看来，人们通过"尽心—知性—知天"的路径选择，可以达到"世人皆可为尧舜"的超越。

与儒家"修身为本"的内在超越截然不同，基督教的超越方式是一种希冀得到上帝恩典、"因信称义"的外在超越。亚当和夏娃因为偷食禁果，被上帝逐出伊甸园，从而背负"原罪"的重担，依靠自身的修养无法得到解脱。于是，后世的人们只能把希望寄托于全知全能的上帝，渴望上帝的恩典与救赎。上帝救赎人的最终目的就是使人成为义人，使人成为义人的方式并非是依靠自身的道德修养，而是完全凭借上帝赐予的恩典。保罗在面对血腥镇压，异端横行，对上帝信仰动摇的境遇下，大力提倡"因信称义"："我们既因信称义，就借着我们的主耶稣基督，得与神相和。我们又借着他，因信得进入现在所站的这恩典中，并且欢欢喜喜盼望神的荣耀。"（《罗马书》5∶1—2）后来，在宗教改革时期，路德在面对教会极端腐败，教皇垄断《圣经》解释权的情况下，毅然举起"因信称义"的大旗，消解了教会和教皇在上帝与信徒沟通上的中介作用，信徒可以通过"因信称义"，超越自我，直达上帝。

## （四）儒家仁爱与基督教博爱的"隐性"之通

儒家仁爱与基督教博爱在具有"显性"之异的同时，也蕴含着"隐性"之通，主要体现在以下四个方面。

### 1. 利他性相通

儒家的仁爱与基督教的博爱都反对极端利己之爱，都既有强烈的利他性。儒家倡导"泛爱众而亲仁""亲亲而仁民，仁民而爱物"，在一定程度上已经突破了血亲之爱，超越了"亲亲"之爱的狭隘性和局限性，流露出鲜明的利他性。虽然古代社会是以家族为基本单元所构成的，但是先秦儒家的视域却不仅仅局限于狭小封闭的家族本身，而是以"治国""平天下"作为指归，儒家的"仁爱"恰恰就是实现"治国""平天下"的一种精神特质。具备了这种精神特质，方能"博施于民而能济众"。之后宋儒张载推崇"民胞物与"，认为民为同胞，物为同类，一切事物皆为上天所赐，主张泛指爱人和一切物类，可谓是对"仁爱"的进一步发展。

基督教的"普世博爱"显现出一种非同寻常的宽容与利他性，这种精神打破了民族、国家的界限和社会地位尊卑的界限，甚至敌我关系的界限。耶稣说，"凡遵行我天父旨意的人，就是我的兄弟姊妹和母亲了"（《马太福音》12：50）。基督徒互称兄弟姊妹，表示在神面前，人人都具有平等地位。耶稣希望信徒平等地爱任何人，又平等地得到任何人的爱。"你们若有彼此相爱的心，众人因此就认出你们是我的门徒了"（《约翰福音》13：35）总之，基督教的博爱和儒家的仁爱都有鲜明的利他性，中西方文明的代表超越了时空的阻隔而对爱的一致探求，表现出一定的相通相似之处。基督教的博爱和儒家的仁爱都表现出一种非同寻常的宽容精神，从而在相当程度上超越了血亲、家庭、等级、民族的界限，具有利他泛爱的特征，共同表达了平等、公平、怜悯等人类共同的价值追求。

## 2. 基本原则相通

在人际交往中，儒家提倡以"己所不欲，勿施于人"的尺度去爱人。《论语·颜渊》记载："仲弓问仁。子曰：出门如见大宾，使民如承大祭；己所不欲，勿施于人；在邦无怨，在家无怨。"《论语·卫灵公》也记载："子贡问曰：有一言而可以终身行之者乎？子曰：其恕乎！己所不欲，勿施于人。""恕"是一个人践行仁爱的准则，其内在规定就是"己所不欲，勿施于人"，就是说自身不愿做的事情，不能勉强或迫使他人去做，这样一来，在家族、邦国内外都没有怨恨。可以说，"己所不欲，勿施于人"是仁爱在处理人际关系时的原则。"己所不欲，勿施于人"体现出人际交往中"推己及人"的思维向度。自己虽然是行为的价值原点，但价值指向却是他人，从而实现了人己关系的和谐共荣。

基督教的核心教义是爱，在人际交往中，基督教所推崇的首要原则也是爱。最根本的诫命是两条："你要尽心、尽性、尽意爱主——你的上帝"，"爱人如爱己"。因为"这两条诫命是法律和先知一切道理的总纲"（《马太福音》22：37—42）。"爱人如己"的另一表述是："你们愿意人怎样对待你们，你们也要怎样对待人，因为这就是法律和先知的道理。"（《马太福音》7：12）这被称作是基督教的"道德金律"，其内容和儒家提倡的"己所不欲，勿施于人"相当接近。自己想有所建树的也要帮助他人建树，自己不想要的事物也不强加于他人，懂得设身处地地为他人着想，是儒耶两家爱的共同旨归与精神追求。基督教的爱和儒家的仁都遵守"推己及人"的"道德金律"原则，体现了社群共同体中人与人的相互关爱与体谅，可谓具有异曲同工之妙，虽来源殊途，却可相融相通。1993年由世界宗教会议发表的《全球伦理宣言》，把"道德金律"作为全球各宗教的共同原则加以宣告，就是一个很好的证明。

### 3. 所居地位相通

"仁爱"集中了孔子思想的精华，贯穿于孔子思想甚至整个儒学的始终。孔子相继提出了仁、义、礼、智、信、忠、孝、悌、恭、宽、信、敏、惠等多个伦理道德德目，而仁爱高于并统摄其他德目，在其中居于核心地位，起到主轴作用。"仁之所以高于所有其他一切美德，还在于仁是所有美德赖以建立的基础，是美德之树借以生长、汲取营养的根。仁不局限于任何个别美德。仁渗入于每一种美德之中。"一切美德都是根植于仁爱基础之上的展开与体现，都是从不同角度和方面来阐释仁爱。

而耶稣的博爱与之相似，当法利赛人询问耶稣律法上的诫命，哪一条是最大的。耶稣认为律法书上最大的诫命是博爱，"你要尽心、尽性、尽意，爱主你的神。这是诫命中的第一，且是最大的。其次也相仿，就是要爱人如己。这两条诫命是律法和先知一切道理的总纲。"（《马太福音》22：37—40）并且超越家族、身份与地域等界限，身体力行其博爱理念，甚至在被钉上十字架后依然祈求上帝宽恕刽子手的无知，博爱的地位在耶稣心中可见一斑。后来使徒保罗将耶稣的博爱思想进一步阐明，认为"信""望""爱"三者中，最大的是"爱"，并强调说："所有诫命的最终目的都是爱，这爱来自纯洁的心灵、无亏的良心与无伪的信仰。"（《提摩太前书》1：5）在这里，爱被提到无以复加的地位：上帝的所有诫命——不管是《旧约》里的诫命，还是《新约》里的诫命——都以爱为目的。后来，基督教更是将"博爱"奉为思想圭臬，引领其发展与传播。

## 4.终极理想相通

儒家仁爱的终极理想是"大同社会"："大道之行也，天下为公，选贤与能，讲信修睦。故人不独亲其亲，不独子其子……是故谋闭而不兴，盗窃乱贼而不作，故外户而不闭，是谓大同。"（《礼记·礼运》）儒家的创始人孔子面对"礼崩乐坏"的现世社会，极力推崇"仁爱"，主张"泛爱众"，"博施于民而能济众"。为了实现充满仁爱的"大同社会"理想，孔子不惜离家别国，周游列国十三年，"知其不可而为之"，处处碰壁仍然不改初衷。

基督教博爱的终极理想是"天国世界"。在基督教看来，"天国"是指上帝的选民将来要去往的永生国度，"天国"的君王是耶稣基督。[①] 耶稣是三位一体的独一真神，掌管宇宙万物，为人类降生来到世上，成为万民的救主，末世还要根据人们在现世的品行进行审判，并将选民带到其所预备的"天国"。基督教的"天国"能够充分调动和弘扬人内在的积极性，引领人博爱向善，因此耶稣强调说："天国的到来，不是眼所能见的……因为天国就在你们心里。"（《路加福音》17：20—21）可见，天国在人内在的博爱中得以充分彰显。总之，儒家所追求的"仁者爱人"的仁爱和基督教所追求的"爱人如己"的博爱，都折射出强烈的超越性，而"大同社会""天国世界"作为儒家"仁爱"与基督教"博爱"的终极理想，都具有终极关怀的审美价值。

综上所述，通过对儒家的仁爱和基督教的博爱的比较研究，充分展现了两者人本主义传统和神本主义传统的差异，这种差异彰显了两者精神气象的不同特征，显示出彼此超越方式的分野。博爱是基督教精神的深层内核，其根植于神性，基督教通过信仰将博爱普

---

① 蔡德贵：《孔子 VS 基督》，世界知识出版社 2009 年版，第 151 页。

遍化，凭借上帝的恩典与拯救来实现超越。而仁爱是儒家精神的中心主题，其根植于人性，儒家通过修齐治平去践履仁爱，主要依托自我的内在超越。但与此同时，在"显性"差异的背后，儒家的仁爱和基督教的博爱却具有诸多的相通之处。两者散发出的强烈利他指向，"己所不欲，勿施于人"的践履方式，对终极理想的共同追求，为儒耶的深层对话与交流融合提供了思想根基。儒家的仁爱和基督教的博爱的相通相异启示我们，今后儒耶的交流应该本着"求同存异""相得益彰"的态度与胸怀，兼容并包，有容乃大，向着"和而不同"的价值目标共同迈进。

## 二、儒家的中庸尚和与基督教的崇力尚争之比较

儒家与基督教作为中西方文明的代表，在思想和行为方式上具有鲜明的差异，儒家崇尚中庸，不走极端，追求和谐与稳定，对外来文化比较包容；而基督教崇尚竞争，易走极端，追求力量与对抗，对异己文化比较排斥。儒家中庸尚和与基督教崇力尚争的思想迥异在一定程度上也彰显出中西方文明的重大分野。

### （一）儒家的中庸尚和思想

中庸尚和思想作为儒家的核心价值观之一，体现在儒家思想的诸多方面，本书仅从中庸与尚和两个方面予以简要阐述。

#### 1. 儒家中庸思想的历史嬗变

孔子认为中庸是最高的道德境界，"中庸之谓德也，其至矣乎！民鲜久矣"。孔子多次论及中庸，如赞美《诗经》的《关雎》篇是

"乐而不淫，哀而不伤"。又说一个人的性格风度，"质胜文则野，文胜质则史。文质彬彬，然后君子。"孔子崇尚"中庸"，提出了处理问题的尺度，主张执两用中，强调"过犹不及"。"不得中行而与之，必也狂狷乎！狂者进取，狷者有所不为也。"在他看来，狂狷都是不可取的，依中道而行方能有所作为。《论语·先进》记载了孔子对学生的评价。孔子认为子张和子夏，一个太过，一个不及，两人各走一端，都有偏激之处，所以说他们"过犹不及"。在孔子看来，事物都应以中庸为标准，这就是不偏不倚，无过无不及。子曰："舜其大知也与！舜好问而好察迩言，隐恶而扬善，执其两端，用其中于民。其斯以为舜乎！"（《中庸》）"咨！尔舜！天之历数在尔躬，允执其中。四海困穷，天禄永终。"（《论语·尧曰》）孔子认为，凡事应"执其两端，用其中于民"，因此"允执其中"就成了孔子倡导的处理问题的方法与理念。

《中庸》是我国古代第一篇专门阐述中庸学说的文章，相传为孔子之孙子思所作，它进一步发挥了孔子的中庸理论，从而成为儒家学说中至关重要的经典著作。《中庸》第一章提纲挈领地阐发说："喜怒哀乐之未发，谓之中；发而皆中节，谓之和。中也者，天下之大本也；和也者，天下之达道也。致中庸，天地位焉，万物育焉。"《中庸》首次把"中"与天道、人性联系起来，以调节人性中所固有的喜怒哀乐等感情为根据来阐明中和之道。首先提出了"未发之中"和"中节之和"两个命题，然后断言"中"是大本，"和"是达道，最后极力描述"致中和"的功效以及所达到的最高境界。

孟子作为孔子的"私淑弟子"，并直接受业于子思，自然继承了他们中庸的思想。孟子曰："杨子取为我，拔一毛而利天下，不为也。墨子兼爱，摩顶放踵利天下，为之。子莫执中，执中为近之，执中无权，犹执一也。所恶执一者，为其贼道也，举一而废百也。"（《孟子·尽心上》）在孟子看来，杨朱为我，墨子兼爱，前者无君无父，后者爱无差等，孟子认为他们俩都过于极端，不符合"执中"之道。

由此可知，儒家中庸的核心理念便是思想行为的适度和守常。反映在处理具体事物上，要求原则性与灵活性的高度统一，既反对没有灵活性的故步自封，也反对没有原则性的见风使舵。

2.儒家尚和思想的四维体现

（1）"贵和"是处理人与自然关系的法则

儒家"贵和"思想体现在人与自然关系层面，主要是指"天人合一"。"天人合一"强调人与自然的融合性与统一性，"以天地万物为一体"（《河南程氏遗书》卷二）。孔子曰："天何言哉？四时行焉，百物生焉，天何言哉"（《论语·阳货》），在孔子看来，天地的运行和万物的生长都是自然而然的，人类应该承认并遵循这种自然规律，而不能贸然违背。《论语·述而》载："子钓而不纲，弋不射宿。"《论语·雍也》载："仁者乐山，智者乐水。"孔子甚至认为："断一树，杀一兽，不以其时，非孝也。"（《礼记·祭义》）将对待生物的态度提高到孝道的程度。曾子亦言"树木以时伐焉，禽兽以时杀焉"（《礼记·祭义》）。孟子继承了孔子"泛爱众而亲仁"（《论语·学而》）的仁爱理念，主张"亲亲而仁民，仁民而爱物"（《孟子·尽心上》），将仁爱之心推己及人，进而推己及物，"今恩足以及禽兽"（《孟子·梁惠王上》），要求统治者合理利用资源："数罟不入洿池，鱼鳖不可胜食也；斧斤以时入山林，林木不可胜用也"（《孟子·梁惠王上》）。荀子也认为："凡生天地之间者，有血气之属必有知，有知之属莫不爱其类。"（《荀子·礼论》）将人的怜悯同情之心辐射到生物身上，从而使人焕发出尊重并保护生物的情感。后来宋儒张载提倡"民吾同胞，物吾与也"（《正蒙·乾称》），也是遵循了"天人合一"的理念。

（2）"贵和"是处理人际关系的法则

儒家认为"和"不仅是处理人与人之间关系的一个基本原则，而且也是一种能有效调解人们之间利益冲突的方式。孔子积极倡导"礼之用，和为贵"（《论语·学而》）。"和为贵"的理念是从礼中彰显出来的。孔子以射箭作喻："君子无所争，必也射乎！揖让而升，下而饮。其争也君子！"（《论语·八佾》）认为君子在竞争激烈的射箭当中可以以礼相待，和睦相处，这种争也是君子之争。孔子还提出了人际关系和谐的具体方法，就是其一以贯之的忠恕之道——"己欲立而立人，己欲达而达人""己所不欲，勿施于人"。如能依忠恕之道而行，方能实现"均无贫，和无寡"（《论语·季氏》）的理想境界。当樊迟问仁时，孔子回答："爱人"（《论语·颜渊》）。孟子后来发展为："仁者爱人"，孟子强调说："仁者爱人，有礼者敬人，爱人者，人恒爱之；敬人者，人恒敬之"（《孟子·离娄下》）。仁者以关爱他人为出发点，推崇"老吾老以及人之老，幼吾幼以及人之幼"（《孟子·梁惠王上》），进而达到人与人之间的和睦和谐，所以说"天时不如地利，地利不如人和"。总而言之，儒家以"和"为处理人与人之间关系的原则，其最终理想是实现"老有所终，壮有所用，幼有所长，矜、寡、孤、独、废疾者皆有所养"（《礼记·礼运》）的大同理想。

（3）"贵和"主要体现在其重教化、轻战争和刑罚的态度上

《论语》记载："子之所慎：斋，战，疾。"（《论语·述而》）战争是生死攸关的大事，孔子非常谨慎。孔子认为，"足食""足兵"和"民信"是为政的三件大事，而三者又各有轻重缓急，若要去掉一个，孔子首先主张"去兵"。当卫灵公询问孔子军队列阵之法时，孔子毫不犹豫地反驳说："俎豆之事，则尝闻之矣；军旅之事，未之学也。"（《论语·卫灵公》）并且第二天就离开了卫国。其对战争的审慎态度可见一斑。另外，季康子问政于孔子曰："如杀无道，以

就有道，何如？"孔子对曰："子为政，焉用杀？子欲善而民善矣。君子之德风，人小之德草，草上之风，必偃。"（《论语·颜渊》）孔子反对嗜杀，主张"为政以德"。在上位的人只要以身作则，善理国政，百姓就会纷纷效法顺从，如同风吹到草上，草就必定跟着倒一样。

相对于孔子，孟子崇尚和平、反对战争的倾向更加鲜明。孟子崇尚民本，认为"民为贵，社稷次之，君为轻"（《孟子·尽心下》）。施行民本就要重视和珍惜民众的生命，统治者绝不能轻易剥夺民众的生命。基于民本原则，孟子认为"春秋无义战"。春秋时期的战争，目的在于争夺城池，拓展疆域，常常导致"争地以战，杀人盈野；争城以战，杀人盈城"。为此孟子愤然谴责道："此所谓率土地而食人肉，罪不容于死！故善战者服上刑，连诸侯者次之，辟草莱任土地者次之。"（《孟子·离娄上》）孟子反对"以力服人"，主张"以德服人"，并以"以德服人"与"以力服人"作为王道与霸道的区别。在战国群雄争霸，兼并战争频繁的背景下，孟子推崇仁政与王道，反对不义之战的思想可谓是弥足珍贵。

（4）"协和万邦"是儒家处理国与国之间关系的原则

儒家崇尚"和"是解决国与国之间关系的原则，主张"协和万邦"。"协和万邦"最早见于《尚书·尧典》："帝尧曰放勋，钦明文思安安，允恭克让，光被四表，格于上下。克明俊德以亲九族。九族既睦，平章百姓。百姓昭明，协和万邦。""俊德"即美德，"钦"指敬，"明"指明察，"恭"指谨慎，"让"即不骄，这些都是"俊德"的具体德目。"明德"的社会功能是亲睦九族、协和万邦，求得世界的普遍和谐。[①]内圣的明德鲜明地指向外王的"齐家治国平天下"，

---

① 参见陈来：《古代宗教与伦理——儒家思想的根源》，生活·读书·新知三联书店 2009 年版，第 317—318 页。

齐家治国就是"九族既睦，平章百姓"，以求得内部的和平与和谐，平天下就是"协和万邦"，以达到国与国之间的和平与和谐。随着《尚书》被尊为儒家的五经之一，其所主张的处理国家关系的原则也逐渐被统治者所采纳。儒家"协和万邦"的理念促进了各民族的融合和国与国之间的和谐交流。

儒家协和万邦的思想，最鲜明地体现在朝贡体系的构建上。对于周边国家，只要承认中原王国的权威并向其朝贡，中原王国并不武力直接统治其国土，对于前来的各国进贡使臣及其国王，中原王国赏赐的物品较贡品多以数倍，可谓是"厚往而薄来"（《礼记·中庸》）。另外在郑和下西洋的过程中，开展国际贸易时则采取互利互惠、公平交易的原则，而不是借武力以大欺小，以强凌弱。这也彰显出儒家"柔远人"（《礼记·中庸》）的和平理念。

值得说明的是，儒家的"中庸"思想往往与"尚和"思想紧密相连，从而互为表里，相得益彰，共同构成了儒家"中庸尚和"的价值深蕴，并潜移默化地塑造了深受儒家熏陶的中国人的精神气象。

（二）基督教的崇力尚争思想

崇力尚争作为基督教的核心价值观之一，具有深厚的思想根源，并在多个方面得到了鲜明体现。

1. 基督教崇力尚争的思想根源

基督教崇力尚争的思想具有深厚的理论根源。基督教认为灵肉是二元对立的，而灵肉的二元对立使得基督徒肉身与心灵产生强烈的内在张力，这种张力促使人们灵肉难以得到和谐，对基督教"崇力尚争"特征的形成起到了催化的作用；基督教推崇人性本罪，背负原罪的人只有依靠上帝的恩典才能得到拯救，因此基督徒冀求通过"崇力尚争"的现世努力来获得上帝恩典的赐予；另外，基督教是一神教的典范，而一神教极端敌视异端，其显示出来的傲慢与独尊也折射出"崇力尚争"特征；最后，基督徒具有极端强烈和狂热的传教精神，这种传教精神需要"崇力尚争"得以实现。

2. 基督教"崇力尚争"的四维体现

（1）体现在对外异端宗教的战争上。在对外异端宗教的战争上，基督教"崇力尚争"的本性表现最为明显的莫过于"十字军东征"。由于基督教圣城耶路撒冷落入伊斯兰教徒手中，为了从伊斯兰世界夺回耶路撒冷，罗马教皇发动了由西欧的封建领主和骑士所组成的，以捍卫宗教、解放圣地为口号的宗教战争。在 11—13 世纪的"十字军东征"历时近 200 年，前后共进行了 9 次东征，参战人数达 200 多万人。令人惊奇的是，"十字军东征"展现了一种崇高而神圣的目的与残忍嗜杀的手段的奇妙结合。一方面，基督徒满怀着圣战的热情和目的而走向战争，他们相信为圣战而死灵魂就会上天堂，为此他们并不畏惧死亡；另一方面，他们在为了实现崇高圣战理想的过程中所采取的手段极其残忍野蛮，无论男女老少，只要是穆斯林就杀，杀完之后把财物抢劫一空。可以说，"十字军东征"看似目的崇高而神圣，本质上说却是一种暴行，极大地加深了基督教与伊斯兰教、西方与东方之间的矛盾与冲突。甚至至今亨廷顿提出"文明的冲突"，也无不折射出东西方冲突背后的宗教根源。随着"9·11"事件的发生，基督教与伊斯兰教矛盾进一步激化，其前后发生的伊拉克战争、阿富汗战争、利比亚战争、叙利亚战争，都隐含着基督教对异端宗教"崇力尚争"的本性。

（2）体现在对内教派的战争上。在对内教派的战争上，基督教"崇力尚争"的本性表现得最为明显的莫过于惨烈的"三十年战争"。

在 1618 年到 1648 年，在四分五裂的德国爆发了一场大规模的宗教战争。战争初期是在德国的新教诸侯与天主教诸侯之间开展的，后来逐渐演化为西欧各国参加的宗教战争。后来这场战争甚至被认为是世界近代史上的第一场国际战争。战场的双方可谓是泾渭分明，英国、瑞典、丹麦、瑞士和荷兰支持德国的新教诸侯，而西班牙、神圣罗马帝国和罗马天主教会支持德国的天主教诸侯，这场战争延绵了三十年，前后打了四个回合，但最终没有任何一方取得决定性胜利。到了 1648 年，势均力敌的双方不得不相互妥协，签订了《威斯特伐利亚和约》，和约基本上以中欧为界，划定了新教与天主教的势力范围。这场旷日持久的战争使德国各邦国大约丧失了 60%的人口，各参战国也是伤亡惨重，基督教"崇力尚争"的本性在这场宗教战争中表露无遗。

（3）体现在对外殖民扩张上。欧洲基督教世界的殖民扩张，在追求财富、开拓疆域的同时，不可否认的是，传播基督教是其内在的精神驱动力。殖民者大都肩负着传播福音的使命，在他们看来，殖民地民众是野蛮的、未开化的，而基督徒则是文明的、有修养的。基督徒自身的使命就是教化、洗礼异教徒和野蛮人。于是他们一手端着枪，一手拿着《圣经》，在用坚船利炮打开殖民地国门的同时，也使基督教敲开了殖民地民众的心门。他们的到来，不仅意味着殖民地领土和财富的丧失，更是导致了殖民地民族文化的衰落。可见，基督教世界的殖民扩张始终是与基督教的传播紧密相连的，在基督教传教精神推动下，西欧各国纷纷走上了殖民扩张的道路。基督教"崇力尚争"的本性在对外殖民扩张中可见一斑。

（4）新教伦理在商业贸易层面凸显了基督教的"崇力尚争"。新教之一的加尔文宗推崇"天职"观念，抛弃了天主教禁欲主义式的修行，而希冀将上帝赋予个人的天职在尘世活动中彰显出来。加尔文宗也提倡预定论，认为人在其出生之前就已经被上帝判定了来世的命运，尘世中的人无法得知上帝的旨意，人与上帝之间存在着一道不可逾越的鸿沟。人们在尘世的工作就是为了荣耀上帝，争取职业上的成功，这便成为建立获救信心的唯一手段。新教徒为了获得职业的成功，在商业贸易上相互竞争，拼命创造积累财富。并且加尔文宗在鼓励信徒注重生产和竞争的同时，禁止奢侈性的挥霍，从而渐渐形成了一种多创造、多生产、少挥霍、少浪费的新教伦理，所以马克斯·韦伯说："假如对生活的禁欲态度经得起考验，则财产越多，就越感到有责任为上帝的荣耀保持不使财产减少，并通过不懈的努力使其增多。"① 这种"崇尚竞争，勤于工作"的新教伦理与资本主义精神之间存在很强的亲和力，成为了促进资本主义精神发展的精神杠杆。英国和荷兰资本主义经济的发展在一定程度上证明了新教伦理的优越性。后来新教徒来到美国，在那里开疆拓土，艰苦奋斗，大力发展商业贸易，为后来美国的崛起奠定了坚实的基础。

（三）儒家中庸尚和与基督教崇力尚争之比较

中庸尚和与崇力尚争分别是儒家与基督教的核心价值观之一，本书主要从以下四个方面予以比照和辨析。

1. 儒家的内向心态与基督教的开放心态

儒家文化在相对闭塞的地理环境中孕育而生。中国的西南面和西面是高耸的青藏高原，东面是难以逾越的太平洋，北面和西北面是贫瘠而荒芜的蒙古高原。儒家囿于血缘宗族的藩篱，加之自身重

---

① ［德］马克斯·韦伯：《新教伦理与资本主义精神》，四川人民出版社1986年版，第160页。

农抑商，商品经济发展缓慢，这些地理和文化因素致使儒家散发出内向的、崇尚中庸尚和的心态。这种内向的心态导致其重自我保护而轻外部拓展，并不提倡对外战争。在儒家看来，穷兵黩武式的向外征服是不义的。在对外关系中，儒家主张"协和万邦""厚往薄来"，主要以和平的方式开展对外关系，并不力求外部扩张，也并不追求将其制度或意识形态强加于人，希冀用"中庸尚和"的理念实现"平天下"的鸿鹄之志。总之，推崇"中庸尚和"的儒家充分展现出一种内向的心态。

与儒家封闭的地理形态相反，基督教产生于开放性的海洋文明。中心为浩渺的地中海，西面是无尽的大西洋，其他三面则是广袤的陆地。这就为基督教提供了广阔的发展空间。另外海洋文明致使基督教世界商品经济相对发达，对外拓展的欲望强烈。加之基督教具有浓厚的普世性，积极向外传福音。"你们要去，使万民作我的门徒，奉父、子、圣灵的名给他们施洗。"（《马太福音》28:19）"你们就必得着能力，并要在耶路撒冷、犹太全地，和撒马利亚，直到地极，作我的见证。"（《使徒行传》1:8）在上帝的呼召下，基督徒不畏艰险地走上了传教的道路。基督教从一个犹太教的异端，突破犹太地，绵延至地中海西岸，进而发展到罗马帝国全境，后来伴随着殖民活动，基督教真正走向世界，成为名副其实的普世宗教。其波澜壮阔的嬗变历程充分展现出开放性的特征。

### 2.儒家对异端的包容与基督教对异端的排斥

与西方人认为"一切作用在其敌对上"不同，中国人认为"一切作用在其和通上"。①儒家宽宏通达且开明仁爱，崇尚中庸和平，对待异质文化，虽然也有批判异端的言论（如孟子辟杨墨），

---

①　钱穆：《晚学盲言》，广西师范大学出版社2004年版，第454页。

但总体上坚持了"和而不同""和为贵"的理念，认为各家思想很大程度上是"一致而百虑，殊途而同归"。于是出现了儒道互补、儒法结合、援佛入儒、儒释道合一，甚至与基督教和伊斯兰教共存，这就构成了儒家文化兼容并包的特色。儒释道三家在历史上长期共存，相互吸收，最终走向"三教合一"，而没有出现西方国家的各宗教教派之间尖锐而残酷的斗争，这与占统治地位的儒家坚持宽容和合、求同存异的态度紧密相关。另外，作为异族的蒙古人与满人先后入主中原，建立王朝，但其文化后来在很大程度上受到儒家文化的中和与融通，并最终奉儒家文化为圭臬。另外儒家文化反对"以力服人"，其对外传播也是和平的，正因为能"以德服人"，很多国家的使臣都是慕名而来，对儒家文化趋之若鹜，主动接受其教化，并没有像基督教传播那样，经历了剑与火的洗礼。

基督教一神教的傲慢致使其产生了一种非此即彼、非敌即友的思维模式。基督教对于异端没有包容性，好走极端，"义人见仇敌遭报就欢喜"（《圣经·诗篇》）。这就引发了基督教与伊斯兰教及其他宗教之间的残酷战争（如十字军东征，残杀犹太人）。基督教不仅对外部异端没有包容，对其内部的派别之争也多诉诸武力解决，基督教内部天主教、东正教、新教之间的宗教战争在历史上更是连绵不绝，非此即彼的二元对抗思维已经深入基督教世界的骨髓。当今美国像当初传教士传播福音那样，要求与美国意识形态不同的国家接受其所谓的"普世价值"，推行其三权分立的民主制度，更把不接受其思想的国家视为异端，列入黑名单。在美国看来，向这些"异端国家"发动的战争，把这些国家的人民从黑暗中解脱出来，更是上帝赋予的神圣使命，可以说美国充当的更像是现代十字军的角色。基督教对异端的排斥充分展现了其"崇力尚争"的本性。

### 3. 儒家的王道天下体系与基督教的霸道帝国世界

"王道天下体系"是传统儒家思想的重要观念，鲜明地体现在朝贡体系的构建上，对于朝贡国，中原王国依据王道的和平方式来管辖，而非自恃武力强大而以强凌弱，并且遵循"厚往而薄来"的原则，给予朝贡国以优厚的待遇。儒家提倡"远人不服，则修文德以来之"（《论语·季氏》），治国的"九经"中有两个部分是"柔远人也，怀诸侯也"（《礼记·中庸》），视天下为一家，认为"四海之内皆兄弟"，能够将他者融合于共在秩序中，国与国之间的关系是"远近"而不是"敌友"，是以一种情谊而非敌意的态度来看待不同种族与地域之间的关系。总之，"王道天下体系"散发出温情脉脉的道德感，使得化敌为友成为可能，是一种极具特色的国际治理思想。

与儒家相比，"霸道帝国世界"是基督教崇力尚争思想在国际体系中的鲜明体现，从近代的英国殖民扩张到现代美国的霸权活动，无不展露出浓厚的"霸道帝国世界"色彩。英国能从一个蕞尔岛国逐渐成为横跨五大洲的日不落帝国，正是凭借坚船利炮的强大武力，同样，美国能够在 19 世纪末迅速崛起，在两次世界大战后成为世界强国，也是依靠武力的征服。另外，"霸道帝国世界"划定了敌人与朋友的界限，认为敌人就是不同于自身民族国家生存方式的"他者"。正所谓"非我族类，其心必异"，国与国之间的冲突是亨廷顿所言的"文明的冲突"，因此基督教国家积极与异教国家开展斗争，只是在逼不得已的情形下，才寻求合作的可能性。总之，"霸道帝国世界"弥漫着浓厚的敌友色彩，难以超越敌友政治的窠臼。

### 4. 儒家"道德人"的气象与基督教"经济人"的气象

受儒家"中庸尚和"思想的影响，人与人之间保持一种和谐的关系，体现在经商活动中就是人们普遍崇尚"和气生财"，以和为贵，不强调过多的竞争。为了抑制过度的利欲，儒家主张"以义制利""见利思义"，认为"君子喻于义，小人喻于利"，这些理念在成功塑造了儒家"道德人"的风范的同时，也构成了中国传统社会经济活动重和谐、轻竞争的思想文化根源。

在新教看来，世上之人中的一部分是可以得救的，而另外一部分是无法得救的，人的得救与否在"因信称义"的同时，也要看能否在世间取得成就，以充分地荣耀上帝。对上帝的虔诚与荣耀上帝的期望汇聚在一起，促进了经济的发展。"只要在形式上正确的界限之内，只要道德品行白璧无瑕而且在财富的使用上无可指摘，资产阶级实业家就可以随心所欲地追求金钱利益，同时感到这是必须完成的一项义务。"①这样，人们为了创造更多的财富，以在更大程度上荣耀上帝，人与人之间关系普遍紧张，彼此之间相互激烈竞争，从而成功塑造了基督教"经济人"的气象，彰显出基督教"崇力尚争"的本性。

综上所述，儒家"中庸尚和"和基督教"崇力尚争"充分彰显了两者精神气象的不同特征，揭示了彼此价值追求的分野。通过剖析儒家中庸思想的历史嬗变与儒家的尚和思想在四个维度的体现，可以触摸到儒家"中庸尚和"的深层精神蕴藏，解析基督教"崇力尚争"的思想根源与其在四个维度的体现，可以充分洞察到基督教"崇力尚争"的脉络谱系。最后将儒家"中庸尚和"与基督教"崇力尚争"在四个向度进行系统比较，可以充分管窥到两者的差异甚至冲突。不过，相信儒家与基督教如果本着"和而不同"的价值理念、"海纳百川"的包容姿态进行对话，相互的了解与认知将会进一步深化，从而为中西方文化交流与融合奠定精神基础。

---

① ［德］马克斯·韦伯:《新教伦理与资本主义精神》，四川人民出版社1986年版，第166页。

# 三、儒家的具象直觉与基督教的抽象思辨之比较

思维方式是一个民族或地区的人们在长期的社会实践生活中逐渐形成的看待事物的角度、方式和方法，它决定着人们的行为方向，是一种相对稳定、带有普遍性的思维定式。思维方式既是人类核心价值观的表现形式，也是人类文化现象的深层本质，属于文化现象背后的、对人类文化行为起支配作用的稳定因素，通过思维方式能够说明文化现象的许多内在区别与联系。① 因此一个民族的思维方式不仅会主导人们的价值取向，而且会影响整个社会的发展方向。而儒家与基督教的思维方式就存在着极其明显的差异。

## （一）儒家的具象思维模式

一般而言，思维方式可以分为感性直觉和理性思辨两种思维模式。感性思维借助的是感觉、灵感、想象等形式，不需要通过归纳推理而是通过经验理解客观事物的本质，而理性思维运用的是概念、判断和推理等方法，通过逻辑思辨认识和把握真理，二者具有不同的特点。20 世纪英国哲学家罗素说："把中国文明和欧洲文明进行比较，可以看出，中国文化中的大部分内容在希腊文化也可以找到，但我们的文明中另外两个元素：犹太教和科学，中国文明中没有。"② 虽然缺乏理性的科学思维，中国文明却因为自身的文字、

---

① 张岱年、成中英等：《中国思维偏向》，中国社会科学出版社 1991 年版，第 2 页。

② ［英］罗素：《中国问题》，秦悦译，学林出版社 1996 年版，第 151 页。

语言、气候、生存环境和历史条件等种种因素的作用，富有着自身文化特质的具象会意、直觉体悟与整体和谐等思维模式，而这些思维特征在中国传统文明的核心——儒家文化中表现得尤其突出。

### 1. 具象会意

语言和文字是一个民族思维方式形成的主要因素，同时，又是人类思维最重要的工具和记录载体。不同语言和文字的形成发展反映着不同的文化精神和思维模式。综观世界上种类繁多的文字，其大致可分为三类：表形文字（图画文字）、表意文字（音意结合文字）、表音文字（拼音文字）。从汉字的发展角度看，汉字由古代原始的图画演变成约定的符号，再不断地演化成为线条，成为象形文字，其符号通过对自然的模仿来再现简单的物象，目的是透过事物的具体形象表达某一意义。[①] 有学者认为："从甲骨文来看，汉字还没有脱离象形文字的胚胎，大多具有图画的性质。"[②] 许慎在《说文解字》里解释："象形者，画成其物，随体诘诎，日月是也。"而画成其物不是简单对原物形体的描绘，正如王弼所言："夫象者，出意者也。"（《周易略例·明象》）因此从汉字的结构看，汉字是音、形、义三者的统一体。汉字不仅偏重事物的具体形象，而且其形义之间的结合很清晰地表达了其背后的意义和精神。

学者王东岳认为，中国的汉字继承了甲骨文的具象基因，文字结构缔造了中国的具象思维。不言而喻，具象思维是一种具体的形象思维方式。王东岳举"美"字作为例证，他解释，"美"者，上为"羊"，下为"大"，以男子雄壮像公羊视为美，表示在原始的母

---

①　程洪珍：《东西方传统思维方式与英汉语言差异》，《安徽大学学报》2005 年第 3 期。

②　杨德峰：《汉语与文化交际》，北京大学出版社 1999 年版，第 167 页。

系氏族社会，女性是稀缺资源，男性更需要展示自己的美。"明"字，左"日"、右"月"都是发光体，表示明亮之意。而形声字更是达到了形符与声符的统一，通过具体的关联形象的形符与借助声音表意的声符有机并有意地结合在一起。如"稼"字，从"禾"，"家"声，本义种植五谷，因而读者只需要看到"稼"字则会在大脑中自然地想起与"禾"相关之物象。"示"为神主的象形，如"祭""礼""祷""祖""神""社"等从"示"之字多与神祖、祭祀有关。而从个体的汉字扩展到完整的语句，在汉语表达的过程中也善于用形象、生动的词汇。《诗经》首篇有云："关关雎鸠，在河之洲，窈窕淑女，君子好逑。"其描绘的画面十分形象而美妙，即景言情，而托物言情、寄情于景是中国的文学作品的特色。如马致远在《天净沙·秋思》云："枯藤老树昏鸦，小桥流水人家，古道西风瘦马。夕阳西下，断肠人在天涯。"马致远利用九种景物来表现深深的哀愁情感。因此，在阅读汉字的过程中，由于汉字本身体现事物形象的特点，正所谓取象可存意、立象可尽意、其义可自见，这使得思维方式也自然更加具象化和意象化。

而中国为何历来强调文史哲不分家，其语言表达的具象化思维共性是个重要的原因。子曰："人而无信，不知其可也。大车无輗，小车无軏，其何以行之哉？"（《论语·为政》）宰予昼寝，子曰："朽木不可雕也，粪土之墙不可圬也！于予与何诛？"（《论语·公冶长》）子路曰："子行三军，则谁与？"子曰："暴虎冯河，死而无悔者，吾不与也。必也临事而惧，好谋而成者也。"（《论语·述而》）孔子在教育学生时用了"大小车、輗、軏、朽木、粪土、墙、暴虎、冯河"等极为具体而形象的事物来作比喻，这样的教育方式更容易被接受，教育效果明显。而孟子同样继承和发扬了孔子的这种具象的思维。如孟子在与告子争论人性善与有无善与不善的问题时，彼此用的都是如杞柳、杯棬之类的具体事物来说明。而清代王夫之更是用"盈天下而皆象矣,《诗》之比兴,《书》之政事,《春秋》之名分,《礼》之仪,《乐》之律,莫非象也"对传统的具象思维进行总结。

中国传统的具象思维具有生动、灵活的特点,容易被理解、接受和传承。儒家学者一直都有"笺注经书"的学术传统,反映了具象思维对待前人成果的积极态度,但这种思维定式形成之后容易在认知上趋于认同和具有封闭性。传统的中国社会,由于自然环境的相对稳定和人民生活的自给自足,英国科学史家李约瑟将中国比喻成"恒温器",李约瑟认为这个"恒温器"在具有自我调控能力,一定阶段内促进科学技术发展的同时,却最终会因其保守阻碍科技的进步。

## 2. 直觉体悟

华夏先民除了具象思维外,为了有效把握事物的内在本质,还发展出更为重要的思维方法——直觉体悟。所谓"直觉",用中国古代名词讲就是"体认""体道"之义。直觉思维是一种独特思维方式,儒家的直觉思维是在具象思维基础上,以个体经验与智慧直接切入事物本质。① 所谓"置心物中"正是近代所谓直觉之义。② 它不同于笛卡尔理性主义的直觉和柏格森生命哲学的直觉,西方的直觉主义需要借助概念、判断、推理,然后又超越这些来把握事物的本质。儒家则注重直观性、经验性和体悟性的思维模式,追根溯源在于儒家对世界本质的理解是直观和经验性的。如《系辞上》云:"易有太极,是生两仪,两仪生四象,四象生八卦。""一阴一阳之谓道",不言而喻,"太极""阴阳"是宇宙自然的本源。孔孟继

---

① 徐行言:《中西文化比较》,北京大学出版社 2004 年版,第 121 页。

② 张岱年、成中英等:《中国思维偏向》,中国社会科学出版社 1991 年版,第 11 页。

承和发展了这种"天"的思想。"天何言哉？四时行焉，百物生焉，天何言哉？"（《论语·阳货》）孔子所言之"天"含有两层意义：一从"情"方面说有类于人格神；二从"理"方面说是形上实体。孔子"天何言哉！"之天乃指"于穆不已"的生生之道。[①]《中庸》开篇曰："天命之谓性，率性之谓道，修道之谓教。"人的本体性是从"天"那里获得的。孟子认为，天在"生蒸民""降下民"的同时，就将仁、义、礼、智的道德善端，植根于人心之中。仁、义、礼、智的"人道"本源于"天道"。朱熹继承周敦颐、二程的思想，形成了一个以"理"为核心的庞大哲学体系。朱熹认为："天地之间，有理有气。理也者，形而上之道也，生物之本也。气也者，形而下之器也，生物之具也。"（《朱子文集·答黄道夫书》）"理"是创造万物的根本。综观儒家关于世界本质的"太极""阴阳""天"和"理"等思想，这些形而上的概念在中国哲学史上都无法用一个统一而清晰的描述概而括之，具有难以言说性，它们无法用抽象的理性思维论证其内涵和外延，只能通过人们的感觉和直觉去洞察事物的本质。不仅如此，有学者还认为，先秦儒者们使用和创造的大量政治概念也基本停留在直觉的水平，他们没有掌握给概念下定义的科学方法，甚至根本不关心这个问题。[②]如孔子对于不同学生提出的"仁"问作出了相应的回答。樊迟问仁。子曰："爱人。"（《论语·颜渊》）子张问仁，子曰："能行五者于天下，为仁矣。"（《论语·阳货》）钱穆说："孔子所常讲的仁，并没有什么深微奥妙处，只在有一颗爱人之心便是仁。但这颗爱人之心却是人心所固有，所同有。"[③]孔子

---

① 蔡仁厚：《孔子的生命境界》，吉林出版集团有限责任公司2010年版，第6页。

② 丛日云：《西方政治文化传统》，黑龙江人民出版社2002年版，第144页。

③ 邓思平：《经验主义的孔子道德思想及其历史演变》，巴蜀书社2000年版，第11页。

"仁"的概念十分模糊，但这颗仁者爱人之心是每个人都能感知和体会到的，既丰富多彩又具有不确定性。

儒家的直觉思维还表现在运用经验外推和类比方法上。荀子言："欲观千岁，则数今日，欲知亿万，则审一二，以近知远，以一知万，故以人度人，以情度情，以类度类。"（《荀子·非相》）"度"是推测、衡量之意，依靠的是直观感觉和经验总结，不是系统的理论论证。董仲舒认为："以类合之，天人一也。"（《春秋繁露·阴阳义》）不仅人的形体、感情，"类于天"，或副于天，而且人的道德"亦宜类相应"，"皆当同而副天，一也"（《春秋繁露·人副天数》）。董仲舒用他"天人合类"的"宇宙伦理模式"推衍出"人道"的由来，他先把封建的伦理道德从社会关系中抽出而赋予天、地、阴、阳、五行，将自然的天神秘化和伦理化。然后主观地构造起由"天"到"人"的桥梁——"天人合类"，并通过类比的方法，再从"天"那里召回本来就只属于封建社会的道德纲常。① 朱熹也同样借助过类推的方式说明"物我一理"："……然虽各自有一个理，又却同出于一个理尔。如排数器水相似：这盂也是这样水，那盂也是这样水，……然打破放里，却也只是个水。此所以可推无不通也。所以谓格得多后自能贯通者，只为是一理。"（《朱子语类》卷十八）因此，"才明彼，即晓此"，一旦穷尽了事物的"理"，也就明白了吾心之"理"。而心学一派的学者所说的"天理"是"人人自有，个个圆成"，"不假外索，无不俱足"（《传习录》上），主张反观"自心"，即可成圣，这种靠灵感而非逻辑的方法，不仅接近孟子的"尽心"之说，而且似乎更类于禅宗的直觉思维方法。② 儒家的这种类推方式是人

---

① 朱贻庭主编：《中国传统伦理思想史》，华东师范大学出版社 2003 年版，第 205—206 页。

② 高晨阳：《中国传统思维方式研究》，山东大学出版社 1994 年版，第 147 页。

类自然产生的，缺乏真正逻辑上的推理和思辨，依靠的是内心的顿悟和日常的经验积累，而不是严格意义上的理性分析。这种朴素的类比推理方法抽象化的程度不高，无法超越直观的经验，于是很难形成一种内在结构十分严谨的理论体系。

儒家另一种思维方式十分注重内省顿悟。孔子对人性自足完满的绝对信任，这一模式进程的动力因素关键在人本身的自我反思，"君子求诸己，小人求诸人。"（《论语·卫灵公》）而后来孟子的大力提倡"反求诸己"，这是对自己良心本心的自觉。儒家传统的"格物"在穷至事物之理，欲其极处无不到也。而所格之物，所穷之理，虽也不排除"动植大小""草木器用"，但却是封建道德伦理纲常。①于是这"名为格物，实为格心"，这是儒家一直倡导的道德修养方法，它的目的不在于探究客观事物的内在本质，而在于通过自我内求，向内用功的方法不断提升自我修养，从而达到理想中的道德境界。这也就决定了儒家在现实生活中更加强调道德实践，而不是伦理思辨的特点。

### 3.整体和谐

中国传统哲学，无论儒家或道家，都注重强调整体思维。整体性思维是主体将自己完全融入于客体之中，认为作为思维主体的"人"与认识客体的天地万物之间是相互相依、共存共融的，即主客不二，也就是认为世界（天地）是一个整体，人和物也都是一个整体②，即"天人合一"。"天人合一"是中国哲学最基本最重要的命题，也是儒家最重要的思想精髓，它奠定了儒家整体性思维的基础。

---

① 朱贻庭主编：《中国传统伦理思想史》，华东师范大学出版社 2003 年版，第 399 页。

② 张岱年、成中英等：《中国思维偏向》，中国社会科学出版社 1991 年版，第 8 页。

　　"天人合一"虽在《周易》中并没有明确提出，但天人一体的整体性思维却构成《周易》最显著、最富魅力的思维特点。《周易·系辞上传》有云："六爻之动，三极之道也""范围天地之化而不过，曲成万物而不遗"，朱熹在对此进行评论时认为，圣人著《易》的终极目的是确立以阴阳学说为核心的，融天、人、地于一体的系统思维方式。《大学》中的"修身、齐家、治国、平天下"十分形象地展现了儒家将个体融入于家族、国家和社会等整体之中才具生命意义的人生理念。孟子主张"万物皆备于我"。董仲舒更是将天地人一体化思想不断发展着，提出了"天人相参"的宇宙观。他说："何谓本？曰：天、地、人，万物之本也""三者相为手足，合以成体，不可一无也"（《春秋繁露·立元神》），董仲舒把天地人看成为一个互相联系、彼此制约的有机整体，认为只有三者的整体功能得到发挥才能构建一个和谐有序的宇宙。同时，董仲舒在《天人三策》中也不厌其烦地阐述天地人三者之间的关系和联系，从广泛的意义上昭示人们，不管任何人、任何阶级，要在社会立身处世、生存发展或是治国谋政，都必须把天地人诸种因素综合起来进行分析、认识和处理，不能只取一端，不及其余，否则就会陷入片面性、极端性之中。[①] 董仲舒天人一体的思维原则在政治上表现为"大一统"的政治诉求。以"王道之三纲"为准则，规范社会政治关系和等级秩序。"君臣、父子、夫妇之义，皆取诸阴阳之道。君为阳，臣为阴；父为阳，子为阴；夫为阳，妻为阴"（《春秋繁露·基义》）。这表明董仲舒试图通过"天人相参"的整体思想为封建社会的专制统治找到"天然"的保护伞。而到宋代，中国古代整体的思维原则被推向前所未有的高度，如周敦颐的《太极图说》就是要构建一个和谐统一的"天、地、人"宇宙大系统。

---

① 　赖美琴：《董仲舒的思维方式及其政治归趋》，《学术研究》2003 年第 7 期。

在这庞大的体系中，达到各方面的和谐是儒家的主要思维法则和境界追求。史伯是第一个对和谐理论进行探讨的思想家，史伯说："和实生物，同则不继。以他平他谓之和，故能丰长而物归之。若以同裨同，尽乃弃矣。"（《国语·郑语》）《易传》中极力提倡"太和"的思想，"乾道变化，各正性命，保合太和，乃利贞。"（《易传·彖传》）"太和"是最和谐的极致状态，但"和"与"同"有着本质的区别，要重和而趋同，故《易传》有云"天下百虑而一致，同归而殊途"（《易传·系辞下》）。而孔子言："君子和而不同，小人同而不和。"（《论语·子路》）因此，"和"并不排除矛盾，抹杀差异。在自然界和大社会中，要遵循"和也者，天下之达道也""万物并育而不相害，道并行而不悖"的包容和谐的大法则；在人与人的关系中，孔子提出"礼之用，和为贵"（《论语·学而》）的主和理念，孟子提出"天时不如地利，地利不如人和"（《孟子·公孙丑下》）的人和思想。在处理人际关系时，儒家采取"持其两端用其中"的不偏不倚的中庸法则，提倡"己所不欲，勿施于人""己欲立而立人，己欲达而达人"的忠恕之道，以构建和谐有序的各种关系网。

## （二）基督教的抽象思维模式

著名学者唐君毅曾指出："中国古代对器物之发明虽多，然为西方科学本原之形数之学与逻辑，终未发达。重概念之分析理性之观照之希腊科学精神，依假设之构造以透入自然之秘密，而再以观察实验证实之近代西方科学精神，二者在传统之中国文化中，终为所缺"[1]。德国哲学家莱布尼茨也曾论述欧洲较之中国优越之处在思

---

[1]　郁龙余：《中西文化异同论》，生活·读书·新知三联书店1989年版，第52页。

维和思辨的科学之中。因为，西方文明受到基督教"二元主义"思想的影响，形成的是一种人与自然分离，主客对立的二元世界，这种将世界一分为二的"二元论"思想运用的是抽象思辨、理性分析和严谨缜密的思维模式。

## 1. 抽象思辨

首先从文字的来源探讨基督教抽象思辨的思维特质。有主要证据表明《新约》西部经文类型来自于拉丁教父和拉丁文译本。[1] 而一般认为，拉丁文字最早来源于埃及的象形文字，而埃及的象形文字经过不断的演变，其代表文字的图形在交流的过程中难度越来越大，因此彼此需要借助记住对方的发音来理解各自所要表达的思想。而腓尼基人正是在埃及文字的影响下创立了第一个纯粹音系文字体系的腓尼基文字表，希腊人则借助腓尼基字母并对其进行改造，形成了西方国家文字的基础，即是以字母效应为核心的表音文字。拉丁字母属于拼音文字，它们构成词语时字母的排列组合带有明显的任意性，音、义之间没有直接和必然的联系，单词本身不是对自然现象的描绘，也不是对具体事物的直接反映，结构上与汉字是音、形、义的统一完全不同。如mountain、water、sun、moon等单词并不能直观上表现山、水、日、月之意。从西方字母文字的演化过程可以发现，西方先人的思维经历了一个由形到音、由具象到抽象的转化过程。而为了清晰地表达和传递思想，这就需要对语言具有较高的抽象能力和分析能力，形成一套相对稳定的抽象概念和复杂的逻辑推理体系。如柏拉图在《理想国》中把认识纯理念的方法称作灵魂辩证法，而辩证法更多地是对概念意义所作的逻辑分

---

① ［美］布鲁斯·M.麦慈格：《新约正典的起源、发展和意义》，刘平、曹静译，上海人民出版社2008年版，第1页。

析。柏拉图对"正义"的概念进行了多角度的分析，从探讨"正义"的内涵开始，进而设计一个正义的国家制度模型，然后对种种现存的不符合正义的制度进行分析，最后得出"正义"的结论。[①] 这是通过翔实的推理，在严谨的逻辑结构下形成的一个理论体系。

但西方文字产生于希腊半岛及附近沿海地区，属于海洋文明。宽广无垠的开放海洋带给西方人的有变幻莫测、凶险可怕的自然环境，也有与外界频繁交流和竞争的社会环境，他们一方面需要与自然做激烈的斗争，另一方面又需要拓展自我的视野和思维。而正是这种时常变化和变动的生存条件塑造了西方人敢于冒险和善于思辨的批判思维。美国著名文化心理学家尼斯比特将由地理生态环境和人们社会生活实践的不同而引起的人们思维方式上的差异现象，称之为"思维地缘说"。[②] 梁漱溟先生在《东西文化及其哲学》中从"意欲"的角度分析：西方文化意欲向前、中国文化意欲执中、印度文化反身向后，而走一条向前的路向，需要具有征服自然、怀疑和挑战权威的态度。[③] 希腊文明则从一开始便彰显着向自然"发问""求知"，向权威"发难"的特色。亚里士多德"吾爱吾师，吾更爱真理"就是最典型的例证。

### 2.理性分析

在基督教产生的过程中，基督教将犹太教的信仰精神、古希腊的理性思想和古罗马的法律理念融为一体，基督教哲学继承和发展了柏拉图主义和亚里士多德主义理性分析的重要精髓。柏拉图的理念论吸收了毕达哥拉斯把自由探索——沉思当作一种伦理上的"善"

---

① 丛日云：《西方政治文化传统》，黑龙江人民出版社2002年版，第149页。
② 季羡林：《东学西渐与"东化"》，《光明日报》2004年12月23日。
③ 梁漱溟：《东西文化及其哲学》，岳麓书社2012年版，第48—49页。

来看待的思想，认为探索本身即是善。他在讲述"洞穴"比喻时说："那赋予被认识的东西以真理和赋予认识者以认识的力量的东西，就是我要你称呼的善的理念，而你也将认为他是科学的原因。……科学和真理可以被看成好像是善，但还不就是善；善比科学和真理具有更高超的地位。"柏拉图明确地把"善"置于科学研究和追求真理之上，而让它像太阳照亮万物一样赋予科学研究和真理追求以力量。① 因此，求善与求真、伦理与科学精神相结合的方法成为古希腊思想的重要特征，这也构成了基督教精神的重要根基和思想来源。因此，希腊人的"至善"式科学思维在基督教教义中得到传承和发展，希腊哲学的"逻各斯"概念与《圣经》里所说的"道"都是用希腊文中的"logos"来表示。"世界被创造之前，道（Word）已存在；道与上帝同在，同样是上帝。从太初起，道就与上帝同在。通过道，上帝创造万物；在一切创造中，没有一物离开道而被创造。道是生命的源泉，生命给人类带来光。光明照耀着黑暗，黑暗从不使光熄灭。"② 道是"渗透于可理解的世界中的神性的或普遍的理性"。道的光甚至在他为耶稣基督的肉身之前就显示于人类历史中。《约翰福音》中的这段话说明，世界从来就是理性的，是可以理解的。③ 因此，在基督教哲学中世界的万事万物都可以通过理性分析加以证明，例如奥古斯丁的基督教学说就包含着神学与哲学、信仰与理性关系的论述，而基督教学说是基督教的理性主义基础，集神学与哲学于一体，构成了中世纪意识形态的基本模式。④ 理性思想是基督教精神的一个重要理念。中世纪基督教哲学讨论的

---

① 张世英：《境界与文化——成人之道》，人民出版社 2007 年版，第 203 页。
② "Good News Bible", *Today's English Version, United Bible Societies*, New York, 1976, The New Testament, John, p.116.
③ 张世英：《境界与文化——成人之道》，人民出版社 2007 年版，第 206 页。
④ 赵敦华：《基督教哲学 1500 年》，人民出版社 2007 年版，第 126 页。

一个基本问题就是哲学和神学、理性和信仰的关系问题。

被一些人称为"经院哲学之父"的安瑟尔谟，将辩证法推广运用于神学中，并以教会所认可的研究成果表明辩证法可用作解决神学问题的理性工具。他以逻辑所要求的简明性和必然性论证信仰的真理性。他相信："我们信仰所坚持的与被必然理性所证明的是同等的。"[1] 安瑟尔谟在《宣讲》中对上帝存在进行了先天证明的"本体论证明"，对"上帝"概念的意义作了逻辑的分析，旨在从上帝的概念中去理解和证明上帝的存在。托马斯·阿奎那认为任何关于上帝存在的证明都是演绎证明，而且只能是后天论证。托马斯·阿奎那提出了五个证明：第一个证明依据事物的运动；第二个证明依据事物的动力因，而最终极的动力因就是上帝；第三个证明依据可能性与必然性的关系；第四个证明依据事物完善性的等级；第五个证明依据自然的目的性。托马斯·阿奎那按照"由结果追溯原因"的思路，遵循由感性上升为理性的亚里士多德主义认识原则来论证上帝的存在。[2] 中世纪基督教发展史上的殿军人物帕斯卡尔概括了奥古斯丁和托马斯·阿奎那关于理性与信仰的关系。他认为，从某些公理出发，并且从这些公理推论出真理，这种真理可以被普遍的逻辑法则所证实，这种精神的优点在于它的原理的明晰性和它的演绎的必然性。[3] 中世纪之后 19 世纪开始兴起的新经院哲学，继承了经院哲学形而上的传统，并且将康德的先验论证方法、胡塞尔的现象学方法和英美哲学的逻辑分析方法都吸收进去了。由上可知，基督教思想从其产生至发展的整个过程中，都紧紧将理性思辨、逻辑推理和论证分析的思维方式融入其中。

---

① 赵敦华：《基督教哲学 1500 年》，人民出版社 2007 年版，第 220 页。

② 赵敦华：《基督教哲学 1500 年》，人民出版社 2007 年版，第 361—363 页。

③ 靳凤林：《死，而后生——死亡现象学视阈中的生存伦理》，人民出版社 2005 年版，第 125 页。

### 3. 个体独立

古希腊哲学家德谟克利特认为事物的本原是原子，事物的多样性是由于构成物质的原子形式、所处状态、结合方式不同组成的，这种主客二分的宇宙观认为事物之间是独立的，并不断向前发展变化。而柏拉图比较早地阐述了二元的世界观：无形的理念世界与有形的现实世界、感官的和超感官的、自然的和超自然的、经验的和先验的、现世的和来世的等，这种对世界的双重性理解，被基督教所吸收。① 这些从根本上为基督教二元论思想的形成奠定了思想基础，从而可以从多方面体现基督教个体主义的思维原则。

从基督教对个人自身的理解角度看，灵魂与肉体的二元结构使人的精神生命远远高于肉体生命，人的精神世界因摆脱了所有凡俗的负累和束缚，具有了独立的价值。"不要为自己积攒财宝在地上，地上有虫子咬，能朽坏，也有贼挖窟窿来偷；只要积攒财宝在天上，天上没有虫子咬，不能朽坏，也没有贼挖窟窿来偷。因为你的财宝在哪里，你的心也在哪里。……你们不能又侍奉神，又侍奉玛门（财宝）。"（《马太福音》6：19—24）这样，人的内在精神生命的价值和尊严提升到前所未有的高度，而耶稣所期望的"精神生命"中之"精神"，正如德国路德派神学家布尔特曼所言："对于个体而言，精神是引导人过一种真正的人的生活的指南。"② 耶稣一切主张都将精神食粮作为支持人生的真正所需，精神生活优越于物质生活是耶稣毫不犹豫的人生态度。基督教从有机的整体主义的世俗社会中，将人的精神生活剥离出来，赋予其独立性和个体性特征。基督

---

① 丛日云：《在上帝与恺撒之间》，生活·读书·新知三联书店 2003 年版，第 42 页。

② ［德］布尔特曼等：《生存神学与末世论》，李哲汇等译，上海三联书店 1995 年版，第 26 页。

教吸收了斯多葛派关于人的精神独立于肉体而具有自由平等特质的理论，借鉴了罗马法学家对个人权利的阐释，融入了日耳曼人个人主义民族精神；[①] 这决定了基督教个人主义思想观念的产生，是西方自由精神中个人主义思想的重要来源。但是，这种个人精神世界的独立性是以基督徒对上帝的绝对信靠为前提的。基督教的灵肉二元论，从某种角度来看，也算得上是突出了自我的灵魂的神圣性，是显现人的自我性的一种曲折表现。基督教在一定程度上容许了自由意志的空间。但个体性自我在中世纪受到封建教会的压制。[②] 例如，奥古斯丁认为人具有独立的自由意志，不受理智的约束，但是这需要来自上帝的恩典，因为人只依靠自己的事功是无法完成自我拯救的，他必须完全依赖上帝。

从个人与社会关系的角度看，基督教的拯救是对个体而非集体或家庭式的拯救。耶稣说：人子降临的时候，"那时，两个人在田里，取去一个，撇下一个；两个女人推磨，取去一个，撇下一个"（《马太福音》24：40—41）。这样，拯救就成了个别的行为，每个人要为自己的命运承担完全的责任。个体为了获得上帝的恩典和拯救，需要打破原有的社会关系，甚至需要舍弃原始的最亲密的家庭关系。耶稣对人们说："来吧，跟我走！"一个年轻人要埋葬了亡父再来行弟子礼，他说："任凭死人去埋葬他们的死人，你跟从我吧！"（《马太福音》8：22）耶稣在回答"谁是我的母亲？谁是我的兄弟"的时候，他称："凡遵行我天父旨意的人，就是我的弟兄、姐妹和母亲了。"（《马太福音》13：48—50）因此，当代神学家布尔特曼指出："耶稣的教训与先知们不同的地方，在于他不是

---

① ［德］埃里希·卡勒尔：《德意志人》，商务印书馆1999年版，第38页。

② 张世英：《中西文化与自我》，人民出版社2011年版，第74页。

针对全体百姓，而只是针对个人……"①除此之外，基督教二元论的政治观体现在个人与国家、个人权利与政府权力、公民社会与国家二元的关系之中，"恺撒的物当归给恺撒，上帝的物当归给上帝"（《马太福音》22：21），公民个人的自由和权利需要尊重，不容忽视。

### （三）儒家与基督教思维模式之比较

恩格斯指出："每一个时代的理论思维，包括我们这个时代的理论思维，都是一种历史的产物，它在不同的时代具有完全不同的形式，同时具有完全不同的内容。"②儒家与基督教的思维方式不仅呈现出感性直觉与理性思辨、集体和谐与个体主义的宏观特点之别，而且在微观层面表现出更具体的异同性。

#### 1. 儒家与基督教思维基点之异同

任何一种思维模式都有其形成的基点，因其所依赖的立足点不同则会产生截然不同的思维路径。第一，儒家思维方式的基点主要从主体自身出发，尤其在主体的一颗道德之"心"。由于儒家"天人合一"的本体论思想，主体与客体完全融为一体，儒家的性善论决定了主体对自身能力的自信，通过下学而上达的方式可以达到主体所追求的境界，甚至是"天人合德"的目标。于是主体所享有的道德之"心"在认识客观事物时起到十分重要的作用，尤其到陆王心学时期，"心"的作用更为关键。广袤天地之间本来只有一

---

① Rudolf Bultmann, *Theology of the New Testament,* New York: Scfibner, 1951, p.25.

② 《马克思恩格斯选集》第 3 卷，人民出版社 2012 年版，第 873 页。

个"心"，"天下无心外之物""意之所在便是物""一念发动处便即是行"。"行"即是"修身正心""致良知"。从而"心"的认识过程和修行过程也就是宇宙万物及其规律的生成过程。由此可知，一颗先于物质世界的主观的道德之"心"成为王阳明思维方式的所有起点。① 这种以主体自身为基点的思考方式主要表现出感性直觉的思维特质，但是却并不完全没有理性逻辑的思考特点。如"仁远乎哉？我欲仁，斯仁至矣"（《论语·述而》），在一定程度上表现为逻辑思维的特征。孟子认为"心之官则思"，"思则得之，不思则不得也"。（《孟子·告子》）《中庸》进而把学思观念系统化为"博学之，审问之，慎思之，明辨之，笃行之"五个环节，"学"旨在获得具体知识，内在地含有逻辑思维的成分，特别是"明辨"工夫，隐然已有类似于西方哲学的逻辑分析的意义。朱熹很推崇"思"的作用，甚或把"思"的内容规定为"析"，"盖必析之有以极其精而不乱。"（《大学或问》）由此把逻辑思维当作体悟宇宙之理的必要条件。② 这表明，在儒家感性直觉的思维中仍伴有不容忽视的逻辑推理的思维。

第二，基督教思维方式的基点主要从先于物质世界的客观的逻辑精神出发。由于基督教主客二分的本体论思想，主体与客体的截然独立决定了基督教思考问题要从先于客观的逻辑精神出发，即理性。但基督教哲学家同时认识到感性直觉在思维模式中的作用。中世纪的托马斯·阿奎那宣称，认识上帝的道路有三条：理性、启示和直觉。同时托马斯·阿奎那把直觉分解为推理式和非推理式两种，这种做法虽然本身就具有逻辑思维的特征，但他同

---

① 赵林：《协调与超越：中国思维方式探讨》，武汉大学出版社 2005 年版，第 78 页。

② 高晨阳：《中国传统思维方式研究》，山东大学出版社 1994 年版，第 147 页。

样是为了通过直觉的形式和途径获得关于上帝的最高级的知识。①
耶稣基督注重门徒德性的内心修养。耶稣说："入口的不能污秽
人，出口的乃能污秽人。"（《马太福音》15：11）而现代基督徒在
灵性修养中提倡通过祷告、忏悔、静默的方式，人类依靠自身内
心的谦卑心理向上帝祈祷，等待着上帝的来临，在此过程中人自
身内心感性的作为是必不可少的。耶稣对众人说："你们要谨慎自
守，免去一切的贪心，因为人的生命不在乎家道丰富。"（《路加福
音》12：15）基督要求门徒高度的自律性和虔诚之心中都内含着
主敬与主静的思想，这种以"心"向外求的思维目的在于走进上
帝的国。

### 2. 儒家与基督教思维原则之异同

19 世纪德国唯物主义哲学家费尔巴哈曾明确指出："东方人见
到了统一，忽视了区别；西方人见到了区别，遗忘了统一。"② 这言
简意赅地概括了东西方民族在思维原则上注重整体与个体之别，但
具体而言，儒家与基督教分别所表现出的整体与个体思维原则并不
完全相反，二者在任何一种文化背景中都呈现着一定相互交织的局
面，只是其侧重点有所不同而已。

不言而喻，儒家文化对问题的思考不以认识客观事物为最终目
的，而是要达到一种天、地、人相互统一和谐的整体状态。因此，
在大千世界构成的是一个极为复杂的关系网，个体无法脱离其他关
系而存在，任何思绪的理清都需要借助和参考他人的意见。这种天
地万物一体的整体观念确实将整体利益凌驾于个体利益之上，从而

---

① 高晨阳：《中国传统思维方式研究》，山东大学出版社 1994 年版，第
139—141 页。

② 曾素英、陈妮：《中西思维方式与语言逻辑比较》，《湖南科技大学学报
(社会科学版)》2004 年第 4 期。

忽视了主体的个性，轻视了个体本应享受的权利。心理学家朱滢先生通过国内外资料的细致研究和大量心理实验以及问卷调查，得出结论："自我是文化的产物，一般认为，东方亚洲文化培育了互依型的自我（interdependent self），而西方文化培育了独立型的自我（independent self）"。[①] 但在这种互依型的儒家文化中，个体性的思维能力却成为构建和谐集合体的源泉，如儒家"治国、平天下"离不开"修身、齐家"的个体力量。《易传》中的"观物取象"说，包含了个体性自我在"取象"中的创造性的思想；"立象以尽意"说，包含了个体性自我的自由想象力的思想。[②] 因此，儒家文化虽体现一种群体性或以整体本位的观念，自我的个性没有得到本有的尊重和体现，但却在一定程度上彰显了主体的自我作用。

公元5—6世纪，经院哲学的一个先驱，罗马哲学家、亚里士多德著作的译注者波埃修斯认为，人是"自然界里有理性的个体"，主张"将知识均匀地分配到自然科学、数学与神学中去"。[③] 基督教教义不仅吸收了此观点，而且形成了以个体本位为根本原则的思维方式。但是在基督教的思想中并不缺乏"一"的观念。基督教信仰的上帝是由圣父、圣子、圣灵三个位格共同构成的一个和合体。"太初有道，道与神同在，道就是神"（《约翰福音》1：1）耶稣说："我与父原为一。"（《约翰福音》10：30）奥古斯丁更是详细论证了"三位一体"的关系，虽有区别但却统一的整体观念成为基督教的核心精神，同时在《圣经》中也随处可见。"要照所安排的，在日期满足的时候，使天上、地上、一切所有的都在基督里面同归于一。"（《以弗所书》1：10）同时，基督教的拯救虽然针对的是独立

---

① 朱滢：《文化与自我》，北京师范大学出版社2007年版，第48页。

② 张世英：《中西文化与自我》，人民出版社2011年版，第210页。

③ 张世英：《境界与文化——成人之道》，人民出版社2007年版，第206页。

的个体，但从耶稣拯救的最终目标来看，他构建的天国中容纳的是一个个深受上帝恩赐的团契，是一个因着信仰而形成的集体。

通过深入分析儒家和基督教在思维方式上的异同，可以更好地加深彼此了解和相互借鉴，这是适应全球化时代的新要求，更是人类社会发展的必然趋势，它们在不断地交流、会通、发展中，能够为整个人类思维方式的发展和进步作出贡献。

# 四、儒家的君子人格与基督教的义人位格之比较

君子是儒家推崇备至的人格典范，义人是基督教特别提倡的人格典范，这种具体的道德典范将两家抽象的道德理念更具体地体现在个体身上，使其更加形象直观，容易把握。因此，在深入探讨了两者思维方式之异同后，再通过对儒耶伦理文化的人格特质进行比较研究，无疑有助于更好地把握两家核心价值观的本质内涵。

## （一）君子观念溯源

从字源上来看，君子这个词是由"君"和"子"两个字构成。许慎的《说文解字》中也有对"君"的解释："君，尊也，从尹；发号，故从口。古文象君坐形。"[1]《说文解字》中解释"子"为："子，十一月阳气动，万物滋，人以为称，象形。凡子之属皆从子。"[2] 从以上甲骨文字形以及《说文解字》中对君子两字的解释，可以看出，

---

① 许慎：《说文解字》，中华书局 1963 年版，第 32 页。
② 许慎：《说文解字》，中华书局 1963 年版，第 309 页。

其表示有权力者的后代，具有尊贵地位的人。

以上是从字源上对君子进行溯源，下面再从儒家早期经典著作中看看君子一词的指代。君子一词在古文《尚书》中共有 8 处记录，今文《尚书》中有 4 处记录，在《易经》中有 107 处记录，在《诗经》中有 196 处记录。在这些经典的记录中，君子的概念不仅仅代表具有尊贵社会地位的贵族阶层，还更多地被赋予了道德内涵。"庶士有正越庶伯君子，其尔典听朕教！尔大克羞耉惟君，尔乃饮食醉饱。丕惟曰尔克永观省，作稽中德，尔尚克羞馈祀。尔乃自介用逸，兹乃允惟王正事之臣。兹亦惟天若无德，永不忘在王家。"（《尚书·周书·酒诰》）也就是讲，君子要时常反省自己，使自己的品德配得上上天赋予的尊位才可以。在《周易》中对君子道德方面的要求就更多了，如《大象》曰"天行健，君子以自强不息"（《周易·上经·乾》），就是讲君子要效法宇宙，日夜不停息地奋斗。《乾·文言》曰："君子行此四德者，故曰'乾：元，亨，利，贞。'"（《周易·上经·乾》）也就是要求一个君子要具有恒通、正直的品格。《诗经》中也有许多对"君子"的描写，由于《诗经》主要是一部文学性作品，所以其写作手法不是很直接，多是通过赋比兴的手法，进行托物言志。如"南山有台，北山有莱。乐只君子，邦家之基。乐只君子，万寿无期。"（《诗经·小雅·南有嘉鱼之什》）孔颖达疏言："言南山所以得高峻者，以南山之上有台，北山之上有莱，以有草木而自覆盖，故能成其高大。以喻人君所以能令天下太平，以人君所任之官有德，所治之职有能，以有贤臣各治其事，故能致天下太平。"① 由此可见，其用"台"和"草木"来喻贤德君子为治国之要。

---

① 《诗经·小雅·南有嘉鱼之什》，《毛诗正义》，《十三经注疏》，中华书局1980 年版，第 419 页。

由以上分析可见，从字源上来看，"君子"最原初的含义为有一定地位的贵族阶层，而随着社会的发展，"君子"一词，逐渐更多地被赋予了道德内涵，即不仅仅指有社会地位的人，同时要具有良好的道德品质。

## （二）君子之特征

由君子一词的演变可知，君子不再仅仅指贵族，同时还特别强调其要有良好的道德品格，那么下面就来看看作为一个君子，要具备哪些特征，才能承受住君子这个称谓。

### 1. 外在特征

首先，君子一项重要的外在气质特征即文质彬彬。《论语》中提到："子曰：质胜文则野，文胜质则史。文质彬彬，然后君子。"（《论语·雍也》）其中"质"指质朴品质，"文"指外在修饰。"文""质"两方面要适度，才既不会让人感到粗野，也不会让人感到矫揉造作。关于"文""质"方面，卫国大夫和子贡也有过一番争论。"棘子成曰：'君子质而已矣，何以文为？'子贡曰：'惜乎，夫子之说君子也！驷不及舌，文犹质也，质犹文也，虎豹之鞟犹犬羊之鞟。'"（《论语·颜渊》）卫国大夫棘子成就认为，君子只要保持本质品质就好，不需要追求那些外在礼法修饰。子贡显然是不赞同他的，认为外在的礼法也是很重要的。礼的形式作用是不可忽视的。孔子也曾讲过："恭而无礼则劳，慎而无礼则葸，勇而无礼则乱，直而无礼则绞。"（《论语·泰伯》）如果没有用合乎礼的方式来表达这些优秀品格，那么这些品格就会产生相反的效果。但同时又确实不能太过于重视形式，"人而不仁，如礼何？人而不仁，如乐何？"（《论语·八佾》）如果没有仁爱作为其本质，这些形式也就徒然存在了。所以理想的状态还是如孔子所言，"文质彬彬"。文和质相辅相成，才是一个君子理想的状态。"君子义以为质，礼以行之，孙以出之，信以成之，君子哉。"（《论语·卫灵公》）质和文哪一方面都不可缺失。

给人初步印象的外在特征，除了"文质彬彬"外，还有就是庄重威严而又不失温润感。"子夏曰：君子有三变：望之俨然，即之也温，听其言也厉。"（《论语·子张》）君子给人初步印象是庄严肃穆，而亲近起来也容易相处，但也并非孔子所言的"乡愿"般的老好人，因为其能深刻地洞察世事，所言说的话也很发人深省。这样的人格才是一个理性感性双双健全的完美人格。一个过于理性的人，往往给人以肃穆，做事沉稳，可靠的感觉，但却往往不容易使人亲近，这样在与人交往时就会有生疏感。而一个过于感性的人，虽然给人感觉很好相处，但有时显得做事原则性不强，有点老好人的感觉，做事缺乏可靠感。而子夏所提倡的这种君子人格，恰恰弥补了这两种单纯理性或者单纯感性的性格弊端，做事给人可靠感，做人给人亲近感。

以上两点可以说是君子静态的外在特征。君子还有一项动态的外在特征即行胜于言。"君子食无求饱，居无求安，敏于事而慎于言，就有道而正焉，可谓好学也已。"（《论语·学而》）"君子欲讷于言而敏于行"（《论语·里仁》）"子贡问君子。子曰：先行其言而后从之。"（《论语·为政》）"君子耻其言而过其行。"（《论语·宪问》）可见，身为君子是一个彻彻底底的实干主义者。其没有过多的承诺和豪言壮语，而是默默地践行着自己应有的本分。孔子也曾提到"其言之不怍，则为之也难"（《论语·宪问》）。一个人如果对自己说的大话毫无惭愧感，那他也就不会去践行那些豪言壮语的承诺。说话是最容易的事情，只要动动嘴即可，但如果想到要对自己说过的话负责任，要去践行，那么必然会对说出的话，加以思考，不可夸大言辞。而如果一个人开始就没有想要对所说的话负责任，去践行自己的诺言，那么也就会毫无顾虑地信口开河了。君子恰恰知道对自己的话要负责任，所以其从来不会夸大其词，宁可先做好，再去讲出来。

以上总结出君子的三方面外在特征，是从外部感官，君子给人的感觉来说。外在是内在的反映，其文质彬彬，温而厉，行胜于言的外在表现，必然有其内在修养，下面就来看一下君子的内在特征。

### 2. 内在特征

上面所提到的君子第一个外在特征"文质彬彬"中，"文""质"一个是形式的，一个是本质的，两者缺一不可。那么这种外在形式感以及内心所具备的质朴的情感，是如何由内部逐步培养起来？才会在外部显示出文质彬彬的气质呢？其文质彬彬气质的内在核心特征是"敬"。君子的"敬"主要体现在三方面。第一是对比自己位高者的敬畏。如对天地鬼神的敬畏，对古圣先贤的敬畏，对君王上级的敬畏，对父母的敬畏。"君子有三畏：畏天命，畏大人，畏圣人之言。小人不知天命而不畏也，狎大人，侮圣人之言。"（《论语·季氏》）也就是讲君子对上天，贤德之人，圣人的教诲，是怀有敬畏之心的。第二是对同等级别人的敬畏。如对自己的尊重，对他人的尊重。"君子无所争，必也射乎，揖让而升，下而饮，其争也君子。"（《论语·八佾》）这句话虽然讲的是射箭比赛，但也可以从"揖让而升，下而饮"看出，君子对平级人的尊重，即使是竞争对手，君子也会对其毕恭毕敬。第三是对比自己地位低的人的恭敬。"子谓子产，有君子之道四焉：其行己也恭，其事上也敬，其养民也惠，其使民也义。"（《论语·公冶长》）可以看出，其不仅对上级恭敬，而且对普通百姓也很恭敬，不会盲目地办劳民伤财的事情。由此可见，君子从上到下"敬"的态度塑造了其文质彬彬的独特外在气质。

君子第二个显著的外在特征是"温而厉"。其"望之俨然，即之也温"的外在表现也是"文质"相协调的体现。"俨然"体现的是外在礼的规矩距离感，而"温"体现的则是内在质朴的仁义本质。所以这两句依然根本上是"敬"的内在特征的体现。而其言语的"厉"的内在特征，则体现在"学"。朱熹对"厉"的注解是"辞之确"。也就是对自己说的话很笃定。君子之所以对自己说的话很确定，就是因为其善于学习，并对其所学的坚信。可以从《论语》中看出君子的好学。"子夏曰：'百工居肆以成其事，君子学以致其道。'"（《论语·子张》）君子是通过不断地学习来探索道。孔子把人分为"生而知之者""学而知之者""困而学之者"和"困而不学者"。"生而知之者上也，学而知之者次也，困而学之又次也。困而不学，民斯为下矣。"（《论语·季氏》）孔子也从不认为自己是天生聪慧之人，而是自称"好学者"。"十室之邑，必有忠信如丘者焉，不如丘之好学也。"（《论语·公冶长》）可见，君子并不是天生资质比别人聪慧，而是通过不断地学习而逐渐丰富完善自己。君子的学习不仅是知识技能方面的探究，更是对圣贤品质的学习。只有在品性上高尚，在知识上渊博，才能言之凿凿。

君子第三个外在特征是"言必信"。君子之所以能够做到出言必能实现，就是在于其自始至终奉行着"忠信"的内在品质。朱熹对"忠"的解释为"尽己为忠"，也就是自己做好自己的本分内的事情。孔子的弟子曾参深谙孔学之精要，也曾在与门人的问答中说道："夫子之道，忠恕而已矣"。"信"也是一项重要的品格，"人而无信，不知其可也。大车无輗，小车无軏，其何以行之哉？"（《论语·为政》）信对于人而言，就像车轴对于车子一样重要。可见，忠信是孔门重要的品格。而君子是儒家十分推崇的理想人格，也因此必具有这项内在品质。"君子不重则不威,学则不固。主忠信。无友不如己者。过则勿惮改。"(《论语·学而》)可见,君子做事是以忠信为标准。"忠"侧重的是安守本分,"信"侧重的是言语的践行。看似两者不太相关,其实还是有紧密联系的。"信"是对自己言语的实践,但其在给予对方承诺的时候,一定是奉行"忠"的原则。也就是超越自己本分的事情,君子是不会做出承诺的,也就谈不上后面的践行。所以可以说"信"是建立在"忠"的基础之上。

通过以上分析可知,君子作为一个独立人格,其"文质彬彬""温而厉"以及"言必信"的外在特征都是建立在"敬""好学""忠信"的内在品格基础之上。马克思曾说过,内因是事物变化发展的根本。所以如果想追求君子这种理想人格,要多在内在品质上下功夫,才能塑造出外在文质彬彬的君子气质。

## (三)义人观念溯源

义人是基督教中所推崇的人格典范。义人一般指信仰上帝,并严格按照上帝指令行事的人。要更好地理解一个概念,最好从字源上进行下追溯。义人的英文表达为"righteous man","righteous"的词根是"right",表示"正确的,合宜的",所以"righteous man"就是符合神心意的人,最通俗的语言表达就是"好人"。当然,这个"好"的标准判断权在上帝手中,依照的是上帝的标准。Righteous man 翻译成中文为义人,那么再看一下,义人这个概念在中文的含义。在甲骨文中"义"是"仪"的本义。在古汉语中"义"字写作"義",许慎《说文解字》解释为"会意。从我,从羊"。这个字很明显,上面是羊的上半部,下面是"我"。羊,即"祥",祭祀占卜显示的吉兆。我,有利齿的戉,代表征战。造字本义:出征前的隆重仪式,祭祀占卜,预测战争凶吉;如果神灵显示吉兆,则表明战争是仁道、公正的，神灵护佑的仁道之战。所以"义"这个字整体就表示吉兆之战。这个战争之所以能得到神明的庇佑是吉兆，就是因为其是正义的。所以"义"字原指扬善惩恶的天意，后引申为公认的道德、真理、公正的文字内涵，强调的是普遍性和客观性。如此推断"义人"也就是坚守正义的人。而在基督教中，这个正义的标准就是唯一的上帝。所以"义人"从这个角度也可以理解为坚定的信仰上帝的人。以上通过中英文对"义"字字源的探究，更透彻地理解了义人这个概念，是对正确标准的坚守，而正确的标准就是上帝的命令。所以其也可以概括为坚定不移地执行上帝命令的人。

义人这个概念在《旧约》中出现的次数更多。这个概念在《圣经》中首次出现是在《创世纪》中，上帝称呼诺亚。"诺亚是个义人，在当时的世代是个完全人。诺亚与神同行。"（《创世纪》6：9）"耶和华对诺亚说，你和你的全家都要进入方舟，因为在这世代中，我见你在我面前是义人。"（《创世纪》7：1）总体上，在《旧约》中义人就是道德楷模的榜样，并因此而得到上帝的眷顾。在《新约》中，上帝虽然依然重视义人，但把更多的注意力投放到罪人身上，更多地希望对他们进行拯救。"我来，本不是召义人，乃是召罪人。"（《马太福音》9：13）"耶稣听见，就对他们说，健康的人用不着医生，有病的人才用得着。我来本不是召义人，乃是召罪人。"（《马可福音》2：17）另外，在《路加福音》第15章1—7节和《马太福音》第18章12—14节中记载的主耶稣所说的"百羊失一"的比喻，《路加福音》第15章8—10节失钱的比喻和11—32节浪子的比喻，都暗示的是迷失的人更加需要上帝的眷顾。这里迷失的人，可以有两层含义，一层含义可以理解为没有归信上帝的人。另一层含义可以理解为违反道德与法律，误入歧途之人。由此可见，《新约》中的上帝，更具有了博爱的特点。但上帝也并不是不再关注义人，而是因为义人作为上帝的忠实信徒，已经具有进入天国的资格，所以不用再费心眷顾。"那时义人在他们父的国里，要发出光来，像太阳一样。有耳可听的，就应当听。"(《马太福音》13：43)"世界的末了，也要这样。天使要出来，从义人中，把恶人分别出来。"(《马太福音》13：49)"这些人要往永刑里去。那些义人要往永生里去。"(《马太福音》25：46)可见，对罪人的眷顾，也是希望其成为义人，然后获得进入天国的资格。义人，依然是基督徒的道德榜样。

由此可见，义人，就是严格按照上帝指示行事的忠实信徒，而上帝同时对虔诚信奉者给予庇护，使其避除种种灾难，最终实现其天国的终极归宿。

## （四）义人之特征

义人作为基督教特别推崇的教徒典范，有其自己的一些特点，下面就集中分析下其显著特征。

### 1. 因信称义

"因信称义"是基督徒信仰的重要标准之一。但其实这一观念的产生也经历了一个演变的过程。在基督教中，可以说耶稣奠定了"因信称义"的基础，保罗明确了这一标准，奥古斯丁和路德光大了这一概念。基督教的前身犹太教是十分重视律法的宗教。"摩西十诫"是基督徒行为最基础的准则。从《利未记》中可以看到，其对"十诫"进行了各种细化，涉及到了生活的方方面面，如：如何祭祀，什么是洁净的食物可以食用，如何处罚等等。而犹太教中的"义人"就是严格遵守这些律法的人。这些人通过严格遵循这些律法而得到上帝的认可，从而得到上帝的庇护。所以可以说犹太教是通过信徒的行为结果来判断其对上帝的信仰。行为确实在一定程度上可以反映一个人的内心世界，但由于内心世界与行为反应有着天然的割裂性，所以才会出现"伪君子"。一些行为，为了行为而行为，为了标榜自己而行为。这也是耶稣所极力反对的。在《马太福音》中耶稣就曾斥责法利赛人这种伪善的行为。"他们一切所作的事，都是要叫人看见"（《马太福音》23：5），"在人前，外面显出公义来，里面却装满了假善和不法的事"（《马太福音》23：28）。耶稣倡导对内心的坚守，而并不是表现给人看。"你们禁食的时候，不可像那假冒为善的人，脸上带着愁容，因为他们把脸弄的难看，故意叫人看出他们是禁食。我实在告诉你们：他们已经得了他们的赏赐。你禁食的时候，要梳头洗脸，不叫人看出你禁食来，只叫你暗中的父看见。你父在暗中查看必然报答你。"（《马太福音》6：16—18）包括耶稣在安息日治病，看似是违背了律法，但其实是对律法本质精神的坚守，而不是仅仅拘泥于形式。所以正如耶稣自己所讲，他的到来并不是废除律法而是更好地奉行律法。"莫想我来要废掉律法和先知。我来不是要废掉，乃是要成全。我实在告诉你们，就是到天地都废去了，律法的一点一画也不能废去，都要成全。所以无论何人废掉这诫命中最小的一条，又教训人这样作，他在天国要称为最小的；但无论何人遵行这诫命，又教训人遵行，他在天国要称为大的。我告诉你们，你们的义，若不胜于文士和法利赛人，断不能进天国。"（《马太福音》5：17—20）由此看出，耶稣并不是否定人遵循律法的行为，而是认为不能仅仅通过外在行为判断一个信徒是否是"义"的，内在的"信"更重要，更根本。耶稣的门徒保罗，更是明确地提出了"因信称义"的标准。"人称义是因着信，不在乎遵行律法"（《罗马书》3：28）。"上帝设立耶稣作挽回祭，是凭着耶稣的血，借着人的信，要显明上帝的义。因为他用忍耐的心，宽容人先时所犯的罪。好在今时显明他的义，使人知道他自己为义，也称信耶稣的人为义"（《罗马书》3：25—26）。"上帝的义，因信耶稣基督，加给一切相信的人，并没有分别。因为世人都犯了罪，亏缺了上帝的荣耀。如今却蒙上帝的恩典、因基督耶稣的救赎，就白白的称义"（《罗马书》3：22—24）。"你们得救是本乎恩，也因着信。这并不是出于自己，乃是上帝所赐的；也不是出于行为，免得有人自夸"（《以弗所书》2：8—9）。由此可见，保罗认为是上帝称人为义，并且称义的唯一必备条件并不是人的行为，而是因为信。信就成了义的重要条件。基督教后期的奥古斯丁和路德的因信称义的思想更为精确和系统，但本质上还是沿袭了保罗的思想。奥古斯丁认为由于原罪，人类已经丧失了自由意志，必须要借助于上帝的恩典才能得救。"人类的得救纯然是上帝仁慈的结果。"[①] 路德的"因信称义"是指在任何情况下对上帝信靠，信徒就能得救，就能成为义人。"信"指信上帝的道，即上帝的话语——圣经。"我们就要认清，也要确定，灵魂缺少别的都不紧要，但少不了上帝的道，没有上帝的道，灵魂就无处求助"[②]。也就是说，只有信靠上帝的道，信徒才能得救，成为义人，获取自由。

由此可见，判断一个信徒是否是"义"的标准，从开始的行为判断，逐步过渡到内心的"信"。而这个"信"只能是一种自知的行为，这就把这个"义"的标准完全从人的手中夺走，给予了上帝，只有上帝才是这最终的审判者。一个人是否能称得上"义人"也只有上帝才有最终的决定权。

---

① 李秋零：《"因行称义""因信称义"与"因德称义"》，《宗教与哲学》2014 年第 1 期。

② ［德］马丁·路德：《基督徒的自由》，和士谦、陈建勋译，香港：道声出版社 1932 年版，第 11 页。

## 2.因义得福

一个真正的义人是会受到上帝的护佑免遭各种苦难的。从最一开始的诺亚就可以看出。上帝在毁灭地球前给诺亚以启示，让其成功躲避了灾难，使得人类和相关生物能延续下来。义人信仰上帝，上帝也同样会因义人虔诚的信仰对其加以保护。"他时常看顾义人，使他们和君王同坐宝座，永远要被高举。"（《约伯记》36∶7）"因为你必赐福与义人。耶和华啊，你必用恩惠如同盾牌四面护卫他。"（《诗篇》5∶12）"义人呼求，耶和华听见了，便救他们脱离一切患难。"（《诗篇》34∶17）有时义人自己不仅可以免遭灾难，相关地区的人也会因为义人的存在而得福。"耶和华说，我若在所多玛城里见有五十个义人，我就为他们的缘故饶恕那地方的众人。"（《创世纪》18∶26）"假若这五十个义人短了五个，你就因为短了五个毁灭全城吗？他说，我在那里若见有四十五个，也不毁灭那城。"（《创世纪》18∶28）这里理解的义人以及相关人免受灾难，可以从两方面加以理解。一方面可以从心理的慰藉来理解。义人并不一定比一般人遇到的困难少，而是在遇到困难的时候心理有所凭借，能够得到一种安详。人在平静的时候，反而会有智慧，可以想出问题的解决方法。这也可以说是一种"神启"。"因为义人虽七次跌倒，仍必兴起。"（《箴言》24∶16）另一方面可以从德福一致性来理解。前面曾提到，义人第一个显著的特点就是对上帝的绝对信仰，而上帝是绝对至善的象征，所以人对上帝的信仰，也就可以理解为一种对善的绝对追随，对一种德性生活的向往。我们遵从道德的一个重要原因就是其会给我们带来好的结果。根据德福一致的心理期盼机制，一个信仰者必然会有一个良好的结果。德福一致原则虽然是不同领域的概念，但人们时常会把两者联系起来。这不仅体现在民间，各大宗教和学界也都对其有所探讨，并为其找出合理的解释。

如在伦理学领域，学者对什么是幸福，什么是至善，有着不同的争论，但往往会把道德与幸福联系起来，尽管联系的方式会有所不同。有的会把道德等同于幸福，如斯多亚学派。而有的可能会把两者作严格的区分，但最终也是达到两者的融合，使得道德成为幸福的前提条件，如康德。但在现实生活中我们不难发现，其实会出现很多德福不一致的现象，佛教是用三世因果的理论来解释现世的德福不一致，认为这一世没有受到报应是前世的福报没有享完。而康德把这种不一致归结为两个世界，一个归属于现象界，一个归属于本体界，只有在上帝那里才能得到统一。"他认为德福之间的联系在经验世界中表现为偶然联系，而在上帝那里则表现为必然联系，只有全能全知的上帝才能揭示出它们之间的真正关系来。"[①] 而基督教是通过最后的审判来实现最终的德福一致。因此对于这个问题，人们其实一直处于一种愿景之中。一直希望德福一致，为道德的存在找到相应的依据和回馈，义人的因义得福，也可以说是德福一致愿景的践行者。

（五）君子人格与义人位格之比照

以上对君子与义人的词源以及特点做了分别的分析，下面把两者放在一起加以比照，能更好地理解两者的相同与不同点。

1. 人格与位格之比照

人格（personality）也称为个性，词源是希腊语的 Persona。原来指演员在舞台上的面具，后来被心理学所借用，指在人生的舞台，人们根据不同的社会角色，所展现的不同社会表现。这种外

---

① 张传有：《对康德德福一致至善论的反思》，《道德与文明》2012 年第 6 期。

在表现和真实内在可能是完全不同的。在《现代汉语词典》第7版中，人格一词的解释为："①人的性格、气质、能力等特征的总和，②人的道德品质，③人作为权利义务主体的资格。"从词典中的解释可以看出，人格所包含的内容很多，是一项综合的体现，但总体来看，是一种自我意识，体现的是一个人的精神维度。而所谓的理想人格，是指"能表现一定学说、团体以至社会系统的社会政治伦理观念的理想的、具有一致性和连续性的典范的行为倾向和模式。从理论上讲，它可以为每个社会成员所共有"①。可见，理想人格就有了一定的代表性和典范性。儒家的理想人格的典型代表就是君子形象。

位格一词源于基督教的三位一体学说。在基督教中表达为"hypostasis"，代表圣父圣子圣灵，并以神性为基础。因为按照《旧约·创世纪》的描述，人的产生，是由上帝按照自己的样子造出来的，所以人也就具有了神的尊贵性，本身也就具有位格。所以"位格"这个概念本身就不是个中性的，而本身就具有了内在的道德性。所以，阿奎那才认为："位格自身就拥有达到最高之善的能力，因为它自身就是神的形象……作为一种自由的行为，因为与上帝的纯粹而深邃的内在关联，所以人类位格的自由行为并不属于这个经验世界。人类因其自由而超越于满天星辰和整个自然界。"②这样，位格上的人，就不仅具有生物特性，而更多地具有了理性、自由意志、仁慈等特点。位格意义上的人，本身就是高贵的。在基督教中所推崇的典型位格形象就是义人。

通过上面两个概念阐释可知，人格和位格还是有相同点以及明

---

① 李宗桂：《中国文化概论》，中山大学出版社1988年版，第101页。

② Jacques Maritain, *The Person and the Common Good*, Translated by John J. Fitzgerald, University of Notre Dame Press, fourth printing 1985, p.20.

显的区别的。相同点在于两者都是对人的抽象精神形象的描述，是超越了作为生物生理意义上的人的描述。不同点在于，一个不具有道德倾向性，一个具有道德倾向性。"人格"可以说是一个中性词，不具有内在善恶的指向性。而"位格"由于其本身源于基督教的起源，本身就具有道德指向性。

### 2. 君子与义人之比照

通过以上对君子以及义人概念以及特征的分析，可以分别对其进行整体性把握，下面把两者放在一起加以比较，以便更好理解其相同与区别，并通过儒家与基督教典型理想人格与位格的比较，更好地把握儒家与基督教的异同。

君子与义人分别是儒家与基督教所推崇的代表性理想人格与位格，因其所产生的地理以及文化背景的不同，两者必然有着天然的差异性。具体体现在以下几点。

第一，行善动力不同。君子的为善动力是向圣贤学习，以圣贤为榜样，从而把伦理道德贯彻到生活中。这里的圣贤主要指有德性的君王以及贤士。圣王，如孔子一再推崇的尧舜禹三王。"巍巍乎，舜禹之有天下也而不与焉！"（《论语·泰伯》）"大哉尧之为君也！巍巍乎，天为大，惟尧则之。荡荡乎，民无能名焉。巍巍乎，其有成功也。焕乎，其有文章。"（《论语·泰伯》）可以看出孔子极力推崇尧舜禹，把他们作为向往的榜样、德性的楷模。按孟子的要求，一个君子应"穷则独善其身，达则兼济天下"（《孟子·尽心上》）。"达"时，最理想的状态就是达到这种内圣外王的理想状态。这是"圣"。孔子也还特别推崇一些贤士，如伯夷、叔齐、南容。"冉有曰：夫子为卫君乎？子贡曰：诺。吾将问之。入，曰：伯夷、叔齐何人也？曰：古之贤人也。曰：怨乎？曰：求仁而得仁，又何怨？出，曰：夫子不为也"（《论语·述而》）"南容三复白圭，孔子以其兄之子妻之。"（《论语·先进》）可见孔子也并不是只崇尚圣王，凡是有德性的贤士也是对其品德十分认可推崇。但不论是对圣王的推崇还是对贤士的敬仰，君子只能借助于自己的力量不断地向贤明之士学习，并没有他力可以依靠。可以说，全部是自觉的行为，自己的主动性是其为善的最大动力。义人就不同了。义人为善的动力最主要的是通过对上帝的"信"。相信一个超验神明上帝的存在。而这个"信"又通过严格遵守上帝的指示而践行。如果按照上帝的指示行善，就会得到善果，而如果违背上帝的指示，就会遭受恶果。义人是遵循上帝旨意最虔诚的人，因此往往会得到上帝的帮助与拯救。"耶和华的眼目，看顾义人，他的耳朵，听他们的呼求。"（《诗篇》34：15）"义人呼求，耶和华听见了，便救他们脱离一切患难。"（《诗篇》34：17）"义人多有苦难。但耶和华救他脱离这一切。"（《诗篇》34：19）由此可见，义人的信仰动力是外在的，是有外在力量帮助的，更具有宗教性。这与君子内在自主的力量是完全不同的。君子的行善主要是一种自觉行为。前者偏重于道义论的伦理学，后者更像是人文主义的伦理学。"道义论的伦理学理论是围绕律法和良知，责任和义务的观念建立起来的。简而言之，它们就是有关上帝的道德关系模型。而人文主义的伦理学理论则建立在人类之爱，慈悲，快乐，怜悯，社会感情等之上。"①

第二，修养途径不同。儒家君子的修养途径是内外兼修。外在的修养方式主要是通过日常生活中对礼的践行，逐渐通过外在规范化行为，把礼内化为一种习惯，从而形成一种气质。通过《礼记》《周礼》《仪礼》儒家经典中的"三礼"可以看出，礼规定了大到国家制度，小到日常生活的方方面面，而且每一种礼，都含有其内在

---

① ［英］唐·库比特:《耶稣与哲学》，王志成译，中国政法大学出版社2012年版，第18页。

文化意义。个人通过礼的践行，一方面是自身的学习修养过程，另一方面也是其融入一个秩序化社会所必须掌握的社会规则。从这方面来看，对礼的学习践行也可以理解为其融入社会生活的客观需要。儒家所提倡的君子的修养途径，不仅是外在礼的践行，同时还注重仁心的培养。《大学》中就提出："欲修其身者，先正其心。欲正其心者，先诚其意。欲诚其意者，先致其知。致知在格物。"所以修心，培养仁爱之心，在修身中也非常重要，甚至可以说是根本。基督教义人的修养途径更多的是外在规约的践行上。《旧约》的"十诫"可以讲是外在的基本规定。《旧约》中的《利未记》以及《申命记》更是对信徒的各方面做出细致的规定。一个信徒要严格地执行这些规约，而义人是信徒中的榜样，更是这些规约的严格遵守者。在《新约》中耶稣虽然对只是僵化地坚持规约形成的为善提出了批评，但其并没有像儒家一样提出一个相应的内在应该培养的"仁"的概念。所以从这个角度来看，基督教的修养方式，更偏重于外在的修养。

人生不可能是一帆风顺的，在面对人生中的坎坷与不如意的时候，恰恰是能体现修养的时刻。这两种人格在面对人生问题时也表现出完全不一样的处理方式。儒家的君子在面对困难时是通过安守本分、反求诸己的方式度过艰难，也可以讲是一个内求的路径。"在陈绝粮，从者病，莫能兴。子路愠见曰：君子亦有穷乎？子曰：君子固穷，小人穷斯滥矣。"（《论语·卫灵公》）而基督徒面对问题时，更多的是通过祈祷，求助于上帝。可以说是一种外求。"耶稣说，你去吧。你的信救了你了。瞎子立刻看见了，就在路上跟随耶稣。"（《马可福音》10：52）是通过祈祷，对上帝的信，而得救。

第三，行善目标不同。儒家君子的最终目标是达到现世"内圣外王"的理想状态。对于个人自身来讲，通过个人不断的修养，在现世实现一种道德完善。杜维明先生曾指出："在儒家传统中最崇高的理想人格是圣王。在这个理想背后的信念是人必须自我修身，以成为一个为人楷模的道德导师。"①对于社会来讲，不仅仅是只顾及自己的品行修为，同时要对社会及他人有所贡献。《大学》中的"八条目"即"格物""致知""诚意""正心""修身""齐家""治国""平天下"，概要地描绘出了一个君子所要实践的路径和最终目标。基督徒的最终目标并不是现世的成就，而是最终来世的天国。《马太福音》第25章记录的十童女的比喻："那时，天国好比十个童女，拿着灯，出去迎接新郎。其中有五个是愚拙的，五个是聪明的。愚拙的拿着灯，却不预备油。聪明的拿着灯，又预备油在器皿里。新郎迟延的时候，她们都打盹睡着了。半夜有人喊着说，新郎来了，你们出来迎接他。那些童女就都起来收拾灯。愚拙的对聪明的说，请分点油给我们，因为我们的灯要灭了。聪明的回答说，恐怕不够你我用的，不如你们自己到卖油的那里去买吧。她们去买的时候，新郎到了。那预备好了的，同他进去坐席，门就关了。其余的童女，随后也来了，说，主啊，主啊，给我们开门。他却回答说，我实在告诉你们，我不认识你们。所以你们要警醒，因为那日子，那时辰，你们不知道。"从中可以看出，人要时刻警醒，一刻不能松懈，因为最后的审判随时到来。人要时刻为死后进入天国而成为一个虔诚的信徒。正如奥古斯丁曾说："永生是至善，永劫是极恶。而我的生活的目的，则在于求永生、避永劫。"②

　　虽然两者有许多不同点，但两者同作为道德榜样，还是有其相同点的。主要体现在两方面：一是对善的坚守。虽然对道德坚守的动力不同，但他们的共同点就是对道德坚定的执行。君子特别强调

---

①　[美] 杜维明：《一阳来复》，上海文艺出版社1997年版，第144页。

②　[古罗马] 奥古斯丁：《忏悔录》，周士良译，商务印书馆1981年版，第25页。

在独处的时候都要不愧于自己。义人在众人都放弃对上帝信仰时，依然坚定地跟随着主。二是榜样教化作用。"行"胜于"言"，一个道德践行者，对社会大众影响的深度以及广度要远远大于一个道德的宣讲家。君子与义人，是一个社会或团体风气的主导者，是一个安定社会或团体不可缺少的构成因素。

总而言之，君子与义人作为儒家与基督教中的道德风向标，在东西方文化的历史长河中，对于引导社会风气起着至关重要的作用。当前构建中国特色社会主义文化，正如习近平总书记所言，要"把继承传统优秀文化又弘扬时代精神、立足本国又面向世界的当代中国文化创新成果传播出去"①。通过对中西方君子之人格和义人之位格的分析，希望可以帮助人们树立正确的价值观，以他们为榜样，不断地完善自己，更好地实现个人价值，从而也促进社会形成良好的风气，达到人人知礼守法的和谐社会。

## 五、儒家的现世超越与基督教的来世拯救之比较

所谓超越（transcend）是指跨过、超过之意。而生死超越指能够突破生与死的界限，超脱生死的喜与惧。它是指向形而上的一种关怀和价值诉求，是一个终极关怀问题（ultimate concern），是每个善于思考生与死的人最关心、最渴盼解决的问题。它是人类迄今以来最大的一种追求和愿望，也是中西文化各种不同思想流派研究的共同旨趣。这是一个极富挑战性的跨文化比较问题，也是儒家与基督教伦理文化核心价值观比较的最终归宿问题。

---

① 中共中央文献研究室：《习近平关于全面深化改革论述摘编》，中央文献出版社 2014 年版，第 87 页。

众所周知，西方文化是利用宗教达到永生，而中国传统文化不同学派畅谈生死超越或者不朽的路径各不相同。有学者将中国传统文化中超越生死的模式归纳为五种：儒家的"三不朽"；道家的回归自然；道教的长生不死，羽化登仙；佛家的证人空境；民间的传宗接代。① 那么，儒家与基督教的生死超越具体表现在哪些方面，又有何异同呢？

## （一）儒家的现世超越

作为在中国历史上长期占据主导地位的儒家文明，在生死超越上与西方基督教收获永恒的人文关怀路径侧重各异。综观儒家文化，其主要是通过"三不朽"、慎终追远和祭天地鬼神三个方面对个人的精神文化生命、家庭生命和人际性的社会生命实现超越。

### 1. 追求"立德、立功、立言"三不朽境界

《左传》中叔孙豹所言："太上有立德，其次有立功，其次有立言：虽久不废，此之谓不朽。"此"三不朽"后来成为儒家精神生命得以超越的一种基本途径。

作为儒家创始人的孔子虽不曾明言"不朽"，但孔子的言行中却含有非常丰富的"不朽"观念。孔子用"三不朽"作为对前人评价的标准。孔子说："齐景公有马千驷，死之日，民无德而称焉。伯夷叔齐饿于首阳之下，民到于今称之。其斯之谓与?"（《论语·季氏》）伯夷叔齐之不朽在于其仁德，此乃"立德"也。孔子曰："管仲相桓公，霸诸侯，一匡天下，民到于今受其赐。微管仲，吾其

---

① 徐春林：《中国传统文化中超越生死的五种模式》，《郑州大学学报（哲学社会科学版）》2008 年第 5 期。

被发左衽矣！岂若匹夫匹妇之为谅也，自经于沟渎而莫之知也！"（《论语·宪问》）正是管仲让老百姓时至今日仍然享受着他带来的好处，而使得他能永存于百姓心中，此乃"立功"也。另外，孔子认为臧文仲能够成为臧文仲的原因在于"身殁言立，所以为文仲也"（《孔子家语·颜回》），这种身死而言论还得以流传，使得生命能获得永生者，可谓是"立言"也。

儒家的君子思想中已经含有不朽的深意，君子生前担心的是自己没有能力，并不担心别人不了解自己。子曰："君子病无能焉，不病人之不己知也。"（《论语·卫灵公》）亦可言，君子只要有所为，有所立，则人必知之，人必记。而君子为其死后所担心的是"疾没世而名不称焉"（《论语·卫灵公》）。孟子云："是故君子有终身之忧，无一朝之患也。乃若所忧则有之；舜，人也；我，亦人也。舜为法于天下，可传于后世，我由未免为乡人也，是则可忧也。忧之如何？如舜而已矣。"（《孟子·离娄下》）舜能为天下的范式，声名传于后世，此正为不朽；君子之忧在于自己能否完成道德上的修养和建功立业，为民谋幸福，从而达到不朽。[1] 而要如何改变死后而不被人所称道的状况，这在于生前努力提高自己的道德修养，要有所建树，如此才能形成君子与小人之死的本质区别。《礼记·檀弓》云："子张病，召申祥而语之曰：君子曰终，小人曰死。吾今日其庶几乎！"君子之卒，为息而不为休，曰终而不曰死。所谓息与终，大概即含有不朽之意。君子之卒，不过是活动停止而已，而其活动之影响则未尝断绝，如果历千百世而人民仍"受其赐"，则身虽死而实如不死。[2] 而君子之所以能曰终而不曰死，乃在于君子所具有的仁德、仁行及弘道之使命，在于生前能做到为德所立、为功

---

① 郑晓江：《中国死亡文化大观》，百花洲文艺出版社 1995 年版，第 32 页。
② 张岱年：《中国哲学大纲》，中国社会科学出版社 1982 年版，第 486 页。

所立、为言所立。"人受天所赋许多道理，自然完具无阙，须尽得这道理无欠阙，到那死时，乃是生理已尽，安于死而无愧。"（《朱子语类》卷三十九）正是这个道理。这是一种精神文化生命的建构，也是一种道德生命的生成，它既赋予了人生命的无限价值，又克服了人对死亡的一种本能恐惧。

## 2. 慎终追远——家族生命的传承

尽人皆知，家族生命最普通、最常见的延续方式莫过于"后代相传，香火不断"，这是血缘生命生生不息的一种简单传递，是人类超越生死的最原始的方法。古希腊哲学家赫拉克利特认为："因为在我们身上，生与死始终是同一的东西，人的生命可以通过后嗣这种简单方式在死后继续存在，也就是说，人就个体而言是有死的，但人这个'种'而言，则是不死的。"[①]但是，这种仅以单纯追求生理性、物理性和血缘生命的传递方式，在那种以有后嗣继承为孝的封建时代是一个不可或缺的内容，也是家族生命得以传承的一个前提基础。但家族生命得以传承的更高境界还在于丧葬礼仪和祭祀活动之中。

丧葬活动是生死沟通的一个有力平台。逝者虽死矣，但死者知与不知生者难以判断。《说苑·辨物》载："子贡问孔子：死人有知无知也？孔子曰：吾欲言死者有知也，恐孝子顺孙妨生以送死也；欲言无知，恐不孝子孙弃之不葬也。赐，欲知死人有知将无知也，死后自知之，犹未晚也。"生者既不可将死者看作无知者，也不可视为有知者，而应该将其当作神明来加以看待。死者既然为神明，则操办丧葬事宜不可草率。孔子强调在丧葬活动中采取"事死如事生"的伦理原则，在整个的活动中要心怀虔诚敬畏之心。"丧事不敢不勉"（《论语·子罕》），即要"慎终"，要小心谨慎地办理一切

---

① 段德智：《死亡哲学》，湖北人民出版社 1996 年版，第 49—50 页。

丧事。整个丧葬活动会让生者不由地追思已逝的先人，这是一次长时间的生死对话，在悲切的哭诉与哀伤中与亡者交流，其交流的内容是多味的，有强烈的感恩、深深的愧惜、发自内心的自责、痛心疾首的后悔和郑重的承诺等等。逝者生前的足迹在其子孙后代脑海中清晰地涌现，亡者生命的德性在其后代心中传承，这激励着生者更好地直面未来的人生，激发生者生命的潜能。

要"慎终"关键在"丧尽其哀"，要做到"生，事之以礼；死，葬之以礼，祭之以礼"（《论语·为政》）。烦琐的丧礼可以提高人的道德修养，尤其可以增强人"孝""仁"之品性，使家族生命的内在优良美德得以体现和传承。因为丧葬之礼从寿终到吊丧再到入殓，直到最后的出殡都有着严格的礼仪规定，而每一步的仪式都寄托着生者对死者的一种留恋不舍和殷切希望，具有深厚的人文情怀，这复杂的丧礼必然教化子孙后代在善待和不敢背弃已逝先者中更加增进一份孝敬之心。孔子说："殷人吊于圹，周人吊于家，示民不偝也。"（《礼记·坊记》）而且孔子又说："升自客阶，受吊于宾位，教民追孝也。未没丧，不称君，示民不争也。"（《礼记·坊记》）慎终的过程是生者与亡者最后一次肉体生命彼此亲近的过程，是一个生者对亡者不断生发敬畏之心的过程，是一个生者不断得到教化的过程。它会让生者更加善待生命，敬畏死亡，以亡者之死作为自己生命的一个新起点，从而使个体的生活，以至整个家族的生命生发出强大的生命力。"慎终"不是死者生命的终结，而是死者生命的传递。但是，"慎终"并不是家族生命得以传承的唯一方式，"追远"是生死交流的另一路径。

一个家族的生命如何在绵延不绝中让子孙后代仍然清晰地记得并加以承载，这要依托祭祀，即"追远"。"圣人之后"完全可以将"陈俎豆，设礼容"变为与"父亲"相会的场所和时刻，也就是《论语》讲的"祭如在，祭神如神在"的意思，祭祀先人时，先人如在眼前，祭祀神灵时，神灵如在场。[1] 在祭祀中，孔子可以体验到一个活生生的父亲的临在，"洋洋乎如在其上，如在其左右"（《礼记·中庸》）。其间孔子父亲的生命能够得以再现，一次特殊的生命对话得以展开，有追思，有感恩，有诉说，更有祈祷和祝福……如《礼记·祭义》云："是故悫善不违身，耳目不违心，思虑不违亲，结诸心，形诸色，而术省之，孝子之志也。""文王之祭也，事死者如事生，思死者如不欲生。"孝子在祭祀时所思所想都不离已故的亲人，要相信祖先的神灵就在眼前，要听从祖先神灵的教诲，这样才能在精神上获得一种满足感。而对于现代中国人而言，祭祀场所——墓地也成为生者与逝者交流的平台，人们会油然地生发出一种超越世俗生活的向往，培育出良好的德性。[2] 因此，在"追远"中，呈现的是一幅生死对话的动情场面，生者的心灵得到慰藉，道德得到净化和提高。

　　祭祀中的"追远"者要能"祭之以礼"，其关键要做到"祭尽其敬"，要心持诚敬之心，且一定要亲自参与祭祀。孔子主张："吾不与祭，如不祭。"（《论语·八佾》）我如果没有亲身参与祭祀，就如同不祭祀。这礼仪行得好、行得诚恳，就会促成一个"神在"的时刻。[3] 祖先之神灵一定要在虔诚的环境中才能与子孙后代的生命相通，所以孔子反对没有礼节的乱祭鬼神，认为不是自己应该祭祀的而去祭则是一种献媚。"非其鬼而祭之，谄也。"（《论语·为政》）同时，孔子反对祭祀的次数太多，否则就失去了敬意。《礼记·祭

---

[1]　张祥龙：《孔子的现象学阐释九讲》，华东师范大学出版社 2009 年版，第 12 页。

[2]　郑晓江：《略论中国祭祀礼仪中的宗教精神》，《江南大学学报》2009 年第 6 期。

[3]　张祥龙：《孔子的现象学阐释九讲》，华东师范大学出版社 2009 年版，第 12 页。

义》记载:"祭不欲数,数则烦,烦则不敬。"这种在持敬中与祖先感应的思想被宋代大儒朱熹发扬,《朱子语类》中有云:"人死,气亦未便散得尽,故祭祖先有感格之理。"中国台湾儒家学者蔡仁厚也说:"在祭礼之中,还可以彻通幽明的限隔,使人生的'明的世界'与祖先的'幽的世界'交感相通。这样,人自然就可以把生死放平来看。一个人的生命,生有自来,死有所归,生死相通,是之谓通化生死。"①可见,在庄严而又神圣的祭祀之中,我们看到的是一种生死沟通,也是一种人神交通,此时此刻的生者定能更加懂得生命的可贵,理解生命的短暂,敬畏死亡的必然,生者在此能够获得一种生命的安顿。同时,我们还能看到的更是一种家族生命的传承,即祖先美德得以继承,个人道德得以涵养。其实,无论是"慎终"还是"追远",它们都具有强化家族生命的重大意义。此外,生死超越的目标还在于将"小我"放大到整个宇宙社会的"大我"之中,去寻求贯通整个社会生命的途径,而这就要走进包括天地鬼神的宇宙之中。

3.祭天地鬼神——宇宙、社会生命的融通

"礼有五经,莫重于祭。"(《礼记·祭义》)这证明孔子对祭礼和祭祀活动的重视,而儒家之所以如此重礼的原因在于领悟到祭祀活动对生命的"洗礼"作用。

祭祀祖先的活动不只是一个复杂而又神圣的仪式,在这神圣的背后富有深厚的社会功能,它可以拓展人际性的社会生命,而人的社会生命的丰富主要表现在:其一,祭祀可以让生者获得已逝者的福佑,子孙后代的生活会因此而更为安稳。子曰:"我战则克,祭则受福,盖得其道矣。"(《礼记·礼器》)家庭关系会在祖

---

① 蔡仁厚:《儒学传统与时代》,河北人民出版社 2010 年版,第 21—22 页。

先神灵的庇护之下变得更为和睦，家族邻里之间也会在复杂的祭祀活动中走动更为频繁，人际交往更加紧密，亲邻关系更加密切。其二，祭祀可以使百姓得到教化，民风日益淳厚，社会更加稳定。孔子认为丧祭之礼的彰显是为了教化百姓仁爱，百姓也就知道孝，而把鬼和神合起来进行祭祀，这就将教化达到了一种极致。"明丧祭之礼，所以教仁爱也。……丧祭之礼明，则民孝矣。"（《孔子家语·五刑解》）"合鬼与神而享之，教之至也。"（《礼记·祭义》）子云："祭祀之有尸也，宗庙之有主也，示民有事也。修宗庙，敬祀事，教民追孝也。以此坊民，民犹忘其亲。"（《礼记·坊记》）祭祀能够达到曾子所谓的"民德归厚"之境界，人们会以更加真诚、更为开放的心态在社会中交往，人们的交际圈得到扩大，人脉更为广泛，社会活动相应增加，对社会的影响也日益深远。其三，尊奉天命，敬事鬼神，就能让日月正常运行，国家更为太平。[1]"尊天敬鬼，则日月当时。"（《孔子家语·贤君》）鬼神还是圣人制定治国理政政策的依照。"故圣人参于天地，并于鬼神以治政也。"（《礼记·礼运》）在尊天敬鬼的过程中，可以建构一片祥和的政治局面，从而为人们构建良好的社会人际关系奠定坚实的基础。总之，祭祀活动让一个个"小我"走出了家庭，走向了社会，在更为广泛的社会领域之生活，使每个人的人际性的社会关系生命也因此而不断地延伸。

同时，儒家主张祭祀天地，看到了在祭天地之中可以实现人的生命与宇宙生命的融通。万物本于天，人的生命之源在于"天"，故所祭之天不仅是自然之天，同时更是具有至高无上的德性之天。天乾地坤，天上地下，儒家所追求的是要能有上达天德、下开地德的超越境界。天德成始，地德成终。终始条理，金声玉振，而后大

---

[1] 杨朝明、宋立林主编：《孔子家语通解》，齐鲁书社2009年版，第159页。

成。① 儒家在天地祭拜之中的深意发展成为儒家所追求的一种天人相通，物我相融，从个体性的"小我"走向宇宙性的"大我"的目标。《易传》记载："夫大人者，与天地合其德，与日月合其明，与四时合其序，与鬼神合其吉凶。先天而天弗违，后天而奉天时"。这种天地境界表明人的生命在祭天地之间已经冲破了原有的生死束缚，由个体性的"小我"走进了宇宙性的"大我"，从有限通向了无限，直至永恒。

由上可知，儒家在通达超越生死的路径中有其内在的逻辑性，他要从成圣贤君子和"三不朽"中去实现个体精神文化生命的超越，从慎终追远中去收获家族生命的传承，从祭天地鬼神中去建构宇宙、社会生命的融通，这种超越呈现了层次的递增性和方向的多元性，从而在多方位的角度去收获生命的不朽。

（二）基督教的生死超越思想

《圣经·旧约》的开篇记载，耶和华神吩咐人类始祖亚当说："园中各样树上的果子，你可以随意吃，只是分别善恶树上的果子，你不可吃，因为你吃的日子必定死。"（《创世纪》2：16—17）当亚当与夏娃偷偷品尝了智慧之果后，生死问题在基督教中便成了人类必须思考及无法逃避的最基本的问题。基督教从开始就是一个信仰生命不朽的宗教。它相信人可以活在两个世界里。它教训人，最好的世界是在将来，而目前这世界是个训练场，为将来的一个铺路而设的。② 因此，在基督教神学中只有一个真正的问题："未来的

_____

① 蔡仁厚：《儒学传统与时代》，河北人民出版社 2010 年版，第 56 页。
② ［英］巴克莱：《新约圣经注释》下卷，中国基督教两会 2007 年版，第2171 页。

问题"，这里的"未来"并非是指以现在为基点的历史的未来，而是耶稣基督及其未来，是复活者的未来。① 未来主义构成《圣经》的一个最基本的特征。这个"未来"可以视为一种终极追求，是对死亡恐惧能够释怀的一种有效手段。即可言，如果每个人找到属于自己的"未来"也就找准了融通"生"与"死"的良方。

### 1.在耶稣基督中获得永生

基督徒一般将时间分为两个部分：现世和来世，"现世"是败坏腐化的，而"来世"是全新美好的，基督徒的盼望就在于深信美好的未来而不在乎罪恶的现世，他们一切的盼望必须在耶稣基督中才能得以实现。只有耶稣基督才可以把上帝完全的启示带给人类，唯独他自己一人才可以引领人类进到上帝的面前。②"所以，我们从今以后，不凭着外貌认人了，虽然凭着外貌认过基督，如今却不再这样认他了。若有人在基督里，他就是新造的人，旧事已过，都变成新的了。"（《哥林多后书》5：11—19）"死既是因一人而来，死人复活也是因一人而来。在亚当里众人都死了，照样，在基督里众人都要复活。"（《哥林多前书》15：20—28）因此，基督徒们通过耶稣和上帝重归于好，而进入一种新的生命，变成耶稣肢体的一部分，被圣神所圣化，成为上帝的子女，这种在基督内的新生活是基督宗教的根本与基础。③

人只有借着圣灵才能重生，才能走进上帝的国。而这种圣灵

① 刘小枫主编：《20世纪西方宗教哲学文选》，杨德友、董友等译，上海三联书店2000年版，第1775—1776页。

② ［英］巴克莱：《新约圣经注释》上卷，中国基督教两会2007年版，第2145—2146页。

③ ［德］卡尔·白舍客：《基督宗教伦理学》第1卷，静也、常宏等译，上海三联书店2002年版，第41页。

的出现需要基督徒坚定的信念与不懈的追求。耶稣说："我实实在在地告诉你们，那听我话，又信差我来者的，就有永生，不至于定罪，是已经出死入生了。"（《约翰福音》5：24）"凡恒心行善，寻求荣耀、尊贵和不能朽坏之福的，就以永生报应他们。"（《罗马书》2：1—11）腓迪南·埃布纳说："永恒的生命可以说是绝对的现在的生命，并且事实上是人意识到上帝的存在时的生命。"① 这种上帝存在的本真意识必须因着信仰而产生，基督徒也因此在不知不觉中走进三种新的关系之中：一是进入与上帝的新关系之中。审判者变成父亲，陌生变成亲密，恐惧变成爱。二是进入与他人的关系之中。憎恨变成爱，自私变成服务，苦恨变成宽恕。三是进入与自己的新关系之中。软弱变成力量，挫折变为成功，紧张变成平安。② 在这种新的关系中，基督徒收获着新的生命和新的希望。

## 2. 上帝的临在带来新天新地新世界

在希腊文中，有两个字是用来代表"新"的意思，第一个是neos，它是指时间上的新。第二个是 kainos，它不单指的是时候，而且在质素上也是新的，是从来未曾出现过的。③ 但是布尔特曼说："'新'并不属于上帝的范畴，永恒才是。"④ 而莫尔特曼却认为，"新"

---

① 刘小枫主编：《20 世纪西方宗教哲学文选》，杨德友、董友等译，上海三联书店 2000 年版，第 1789 页。

② ［英］巴克莱：《新约圣经注释》上卷，中国基督教两会 2007 年版，第1038 页。

③ ［英］巴克莱：《新约圣经注释》下卷，中国基督教两会 2007 年版，第2685 页。

④ 转引自［德］于尔根·莫尔特曼：《来临中的上帝——基督教的终末论》，曾念粤译，上海三联书店 2006 年版，第 25 页。

这个范畴是操控整个《圣经·新约》中的终末词汇。① 笔者以为，对于耶稣基督而言，"永恒"与"新"二者相辅相成，难以分割。如果没有生命的更新，新人仍旧是带有罪恶的人，追求"永恒"就没有任何意义可言。若是没有生命之"永恒"，生命之"新"则无法继续下去。被钉在十字架上的耶稣通过他的复活，给世界带来新的作为以达到永恒之目的。换言之，在一切新天新地新世界中无须进行"生"与"死"的较量和对话，因为生死界限在此已被超越。

人类的现存状态正在接近它的终点，这个终点将是一场剧变，一种类似分娩之痛的"极度痛苦"，但又是一次"重生"。② 恰似约翰在启示录中描写的：揭开第二印的时候，我听见第二个活物说："你来！"就另有一匹马出来，是红的，有权柄给了那骑马的，可以从地上夺去太平，使人彼此相杀，又有一把大刀赐给他。（《启示录》6：3—4）这匹使人际关系断裂、社会充满痛苦仇恨的红马被耶稣收住了缰绳，耶稣战胜了罪大恶极的巨魔撒旦。于是，弥赛亚在云中出现，开始进行审判。在这场审判中，有的被带进昏暗、污秽的汲希纳与撒旦及其叛逆的天使为伴，有的则带进了乐园，他们彼此之间有一条不可逾越的深渊，这种万物的新秩序将是永恒的。③ 耶稣在《马太福音》中说："我实在告诉你们：你们这跟从我的人，到复兴的时候，人子坐在他荣耀的宝座上，你们也要坐在十二个宝座上，审判以色列十二个支派……然而，有许多在前的，将要在后；在后的，将要在前。"（《马太福音》19：27—30）耶稣的审判不是

---

① ［德］于尔根·莫尔特曼：《来临中的上帝——基督教的终末论》，曾念粤译，上海三联书店2006年版，第26页。

② ［法］欧内斯特·勒南：《耶稣的一生》，商务印书馆1999年版，第213—214页。

③ ［法］欧内斯特·勒南：《耶稣的一生》，商务印书馆1999年版，第213—214页。

一个终结，而是一个新的开始，他纠正了混乱、无序的旧秩序，使得在世上卑微的人，在天上将可能为大，而在世上为大的人，在将来的世界中可能成为卑微的，从而创造了一个新的世界秩序。

在这样一个新的秩序之中，先前如尼禄时期迫害基督徒，实施惨无人道的酷刑，令人痛苦且四处黑暗的天地已成为过去。约翰说："我又看见一个新天新地，因为先前的天地已经过去了，海也不再有了。"（《启示录》21：1）上帝如莫尔特曼在《来临中的上帝——基督教的终末论》所言，它既临在于历史的时间中，又内住在历史的空间中。抑或可言，原来充满罪恶、恐怖的地上之城变成了充满上帝临在的宇宙圣殿。因此，上帝宇宙性的舍金纳构筑了一个将获得永恒福祉的新天新地，在这新天新地中，上帝充满着万有，万有将洋溢着上帝之爱。

### 3. 教会中的有形超越

教会在基督内，好像一件圣事，就是说教会是与上帝亲密结合的，以及全人类彼此团结的记号和工具。[①] 这既表明教会与上帝的紧密联系，又表现基督通过教会对信徒进行生命的洗礼，获得生命的沟通和生死的超越。教会是上帝的国临到世界所产生的复杂的信仰团体，是人的组织与团契，包含各个不同性别与年龄阶段、社会阶层、背景与族群的人，是有份于上帝国在现今彰显的末世性社群。[②] 教会与上帝的国之间有着密切的联系。

第一，教会始于上帝之国。教会是基督徒因着信仰上帝而聚集在一起的大家庭。教会成为联结上帝与基督徒的纽带，从此基督徒

---

① ［德］卡尔·白舍客：《基督宗教伦理学》第 2 卷，静也、常宏等译，上海三联书店 2002 年版，第 667 页。

② 陈俊伟：《天国与世界》，宗教文化出版社 2010 年版，第 313—314 页。

与上帝和好，投入上帝的怀抱，他们的生命也因此而发生了改变。教会中形成的人与人的和睦与宽恕关系是基督徒走进上帝之国的前提，基督徒的生命在爱的契合中走向了完满，达到了永恒。

第二，上帝之国因着教会而得到彰显和宣扬。教会是上帝国的器皿与托管者，上帝国的作为与权能通过教会而彰显，死亡的权势不能胜过教会，并且上帝要借着教会"使天上执政的、掌权的，现在得知上帝百般的智慧"[1]。在教会里，基督徒能够"经验"到上帝国的真实，他们对上帝的国进行诠释与描述，上帝之国的神秘性在此被揭露，从抽象变得具体。故可言，教会是上帝国的证明人。

第三，教会在本质上也是属天的，它与上帝之国都具有拯救性与末世性的功能。"圣灵向各教会所说的话，有耳朵可听的，都听吧！得胜的，我必将神乐园中生命树的果子赐给他吃。"（《启示录》2：7）教会是完全顺服基督的，握有"上帝国的钥匙"，享有捆绑与释放的权柄。教会不但在现今为上帝的国作见证，她的目标是末了要显现的上帝国，并期待成为上帝国完全来到时的社群。[2] 正如有一位教父说过："没有人可以有上帝做他父亲，除非他有教会做他母亲。"好讯息乃是在一团契内所领受的。[3] 但这个组织在世俗的生活中因与政治生活有着千丝万缕的联系，使其虚伪、腐败与堕落的负面作用也在一定程度上日益凸显起来，由此而遭到许多信徒的反对。马丁·路德的宗教改革强调废除教会的职能，坚持只要内心信仰上帝，"因信称义"，便可直接与上帝对话，实现生与死的超越。尽管如此，其实教会和教会组织中的一些追思活动和节日礼仪也是基督徒实现生死沟通的有效路径。基督徒原来是

---

① 陈俊伟：《天国与世界》，宗教文化出版社 2010 年版，第 316 页。

② 陈俊伟：《天国与世界》，宗教文化出版社 2010 年版，第 317 页。

③ ［英］巴克莱：《新约圣经注释》下卷，中国基督教两会 2007 年版，第 1596 页。

借着基督的祭礼洗净自己的身体，走近上帝，后来发展成为教会的一系列追思活动。

### （三）儒家现世与基督教来世超越之比较

从前两节对儒家与基督教生死超越思想的具体分析中可直接感知它们在生死超越思想上存在着最根本的世俗性与神圣性之别，但这无法掩盖它们最大差异中存有的共通性。

#### 1. 生死超越的方式：内超与外超

现在学术界，学者对儒家与基督教的生死超越问题讨论最多且最为激烈的是它们生死超越方式的问题，但就此并未形成一致意见。冯友兰认为中国哲学是"既入世又出世"，既注重现实又关心理想的。注重社会人伦与世务、只讲道德价值而不讲或不愿意讲超道德价值的"入世"的中国哲学，和注重获得最高成就、追求脱离尘世的"出世哲学"基督教哲学之间就不存在分野了。[①] 刘述先在《当代新儒家可以向基督教学些什么》中指出，在终极关怀上，儒家是"内在的超越"的传统，而基督教是"纯粹的超越"的传统。[②] 而刘小枫则认为，儒学确立的是只有一重的现实世界，而"天"与人是本体同一，这就排斥了超验世界得以确立的任何可能。希腊精神和希伯来精神确立的是一个超越的"理式"或上帝的国，儒学根本就没确立这样一个王国，而且以此为高明。所以，今人以为有大生

---

① 董小川：《儒家文化与美国基督新教文化》，商务印书馆 1999 年版，第 164—165 页。

② 董小川：《儒家文化与美国基督新教文化》，商务印书馆 1999 年版，第 294 页。

命和有关于天的论述，就有了超越的世界，这纯属哲学的无稽。①

其实，从儒家的天人关系和他们"知善—求善—至善"人生模式可以看出儒家生死超越的方式是内在的（immanent）、自我的（self）超越，这是一种由内而外、由下而上的完善之超越。牟宗三在《中国哲学的特质》一书中指出，儒家的"天道高高在上，有超越之意。天道贯注到人身之时，天道又是内在的。因此，我们可用康德喜爱的字眼，说天道一方面是超越的，但另一方面又是内在的"。②而基督教的神人关系和他们形成的"至善—原罪—救赎—善"人生轨迹决定了其生死超越方式是外在的（external）超越，是对上帝之国的超越。上帝之国完全独立于人之外，是需要基督徒努力了解和祈盼的对象，最后才能永驻于基督徒心中，这是力图通过由外而内、由上而下的怜悯方式才可达到。

虽然儒家和基督教的生死超越存在最根本性的内超与外超之不同，在这最根本的差异之间仍然可以捕捉到它们内在而不可忽视的共性，即它们都离不开生命主体内在自我力量的努力。孔子竭力主张发挥自我主观能动性去达到最终目标，孔子"不知老之将至"的奋斗一生就是最鲜明、最生动的写照，而孟子则延续了孔子这种超越生死短暂性的方式和精髓。孟子曰："天将降大任于斯人也，必先苦其心志，劳其筋骨，饿其体肤，空乏其身，行拂乱其所为，所以动心忍性，曾益其所不能……然后知生于忧患，而死于安乐也。"（《孟子·告子下》）孔孟这种依赖自身努力去穿越生死的方法成为后来儒家学派在超越生死问题上的一种最基本的方式。反之，从基督教外在超越的维度看，上帝的国代表的确实是上帝的旨意，但这种超越并不仅仅是消极地等待"拯救"，它还包含了人的努力。超

---

① 刘小枫：《拯救与逍遥》，上海三联书店 2001 年版，第 103 页。

② 牟宗三：《中国哲学的特质》，上海古籍出版社 1997 年版，第 20 页。

越就是要生活在耶稣基督的圣灵之中去，就是要积极地投入到上帝的生命之中去。[1] 这同样需要人自己主观上的一种积极努力和对上帝存在的一种内在需要的诉求。耶稣对众人说："入口的不能污秽人，出口的乃能污秽人。"（《马太福音》15：11）"出口的"意指人的内心动机，"凡自己"的意指"由己的行为"，这是耶稣对众人提出的一种自我要求和自我约束，这和孔子的"为仁由己"在某种程度上不谋而合。路德提出："首先要记住我已说过的话：无需乎'事功'，单有信仰就能释罪、给人自由和拯救。"[2] 路德的"因信得救"学说更把基督教对主体自我的内在要求和内心所需要具有的信念提升到了另一个高度。

### 2. 生死超越的具体路径：从小我到大我

一方面，儒家和基督教生死超越的具体路径都呈现出从小我到大我的有层次的、递进式的超越特性。就儒家而言，儒家的生死超越通过个人、家庭、社会、宇宙等具体途径来实现。"修身、齐家、治国、平天下"是儒家的生死追求，因而对"修、齐、治、平"的完成，必然要从对小我生命的超越扩展到对天地宇宙生命的超越。冯友兰将人生境界划分为：自然境界、功利境界、道德境界和天地境界四个不同的层次，儒家都努力将自己放置于超自然的天地境界之中。孟子曰："天之生斯民也，使先知觉后知，使先觉觉后觉。予，天民之先觉者也，予将以此道觉此民也。"（《孟子·万章章句下》）这里孟子所说的"天民"就是将自己作为宇宙中的一员，他自觉为宇宙的利益做各种事，并觉解其中的意义，这种觉解为他构

---

[1] 姚新中：《儒教与基督教——仁与爱的比较研究》，中国社会科学出版社2002年版，第135页。

[2] 段德智：《死亡哲学》，湖北人民出版社1996年版，第141页。

成了最高的人生境界，就是冯友兰所讲的天地之境界。<sup>①</sup>北宋著名大儒张载所说的："为天地立心，为生民立命，为往圣继绝学，为万世开太平。"（《近思录拾遗》）更是淋漓尽致地彰显了儒家对"大我"生命的超越。

而基督教的生死超越也同样采取了从个人到宇宙，从小我到大我的超越路径。对基督教而言，个我生命的超越主要通过带领众人走进上帝的国来实现。正如基督教在死亡观上具有两次死亡的态度一般，人的复活也具有两次，第一次是灵魂的复活，时候就是现在，第二次是肉体的复活，发生在终结之时，而两次复活都在对上帝的信与爱中得以完成。耶稣说："我实实在在地告诉你们，时候将到，现在就是了，死人要听见上帝儿子的声音，听见的人就要活了。"（《约翰福音》5：25）这是针对个体生命的复活而言，基督教最终要将生死超越的视域投射到整个宇宙之中，上帝不仅在时间中是临在的，而且在空间中也临在着。<sup>②</sup>耶稣所要复活的不仅仅是人，还有所有带着血气的万物。莫尔特曼认为，基督教终末的盼望有四个不同的远景：一是对上帝荣耀的盼望；二是对上帝为世界所作的崭新的创造的盼望；三是对上帝针对人类的历史和大地的盼望；四是对上帝为个人复活及永生的盼望。<sup>③</sup>莫氏从个人的终末论到历史的终末论，再到宇宙的终末论以及最终到上帝的终末论的论述方式，既反映一种存有的秩序，又表明基督教的生死超越途径是由内而外、从小我到大我的有层次性扩散。可

---

① 靳凤林：《死，而后生——死亡现象学视阈中的生存伦理》，人民出版社2005年版，第247页。

② ［德］于尔根·莫尔特曼：《来临中的上帝——基督教的终末论》，曾念粤译，上海三联书店2006年版，第10页。

③ ［德］于尔根·莫尔特曼：《来临中的上帝——基督教的终末论》，曾念粤译，上海三联书店2006年版，第4页。

见，儒耶在生死超越的路径中都展示出了超越的层次性。

另一方面，儒家和基督教生死超越具体路径中表现出来的"小我"与"大我"却截然不同。就儒家而言，"小我"指能成功塑造自己的君子人格，最终能够成为一个谦谦君子，要通过"三不朽"将自己的个体生命达到一种永恒。孟子曾云："是故君子有终身之忧，无一朝之患也。乃若所忧则有之：舜，人也；我，亦人也。舜为法于天下，可传于后世，我由未免为乡人也，是则可忧也。忧之如何？如舜而已矣。"（《孟子·离娄下》）在孟子看来，只有具有舜那种崇高的德行才能被后人所传颂和效仿，这需要个我不断努力地去践行仁德。但对基督教来讲，"小我"指个我要成为天父的子民，要与上帝建立一种真正意义上的父子关系。如一个律法师试探耶稣说："夫子，我该怎么做才可以承受永生？"耶稣让他念律法上写的，他回答说："你要尽心、尽性、尽力、尽意爱主你的神；又要爱邻舍如同自己。"耶稣说："你回答的是。你这样行，就必得永生。"（《路加福音》10：25—28）全心全意地爱上帝成为个我生死得以突破的最基本途径，它需要耶稣的中保作用，需要上帝对子民的爱，也需要个我生命对上帝和他人的爱，这完全不同于儒家所要成就的君子。同理，儒家的"大我"是指心怀整个天地、天下之心的道德境界达到至善，大我的生命与天地万物苍生的生命是一体融通的。这并不是每个人都能达到的目标或超越的境界，只有儒者眼中的圣人才能为之。明代学者罗伦云："生而必死，圣贤无异于众人也。死而不亡，与天地并久，日月并明，其惟圣贤乎！"（《一峰诗文集》）而对基督教来讲，"大我"指天地宇宙的生命与秩序，大我的超越是要使整个天地原有的秩序都发生翻天覆地的变化，要出现一个新天新地新世界，这也不是众人的努力可以完成的，它只有通过耶稣基督的事工可以为之，只有上帝的临在才能为之。

### 3. 生死超越的目标：现世与来世

从本质上看，要比较儒家和基督教生死超越这个终极问题，必然要讨论被称为儒学的儒教是否也具有与基督教同样的宗教性？现在学界对儒学是否就是宗教的问题可谓是仁者见仁，智者见智。现代新儒家梁漱溟在其《中国文化要义》中概括中国文化的特征时指出，中国文化是"几乎没有宗教的人生"①。这就隐性而间接地表明儒学非宗教的观点。但任继愈认为儒教作为完整形态的宗教可以从北宋算起，朱熹将其完善化了。②牟宗三也坚持认为儒家就是宗教，因为它能通过内在的超越途径达到生命的永恒和"天人合一"的至高境界，③刘述先、张立文等学者谈到，儒学具有强烈的终极关怀，它是通过宗教把握其生命本质的。在笔者看来，儒学确实不具有与基督教等其他宗教一样的教规、教义和教服等等，但儒学虽不为宗教却实质上在中华大地上已经起到了宗教的作用，在一定程度上它甚至已经胜过了宗教给人们带来的安全感和永恒感。自汉代儒学成为官学以来，儒学一直成为人们的一种精神追求，不仅为人们寻求安身立命之所指引了方向，而且更为人们成就永恒树立了标杆。作为儒学的奠基者孔子，他的思想中虽注重的是现世人伦价值的实现，关心的是此岸生活的现实意义和价值。但从孔子对祭祀的崇尚和对仁道的追求来看，在孔子的内心世界可能仍然存有一个他所希冀的"超验世界"，这个彼岸世界孔子并没有给予任何描述，但可以知道它完全不同于基督教天国这个天外之天。儒家所认为的彼岸取决于一个人现世的努力状况，在于是否履行了现世的责任，在于

---

① 梁漱溟：《中国文化要义》，上海人民出版社 2011 年版，第 13 页。
② 任继愈：《中国哲学八章》，北京大学出版社 2010 年版，第 65 页。
③ 杜小安：《基督教与中国文化的融合》，中华书局 2010 年版，第 67 页。

能否受到后人的景仰。儒家既极度地肯定现世生活的意义,但又不否认一个彼岸世界的存在,儒家的彼岸与此岸并不截然分开,它将彼岸寓于此岸之中,彼岸世界一定需要在此岸的不懈努力才能实现。

众所周知,基督教人生观中一个最重要的部分就是让我们看到了死亡之门以外的东西,也就是说我们在这个现实世界之外还看到了一个彼岸世界。① 基督徒的最终目的是要追求来世的幸福,阿奎那提出了"人在尘世生活之后还另有命运"的著名命题,断言"通过自身存在的神圣理性不死"和"人的最后目的是享受来世的天堂幸福"②。在天国里是没有现实生活中的婚丧嫁娶,在天国里的大小秩序不同于现世,对基督徒而言,在这个美丽的天国中,人们无须再考虑生死所带来的痛苦,它虽是超验的、无形的、不可知的,但它却是基督徒超越生死的彼岸,对他们来说,这个上帝之国是存在的。基督教是将彼岸与此岸二元截然分开的,这种宗教式的天国绝不同于儒家具有浓厚世俗意味的彼岸世界,但无论儒家和基督教生死超越的目标彼岸之间有何不同点,它们的最终目的都在于希望收获生命的永恒。

---

① [英]詹姆士·里德:《基督的人生观》,蒋庆译,生活·读书·新知三联书店 1989 年版,第 206 页。

② 段德智:《死亡哲学》,湖北人民出版社 1996 年版,第 128 页。

# 第六章
# 建构中国特色社会主义伦理文化

随着中国经济实力的不断增强，综合国力的显著提升，中国已成为促进当今世界和平与发展的一支重要生力军。在世界需要中国、中国离不开世界的浪潮中，在我们都在为全面建设社会主义现代化国家而努力的今天，中国人民如何才能更好地解决自身的安身立命问题，建构中华民族共有的精神家园，这是一个事关民族未来和民族希望的重大现实课题。据此，笔者在立足对儒家文化与基督教文化核心价值观进行全面比较的前提下，就如何建构中国特色社会主义伦理文化谈以下三点基本看法。

## 一、中国传统伦理文化的近现代危机

曾被誉为"近代以来最伟大的历史学家"的汤因比，在其鸿篇巨制《历史研究》中曾提出过"挑战与应战"的著名观点。任何一种文化在其形成和发展的过程中都要经历无数次的"挑战"和"应战"，而中国传统伦理文化亦不例外。儒学作为中华民族文化的精神基础和主流意识形态，在长达两千多年的历史长河中经历了一次次血与火的洗礼，尤其在近现代时期。

1840 年鸦片战争以降，在西方坚船利炮和商贸往来的双重压力裹胁下，中国社会不仅在政治、经济上遭受西方列强的严重破坏与侵略，开始逐步沦为半殖民地半封建国家。而且中国文化也遭遇到前所未有之大变局，"东西文化之冲突"成为中国近代儒学必须要面对的主要难题。这种空前的"挑战"是世界性的，虽有不同文化倾向的学者曾提出过全然不同的"应战"方案，但却由于各种原因未能成功。如戊戌变法时期，改良派的康有为曾写下了《新学伪经考》和《孔子改制考》等著作。为了迎接西方列强的"挑战"，康有为甚至企图将儒学改变成宗教，以期与西方的基督教相抗衡。在康有为的影响下，梁启超等人也都将自己的改良主张与儒学思想掺杂在一起。但是，由于近代资产阶级的软弱性，致使这种借助于孔子权威的儒学革命也同借助于皇室力量的"百日维新"一样，只能是昙花一现而已。[①] 而一些改良派分子在拯救国家民族命运之时，也对儒家的伦理纲常进行了猛烈的抨击。如谭嗣同在《仁学》里面说："三纲之慑人，足以破其胆，而杀其灵魂。"他认为中国人被旧学所溺，封建的伦理纲常严重束缚了人们的思想，摧残了人性，钳制了人心。而在辛亥革命时期，一些革命派在反对君主专制的同时将矛头指向了儒学，儒学的命运和封建专制制度一样遭人唾弃、践踏和批判。

历史的车轮驶向了 20 世纪，"五四"运动将民主与科学同传统文化对立起来，在推崇"德先生"和"赛先生"的同时，掀起了"打倒孔家店"的新文化运动，整个民族文化面临着由"相濡以沫"观念向"相忘于江湖"观念的转变，儒学的这次"挑战"可谓是一次灭顶之灾。新文化运动的倡导者陈独秀宣称："本志同人本来无罪，只因为拥护那德莫克拉西（Democracy）和赛因斯

---

① 陈炎：《多维视野中的儒家文化》，中国人民大学出版社 1997 年版，第 196—197 页。

（Science）两位先生，才犯了这几条滔天的大罪。要拥护那德先生，便不得不反对孔教、礼法、贞节、旧伦理、旧政治；要拥护那赛先生，便不得不反对旧艺术、旧宗教；要拥护德先生又要拥护赛先生，便不得不反对国粹和旧文学。"[1]而胡适抨击儒学的三纲五常时，也指出："古时的'天经地义'现在变成废话了。"并且，胡适在美国芝加哥大学作题为《儒教的使命》的演讲时，断定：儒教作为"在统制中国人思想上最有势力的部分，已经被打倒了。这样说来，儒教真可算是死了"[2]。鲁迅作为新文化运动的主将，对儒学的批判更为辛辣尖锐。他在《狂人日记》中写道："我翻开历史一查，这历史没有年代，歪歪斜斜地每页上都写着仁义道德几个字，我横竖睡不着，仔细看了半夜，才从字缝里看出字来，满本都写着两个字'吃人'！"[3]从此在中西文化的关系上出现了三条不同的路线，一是以陈独秀、胡适为代表，主张"往西跑"，强调西化；二是以梁漱溟为代表，主张"往东跑"，热心传统；三是以梁启超、蔡元培为代表，主张"兼容并包"，走中间路线。[4]在儒学被边缘化，并遭到种种诟病之时，一些对儒学怀有深厚情感的拥护者和捍卫者并不主张借助对西方文化的"拿来主义"方式去迎接"挑战"，如梁漱溟等人力图通过"返本开新"来进行"应战"。但由于当时各种社会条件的约束，这种"应战"的力度是极为有限的。

新中国成立后，已经确立了马克思主义在中国成为主流社会意识形态的地位，在新的社会经济基础条件下，对儒学的"挑战"和

---

①　陈独秀：《本志罪案之答辩书》，《新青年》第6卷第1号。

②　蔡尚思主编：《十家论孔》，上海人民出版社2006年版，第95页。

③　蔡尚思主编：《十家论孔》，上海人民出版社2006年版，第57页。

④　林洪荣：《"五四"时期的本色神学思潮》，《道与言——华夏文化与基督文化相遇》，上海三联书店1995年版，第662页。

淡化则不可避免。更有甚者，在"文化大革命"时期，儒学没有逃脱再次遭遇厄运的命运，"批林批孔"运动将对中国传统文化的批判推向了历史的高潮，而儒学则经历了一次彻底性的破坏。回顾儒学在中国近现代史上的遭遇，其主要呈现的是一次次经受严峻挑战的悲惨命运，而儒学在中国文化艰难寻找出路的过程中也历经了沉浮，后来许多新儒家在肯定儒家价值系统，融合会通西学的基础上积极为中国传统文化寻找一条"返本开新"的新路子。总之，在这一个世纪的风雨变幻中，孔子及其儒学真是倒尽了大霉而又出尽了风头。照此看来，在我们民族"集体无意识"的精神深处，恐怕真有着一个剪不断、理还乱的"孔子情结"。① 而无论历史如何变迁，在当今经济全球化的大背景下，我们需要在立足当下、挖掘历史、借鉴国外和面向未来的思路和胸襟中，去建构中国特色社会主义伦理文化。

## 二、不忘本来、吸收外来与面向未来

首先，不忘本来可以丰富当代中国特色的社会主义伦理文化的民族特色。在儒家和基督教核心价值观的比照中，我们更能发现中华民族传统伦理的特色。在越是走向全球化的今天，我们越是必须清醒地认识到自己民族文化的特性，要对自己的传统文化有准确的定位与认同，否则将面临被消融的危险。这种文化认同的基础便是找到自己独特的文化个性。倘若它丧失了自己的文化传统，则将不复存在。如毛泽东所说"那就要从地球上开除你的

---

① 陈炎:《多维视野中的儒家文化》，中国人民大学出版社 1997 年版，第 206 页。

球籍"①。张岱年在谈及传统文化在综合创新中的地位时曾说："一个民族，如果丧失了文化的独立性，也就会丧失民族的独立性；丧失了民族的独立性，就沦为别的民族的附庸了。保持民族文化的独立性，是一个民族重要的问题。但是保持民族文化的独立性也有一个条件，就是必须学习别的民族的先进文化的成果，同时发挥自己的创造精神，在文化的各方面能够与别的民族并驾齐驱。只有这样才能够保持民族文化的独立性。应该承认，只有对世界文化作出自己的独特贡献，才能受到别的民族的尊重。"② 于是，我们可以在对儒家伦理思想进行扬弃的过程中找到儒家伦理思想的个性和优越性，正如习近平同志所指出的那样，中国特色积淀着中华民族最深沉的精神追求，是我们最深厚的文化软实力。这为丰富人们的精神世界，建构当代中国特色社会主义伦理观添上浓厚的民族色彩。

其次，吸收外来有助于扩大当代中国特色的社会主义伦理文化的世界视野。在当前世界多元化和多元宗教的事实下，不管你的科技力量有多大，你要想在 21 世纪乃至 22 世纪一枝独秀，从这个趋势看，出现的机会不大，一定是各种不同的文明要相互和平共处。③ 于是建构当代中国特色社会主义伦理文化必须将中西文化中最源头的儒家与基督教伦理思想进行会通，而辩证看待儒家和基督教伦理思想既体现了建构当代中国特色社会主义伦理文化时所采用的和平共处原则，又体现了建构当代中国特色社会主义伦理文化时所运用的国际性战略思维，它将视野投向了世界的各个角落，它既重新评价自己，又认真审视他人。辩证地吸收基督教的伦理精神，

---

① 《毛泽东文集》第 7 卷，人民出版社 1999 年版，第 89 页。

② 张岱年：《张岱年文集》第 6 卷，清华大学出版社 1995 年版，第 424 页。

③ [美] 杜维明：《儒家传统与文明对话》，彭国翔编译，河北人民出版社、人民出版社 2010 年版，第 50 页。

体现了建构当代中国特色社会主义伦理文化的开放情怀和理性思维，使当代中国特色社会主义伦理文化在富有深厚民族特性的同时又享有鲜明的时代特性。

最后，面向未来有助于拓展当代中国特色社会主义伦理文化的探究领域。文化比较的最终意义不在比较本身，而是要经过比较，寻求通过异质文化之间的对话、沟通，实现不同文化间的借鉴、融合，促进文化的传承更新与创造的目标。[①] 因此，透过儒家和基督教伦理思想，并不在于仅仅发现它们二者思想上的异同，其关键要在冲突与融通之中找到可以为自己所用的伦理智慧，真正做到"古为今用，洋为中用，批判继承，综合创新"，如此则必然会进一步拓展当代中国伦理文化的研究范围，正如费孝通先生在他的《文明圣诞的最高理想》中所言，任何一个文明都是各美其美，而我们要把各美其美发展到美人之美，再到美美与共，才达到天下大同的和平世界。[②] 这不仅是一种美好的愿景，更是建构当代中国特色社会主义伦理文化的宏伟鹄的，更是党的十八大报告中"我们一定要坚持社会主义先进文化前进方向，树立高度的文化自觉和文化自信，向着建设社会主义文化强国宏伟目标阔步前进"的精神彰显。因此，我们建构中国特色社会主义伦理文化，需要按照习近平总书记"不忘本来、吸收外来、面向未来"的要求，坚持历史唯物主义的观点，即"对我国传统文化，对国外的东西，要坚持古为今用、洋为中用、去粗取精、去伪存真，经过科学的扬弃后使之为我所用"。

---

① 徐行言：《中西文化比较》，北京大学出版社 2004 年版，第 333 页。

② ［美］杜维明：《儒家传统与文明对话》，彭国翔编译，河北人民出版社、人民出版社 2010 年版，第 58 页。

# 三、在综合创新中再造中华民族的精神家园

任何一种思想文化的产生既要有时代土壤的培育，又要经受社会历史的检阅。中国共产党一百多年来的探索史已经表明，中国所有问题的解决，尤其是中国人民深层的精神问题的应对都必须毫不动摇地坚持以马克思主义思想为指导，用毛泽东思想、邓小平理论、"三个代表"重要思想、科学发展观、习近平新时代中国特色社会主义思想武装头脑，采用唯物辩证法的观点正确处理当今时代与历史传统、立足国情与面对世情的关系。党的十九大报告指出："文化是一个国家、一个民族的灵魂。文化兴国运兴，文化强民族强。没有高度的文化自信，没有文化的繁荣兴盛，就没有中华民族伟大复兴。要坚持中国特色社会主义文化发展道路，激发全民族文化创新创造活力，建设社会主义文化强国。""必须推进马克思主义中国化时代化大众化，建设具有强大凝聚力和引领力的社会主义意识形态，使全体人民在理想信念、价值理念、道德观念上紧紧团结在一起。要加强理论武装，推动新时代中国特色社会主义思想深入人心"。质言之，建构中国特色社会主义伦理文化必须坚定不移地坚持马克思主义伦理思想为基础。

## （一）坚定不移地坚持马克思主义伦理思想为基础

马克思主义伦理思想是马克思主义思想的一个重要组成部分，它是在对资本主义道德关系及其观念进行批判的基础上，从而形成新的道德关系和价值观念而登上历史舞台的，它以辩证唯物主义和历史唯物主义为基础，符合人类社会历史发展的基本规

律，代表了人民群众的根本利益。事实证明，马克思主义伦理思想在中国的传播和发展是中国历史发展和中国人民的必然选择，处于水深火热之中的中国人民迫切需要一种能够推翻三座大山的伦理思想武器来解救中国。马克思主义伦理思想在中国的发展历程，贯穿着一条主线，它是"以时代的'意志'和'本质'为转移，以社会发展的客观需要为准则"①。因此，在社会主义革命时期，马克思主义伦理思想为无产阶级夺取政权提供了精神支柱。而在社会主义建设时期，马克思主义伦理思想为培养社会主义"四有"新人的社会主义现代化建设提供了良好的道德条件。而马克思主义伦理学并不排斥封建时代和资本主义时代所有的对于人类文明的贡献。列宁说："无产阶级文化应当是人类在资本主义社会、地主社会和官僚社会压迫下创造出来的全部知识合乎规律的发展。"②列宁为我们创造中国特色社会主义伦理文化指明了前进的道路和方向。随着马克思主义思想体系的日益发展，马克思主义伦理思想也在不断地与时俱进，成为建构中国特色社会主义伦理文化的坚实基础。

马克思和恩格斯首先对人性和人的本质有了正确的认识。马克思说："人的本质不是单个人所固有的抽象物，在其现实性上，它是一切社会关系的总和。"③在马克思的思想中，他认为真实的人的本性其实与人的道德自我完善和发展是相一致的，人的根本属性是其社会性，即人的产生、生产和生活都不能离开社会这个集体而独立存在。因此，马克思、恩格斯虽没有对集体主义进行明确的概念界定，但却从两个方面对集体主义进行了概括：一是个人只有在

---

① 罗国杰：《伦理学》，人民出版社 1989 年版，第 436 页。
② 《列宁选集》第 4 卷，人民出版社 1972 年版，第 348 页。
③ 《马克思恩格斯选集》第 1 卷，人民出版社 1995 年版，第 60 页。

"真实的集体"中才能获得个人自由全面发展，集体是个人发展的
基础；二是这种集体的建立，又有赖于个人的自由全面发展，应当
为个人这种发展创造条件，并提高到能否实现共产主义这样的高度
去理解。这二者互相补充、互为前提，缺一不可。①由此表明，马
克思、恩格斯对个人与集体的关系做出了科学的阐释，为正确处理
个人利益和集体利益的关系奠定了坚实的理论基础。而在中国长期
的革命斗争实践过程中，中国的马克思主义者将马克思主义伦理思
想与中国实际相结合，形成了毛泽东伦理思想。毛泽东伦理思想是
马克思主义伦理思想的中国化，是在对中国传统伦理思想批判继承
的基础上对马克思主义伦理思想的创造性发展。毛泽东伦理思想是
集体智慧的结晶，它提出了以为人民服务为核心，以集体主义为基
本原则的主要道德规范。而毛泽东在继承前人的基础上指出："全
心全意地为人民服务，一刻也不脱离群众；一切从人民的利益出
发……这些就是我们的出发点"，"共产党人的一切言论行动，必须
以合乎最广大人民群众的最大利益，为最广大人民群众所拥护为最
高标准。"②因此，一切从人民的利益出发是集体主义原则最根本的
出发点和最终归宿，而当个人利益与国家利益和集体利益发生冲突
时，个人利益则一定要服从和服务于集体利益。毛泽东伦理思想是
中国革命和建设道路上的指路明灯，是中国共产党和中国人民宝贵
的精神财富，为社会主义精神文明建设和道德建设提供了清晰的价
值基础。

　　在改革开放的新时期，以邓小平同志为主要代表的中国共产党
人在带领人民进行社会主义建设过程中，形成了邓小平伦理思想。

---

　　①　章海山：《马克思主义伦理思想发展的历程》，上海人民出版社 1991 年
版，第 105 页。

　　②　《毛泽东选集》第 3 卷，人民出版社 1991 年版，第 1094 页。

邓小平大力弘扬共产主义道德和积极提倡"全心全意为人民服务"和爱国主义精神,并丰富了对集体主义道德原则的理解。邓小平说:"在社会主义制度之下,归根结底,个人利益和集体利益是统一的,局部利益和整体利益是统一的,暂时利益和长远利益是统一的。我们必须按照统筹兼顾的原则来调节各种利益的相互关系。如果相反,违反集体利益而追求个人利益,违反整体利益而追求局部利益,违反长远利益而追求暂时利益,那末,结果势必两头都受损失。"① 邓小平在维护国家利益和集体利益权威的前提下,保障和尊重个人的正当利益,这为每个人的自由而全面发展营造了良好的社会环境,而培育社会主义"四有"新人成为邓小平伦理思想的重要目标,也为社会主义初级阶段的道德生活和道德建设提供了新的血液。在全面建设社会主义的新时期,中国共产党一代代领导人都在不断地学习、沿袭和发展着马克思主义伦理思想,"以人为本""社会主义荣辱观"等,尤其是党的十八大报告将原有的社会主义核心价值体系高度概括为"倡导富强、民主、文明、和谐,倡导自由、平等、公正、法治,倡导爱国、敬业、诚信、友善,积极培育和践行社会主义核心价值观"。社会主义核心价值观是中国共产党凝结全党和全国人民共识的重要思想,从国家、社会和个人三个层面都找到了精神支柱和行动方向,对于丰富人们的精神世界,建设中华民族共有的精神家园具有决定性的作用。不仅如此,中国共产党还主张积极吸收中国传统文化之精华,用中华民族本土之优秀文化浸润人民大众的心灵。胡锦涛同志在十八大报告中提出:"建设社会主义文化强国,……要建设优秀传统文化传承体系,弘扬中华优秀传统文化。"在全国宣传思想工作会议上的讲话中,习近平总书记强调:"中国特色社会主义植根于中华文化沃土、反映中国人民意

---

① 《邓小平文选》第 2 卷,人民出版社 1994 年版,第 175 页。

愿、适应中国和时代发展进步要求，有着深厚历史渊源和广泛现实基础。"这些论断都精辟地体现了中国特色社会主义文化需要中华优秀传统文化的思想精髓，这是构成中国特色社会主义伦理文化的重要组成部分。

辩证唯物主义和历史唯物主义是一种缜密的科学的世界观和方法论。根据这种科学的方法，我们必须理性而又辩证地看待儒家与基督教的伦理文化。

## （二）辩证对待中国传统的儒家伦理文化

随着社会的发展，国人对待传统文化的态度却反应各异，尤其在学术界我们听到一些不同的音调。一是随着中国改革开放，国门不断打开，有一些极端的自由主义分子和"全盘西化"论者认为不仅中国的经济发展需要学习西方，而且在解决最根本性的精神家园问题上也必须完全借助于西方的上帝之国。这种观点割断了中国的历史，无视中华民族特性和民族血脉，企图完全以他者之物来成己之果的行为必定是徒劳的。二是在一股对国学复兴的热浪中，中国传统文化的价值重新被定位和诠释，一些对传统文化极其热衷者认为，要解决中国当代的政治与人生等问题都可以重新立足于中国的传统文化。当代儒家学者蒋庆认为："中国儒学可平等地朝两个方向发展，即平行地朝'心性儒学'方向和'政治儒学'方向发展。此即意味着以'心性儒学'安立中国人的精神生命（修身以治心），以'政治儒学'建构中国式的政治制度（建制以治世）。"[①] 蒋庆对儒学的深入研究和深厚情感都十分令人敬佩，但是儒学产生的根基

———————

① 蒋庆：《政治儒学——当代儒学的转向、特质与发展》，生活·读书·新知三联书店 2003 年版，第 4 页。

毕竟只是自给自足的小农经济，而在现代建设中国特色社会主义的今天如果想完全恢复儒学在中国的统治地位，用儒学来解决一切问题，这不仅是一厢情愿的主观幻想，而且是一种历史的倒退。① 历史唯物主义的观点告诉我们，社会存在决定社会意识，但社会意识具有相对的独立性。社会意识是对社会存在的反映，社会意识会随着社会存在的变化而发展变化，但这种变化并不完全同步，同时，社会意识的发展具有继承性。因此，任何一种社会伦理思想体系的形成都与当时社会现实的经济关系和社会结构等密切相关。中国传统的儒家伦理思想是对中国封建制度的反映，它同样不仅会在社会历史的发展变化中得到传承，同时还会遭到尖锐的批判，这既符合历史唯物主义的观点又是科学的唯物辩证法方法论在伦理学中的具体运用。

一方面，中国传统的儒家伦理思想中有其博大深邃、亘古不息的思想精华。如儒家的天人观。子曰："故人者，天地之德，阴阳之交，鬼神之会，五行之秀。"（《礼记·礼运》）人是天地之核心，万物之精华，是其他万物都无法比拟之物，是最高贵的生命体。天却具有无比的优越性和至上性，"与天齐一"是人生奋斗与超越的巅峰。"夫子之文章，可得而闻也；夫子之言性与天道，不可得而闻也。"（《论语·公冶长》）儒家承认天道与人道之间存有一种必然的关系，人道必须尊重天道，并按照天道运行的规律行事，这样万物才能顺道而成永不停息，人与万物应该"并育而不相害"。哀公曰："敢问君子何贵乎天道也？"孔子对曰："贵其不已。"（《礼记·哀公问》）梁漱溟认为儒家伦理的"根本精神"是"以意欲自为调和持中"，强调"人类生命之和谐"，它符合"人自身"和"整个宇宙"

---

① 张岱年、方克立主编：《中国文化概论》，北京师范大学出版社 2004 年版，第 354 页。

的"和谐"精神。① 儒家这种对自然尊重和赞颂的天人和谐观，给当代科学技术飞速发展、工业文明不断提高与生态环境遭受严重破坏、各种资源日益枯竭之间紧张矛盾的解决提出了天、地、人和谐共处的良方，同时也会成为党的十八大报告所提出的"未来生态文明建设的宏伟目标——'美丽中国'"实现的良方。又如儒家道德理想高于物质利益甚至高于生命的价值观，"志士仁人，无求生以害仁，有杀身以成仁。"（《论语·卫灵公》）"朝闻道，夕死可矣"的生死感叹。人之死可以具有道德意义，每个人道德生命的主宰权在自己而不在天。儒家这种仁义至上的精神成为中华民族优良的爱国主义传统，一直成为激励中华儿女在价值抉择时做出正确选择的精神支柱。再如，儒家恕道和仁道的处世观。儒家的两个基本原则：一是"己所不欲，勿施于人"的"恕道"，这种将心比心，推己及人的方法既能正其身，还能协调人际关系，最终为营造出一个和谐的社会氛围创造条件。二是"己欲立而立人，己欲达而达人"的"仁道"，这不是利他主义，而是要发展自我时必须处理好与周围关系的人生法则。在2001年人类文明对话年时，瑞士的神学家孔汉思先生在由科菲·安南所主持的一个世界知名人士小组中主动将儒家的"恕道"和"仁道"原则提倡为全球伦理的基本原则。② 这不仅是儒家文明对世界的贡献，更是儒家伦理思想精髓的极大彰显，需要在中华大地以至全世界进行大力的弘扬和传承。

另一方面，由于社会环境的变迁，传统的儒家伦理思想必然也会呈现出其滞后性和糟粕性的一面。如儒家以"家族本位主义"为价值原则的传统伦理思想，虽强调了整体利益，高扬了道德义务

---

① 朱贻庭主编：《中国传统伦理思想史》，华东师范大学出版社2003年版，第518页。

② ［美］杜维明：《儒家传统与文明对话》，彭国翔编译，河北人民出版社、人民出版社2010年版，第183页。

的一面，陶冶了许多"富贵不能淫、贫贱不能移、威武不能屈"的志士仁人，但它却"拂人之性"，束缚了个性自由和压抑了个性发展。[1] 在家族本位的环境中，个人的人格尊严没有得到完全的尊重，现代法律上的人人平等不能存在，个人的自由意志没有得到充分的发挥。儒家之"礼"加深了封建的伦理秩序，明显地加强了君、父、夫对臣、子、妇的统治，对女性的统治在宋明时期发展到了极致，这种思想在历代统治阶级的巩固之下，形成了束缚中国人民的四条极大的绳索——君权、族权、夫权和神权。[2] 因此，当科学与民主成为人类社会进步的两个主要动力时，儒家的礼教思想中明显地体现出反民主的性质，而儒家的直觉性思维方式则在一定程度上导致中国人的科学思维意识较为淡薄，由此我们对待儒家伦理思想需要采用科学的方法。同理，在构建中国特色社会主义伦理文化的进程中，我们面对西方的基督教文化也要持辩证的态度。

（三）理性认识西方基督教伦理思想

党的十八大报告指出："要增强文化整体实力和竞争力，扩大文化领域对外开放，积极吸收借鉴国外优秀文化成果。"习近平总书记说："中国需要更多地了解世界，世界也需要更多地了解中国"。"独学而无友，则孤陋而寡闻。"要建构当代中国特色社会主义伦理文化，我们还需要更多地了解西方的主流文化——基督教，要辩证理性地审视基督教伦理文化。

毋庸置疑，我们绝不提倡用基督教中超验的、人格神意义的上

---

[1] 朱贻庭主编：《中国传统伦理思想史》，华东师范大学出版社 2003 年版，第 510 页。

[2] 匡亚明：《孔子评传》，南京大学出版社 2011 年版，第 389 页。

帝来解决人的终极关怀问题。基督教上帝绝对外在性的他律作用压抑了人的主观能动性，使人绝对屈服于一种超验的力量，但从中却强调一种责任感。而中国人之讲道德主要与达到一种心安理得的精神境界相联系，道德观念中较少有义务感和责任感，因此我们无妨从基督教那里吸收一些这方面的营养。[①] 基督教中人性的原罪观，虽有悖于马克思主义关于人性是社会历史发展产物的观点，但却对于现代中国人的自我审视具有反省意义，反省自我的不足，[②] 有助于弥补中国传统文化中人性过于自足和自满的观点，有助于增强我们外在的他律性。张世英先生认为基督教中的爱德，虽然其起始点均在于上帝之爱，但人对上帝之爱是出于一种至诚，是一种自愿的服从和强制，源出于上帝之爱的人与人之间的相爱也是至诚的，是真切的。基督教中"爱邻如己"和"要爱你们的仇敌"这种最大范围内的"同胞"之爱是我们传统儒家文化中以血亲关系为原点的差等之爱可以吸收的，也是我们现代社会所需求的一种博爱。但因基督教的爱更多地局限于一个团契范围之内，过于注重宗教组织内部的认同而阻碍外部认同，十分容易引发众多的教派冲突和民族冲突。

基督徒对信德的追求中怀有一颗绝对忠诚、信任和敬畏之心，我们固然不主张人们把绝对的信靠对象归之于上帝，但是我们又必须发现信德中所蕴含的忠诚与信任之心，它不仅有利于社会的团结和稳定，而且有利于促使人们形成共同的理想信念和价值追求，这种精神是时代之需、社会之求和为人之本。基督教中的望德，我们必须毫不犹豫地除却望德之对象，但是望德的价值目标体现了当时

---

① 张世英：《境界与文化——成人之道》，人民出版社 2007 年版，第 222—223 页。

② 卓新平：《宗教比较与对话》第一辑，社会科学文献出版社 2000 年版，第 92 页。

耶稣心怀宏伟的社会抱负，其目的在于用自己的"蓝图"去拯救劳苦大众，改变社会风气，这种力图改变天下的理想不愧为一种至上的价值追求，值得我们每个人学习和效仿。于是有学者认为基督教的拯救观对中国现代社会的转型具有创造价值的意义，在焦虑中重觅洁身自好、爱人济世的思想。[①] 而且望德中所内含的那份对现实要求强烈改变的渴望与对未来生活的美好希冀之情也是我们当代人必须要具有的生活情怀，这种对新生活的渴盼会激励人们不断地向前奋进。

正如习近平总书记在纪念孔子诞辰 2565 周年国际学术研讨会上所言："不忘历史才能开辟未来，善于继承才能善于创新。优秀传统文化是一个国家、一个民族传承和发展的根本，如果丢掉了，就割断了精神命脉。文明因交流而多彩，文明因互鉴而丰富。"我们要根据自身的实际正确进行文明学习借鉴。而我们着力建构的中国特色社会主义伦理文化，它在着眼全球未来发展的大趋势下，在承继民族性和富有时代性里展示着我们的中国特色、中国风格和中国气派，在融通中西文化中彰显着我们世界性的眼光和海纳百川的气魄。这是在坚定文化自信的前提下，中华儿女共筑精神家园，走向美好生活的必由之路。

---

① 卓新平：《宗教比较与对话》第一辑，社会科学文献出版社 2000 年版，第 92 页。

# 第七章

# 古今中西之争的历史渊源与求解之道

从某种意义上讲，中国近现代文化史可以视为一部传统文化与西方文化相互碰撞与彼此交融的历史，它记录了中国传统文化在西方近代文化的冲击和渗透下如何逐步向近代化转型的过程，这同时也是一个传统与西化既排斥又接纳的复杂历程。其间，"古今中西文化"的辩论，如同一条主线，贯穿于中国近现代百年文化发展的壮丽画卷，成为一个长期以来争论不休的议题。在全球历史加速演进的框架下，解决"古今中西之争"的根本之道，在于探索出一条符合中国国情的现代化道路。这就要求我们必须以马克思主义文化理论为指导，在继承和弘扬中华优秀传统文化的基础上，积极吸纳并融合西方的优秀文化元素，进而开创出人类文明新形态。

## 一、近代中国社会古今中西文化之争的历史探源

在中国悠久的历史长河中，"古今之变"这一概念源远流长，尤其是在某一朝代经历深刻变革或重大转型之际，人们总会深入思考传统与变革之间的微妙关系。回望春秋战国时代，儒家、法家、道家等诸多学派便已围绕传统礼制与社会变革展开了激烈辩论，这些学术交锋可视为"古今之争"的早期雏形。而所谓的"中西之争"，

则是在中国与西方世界发生直接接触和冲突之后逐渐凸显的议题。尤其是 19 世纪中叶鸦片战争爆发，中国长期闭关锁国的状态被打破，西方的科学技术、文化理念、制度体系随之大规模涌入，对中国的传统文化和价值观念形成了前所未有的冲击。"中西之争"成为近代中国文明面临的一大挑战，它不仅是文化发展中的一个关键转折点，更是近代中国社会持续变革的起点。中国社会以此为原点，开始了漫长而深刻的文化检审和民族求新之路。

（一）19 世纪下半叶的民族危机与"中西之争"

自鸦片战争以来，西方列强以武力打开中国大门，通过一系列不平等条约迫使清王朝割地赔款、开放市场并给予其各种在华特权。在外来军事和经济压力下，中国不得不与外部世界发生联系。尽管早在鸦片战争之前，中国就已经同外部世界交往日益紧密，民间商品往来频繁。但至晚清时期，影响最大的洋货无疑是腐蚀中国社会甚久的鸦片。据有关统计，从 1800 年到 1820 年的 20 年间，中国每年输入的鸦片在 4000 箱左右。[1] 大量鸦片从海外流入中国市场，导致中国的白银流失严重，冲击了中国的自然经济体系。1840 年至 1842 年，英国以贩卖鸦片为导火索，发动了对中国的侵略战争。清政府战败后被迫签订了《南京条约》，这是中国近代第一个不平等条约，标志着中国被迫打开国门，卷入资本主义世界体系。鸦片战争后，西方列强纷纷效仿，通过武力或外交手段强迫中国签订了一系列不平等条约，强加给中国一系列不平等的条款，包括割地、赔款、开放通商口岸、领事裁判权、最惠国待遇等。这些

---

① 陈旭麓：《近代中国社会的新陈代谢》，生活·读书·新知三联书店 2017年版，第 46 页。

不平等条约不仅对中国传统的社会政治制度予以巨大冲击，也开始逐步瓦解天朝大国与外来夷人的不平等礼制，严重损害了中国的主权和利益。同时，这些不平等条约还剥夺了中国的关税自主权、领土完整权和各种司法主权，中国的自然经济逐渐解体，传统的手工业和农业经济受到冲击，中国逐渐被纳入到世界资本主义市场体系中，成为原料供应地和商品倾销市场。

在精神层面上，西方基督教文化的传入对传统儒家价值观念产生了强烈冲击。鸦片战争后，随着西方列强的入侵，基督教传教士纷纷进入中国，他们不仅传播了基督教信仰，还带来了西方的哲学、科学和教育理念。儒家学说历来注重人伦道德与心性修养，而基督教信仰则着眼于个人与造物主之间的亲密联系和灵魂救赎。基督教的传入，无疑对儒家以家族和社会为核心的传统宗教观念构成了挑战，激起了人们对个人信仰自由的深刻思考。此外，儒家所倡导的忠、孝、节、义等道德信条与基督教所宣扬的博爱、平等理念存在着显著的差异。基督教的到来，让部分国人对固有的道德规范产生了质疑，开始探求新的道德准则。西方的科学知识和实证主义精神，与儒家尊崇的经典学习和道德教化形成了鲜明对照。上述西方知识的涌入，促使中国的知识阶层重新审视并思考传统的知识体系和学习方式，这无疑对传统的社会结构产生了冲击。

在西方列强的侵掠狂潮和民族危机的深重压迫下，广大民众自发地掀起了对西方侵略势力的抵制运动。在 19 世纪中叶，爆发了由中国社会底层人民所组织和参与的太平天国运动。太平天国运动不仅是一场内战，也是一场反对外来侵略的运动。太平天国领导人洪秀全提出的"拜上帝教"，虽然带有基督教色彩，但其本质是对西方列强侵略的反抗，试图建立一个新的秩序。这场空前规模的内战剧烈撼动了清朝的统治根基。与此同时，捻军起义、回民起义等此起彼伏的地方性抗争也相继爆发，这些运动或起义进一步削弱了清朝中央政府的统治权威。

在太平天国运动早期，洪秀全和其他领导人持有一种较为天真的态度，他们认为西方列强特别是基督教国家会支持他们的反清事业。随着太平天国运动的推进，其与西方列强的关系逐渐出现了矛盾和冲突，太平天国的领导者逐渐意识到西方列强主要关心的是自身的商业利益，而太平天国的统治地区实施的各种政策往往与这些利益相冲突。这些冲突在西方列强与清朝政府联合起来对付太平天国之后，逐渐演变为敌对关系。

鸦片战争给了清王朝沉重一击，使得学习西方、自强求富成为清王朝内部一些有远见之人的共识。在洋务运动兴起的过程中，前期以"自强"为口号，重点在于创办近代军事工业，包括设立安庆军械所、江南制造总局等军事工业机构。到了中期，则建立起北洋、南洋、福建三支海军，这一阶段的重点在于强化海防能力。洋务运动的后期，在"求富"的口号下，开办了一些民用企业，如汉阳铁厂、湖北织布局等。这一时期，洋务运动开始从军事工业转向民用工业。洋务运动在近代军事工业、民用工业、国家海防、启蒙教育等多个方面影响深远，迈出了中国近代化的一小步。但若从中国近代社会对中西方文化的认识来看，洋务派的认识又是处于表层的。洋务派的指导思想是"中学为体，西学为用"。这一理念是张之洞针对当时形势所提出的一种中西文化融合的路径。其中，"中学"被视为根本，"西学"则作为补充，两者相辅相成，缺一不可。在"中体西用"思想的集大成之作《劝学篇》中，张之洞指出："中学为内学，西学为外学；中学治身心，西学应世事。"[①]"中体西用"是以"中体"作为根本，"西用"作为手段，其目的在于挽救和发

---

① 陈山榜：《张之洞劝学篇评注》，大连出版社1990年版，第159页。

展"中体"。洋务派的反思始终围绕着如何以西方先进的科学技术补益中国在"世事"方面的不足展开，还未涉及对中国传统核心价值观念的深层反思。

在中国近代史的研究中，洋务运动的失败和戊戌变法的尝试是两个重要的议题。历史已表明，仅仅引进西方的先进科学技术，并不能解决持续的民族危机。清朝的封建统治系统在面对西方现代国家的体制时，显示出僵化和落后的特征，无法有效应对外部挑战，为了救亡图存，中国必须学习西方先进的政治制度，并进行自上而下的政治改革。康有为、梁启超等资产阶级知识分子进行了戊戌变法的尝试，他们发动了一场持续百日的改革。在政治方面，他们试图建立资产阶级君主立宪制，以期创建一个更加公正有效的政治体系。在经济方面，他们鼓励私人兴办工矿企业，开设新式学堂培养人才，翻译西方书籍传播新思想。在文化教育方面，他们废除了科举制度，推广新式教育，培养符合现代社会需求的新型人才。相较于洋务派，戊戌变法的代表人物明显受到了日本明治维新的影响，他们的改革不仅仅是为了维护清王朝的封建统治，而是更加关注中华民族的生死存亡。

值得注意的是，戊戌变法的代表人物康有为对儒家经典进行了重新解读，并发起了"疑古"思潮。这一方面在某种程度上维护了传统文化的价值观点，另一方面也挑战了传统的权威。尽管其思维模式仍然属于"中体西用"，但相较而言，他将西方政治体制也纳入学习范围，对"西用"的反思已经更为深刻。康有为的"疑古"思潮并非孤立无援，它与当时社会上对传统文化的批判和反思遥相呼应。他试图在尊重传统的基础上，对儒家经典进行创新性的诠释，以适应时代的发展需要。康有为的这种主张，虽然在当时未能完全实现其政治改革的目标，但其对中国传统文化的重新审视和对西方政治制度的借鉴，为后来的文化更新和政治变革提供了重要的思想资源。他的努力不仅在思想文化领域产生了深远的影响，也为后来的辛亥革命和新文化运动奠定了思想基础。

### （二）从"中西之争"向"古今之变"的过渡

随着时间的推移，中国近代知识分子逐渐认识到，单纯地学习西方并不能完全解决中国的问题，革除自身文化当中不符合时代发展的成分，成为实现中国社会救亡图存的重要路径。于是，争论的焦点开始从"中西之争"中如何学习西方先进科技、制度，逐渐过渡至"古今之变"中对传统与现代的深层次反思。

随着西方列强在中国非法攫取权益的进一步扩大，中国社会的半殖民化程度加深，加剧了中国的民族危机。直到1895年中日甲午战争后，中国被迫与日本签订丧权辱国的《马关条约》，中国社会各界的知识分子乃至普通民众才真正有了一种天崩地裂、大厦将倾之感。梁启超曾稍显夸张地回忆道："甲午以前，吾国之士大夫忧国难，谈国事者几绝焉。自中东一役，我师败绩割地偿款，创痛巨深，于是慷慨爱国之士渐起，谋保国之策者所在多有。"[1]《马关条约》强迫中国割让台湾全岛及其附属各岛屿、澎湖列岛给日本，破坏了中国的领土主权完整，而巨额的赔款则进一步加剧了中国社会各阶层的负担。清政府无力偿还，大量举借外债，便利了列强通过贷款控制中国的经济命脉，中国社会的各个阶层开始出现严重的分化，日本也因此对中国的资源进行了严重掠夺。日益深痛的民族危难令中国社会的有识之士开始探寻如何解决中国社会危机的良方，尤其是在近代中国社会经历了太平天国运动、洋务运动、戊戌变法等一系列社会变革后，使得人们逐渐认识到：一方面，要实现

---

① 梁启超：《饮冰室合集》之三，中华书局1989年版，第73页。

国家富强，必须对传统文化进行改革，使之适应现代社会的需求；另一方面，随着西方文化的不断传播，中国人对西方的了解日渐深入，逐渐认识到西方文化并非全然优越，也有其不足之处，简单地"西化"并不能解决中国问题。

之后，随着庚子事变的发生，由传统意识所维系的民族心理防线在震荡中解体。[①] 在八国联军对义和团运动的镇压后，清朝统治阶级才真正意识到自己完全丧失了与西方讨价还价的能力，从而开始彻底改变对外心态。清政府的守旧派在义和团运动后期，尤其是在八国联军的强大压力下，开始更加坚决地维护中国的主权利益，他们更加倾向于采取强硬的外交政策，以对抗外国的干预。例如，面对意大利企图染指三门湾的无理要求，清政府坚决拒绝，并最终以建设铁路的方式解决，这被视为是一个标志性的事件，显示清政府守旧派开始有了在对外关系中更有力地维护国家主权的意愿。不仅如此，清王朝的统治阶级在庚子事变后，面对内忧外患的压力，为了自救和生存，启动了"新政"改革，其中包括政治体制改革。在这一过程中，立宪派作为一股重要的政治力量崭露头角，他们主张政治改革，包括推动政治体制的现代化。立宪派的政治取向和行动在推动社会变革的同时，反映出的正是清王朝在面对自身文化态度上的某种转变。尽管人们对清王朝在庚子事变后的文化政策存在争议，但从已有的信息可以看出，清王朝在面对西方文化的冲击时，意识到了中国传统文化及其价值观念的固有局限，从自命不凡、不屑一顾到正视现实、卑躬屈膝，以往绵延千年的"华夷"秩序和"天下"观念被粉碎，清朝统治阶级终于从天朝大国的美梦当中惊醒。

---

① 陈旭麓：《近代中国社会的新陈代谢》，生活·读书·新知三联书店 2017年版，第 196 页。

这一民族心理防线的解体还体现在社会各界知识分子将重心逐渐转移至对传统文化的自我审视与猛烈批判上。在庚子事变之前，中国的士大夫阶层对自身的文化持有较高的自信，即使在与西方的接触中感受到了技术和军事上的落后，仍坚定维护传统"中学"。然而，在庚子事变之后，中国社会开始对传统文化与现代化的关系进行深刻反思，不仅加速了对西方科学、政治、文化的学习和接受，同时也促成了中国社会各阶层心态的转变，清政府和士大夫阶层开始意识到变革传统的必要性，积极推行奖励工商的市场政策，主动立宪求变。

## （三）"现代"观念与"古今中西之争"的范式成型

中国近代社会关注的焦点从"中西之争"演化为"古今之变"，西方"现代"观念的引入与深化也起到了相当大的作用。从字面上进行理解，"现代"指的是当下所处的这一时代，意指此一发展的最新阶段。这一含义是对"现代"观念的浅层理解。另一种"现代"却起源于西方文明的近代发展，用于表明先进文明与落后文明之间的差距，这一种"现代"是与"传统"相对的"现代"，也就是与古典文明相区别的现当代文明。在中国传统语汇中本没有"现代"这一词汇。"现代"一词最早出现在 20 世纪初期，经由日本传入中国，最初用于翻译英文单词"modern"，直到 20 世纪 30 年代，"现代"一词才开始广泛使用。① 梁启超曾经在他的著作当中使用过，但大多数时候他仍然以"近世"来指代当前的时代。"现代"观念实际上已经以一种线性历史观的形式出现，这对传统的时间观，如

---

① 黄克武：《反思现代：近代中国历史书写的重构》，四川人民出版社 2021 年版，第 5 页。

环论（五行终始说）、退化观（三代史观）、公羊三世论等产生巨大冲击。在"现代"概念的发展与传播下，中国近代社会对"古今中西"的褒贬也随之而来，并在新文化运动时期和20世纪三四十年代爆发了东西方文化大论战，出现了"中国文化本位"与"全盘西化"之争。以五四运动作为阶段性标志，"古今中西之争"的思维范式逐渐成型。这一范式不仅反映了中国社会在面对外来文化冲击时的自我反思，也体现了中国知识分子在寻求国家发展道路时的深刻思考。在这一过程中，中国传统文化与西方现代文明的碰撞、融合与创新，成为推动中国社会进步的重要动力。同时，这一范式也揭示了中国在现代化进程中所面临的复杂性与多元性，以及在继承传统与吸收外来文化之间寻求平衡的必要性。随着历史的演进，这一思维范式不断被赋予新的内容和形式，成为理解中国近现代史的关键视角。

　　五四新文化运动之后，中国社会逐渐形成了以体用论为框架的基本思维范式，出现了中西体用之争。"体""用"是中国古代哲学中的重要概念，在宋明理学中讨论得最为充分，其中"体"指的是本质、原则或内在的道理，而"用"指的是功能、作用或外在的表现。不过，在中西体用的争论过程中，论者所说的"体""用"之意并非完全相同。"体""用"作为一对概念，既可以解释为人格理想与物质生活，又可以理解为社会存在与实践应用，二者之间存在着本末、主次之分。不仅如此，在"体""用"是否一致、二者能否分离等问题上，不同论者之间也有较大差异，这是在理解体用论框架之前所必须厘清的。

　　在中国古代哲学中，"体""用"往往不能分开，体用之间应当是即体即用，相互贯通。由此观念出发，在中西体用之争的范式中就出现了"中体中用"与"西体西用"两种模式。辜鸿铭将一个文明所产生的人作为判断文明优劣的根本标准。他说："要估价一个文明，我们必须问的问题是，它能够生产什么样子的人，什么样的男人和女人。事实上，一种文明所生产的男人和女人——人的类型，正好显示出该文明的本质和个性，也即显示出该文明的灵魂。"①中西方文明之间仅仅是质的不同，而不应将西方文明视为更加优越的先进文明。由此，他主张中华文明自身就能够创造出理想的文明形态而无须引入西方文明优越的物质生活。

既然"体""用"之间无法分离，要学习西方文明只有奉行"全盘西化"。近代启蒙思想家严复认为，中西文化之间存在着根本性的差异。他反对将中西学说割裂开来，认为"体"和"用"是不可分割的，就像牛的体有负重之用，马的体有致远之用，不能将牛的体和马的用进行嫁接。严复认为，中西学问的差异就像人种的面孔一样，不能强行说它们相似。因此，中学有中学的体用，西学有西学的体用，如果将两者合并，就会使两者都失去其本质和价值。这一观点深刻影响了新文化运动当中的"全盘西化"论者，他们普遍认为西方文明优越于中国文明，要真正解决中国社会的危机，摆脱半殖民地半封建性质的社会，只有依靠西方的新的现代文明彻底改造中国的旧传统，他们无不致力于以西方民主科学为核心的现代文明来改造中国的旧传统而再造一个新文明。

## 二、中国共产党人求解古今中西文化之争的生动实践

中国近代社会关于"古今中西之争"的讨论多集中于文化层面，

---

① 辜鸿铭：《中国人的精神》，黄兴涛、宋小庆译，海南出版社1996年版，第3页。

缺乏现实的、实践的逻辑支撑。中国共产党人通过革命的实践突破了"古今中西之争"的文化范式，使古今中西在中国革命的实践中得到有机统一，超越了古今中西文化的持续纷争。这正是马克思在《关于费尔巴哈的提纲》中所强调的"解释世界"与"改变世界"的区别。在这一过程中，中国共产党人不仅继承了中国传统文化的优秀成分，而且吸收了西方先进文化的有益成果，形成了独特的文化发展路径。这种路径不是简单的文化嫁接，而是一种深层次的文化融合与创新。通过革命和建设过程中的具体实践，中国共产党人将马克思主义基本原理与中国具体实际相结合，推动了中国社会全面进步和文化繁荣发展。

## （一）现代化论战与"古今中西之争"的持续

继新文化运动中的东西方文化论战之后，20 世纪 30 年代在国民党要员掀起中国本位文化建设运动的背景下，中国思想界再次发生类似的论战，即本位文化与全盘西化论战，其余绪一直持续到 1949 年。1924 年至 1927 年间的大革命，不仅未能有效解决中国社会的根本问题，反而激化了中国社会各阶级之间的内部矛盾。为了稳固政权，国民党采取了双重策略：一方面，派遣大军对共产党的革命根据地进行了连续的军事"围剿"；另一方面，加强了意识形态的控制。在 1934 年，国民党积极推动成立了中国文化建设协会，由 CC 派的要员陈立夫担任领导，并推出了《文化建设月刊》。陈立夫在其论述《中国文化建设论》中，阐述了中国本位文化建设运动的宗旨。他认为，中国文化侧重于精神层面，而西方文化则侧重于物质层面。他提倡中西文化应进行合理融合，以孕育出一种全新的文化形态。1935 年 1 月，王新命等十教授联名发表了一篇《中国本位的文化建设宣言》，再次强调了陈立夫文章中的核心理念。这一宣言在学术界引发了一场关于全盘西化与中国本位文化建设的激烈争论。这场文化辩论不仅是五四新文化运动时期文化争论的延续，而且对现代中国的文化走向产生了深远影响。

20世纪30年代的现代化论战和新文化运动时期的东西文化论战，二者在探讨的内容上有相似性和连续性，但随着社会物质基础发生了根本性的变化，此次文化论战的焦点转移到了中国社会的现代化问题上。在五四前后的文化大论战中，没有人使用过"现代化"或"近代化"的概念，论战双方在争论中国文化的出路时主要围绕"东方化"（"中国化"）还是"西方化"展开。但到了30年代的文化大论战，不仅提出了"现代化"的概念，而且已有人主张用"现代化"取代"西化"和"中国化"，并对"现代化"和"西化"作了初步的界定和区分。由这一问题出发分别产生了相互对立的两个派别，即中国本位派和全盘西化派。

中国本位派主张，自五四运动以来，中国人的思想发生了翻天覆地的变化，中国的文化形象已难以辨认。可以说，中国在一定程度上在文化领域消失了。中国的政治形态、社会结构以及思想的内容与形式，均已失去了其独特性。这种失去了特色的政治、社会和思想环境下培养出的人民，也逐渐不再具备传统意义上的中国特性。因此，我们不得不承认：从文化视角来看，不仅在现代世界中中国的身影变得模糊，即便在中国领土内，中国文化也并未在这片土地上被很好地传承。为了使中国能够在文化领域重拾尊严，让中国的政治、社会和思想重新焕发其特有的光彩，必须致力于开展基于中国本位的文化建设。中国具有独特的地域和时代特点，在文化建设和思想发展上应重点关注当前中国的实际需求，这就是中国本位的基础。从中国本位出发，必须"不守旧；不盲从；根据中国本位，采取批评态度，应用科学方法来检讨过去，把握现在，创造将来"[1]。吸收欧美文化是必要的，但应有所选择，不能盲目全盘接受，且吸收的标准应基于现代中国的实际需求。在文化上建设中国的目的并非放弃世界大同的理想，而是先使中国成为一个健全的整体，在此基础上为推动世界大同贡献力量。

全盘西化派的代表学者有胡适和陈序经。胡适等人对宣言中的某些观点提出了批评和质疑，认为所谓的"中国本位文化建设"实质上是一种复古和保守的倾向。胡适提出了文化的"自然折衷"论。他认为，文化自有一种"惰性"，全盘西化的最终归宿往往是一种折衷的趋势。一旦完全接纳，旧文化的这种"惯性"将会自然地促成一种融合中西的中国本位新文化。我们不妨大胆地走向极端，而文化的这种"惯性"将会适时地将我们拉回到折衷与调和的道路上。在对中国本位派进行批判的基础之上，胡适又进一步说明了西方文化的优越性。他认为，西洋的精神文明丝毫不亚于它的物质文明，"单纯的技术进步也是精神的"，可以称之为是"真正的精神文明"，而东方的旧文明才是"唯物"的文明，即"很少有什么精神性"的文明和"不人道"的文明。西方文明具有缓解人类痛苦、显著提升人类力量的能力，它能够解放人类的精神与潜能，从而使人们得以尽情领略文明所孕育的丰富价值与辉煌成就。

经过激烈的交锋，确实催生了一项重要共识：中国社会迫切追求的是全方位的现代化，涵盖了科学化、工业化和民主化的进程。关于"西化"与"中国化"的争论，最终汇流于对"现代化"的共同追求。对于这两个概念的区别与界定，无疑是长期论战与实践中深思熟虑的成果。这一共识来之不易，它从侧面反映了多元现代性思想在中国的蓬勃发展。而在西方世界，直到 20 世纪 70 年

---

① 王新命等十教授：《中国本位的文化建设宣言》，《文化建设》第 1 卷第 4 期。

代之前，普遍的看法是将"现代化"与"西方化"混为一谈，尤其是将"美国化"视为现代化理论的黄金标准，这种观念长期占据着主导地位。然而，新现代化理论，是在亚洲新兴工业化国家的崛起之后，对传统观念进行的深入反思和理论上的创新。直到20世纪70年代，西方主流学术界才逐渐开始承认"现代化"并非等同于"西方化"，这一认识随着亚洲地区的持续发展而逐步扩大其影响力。从全球视野重新审视1949年之前的这场论战，我们可以清晰地看到中国学术界对现代化理论的发展和完善作出了卓越贡献。这不仅为中国自身的现代化征程提供了坚实的理论基石，也为世界其他国家和地区在探索适合自身的现代化道路时，提供了宝贵的借鉴和启示。

### （二）中国共产党人对古今中西关系的辩证认识

20世纪三四十年代关于中国现代化问题的探讨、关于中国文化出路问题的论战以及对以工立国和以农立国的论战，都深刻地揭示了这一时代之下社会的剧烈变动和多元思潮的相互碰撞。面对这一时代所提出的任务，中国共产党人作出了对中国化和现代化问题的思考，"我们要'中国化'，要适应着自己的需要"，把世界性的文化"经过中华民族的消化，而带上一种特殊的中国味道"。①

早在1920年3月，毛泽东在《致周世钊信》中就已经对古今中西文化进行了比较，对中西方文明各自的特殊性有了较为清醒的认识，这是中国共产党人对"现代化""中国化"问题思考的基点。毛泽东在信中提到："世界文明分东西两流，东方文明在世界文明内，要占个半壁的地位。然东方文明可以说就是中国文明。吾

---

① 嵇文甫：《漫谈学术中国化问题》，《理论与现实丛刊》1940年第4期。

人似应先研究过吾国古今学说制度的大要，再到西洋留学才有可资比较的东西。"①青年毛泽东肯定了中国文明在世界文明当中的重要性，没有陷入西方文化中心论的误区，与虚无主义和复古主义划清了界限。

在 1929 年至 1933 年这一时期，资本主义世界体系遭受了前所未有的严重经济危机，帝国主义列强为了摆脱困境，加剧了对殖民地及半殖民地国家的压榨与剥夺。中国作为众多受害国之一，其茶叶、丝绸、棉花等传统农产品出口急剧减少，价格暴跌，使得农业及工商业陷入了前所未有的艰难境地。1931 年，日本帝国主义悍然发动了"九一八事变"，短短数月间，东北三省及热河等地区相继沦陷。这场空前的民族灾难摧毁了许多中国人对西方资本主义模式的幻想，迫使人们深刻地思考中华民族的未来与命运。在新民主主义革命的实践与现代化论战的持续深入之中，中国共产党人对于古今中西文化辩证关系的认识也愈加深刻。

1938 年，毛泽东在《论新阶段》中创造性地提出了"马克思主义中国化"的命题，反映出中国共产党人在革命的实践中对中国社会如何实现"现代化"有了更进一步的认识。他在《论新阶段》的报告中说："没有抽象的马克思主义，只有具体的马克思主义。所谓具体的马克思主义，就是通过民族形式的马克思主义，就是把马克思主义应用到中国具体环境的具体斗争中去，而不是抽象地应用它。"②只有具体的马克思主义才是真正的马克思主义，而马克思主义中国化就是具体的马克思主义。中国的具体环境既要求中国共产党人以中国社会实际作为根本出发点，又要求正视中国文化、中

---

① 《毛泽东早期文稿》，湖南人民出版社 2013 年版，第 428 页。

② 《建党以来重要文献选编（1921—1949）》第 15 册，中央文献出版社 2011 年版，第 651 页。

国传统。务必"使之在其每一表现中带着中国的特性"①，也就是说，要按照中国的特点去应用它，就成为了全党亟待了解并亟须解决的问题。

针对抗战形势及党内形势的变化，1939 年至 1940 年间，中国共产党人在重庆、延安等地发起了学术中国化运动。学术中国化的使命是在学术领域推动马克思主义与中华优秀传统文化相结合。1939 年 4 月，《读书月报》《理论与现实》发表了柳湜、潘菽、潘梓年、侯外庐等人提倡学术中国化的文章，标志着学术中国化运动的正式开始。

学术中国化就是要用马克思主义的唯物论和辩证法来整理中国的一切学术，自然包括社会科学和自然科学。充分地吸收世界先进文化，它是以吸收外来文化为前提的，但又决不是照搬别国的文化。学术中国化要吸收世界先进文化，同时也要继承民族的优秀文化遗产，把二者结合起来，创造一种中国自己的新文化。潘菽指出，学术中国化虽然要细心参考过去的遗产，但所要密切适应而加以推进的乃是现在的实际状况和要求，以应对未来。这乃是"中国化"的正确意义。

学术中国化是一种理论活动，同时也是一种实践活动。学术中国化的基本精神就在于对"知难行易"传统的继承，使世界认识与中国认识在世界前进运动实践中和中国历史向上运动实践中统一起来。学术中国化并非一个纯粹的理论问题，而是具有鲜明的现实指向的实践问题，它上承新启蒙运动，下启新民主主义文化运动，对于确立马克思主义的指导地位，厘清古今中西文化的辩证关系影响深远，在中国共产党思想史上无疑占有十分重要的地位。

---

① 《建党以来重要文献选编（1921—1949）》第 15 册，中央文献出版社 2011 年版，第 651 页。

## （三）在革命具体实践中熔铸新的文化生命体

与学术界的古今中西的理论纷争相比，中国共产党人的文化观不是外在地、静观地获得的，而是通过实践，在创造新思想、新文化的过程中获得的——这就是《实践论》所阐明的"能动的革命的反映论"。[①] 在对革命经验教训的总结之中，中国共产党人逐渐形成了对古今中西文化的辩证认识，并在革命的实践中逐渐将其熔铸为新的文化生命体，推动中国社会走上正确的现代化发展道路。

20 世纪初，俄国十月革命取得胜利，建立了世界上第一个社会主义国家，对世界各国革命产生了深远的影响。中国共产党受俄国革命的影响，认为中国革命也应该以城市为中心，通过武装起义夺取政权。随着中国工人阶级队伍逐渐壮大，具有一定的革命力量，为城市中心论提供了阶级基础。在共产国际的指示下，中国革命走上了以城市为中心的道路，但由于力量薄弱，最终失败。除了城市中心论的失败，中国共产党还在 20 年代后期遭遇了国民党右派的背叛。由于对国民党右派的反动本质认识不足，未能及时采取有效措施，1927 年，国民党右派背叛革命，疯狂屠杀共产党人和革命群众，使中国革命陷入低潮。

在对革命经验的总结中，中国共产党人对于中国现代化道路有了系统性的认识。在 1940 年 2 月 15 日发表的《新民主主义的政治与新民主主义的文化》（2 月 20 日出版的《解放》周刊转载本文时，题目改为《新民主主义论》）这一重要著作中，毛泽东对中国现代化的道路进行了深刻的阐释，并提出了新民主主义革命的目标和任

---

① 姚中秋：《中国共产党如何破解古今中西之争》，《国家治理》2023 年第23 期。

务，为中国革命指明了正确方向。实现中国社会的现代化要分两步走：第一步是进行新民主主义革命，建立新民主主义社会；在新民主主义社会的基础上，逐步过渡到社会主义社会，最终实现共产主义。毛泽东分析认为，中国是一个半殖民地半封建社会，要实现现代化，必须首先进行一场彻底的新民主主义革命，推翻帝国主义、封建主义和官僚资本主义的统治，建立一个新的社会制度。新民主主义社会要在政治上建立一个以工人阶级为领导、以工农联盟为基础的统一战线的政权，实行民主政治；经济上发展民族资本主义经济，保护民族工商业，同时进行土地改革，解决农民的土地问题。

毛泽东在《新民主主义论》中还提出了建设"新民主主义文化"。毛泽东认为："在'五四'以前，中国的新文化运动，中国的文化革命，是资产阶级领导的，他们还有领导作用。在'五四'以后，这个阶级的文化思想却比较它的政治上的东西还要落后，就绝无领导作用，至多在革命时期在一定程度上充当一个盟员，至于盟长资格，就不得不落在无产阶级文化思想的肩上，这是铁一般的事实，谁也否认不了的。"[1]既然这一阶级的文化已经落后，先进的文化就必须要提出来，这一文化就是民族的科学的大众的文化，也就是新民主主义的文化。他说："所谓新民主主义文化，就是人民大众反帝反封建的文化；在今日，就是抗日统一战线的文化，这种文化，只能由无产阶级的文化思想即共产主义思想去领导，任何别的阶级的文化思想都是不能领导了的。所谓新民主主义的文化，一句话，就是'无产阶级领导的人民大众的反帝反封建的文化'"。[2]

新民主主义文化应当具有鲜明的民族特色，展现出中国的独特风格和气派，同时继承和发展中国数千年来的优秀传统。新民主主

---

① 《毛泽东选集》第二卷，人民出版社 1991 年版，第 698 页。

② 《毛泽东选集》第二卷，人民出版社 1991 年版，第 698 页。

义文化应当是开放包容的，既要学习西方先进的科学技术和思想文化，又要保持自身文化的独立性和自主性。这种对传统文化的批判性继承，不仅体现在对古代经典和文化遗产的重新审视上，更体现在毛泽东对新民主主义文化建设的全面构想中。新民主主义文化应当服务于广大人民群众的根本利益，反映他们的愿望和需求。因此，毛泽东倡导文艺工作者要深入群众，了解他们的生活，创作出贴近人民、反映人民心声的作品。这种文化理念不仅推动了文艺创作的繁荣，也促进了社会风气的改善和人民精神面貌的提升。毛泽东在《新民主主义论》中提出的现代化道路，是一条符合中国国情的道路，为中国革命和建设指明了正确方向，也为新中国的成立和中国逐步走上现代化道路奠定了基础。

从方法论的层面来看，中国共产党人始终坚持以中国社会的实际问题为出发点思考古今中西文化的关系。在新民主主义革命初期，中国共产党人曾经机械地模仿俄国革命的模式，试图以城市为中心发动革命。然而，由于敌我力量悬殊，国民党政府拥有强大的军事力量和行政资源，而中国共产党力量薄弱，难以与国民党抗衡，并且当时中国农民阶级尚未充分觉醒，难以形成强大的革命力量，最终导致了革命事业的严重受挫。毛泽东和其他中国共产党人从这些挫折中吸取了宝贵的经验教训，开始将马克思主义的基本原理与中国革命的具体实际情况相结合。经过不懈的努力和探索，逐步走出了一条"农村包围城市、武装夺取政权"的革命道路，从而开创了中国革命的新局面。

中国共产党人始终自觉运用历史唯物主义的思想方法来超越古今中西的文化纷争。在对中国革命道路的探索与马克思主义中国化命题的思考之中，中国共产党人始终坚持以马克思主义为指导，不断提升全党的马克思主义理论素养；以实事求是作为根本思想原则，以调查研究作为具体实践路径，对中国本土实际进行考察；正视中国的历史文化，以中国的历史文化作为重要研究内容，超越狭隘的古今中西文化之争。在 20 世纪 20 年代末至 30 年代初的革命斗争中，毛泽东通过对井冈山和中央苏区的实地调查，探索出一条"农村包围城市"的正确道路。1930 年，毛泽东在《调查工作》（后来改为《反对本本主义》）一文中鲜明提出"没有调查，没有发言权"。他说："你对于那个问题不能解决吗？那末，你就去调查那个问题的现状和它的历史吧！你完完全全调查明白了，你对那个问题就有解决的办法了。"[①] 毛泽东提出调查研究要早于"实事求是"，但二者之间存在着紧密的联系，调查研究的根本原则就是实事求是，而实事求是原则需要在调查研究的具体实践路径中进行贯彻。没有调查就没有发言权，只有深入了解中国的国情，深入了解这个国家的实际情况，才能发掘自身特殊性，从而在世界舞台上站稳脚跟。实事求是，就是要按照事物本来的面貌去认识它，让主观认识符合客观规律，避免脱离实际依靠主观想象。面对马克思主义中国化的问题，毛泽东深刻意识到我们国家的历史是宝贵的文化遗产，必须尊重、珍惜。在《新民主主义论》中，毛泽东指出："中国现时的新政治新经济是从古代的旧政治旧经济发展而来的，中国现时的新文化也是从古代的旧文化发展而来的，因此，我们必须尊重自己的历史，决不能割断历史。"[②] 在《同英国记者斯坦因的谈话中》又提出："中国历史遗留给我们的东西中有很多好东西，这是千真万确的。我们必须把这些遗产变成自己的东西。"[③] 只有认真学习文化遗产，并用马列主义的思想方法将这份宝贵的遗产进行批判性地总结，才能符合历史唯物主义的基本规律。总的说来，中国共

---

[①] 《毛泽东选集》第一卷，人民出版社 1991 年版，第 110 页。

[②] 《毛泽东选集》第二卷，人民出版社 1991 年版，第 708 页。

[③] 《毛泽东选集》第三卷，人民出版社 1991 年版，第 191 页。

产党人在对马克思主义中国化命题的持续思考中，以马克思主义为指导，正视了中国本土实际与中国历史文化，最终实现了中国共产党人对古今中西文化之争的超越。

# 三、坚持守正创新，推动中华文明重焕荣光

正确认识和妥善处理古今中西之间的辩证关系，是推动中华优秀传统文化创造性转化、创新性发展所必须厘清的时代课题。习近平总书记在党的二十大报告中指出："必须坚持守正创新。我们从事的是前无古人的伟大事业，守正才能不迷失方向、不犯颠覆性错误，创新才能把握时代、引领时代。"①2023 年 10 月，在全国宣传思想文化工作会议上，习近平总书记再次作出指示，提出要坚定文化自信，秉持开放包容，坚持守正创新。在文化建设领域坚持守正创新，其本质要义就是既不走封闭僵化的老路，也不走改旗易帜的邪路，在马克思主义指导下真正做到古为今用、洋为中用、辩证取舍、推陈出新，在古今之争和中西之辩的相互激荡与融会贯通中稳步向前。

## （一）科学把握守正创新的本真意蕴

守正创新，是历史唯物主义方法的当代诠释，蕴含着深刻的实践逻辑，要求在全面推进中国式现代化进程中实现中西马的有机统一。所谓"守正"，就是要坚守马克思主义这个魂脉，坚守中华优秀传统文化这个根脉。习近平总书记指出："坚守好这个魂和根，

---

① 《习近平著作选读》第一卷，人民出版社 2023 年版，第 16—17 页。

是理论创新的基础和前提。"①中华优秀传统文化源远流长、博大精深，集中体现了中华文明的价值理念与中华民族的精神追求。历史经验反复证明，一个民族如果抛弃了自己的文化，丧失了文化独立性，就会在异质文明的激烈冲撞下迷失方向，沦为别的民族的思想附庸。只有以中华优秀传统文化为源头活水，才能彰显中华民族的独特性，在世界各民族文化舞台上站稳脚跟。而革命文化则是中国共产党在继承优秀传统文化的基础上，以马克思主义为指导思想，领导人民开展生动革命实践与伟大革命斗争所构建的文化，它凝结了中国共产党人和广大人民群众理想坚定、艰苦奋斗、无私奉献的高尚品格和精神面貌，成为中华民族赖以长久生存、建立丰功伟业的灵魂与支撑。

所谓"创新"，其核心要义在于在坚守正道的基础上，深刻洞察并把握时代潮流的发展方向。这一过程需要在中西方文化交流互鉴的历史大潮中不断进行自我革新和自我完善。习近平总书记在文化传承发展座谈会上强调："创新，创的是新思路、新话语、新机制、新形式，要在马克思主义指导下真正做到古为今用、洋为中用、辩证取舍、推陈出新，实现传统与现代的有机衔接。"②当代文化的发展，是建立在中国特色社会主义这条崭新道路上的，它反映了当代经济、政治和社会的迅猛发展。为了实现传统文化与现代文明的有机衔接，我们必须站在新的历史起点上，持续进行深入的调查研究，发现并解决在推进中国特色社会主义发展过程中遇到的新问题，顺应时代的发展趋势，不断进行创新和变革。

"文明因交流而多彩，文明因互鉴而丰富。"③在全球多元文化

---

① 习近平：《开辟马克思主义中国化时代化新境界》，《求是》2023年第20期。

② 习近平：《在文化传承发展座谈会上的讲话》，人民出版社2023年版，第8页。

③ 《习近平著作选读》第一卷，人民出版社2023年版，第228页。

发展的背景下，不同文化体系之间的和平共处已经成为当今世界一个重要的文化乃至时代课题。面对异质文明的挑战，中华民族必须以一种开放包容的心态、辩证取舍的态度和转化再造的方式，积极应对各种文化挑战。通过这种方式，我们不仅能够有效地保护和传承自己的优秀传统文化，还能够在此基础上进行创新和发展，从而大力丰富和发展我们自己的文化。这种文化的创新和发展，不仅有助于增强民族的文化自信，也有助于推动构建人类命运共同体，为世界文化的多样性和人类文明的进步作出积极贡献。

总之，守正创新要求我们"把握好'变'与'不变'、继承与发展、原则性与创造性的辩证关系"，"以不忘本来的历史文化自觉继承弘扬中华优秀传统文化、以吸收外来的宽阔胸襟借鉴吸收人类一切优秀文明成果、以面向未来的开放姿态满腔热忱地对待一切新生事物"。[1] 守正创新的方法：一方面，在全面推进中国式现代化的道路上，守正才能坚持方向和原则，确保根本性的内容不动摇，使"中国式现代化具备更加宏阔深远的历史纵深，夯实进一步全面深化改革的文化根基"[2]，创新才能为全面深化改革注入新的活力，把该改的、能改的改好、改到位，以强大定力不断开创事业发展新局面；另一方面，在全球化的今天，各国文化相互交织碰撞，只有坚守自己的文化根基，才能在全球文化的大潮中保持自身的文化特性，只有勇于创新，不断学习和借鉴一切人类文明优秀成果，才能顺应时代、与时俱进，为人类文明的发展贡献独特的中国智慧和中国方案。

---

[1] 中共中央党校（国家行政学院）校（院）务委员会：《守正创新是进一步全面深化改革必须坚守的重大原则》，《求是》2024 年第 23 期。

[2] 中共中央党校（国家行政学院）校（院）务委员会：《守正创新是进一步全面深化改革必须坚守的重大原则》，《求是》2024 年第 23 期。

（二）以守正创新破解古今之争

深厚的文化底蕴和悠久的历史传承，对于一个民族来说是一笔宝贵的精神财富。这些文化遗产和历史积淀，不仅构成了民族的根和魂，还为民族的发展提供了丰富的智慧和灵感。但如果我们不能辩证地看待和取舍这些文化遗产，它们也可能变成一种沉重的思想包袱，阻碍民族的进步和发展。近现代以来，面对西方列强的强势入侵和中华民族的内忧外患，中国思想界始终交织着对待中国传统文化的两种错误倾向。

一种是厚古薄今，以古非今。厚古薄今论者仅仅看到了古今社会发展的连续性而无视古今社会的巨大差异，一味推崇中国传统文化的巨大作用，乃至无限夸大其优势。在西方列强对中国强行瓜分之前，中国传统士人阶层大多将古代中国置于世界文明的中心，认为中国在其悠久的历史中形成的礼仪风俗、国家制度、道德标准代表了世界的最高水平。中国皇朝是"天朝"或"上国"，周边及西方国家皆为进贡国或附属国，更有"华夷之辨"区分华夏民族与野蛮民族，逐步形成了以自我为中心，彰显华夏文明优越性的"古代天下观"。他们对风云变幻的世界格局置若罔闻，沉浸在天朝大国的美梦之中食古不化，最终走向形形色色的文化复古主义和民粹主义。

另一种是厚今薄古，以今论古。持有厚今薄古倾向者割裂传统与现代，用今天的标准去衡量古代社会与古人思想，将传统文化置于现代发展的对立面，拒斥进而全面否定传统文化。近代以来，无数仁人志士为了改变旧中国的社会性质和中华民族的悲惨命运，纷纷对以儒家为代表的传统文化展开了不同程度的改造，以应对"西学"对中国社会思想文化的冲击。五四运动时期，在西方民主与科学思潮的全面冲击下，以儒学为代表的传统文化遭受到深入批判。以陈独秀、胡适等为代表的新一代学者大力主张，反对旧伦理、旧政治、旧艺术、旧宗教，将传统文化贬斥为封建糟粕，并在一定程度上夸大传统文化中不合理的因素，突出中国传统文化与时代发展趋势的矛盾之处，致使一部分人走向了文化相对主义和历史虚无主义。

无论是盲目崇拜西方，还是盲目排斥西方，这两种极端倾向都是对古今文化传承和发展的错误态度。只有当我们深刻认识到古今之间的连续性和异质性，正视古今之间的相同之处和变化之处，才能真正发挥中华优秀传统文化的独特优势。进入新时代以来，习近平总书记强调以科学的思维方法对待传统文化，就是要运用马克思主义的立场观点方法，科学分析中国传统文化的精华与糟粕，摒弃与现代文明相冲突的、扬弃与现代文明不相容的、融入与现代文明相契合的，从而有效求解古今之争。正如习近平总书记所言："以守正创新的正气和锐气，赓续历史文脉，谱写当代华章。"① 守正创新，既非厚古薄今，也非厚今薄古，而是始终坚持传统与现代的辩证统一，要在创造性转化和创新性发展中华优秀传统文化的过程中，大力开辟马克思主义中国化时代化新境界。

（三）以守正创新化解中西分歧

中华文明之所以能够历经无数磨难而依然绵延不绝，是因为它总能在面对一次次生死挑战的过程中，不断吸收和融合外来文明的精华。这一苦难后的辉煌不仅仅是文化的繁荣，更是民族精神的坚

---

① 习近平：《在文化传承发展座谈会上的讲话》，人民出版社 2023 年版，第 11 页。

韧和智慧的积累。正是这种开放包容的态度，使得中华文明能够在不断的自我更新中，焕发出新的生机与活力。无论是古代的丝绸之路，还是当代的改革开放，中华文明都展现出了强大的吸收能力和创新能力，使得它能够在世界文明的交流与碰撞中，始终保持其独特的魅力和持久的生命力。

一种是中体西用论。清朝末年，一大批中国精英阶层持守中体西用这一基本思想理路，主张在保留中国传统政治制度和优秀文化的前提下，大力学习和引进西方先进的科学技术。随着辛亥革命为中国封建王朝的统治划上时代句号，也宣告了中体西用论在科技及政治层面的破产。伴随五四新文化运动的爆发，西方各种思潮被全面引入我国思想文化界，政治层面的中体西用论逐步推进到文化层面。文化层面体用之争的实质是中西方文化优先性之争。在为传统文化作辩护的过程中，直到今天仍有部分所谓"当代新儒家"学者无视马列主义文化的传入对中国传统文化活力的激发，也不顾中国共产党人将马列主义与中国革命具体实际相结合，与优秀传统文化相结合的现实追求，要么将中国传统文化与马列主义文化割裂开来，要么通过儒化马列主义，乃至将二者混为一谈，最终导向以中国文化为本位，将马克思主义置于次生性的中体西用的旧有思想理路之中。

这种割裂和混同的倾向忽视了中国共产党人在推动文化发展和创新中的历史贡献。中国共产党人在革命和建设的实践中，始终坚持马克思主义的基本原理与中国具体实际相结合，不断推动马克思主义中国化，产生了毛泽东思想、邓小平理论、"三个代表"重要思想、科学发展观以及习近平新时代中国特色社会主义思想等理论成果。这些理论成果不仅继承和发展了中国传统文化的优秀成分，而且吸收了人类文明的有益成果，包括西方文化的合理内核，实现了中西文化的创造性转化和创新性发展。

另一种是西体中用论。它不同于中体西用的保守论调，而是主张只有在中国创造出各种形式的现代化，才能全面推进中国社会的迅速前进。西体中用就是将西方现代化的思想文化应用于中国实际，进而改造中国社会。究其实质，这一论调或明或暗地接受了"西方文明等级论""西方文明中心论"的主张，认为建基于基督教文化基础上的欧美文明具有不同于其他地区的特殊优越性，因而需要以西方现代化的标准来衡量中国的现代化进程。这一倾向试图以西方理论统合中西根本分歧，忽视中西方社会在实际发展过程中的显著差异，对中华优秀传统文化和中国革命文化弃之如敝屣，最终将会导致中国现代化的浮游无根和精神失重。

在审视西体中用论时，我们必须清醒地看到其潜在的偏颇。这种论点虽然表面上看似积极采纳西方现代化理念，实则容易陷入对西方文明盲目推崇的误区。它默认了西方文明具有某种普遍的优越性，而忽略了中国自身文化的独特价值和历史贡献。西体中用论未能考虑到，中国社会的现代化不应该仅仅是对西方现代化模式的简单复制，而应该是在借鉴的基础上，结合中国的实际情况，发展出具有中国特色的现代化道路。

以守正创新的态度化解中西分歧就是要超越中体西用和西体中用的传统思维模式，走出中西结合的新路。这就要求我们：首先，应矢志不渝以马克思主义为"魂"。因为马克思主义是科学的世界观和方法论，它正确揭示了人类社会发展的基本规律，为我国先进文化建设指明了正确方向，是我们文化发展的根本所在。其次，应以中华优秀传统文化为"根"。习近平总书记鲜明指出："任何文化要立得住、行得远，要有引领力、凝聚力、塑造力、辐射力，就必须有自己的主体性。"① 中华优秀传统文化植根于中国这片广袤的沃

---

① 习近平：《在文化传承发展座谈会上的讲话》，人民出版社 2023 年版，第 8 页。

土，创造性转化、创新性发展中华优秀传统文化是增强文化自信和提升文化主体性的重要途径。最后，应以外来文化为"镜"。任何一种文化都不可能与世隔绝，只有坚持胸怀天下，以世界眼光把握中国发展和人类进步，才能在中西方文化交流互鉴中广泛借鉴吸收人类优秀文明成果，不断实现自我发展和自我超越。

### （四）在守正创新中再造中华优秀文化新辉煌

守正创新，主张以"文明交融论"破解"文明冲突论"、克服"历史终结论"、超越"文明优越论"，在文明互鉴与中国现代性文明构建中处理好文明载体和中华文明"内核"的问题、中华文明的融合本性即"外融"的问题、在现代化过程中再造中华优秀文化新辉煌问题。在这个过程中，我们一方面坚守中华文明的基本内核，坚持核心价值观，坚持精神力量和国家力量的通力合作，保证精神载体和政治载体各守其责；另一方面，我们以最开放的态度对待世界各种文明，包括西方文明，西方国家在现代化过程中积累了经验，也留下教训，为中国式现代化提供了诸多可借鉴之处。

首先，守正创新要求坚定文化主体性原则。党的十八大以来，习近平总书记多次强调文化发展的重要性，指出文化自信是一个国家、一个民族发展中更基本、更深沉、更持久的力量。这一重要论述为文化发展指明了方向。坚定文化主体性原则，就是要在文化发展中始终坚持中华文化的主体地位，不盲目跟风，不崇洋媚外，而是要在尊重多样性和差异性的基础上，保持中华文化的独特性和独立性。中华文明中蕴含着丰富的哲学思想、道德观念、文学艺术、科学技术等宝贵财富，这些优秀传统文化不仅是中华民族的瑰宝，也是全人类共同的财富。在弘扬推介中华文明特质的过程中，我们要筑牢中华优秀传统文化之根基，深入挖掘并弘扬中华文明的独特魅力，同时在传承中不断创新，筑牢中华优秀传统文化之根基，让中华文化在新时代焕发出更加璀璨的光芒。

其次，守正创新要求把握中华文明海纳百川、兼容并蓄的显著特质，与世界各地优秀文化求同存异，共同为推进人类文明进步发展付诸努力。中华文明如同浩瀚无垠的大海，既能容纳涓涓细流，亦能拥抱江河湖海，展现出无与伦比的包容性与生命力。"和而不同，美美与共"，中华文明发展不仅要坚守自身文化的根与魂，保持独特的文化身份与价值观念，更要以开放的心态，积极吸收借鉴世界各地优秀文化的精髓，实现文化的交流互鉴与共同繁荣。近年来，中华文化在国际舞台上的影响力日益增强。从孔子学院在全球范围内的广泛设立，到中华美食、中医、武术等文化元素在国际上的风靡流行，无不彰显出中华文化的独特魅力与强大生命力。这些成就的背后，正是中华文化守正创新的生动实践。

最后，要在全面推进中国式现代化的进程中，不断推动中华优秀传统文化的创造性转化、创新性发展。一是要坚持党的文化领导权，通过党的领导引领文化建设方向。党的领导是中国特色社会主义最本质的特征，也是中国特色社会主义制度的最大优势。这要求我们不断加强党的自身建设，提高党的文化领导力和文化治理能力，以党的先进理论为指导，推动文化事业和文化产业繁荣发展。二是始终坚持"两个结合"。我们要深入挖掘中华优秀传统文化的精髓，运用马克思主义的立场观点和方法进行创造性转化和创新性发展，使之焕发出新的生机与活力。同时，还要积极吸收借鉴世界文明的有益成果，不断丰富和发展中华文化的内涵与外延。三是要坚持以人民为中心。人民是历史的创造者，也是文化繁荣的推动者。我们要始终坚持以人民为中心的发展思想，把满足人民精神文化需求作为出发点和落脚点。四是要坚定推动文化繁荣、建设文化强国、推动中华文明重焕荣光。

　　在新时代新征程中，我们要高举中国特色社会主义先进文化旗帜，以高度的文化自信和文化自觉推动文化事业和文化产业高质量发展，不断深化文化事业和文化产业的结构性改革，加强文化基础设施建设。同时，我们应积极拥抱国际文化交流与合作的广阔舞台，让中华文化在世界的舞台上大放异彩，为人类文明的多元发展贡献中国智慧和中国方案。

# 附录一

# 中国传统官德及其当代价值

根据中央党校的教学安排，今天由我来和大家一起学习和探讨中国传统官德问题，由于课堂授课时间有限，下面我主要讲授以下五个问题：一、为什么要学习中国传统官德；二、中国传统官德的主要思想来源；三、中国传统官德的基本逻辑架构；四、中国传统官德追求的最高境界；五、学习中国传统官德应当注意的三个问题。

## 一、为什么要学习中国传统官德

在中央党校之所以开设中国传统官德课程，既是中国当代历史发展的需要，也是党校教学改革的需要，更是新形势下加强领导干部党性锻炼的根本要求。为此，我想从以下三个层面和大家共同做一分析。

### （一）中国的和平崛起与当代领导干部的道德担当

民族与民族、国家与国家之间的竞争，从短时期看是科技水平的竞争，从中长期看是制度模式的竞争，从遥远的历史看是价值理念和文明程度的竞争。虽然在当今世界的激烈竞争中仍然是丛林法则起着重要作用，但只要人类还希望走向未来，那么道德伦理就是其必然选项，即使在按照丛林法则行事的现代战争中也要讲究战争伦理。而西方近现代文明是在资本主义血与火的洗礼中走到今天的，贩卖黑奴、种族隔离、无数次经济危机和两次世界大战等，已经充分证明了资本主义文明的历史局限性。随着中国成为世界第二大经济体，中国的和平崛起已经引发世界的广泛瞩目，如何借鉴西方发达国家的经验与教训，努力克服自身的缺点与不足，站在人类道德制高点上，走出一条和平发展的新型现代化道路，引领人类文明迈向一个新境界，将是中华民族和中国共产党人面临的一项重大历史任务。习近平总书记上任以来，之所以提出"亲、诚、惠、容"的外交理念，就是要向世界宣示，我们要站在世界文明发展的道德制高点上，全面谋划中国与世界各国的关系，为人类文明发展作出自己的独特贡献。

## （二）中国伦理型传统文化与当代共产党人的继承创新

从历史学的视角看，中国几千年的传统文化是一种典型的道德理想主义和伦理中心主义文化，现在建设中国特色社会主义必须要弘扬传统文化中的精华，在广大干部中开设中国传统官德课程，充分体现出中国共产党继承传统和开拓创新的精神。就党的历史而言，在不同的历史阶段，我们党对各级领导干部如何继承中国传统道德文化的精华，创新中国共产党人的道德修养形式，均进行过深入研究和认真探索。如刘少奇的《论共产党员的修养》从延安时期到"文化大革命"前，一直是各级干部在党校学习过程中，加强党性修养和提高道德水平的必读书目，其中有大量内容涉及到中国传统官德，如"吾日三省吾身""富贵不能淫，贫贱不能移，威武不能屈"等。可见，通过鉴古资今的方式强化各级领导干部的道德修养，构成了中央党校的重要教学内容和办学目的之一。

## （三）中国传统官德之于当代领导干部的党性锻炼

党的十八大以来，以习近平同志为核心的党中央在开展反腐倡廉工作中深刻感受到，各类贪官污吏出问题的原因极其复杂，但思想道德的滑坡尤其严重，因此他对各级干部的党性锻炼问题给以高度关注，这反映在他不同场合的讲话之中。如在十八大后召开的全国组织部长会议上，他提出了好干部的标准："信念坚定；为民服务；勤政务实；敢于担当；清正廉洁"。2014年春天全国两会上他参加安徽代表团会议时，提出干部的"三严三实"问题："严以修身，严以用权，严以律己；谋事要实，创业要实，做人要实。"在党的群众路线教育实践活动中，他考察兰考时将焦裕禄精神归纳为："公仆情怀；求实作风；奋斗精神；道德情操"。在2014年秋季学期接见中央党校县委书记班学员时，提出县委书记要心中"有党、有民、有责、有戒"的"四有"要求。上述讲话充分反映出习近平总书记对领导干部党性锻炼问题的高度重视，但究竟如何提高领导干部的党性修养水平，方法有很多、途径有多条。其中，从中国传统官德中汲取治国理政经验，用以提高各级干部的党性修养水平无疑是重要渠道之一。2009年习近平同志在中央党校春季学期开学典礼时明确指出："优秀传统文化可以说是中华民族永远不能离别的精神家园，读优秀传统文化书籍，是一种以一当十、含金量高的文化阅读。"并明确要求领导干部要"通过研读伦理经典，知廉耻、明是非、懂荣辱、辨善恶，培养健全的道德品格"。

## 二、中国传统官德的主要思想来源

要全面系统地了解和把握中国传统官德，就必须对涉及中国传统官德的思想流派和经典著作有所了解。中国传统官德是由儒家、法家、道家、墨家、阴阳家、佛教等诸多思想流派，在长期性相互激荡、氤氲化润、融会贯通基础上，逐步生成的一个历史悠久、恢宏庞大、丰富多彩的思想体系。笔者依据学界主流观点，仅就其最为重要的思想来源儒、法、道、释作一简要归纳。

### （一）儒家的敢担当与拿得起

由孔子开创的儒家文化是中国传统官德最为重要的思想来源，原始儒家最重要的经典是六经和四书，六经包括《诗》《书》《礼》《乐》《易》《春秋》（《乐经》已失传，故被称为五经），四书是《大学》《中庸》《论语》《孟子》。儒家文化对中国官德生成的最大贡献可归纳为三点：一是创造性的生命精神。儒家认为宇宙是一个大化流行的整体，人应当效法天地，德配天地，弘大天性，全部发挥人的潜能和禀赋，去开拓创新和穷通变易，实现生命的生生不息。故《周易·系辞传》讲："天地之大德曰生"，"生生之谓易"。二是以"仁"为核心的政治伦理观。孔子认为仁是人之为人的根本，故曰"仁者，人也"，有仁德的人既自爱，又爱人，既自尊又尊人，故《孟子》讲："老吾老以及人之老，幼吾幼以及人之幼。"三是极高明而道中庸。儒家强调一个人的伟大寓于平凡之中，理想寓于现实之中，每个人只要挺立了自我的道德人格，就可以在现世生活中忠于职责，奋发向上，不苟且，不懒惰，完成上苍赋予自己的人生使命，获得内心的精神满足。为此，我把儒家精神概括为"敢担当与拿得起"。

## （二）法家的法术势与管得住

法家的先驱人物是春秋时期齐国的管仲和郑国的子产，他们为了达到富国强兵的目的，特别强调法令刑律的重要性，之后战国时期的商鞅进一步强调法制的作用，而申不害、慎到等人则高度重视君王心术、权势的作用，到了韩非子集上述思想之大成，将法、术、势结合起来，建构起完备的法家政治伦理体系。从《韩非子》一书看，法家讲的法主要指各种成文法，它由君主制定，官府颁布，官吏执行，境内之民，一律使用。但君主不能单纯地迷信法律，为了整治专门钻法律空子的奸臣猾吏，君主还要重视心术的灵活运用，亦即君王掌控驾驭臣民的方法和策略，既要"因任授官"，即根据一个人的德才素质任用官员，又要"循名而责实"，即根据臣子的言论和政绩来考核官员，"心术"深藏于君王的内心，不能随便显现，要让臣子摸不着头脑，以便很好地驾驭他们。所谓"势"就是君王优越于他人的潜能和力量，君王要善于运用自己的权势做到一言九鼎，从而有效支配和影响他人，并懂得乘势而上去腾云驾雾、飞龙走蛇。韩非子认为，法、术、势之间循环互补，君王在运用它们管理国家时，要兼容并蓄，不可偏废。法家思想成为战国后期秦国征服诸侯各国而后统治天下的重要政治理论，伴随秦王朝的迅速覆亡，汉代以后，儒学独尊，法家不再是显学，但法家的政治理论已经隐藏于历代统治阶级的思想深处，因为"阳儒阴法、王霸结合、德刑并用"已成为中国历代封建统治的基本政治方略，故我把法家理论概括为"法术势与管得住"。

### （三）道家的常知足与看得开

道家由老子和庄子创立，其代表作是《道德经》和《庄子》，道家的核心思想可概括为"历记成败存亡、祸福古今之道，然后知秉要执本，清虚自守，卑弱自持"。道家作为与儒家并驾齐驱的一大流派，在许多方面与儒家形成对立统一、相反相成的关系。儒家注重人事，道家尊崇天道；儒家讲求礼仪文饰，道家向往天然自成；儒家主张奋发有为，道家倡导无为而治；儒家强调个人对家族、国家的责任，道家醉心于个人对社会的解脱。与此同时，二者又有着相互沟通的一面，以天人关系为例，儒家和道家都倡导天人合一，但儒家"天命""天理"的出发点和落脚点是人际协调和宗法伦理，而道家"天道"的出发点和落脚点则是超脱功利意义上的社会伦常，回归无拘无束、逍遥自在的自然境界。其中，儒家通向道家的思想之门是其"处穷达变"观，《孟子》讲："古之人，得志，泽加于民；不得志，修身见于世，穷则独善其身，达则兼济天下。"质言之，贤人志士应当在得志时把恩惠施加给百姓，不得志时就去认真修养自己的品德，正是儒家对人性复杂性和人生多变性的这种深刻体悟，使无数古代的文人士大夫沿着"独善其身"的道路，由追求儒家的人际协调走向追求道家的自适玄思与自然无为。

### （四）佛教的名无常与放得下

佛教最早由印度传入中国，经过汉代到唐代六百多年的消化，最终形成了中国特色的佛教哲学，中国化的佛教宗派主要有天台宗、华严宗和禅宗。佛教典籍浩如烟海，其中广为人知的有《金刚经》《心经》《坛经》等。佛教的根本宗旨是通过否定、去蔽、遮拔等方法，破除人们对宇宙一切表面现象或似是而非的知识系统的迷恋执着，启迪人们空掉一切外在的追名逐利、执着偏信、攀龙附凤行为，破开自己内心深处的牢笼，直接体悟生命的本真面相，通过自识本心而返本归极、见性成佛，从而获得思想意识上的自由解脱，寻找到自己灵魂深处的精神家园。当然，佛教不同宗派的灵性修养方式各不相同，如天台宗强调"三谛圆融"，即用一心同时观照世间的表象万物，互不妨碍，彼此圆融地统一起来；华严宗主张心灵开放，理无碍，事无碍，理事无碍，事事无碍；禅宗主张不立文字，当下自识本心，立地成佛。在此我把佛教精神概括为"名无常与放得下。"

正是儒、法、道、佛"拿得起、管得住、看得开、放得下"这套完备的政治理论，彼此互补，相辅相成，经过历代思想家和各级官员的不断丰富、发展和完善，共同塑造了中国古代官员的内心精神世界和外部政治实践，从而对各级官员的世界观、人生观、价值观以及建基其上的道德伦理观产生了深远影响。当代领导干部只有深入了解中国传统官德的主要思想来源，才能在把握本来的基础上，看清现在，开拓未来。

## 三、中国传统官德的基本逻辑架构

世界上的各个民族由于其自然生存环境、经济结构特征、政治文化传统各不相同，都会形成自己独特的政治思维模式。中华民族由于其所独有的历史地理环境、小农经济结构、家族宗法制政治传统，形成了与其他民族迥然不同的政治思维模式，它集中反映在儒家最重要的经典著作《大学》中。

### （一）《大学》与"内圣外王"的中国传统政治思维模式

《大学》和《中庸》本是《礼记》中的两篇短文，宋代大思想家朱熹将其抽出来，与《论语》《孟子》放到一起被称为"四书"，朱熹花毕生精力对四书进行校注，特别是他和好友吕祖谦按照《大学》的篇章结构，搜罗宋代众多思想家的论述合编成《近思录》一书，将《大学》的思想进一步条理化、系统化，在之后元、明、清三代近 700 年的时间里，朱熹的《四书章句集注》成为历代科举考试的标准教材，而《近思录》则成为学习《大学》及儒家基本理论的重要参考书。由之，对中国封建社会成熟期的政治伦理产生了极其深远的影响，今天的任何一位领导干部要研究和学习中国传统官德，《大学》以及与之相关的《近思录》应是必读的入门经典。

《大学》相传是得到孔子真传的弟子曾子所作，在四书之中居于首位，朱熹曾经指出："某要人先读《大学》，以定其规模；次读《论语》，以定其根本；次读《孟子》，以观其发越；次读《中庸》，以求古人之微妙处。"①《大学》的最大特点是把道德和政治融为一体，它既是政治哲学，又是伦理学说，比较全面地概括和总结了先秦儒家关于官员道德修养、道德作用及其与治国平天下的关系，集中体现了儒家德治主义的政治主张，其中"大学"的本意是指王公贵族子弟的学校，朱熹称为"大人之学"，也就是培养统治者的学校，所谓"大学之道"就是统治者治国之道。

《大学》开篇第一章讲的是："大学之道，在明明德，在亲民，在止于至善。……古之欲明明德于天下者，先治其国；欲治其国者，先齐其家；欲齐其家者，先修其身；欲修其身者，先正其心；欲正

---

① 《朱子语类》卷一四，中华书局 1983 年版，第 252 页。

其心者，先诚其意；欲诚其意者，先致其知；致知在格物。物格而后知至，知至而后意诚，意诚而后心正，心正而后身修，身修而后家齐，家齐而后国治，国治而后天下平。"朱熹将上述内容概括为"三纲领"和"八条目"，三纲领即明明德、亲民、止于至善；八条目即格物、致知、诚意、正心、修身、齐家、治国、平天下。他认为《大学》三纲领和八条目的根本目的就是教授贵族子弟以及士人们如何做人和做官，做人是"内圣"的功夫到位，做官就是做人的"外王"实践。由之，《大学》奠定了中国儒家做人与做官的基本路径，即"内圣外王"，从根本上树立起一座中国传统官德建设的航标塔，成为人们学习儒家政治伦理的指路明灯。

## （二）《大学》三纲领与中国传统官德的价值取向

1.明明德。这里的第一个"明"字是动词，即明白、了解、掌握的意思。"明德"是指人内心先天赋有的光明之德，即"人之初，性本善"，是人内心深处的"善之端始"，亦即孟子所讲的恻隐之心、羞恶之心、辞让之心、是非之心。《大学》开篇就讲"明明德"，其意在强调治理天下国家，必须以道德修身为前提，它包括两层含义：一是德先于位。《大学》讲："君子先慎乎德，有德此有人，有人此有土。"执政者只有率先在道德修养上谨慎从事，才能治理好人民和国家，"不患位之不尊，而患德之不崇。"执政者无须担忧自己的地位不尊贵，而是要担忧自己的道德不高尚。二是以德帅才。儒家认为"德胜才之谓君子，才胜德之谓小人"，《大学》还特别以中国夏、商时代的桀纣与尧舜作比较，来说明德性应优先于才能，"尧、舜帅天下以仁而民从之。桀、纣帅天下以暴而民从之，其所令，反其所好，而民不从。"尧舜和桀纣都有独特的才能，但尧舜以仁德赢得百姓的顺从，而桀纣有才无德故无法赢得百姓心悦诚服的顺从。

2. 亲民。"亲民"二字有两种不同的解释，汉唐时代的儒者解释为"亲爱于民"，即为官从政要以爱民为崇高意志，以乐民为行动准则，"居庙堂之高，则忧其民"，如宋代名儒范仲淹在《岳阳楼记》中所言："先天下之忧而忧，后天下之乐而乐。"另一种解释是朱熹的"新民"，这和《大学》"亲民"一章的本意相符，即通过移风易俗去掉百姓身上的污垢，去很好地教化百姓。这两种解释合到一起就是孔子《论语》中所讲的"既富矣"而后"教之"。

以《大学》"亲民"理论为核心，笔者将中国历代有关官民关系的理论概括为以下三种：一是民贵君轻。孟子最早提出"民为贵，社稷次之，君为轻"。由于春秋至战国时代，一大批政治家在执政过程中，面对各诸侯国的兴衰历史，深切感受到君王之道应以重民为先，有所谓"国无民，岂有四政！封疆，民固之；府库，民充之；朝廷，民尊之；官职，民养之，奈何见政不见民！"之说。二是先民后官。执政者只有把人民的利益放到前面，才能得到人民的庇护，从而长久地获得好处。"王天下者，必先诸民，然后庇焉，则能常利。"又说只有百姓先富足起来，然后才有国家的富足，"百姓足，君孰与不足？百姓不足，君孰与足？"三是民心向背。尽管儒家从根本上强调国家一切权力归于君王，但也高度重视民心向背对政权的重大作用，"得天下有道，得其民，斯得天下矣"。亦即得民心者得天下，失民心者失天下，为政者必须以人民的反映为镜子，检查权力运用的好坏与否，亦即"人无于水鉴，当于民鉴"。

3. 止于至善。《大学》讲"知止而后有定，定而后能静，静而后能安，安而后能虑，虑而后能得"。又说："为人君止于仁，为人臣止于敬，为人子止于孝，为人父止于慈，与国人交止于信。"笔者认为，"止于至善"是在综合了"明明德"和"亲民"这两个环节之后，在更高层面上所实现的二者之间的辩证统一。对此可作以下两个层面的解释：一是为官从政要有明确的人生目标，只有"立长志"之后，才能定、静、安、虑、得，否则将永远处于飘忽不定的焦虑状态，最终会一事无成。二是儒家追求的至善不仅包括为官者本人"德合天人"的至高境界，更包括君、臣、父、子、百姓之间的仁、敬、孝、慈、信的盛德之善。质言之，为官从政只有具备了远大的政治理想，自身修养达到了极高的境界，在社会生活中做到了尽伦尽职，既成就了自己，也成就了别人，真正做到了孔子所说的"修己以安人"，才算是达到了"止于至善"的目标。

### （三）《大学》八条目与中国传统官德的生成机制

如果说《大学》三纲领的"明明德、亲民、止于至善"代表了儒家政治伦理的根本宗旨和价值取向，那么下面所讲的八条目就是《大学》教育为官从政者，究竟通过何种机制和途径实现上述理想目标和价值追求。

1. 格物致知。格物致知的本质是以学资政。朱熹对"格物致知"的解释是："所谓致知在格物者，言欲致吾之知，在即物而穷其理也。盖人心之灵莫不有知，而天下之物莫不有理，惟于理有未穷，故其知有不尽也。是以大学始教，必使学者即凡天下之物，莫不因其已知之理而益穷之，以求至乎其极。至于用力之久，而一旦豁然贯通焉，则众物之表里精粗无不到，而吾心之全体大用无不明矣。"① 我认为朱熹上述诠释的核心思想就是"为政必先学"，因为从政是一门特殊的职业，古代士人出仕做官，必须学习为政之道，如荀子所言："学者非必为仕，而仕者必如学"。为政必先学的理由有二：一是执政者必须具备应有的领导素质，然后才能去教育引导

---

① 朱熹：《四书章句集注》，中华书局 1983 年版，第 6 页。

他人，如果执政者自己糊里糊涂，就不可能使他人清楚明白。正所谓"贤者以其昭昭，使人昭昭；今以其昏昏使人昭昭"。二是只有通过刻苦学习才能掌握历史上治国理政的经验教训，提高自己的执政能力。儒家认为治国理政背后存在着深沉的历史规律，只有发愤忘食的学习，才能知道事物成败的来龙去脉和要害关键，真正把握历代帝王政权更替的规律，从而鉴古资今，正所谓"前事不忘，后事之师"。

2. 诚意正心。诚意的关键是化伪慎独。《大学》谈到"诚意"时指出："小人闲居为不善，无所不至；见君子而后厌然，掩其不善而著其善。人之视己，如见其肺肝然，则何益矣？此谓诚于中，形于外，故君子必慎其独也。"不难看出，儒家"诚意"所强调的重心是反对"伪善"和力主"慎独"。就"伪善"而言，少数官员之所以出现当面一套背后一套，台上一套台下一套，根本原因是官员内心深处存在着双重人格，形象地讲就是他一直处在自己和自己打官司的状态，如果没有高度的自觉性，没有严格解剖自己的决心和勇气，无法同自身的弱点作斗争，官司就打不起来或打不赢，就无法实现人格的自我同一，就会丧失本我，不停地用层层油漆把自己包装起来。就"慎独"而言，它作为一种道德修养方法，其关注的重心是在没有外在监督的情况下坚持自己的道德信念，自觉按道德要求行事，强调从"微"处和"隐"处下功夫。一方面要防微杜渐，不因善小而不为，不因恶小而为之，要积小善以成大德，避免千里之堤溃于蚁穴。另一方面要在人们不注意和注意不到的地方严格自律，因为人们在众目睽睽之下，会注意检点自己的行为，而在无人监督之下，会放松要求乃至肆无忌惮，一个人在脱离了外在喧嚣世界的制约，直接面对自我时，仍能保持道德操守，才算是真正具有了独立人品。从根本意义上讲，慎独既不是外在的压力使然，也不是对孤独本身的天然嗜好，而是君子敏锐的反思意识深入自我内心世界之后，对自己真实本性的明察秋毫，正是对自己内在情感微妙征兆深入而精细的察知，使其能够按照主体的内在要求，在充分发挥自我能动性的基础上，来执行漫长而紧张的自我修养任务。可以说慎独既是一种重要的道德修养方法，也是一种极高的道德修养境界，只有做到了慎独，人才能表里如一，言行一致，避免伪善现象的出现。

正心的本质是以理导欲和呼唤良心。《大学》强调一个人的内心世界只有排除了各种感性欲望的干扰，才能符合人伦道德规范的要求，达至纯正无瑕的目标，那么如何才能正其心呢？《大学》认为："所谓修身在正其心者，身有所忿懥则不得其正，有所恐惧则不得其正，有所好乐则不得其正，有所忧患则不得其正。心不在焉，视而不见，听而不闻，食而不知其味。此谓修身在正其心。"笔者认为，《大学》"正心"理论的本质涉及两个问题：一是如何处理好道德理性和本能情欲的关系问题，亦即宋儒所讲的"理欲关系论"，一方面，道德理性和本能情欲存在着矛盾。就每一个生命个体而言，人的情感、欲望、感性知觉等本能情欲本身没有善恶之分，本能情欲是个体赖以生存的前提条件，但个体本能情欲在特定情景下的过度膨胀，必然引发消极的社会后果；另一方面，道德理性和本能情欲又相互统一。因为就人的普遍本质而言，人之异于禽兽就在于人类能够用道德理性合理引导和节制本能情欲，使其符合社会道德规范的要求。这就要求执政者只有摆脱各种本能情欲的泛滥状态，确定理性在精神本体世界的主导地位，将本能情欲控制在合理范围内，才能最终达至心灵的纯正状态。二是要仔细倾听良心的呼声，按良心的要求行事。无论执政者做任何事情，在行为前要根据良心的指引做出正确选择；在行为中要接受良心的监督和纠正行为偏差；在行为实施之后，要尊重良心的评价和情感反应。《三国志》载，刘备在病重之际对诸葛亮说："'君才十倍曹丕，必能安国，终定大事。若嗣子可辅，辅之；如其不才，君可自取。'诸葛亮涕泣曰：'臣敢竭股肱之力，效忠贞之节，继之以死！'先主又为诏敕后主曰：'汝与丞相从事，事之如父。'"诸葛亮最后为了蜀国鞠躬尽瘁，死而后已，足见其辅佐刘氏的赤胆忠心。

3.修齐治平。修身的核心是公道正派。《大学》谈到修身问题时指出，一个人在喜好偏爱一个人时，在讨厌憎恶一个人时，在敬畏仰视一个人时，在哀怜悲悯一个人时，在鄙视怠慢一个人时，都会由于缺乏基本的公平正义感，而不能正确地看待和评价这个人，最后得出结论说："好而知其恶，恶而知其美者，天下鲜矣。"即喜欢一个人却能知道他的缺点，厌恶一个人却能知道他的优点，这样的人天下太少了。不难看出，《大学》认为修身问题的核心是执政者必须具备公道正派的政治品德，它包括两层含义：一是身正，即个体德性意义上的正直，从内心尊重正义，努力成为具有正义品质的人。二是行正，即具有自觉遵守正义的能力，反映在施政行为上就是处理事情公平正当，在公共领域不谋私利，面对社会不公敢于直言，遇到恃强凌弱勇于挺身而出。如北宋的包拯去陈州灾区放粮，百姓纷纷状告其侄子包勉在沙县任知县时，侵吞救灾粮款，逼死人命，包拯给养育自己成人的嫂子讲述王子犯法与民同罪的道理，最后将包勉铡死，充分彰显出一名优秀官员公道正派、不徇私情、光明坦荡的卓越品质。

齐家的关键是孝悌仁慈。在儒家的政治伦理框架中，家和国从来都是密不可分的整体，《大学》谈到齐家时指出："所谓治国必先齐其家者，其家不可教而能教人者，无之。故君子不出家而成教于国者：孝者，所以事君也；悌者，所以事长也；慈者，所以使众也。"儒家之所以高度重视"齐家"的重要性，其根本原因在于，中国古代的家庭不是我们今天看到的三人之家或二人之家，而是一个家族，乃至一个颇具规模的小社会。笔者几年前去浙江浦江县参观号称"江南第一家"的郑氏家族故居，深受震撼，郑氏家族自南宋至元代，再至明代，历经十五世三百三十年，其人口鼎盛时整个宗族近两千人一起生活，未曾分过家，单是家族食堂就有十二个，在这样的大家族中包括纷繁复杂的人际关系：一是直系血亲关系，如父子关系；二是水平血亲关系，如兄弟姊妹关系；三是垂直姻亲关系，如婆媳关系；四是水平姻亲关系，如夫妻关系等。正是从这种意义上讲，家庭是国家的细胞，如果一个人把一个大家族治理得有条有理，达到了进退有序、和睦相处的程度，本身就是对国家作出了巨大贡献，由之，我们可以体悟到儒家为什么把修身齐家当作治国平天下的前提条件。

儒家认为，治理家庭的根本伦理原则就是"孝悌仁慈"，因此在中国历史上"孝"始终都被看作是衡量一个人道德修养的最基本的标准，古代的"二十四孝"故事广为流传，家喻户晓。只要懂得了孝道，妥善敬待长者的"悌道"自在其中，当然这里的长者不仅仅是自己的兄长，还包括天下一切比自己年长的人，都应得到尊敬。如果说孝悌是对晚辈的要求，那么仁慈则是对长辈的要求，一个家族的长辈只要内心充满了仁慈的爱心，并将这种爱推广开来，就能够让大众跟随你，听你的指挥，长者的暴戾、乖张、愤怒只能带来晚辈的不屑和反抗，所以在家庭生活中慈爱最弱，但它最能征服人心。当然，长辈对晚辈的慈爱并不等于一味地放任自流，无限溺爱，慈爱与溺爱有着本质区别。

治国的圭臬是君仁臣忠。继齐家之后，《大学》开始讨论治国问题，"所谓平天下在治其国者，上老老而民兴孝，上长长而民兴悌，上恤孤而民不倍，是以君子有絜矩之道。所恶于上，毋以使下；所恶于下，毋以事上；所恶于前，毋以先后；所恶于后，毋以从前；所恶于右，毋以交于左；所恶于左，毋以交于右；此之谓絜矩之道。"《大学》在这里谈到了两个治国的"絜矩之道"，所谓"絜"

就是用来测量围长的尺子，"矩"就是测量直角的角尺，"絜矩之道"就是没有规矩不成方圆，亦即君子治理国家必须遵循的基本标准。其中第一个絜矩之道与齐家部分密不可分，是前述齐家内容的进一步延伸，笔者不再赘述。

笔者试图对第二个絜矩之道进行深入分析，就其本意而言它是指：你如果厌恶上级那些对你不好的行为，那么处于上位的你千万不要以这种方式对待下属；而你所厌恶下级的那些毛病，千万不要故伎重演地用来对付上级。后面的先、后、左、右与上、下部分都是同一结构，正是这六个维度共同构成了君子从政的环境空间。我认为《大学》所讲的这个絜矩之道，是把第一个絜矩之道中强调的孝悌仁慈，在家国一体和家国同构的环境中转换为君仁臣忠，其所涉及的实质问题是君臣关系问题。儒家对待君臣关系的基本态度是孔子在《论语》中所讲的："君使臣以礼，臣事君以忠"，之后孟子发展为："君之视臣如手足，则臣视君如腹心；君之视臣如犬马，则臣视君如国人；君之视臣如土芥，则臣视君如寇雠"，他甚至认为不仁之君可废可诛。可见在原始儒家那里君臣关系不单是君王对臣子单方面的要求，而是双方共同的责任义务，但随着后世君主专制制度的不断发展，忠君的含义被日渐强化。当然，由于君代表了国家，故忠君还包括忠于国家，所谓忠于国家，就是陆游讲的"位卑未敢忘忧国"，顾炎武讲的"天下兴亡，匹夫有责"，林则徐讲的"苟利国家生死以，岂因祸福避趋之"。忠君爱国落实到普通官员的日常工作中就是忠于职守，所谓忠于职守就是夙夜在公，勤勉敬业，不懒惰不懈怠，为官者只有勤于政事，才能造福于民，懒惰懈怠必然贻害百姓。历史上人们通常把清朝雍正皇帝视作最为勤勉的帝王，他为了改革康熙后期留下的各种弊政，不巡幸，不游猎，日理政事，终年不息。自雍正元年至十三年，共处置六部和各省奏折十九万两千余件，每日平均批阅四十件，有的奏折上批语达一千多字，正是由于雍正的勤政务实，为历史上康乾盛世的出现起到了承前启后的作用。

此外，君臣关系往深里讲还涉及到皇权与相权、朝廷与地方的关系问题，这是中国历朝历代都面临的一个重大的政治难题。著名国学家钱穆在其《中国历代政治得失》中，从古代政治制度伦理的视角对之进行了深入分析，他认为通常在一个朝代的建国初期，新朝皇帝出于休养生息和激发国家活力的考虑，会给宰相和地方官员更多更大的权力，但伴随国力逐步强盛和地方势力日益坐大，他会逐步削减宰相和地方官员权力，最后走向独断专制和高度集权，直到民不聊生和天下生变为止。如何解决"一放就乱，一乱就统，一统就死"的恶性政治循环，是直到今天我们这个民族走向国家治理现代化都要认真面对的问题，中国共产党找到的解决办法是"民主集中制"，但究竟如何实现民主与集中的辩证统一，我党在不同历史时期，既有成功的经验，也有失败的教训，今天仍然面临着不断创新和发展的挑战。

平天下的三大法宝。《大学》"内圣外王"的终极目标是"平天下"，当然，这里的平天下不是指一个人只有当了皇帝或君王才能平天下，而是指一个官员作为国家的一重要分子，只要恪尽职守，为国尽力，为天下尽力，就尽到了治国平天下的全部责任。此外，这里的"天下"二字，也不是指今天的世界各国，而是指春秋战国时代中华大地上诸侯混战、列国称霸时的"天下"，但我认为《大学》所讲的平天下的三大法宝，仍然适用于当今时代多极并存的世界各国。

第一法宝是德本财末。《大学》"平天下"部分首先以殷商王朝从德配天地到失德于民的过程为例，说明一个君主如果一味强调自己的聪明才智和本能欲望，置国家和人民于不顾，最终会家破国亡，紧接着就深刻阐述了"德本财末"的治国之道，"有德此有人，有人此有土，有土此有财，有财此有用。德者本也，财者末也，外本内末，争民施夺。是故财聚则民散，财散则民聚。"只有有德之人才能拥有人民，有了国民才有国土，有了广阔的国土，才可能拥有更多的财富，有了更多的财富才能干出一番丰功伟业。但在混乱的战国时代，很多君王不懂得德本财末的道理，舍本逐末，与民争利，大肆搜刮民脂民膏，盘剥民众。然而，最终结果却是君主官吏获得的财物越多，离你的臣民百姓就越远，相反，君主官吏广施财富于民，让百姓安居乐业，人民则会聚集到你的身边。最后，《大学》引用《尚书·康诰》告诫各国君王官吏，"惟命不于常"，"道善则得之，不善则失之矣"。即天命无常，行善道者会得到它，不行善道者会失去它。

第二法宝是广纳贤才。《大学》引用《尚书·秦誓》："若有一介臣，断断兮无他技，其心休休焉，其如有容焉。人之有技，若己有之。人之彦圣，其心好之，不啻若自其口出，寔能容之，以能保我子孙黎民，尚亦有利哉！"如果有这样一个臣子，他没有什么技能，但他的心灵清澈透明，虚怀若谷，别人拥有技能就像自己拥有一样，别人赞美某个美好的人，他自己内心就十分喜欢这个人，就像自己去亲口赞美一样，只有这种海纳百川、广招贤才的人才能保护好子孙百姓，这才是对国家最有利的人。与之相反，"人之有技，媢疾以恶之；人之彦圣，而违之俾不通，寔不能容，以不能保我子孙黎民，亦曰殆矣！"即别人有技能，他就去嫉妒、排挤、压抑，使人家的德才无法被上层了解，如果重用了这种心胸狭窄的小人，就无法保护好子孙百姓，就会使国家陷于危难之中。

第三法宝是清正廉洁。《大学》在平天下的最后部分指出："生财有大道，生之者众，食之者寡，为之者疾，用之者舒，则财恒足矣。仁者以财发身，不仁者以身发财。"即无论是一个家族还是国家，只要兢兢业业从事生产的人很多，而消费又在合理范围内，那么其财产就会永远保持在充盈状态。又说有仁德的人用财富来促使自己的身心健康发达，而没有仁德的人通过牺牲身体的方式去拼命挣钱。这段话是告诉各级官吏"君子爱财，取之有道"，这个道就是"历览前贤国与家，成由勤俭败由奢"，一个官员只有根据收入多少来制定支出多少，做到清心节欲，因为清心是修己的关键，心静方能欲少，欲少才能以俭为美，以俭为乐，通过俭朴的生活修身养性，惠及子孙。与之相反，那些讲排场、比阔气的奢靡之徒，不懂得去用有限的财富提高自己的德才素质，而是拼命贪钱捞钱，把钱视作生活的目的，把身体当作赚钱的工具，最后疾病缠绕身心，成为一名过路财神，一命呜呼。紧接着《大学》引用鲁国贤良大夫孟献子的话："畜马乘不查于鸡豚，伐冰之家不畜牛羊，百乘之家不畜聚敛之徒，与其有聚敛之徒，宁有盗臣。"意思是说国家已经给了你马匹车辆的官员，不要再去贪婪那些鸡豚小利；有资格用冰来保存逝者遗体的官员，不要再聚敛牛羊之类财产；有百匹马车的更高级的官员不能豢养搜刮民脂民膏的贪婪之徒。与其豢养这种聚敛之臣，还不如豢养一批江洋大盗。最后，《大学》的结束语谆谆告诫各级官员："长国家而务财用者，必自小人矣。彼为善之，小人之使为国家，灾害并至。虽有善者，亦无如之何矣。此谓国不以利为利，以义为利。"即如果让那些掌握国家命运的人，专门去中饱私囊，贪污腐败，这一定是出自小人的主意，一旦让这类小人当道，即使国家有大善之人，也无力回天。这就要求担当治国平天下大任的各级官员，决不能以个人小利为利，必须以天下大利为利，将以义制利、担当道义作为为官处事的根本原则。

最后需特别指出的是，在《大学》所罗列的上述三纲领和八条目中，格物致知、诚意正心属于"内圣"的范畴，齐家治国平天下属于"外王"的范畴，"修身"是全部内容的核心和实现"内圣外王"的中轴。君子必须先沿着由外而内的轨迹，通过对外在的万事万物运行规律的研究和把握，增长自己的德才素质，然后将其内化成自己的意念和心得，在自己的身心中积累起巨大的正能量，然后再沿着由内而外的路径，将这些正能量广泛施惠于自己的家庭、国家乃至整个人类。故《大学》在开篇第一章就明确指出："自天子以至于庶人，壹是皆以修身为本。"即从最高领导人到一般老百姓都应当有自己做人做事的根本原则，这就是修养身心。它上承格物致知、诚意正心，下启齐家、治国、平天下，它是超越一切的人伦大本。唯其如此，一个民族才能得到提升，一个社会才是文明知礼的社会，个人或社会一旦丧失了修养身心这个人之为人的大本，做得越多错得越多，因为建立在空虚本质基础上的个人荣耀和国家繁华都会迅速衰朽，最终结果只能是身败名裂、家亡国破。

## 四、中国传统官德追求的最高境界

中国传统的伦理原则和道德条目有很多，如三纲：君为臣纲、父为子纲、夫为妻纲；五常：仁、义、礼、智、信；四维：礼、义、廉、耻；五伦：父子有亲、君臣有义、夫妇有别、长幼有序、朋友有信；八德：孝、悌、忠、信、礼、义、廉、耻。笔者在此撇开上述纷繁复杂的伦理规则和道德条目不谈，仅以孔子之孙子思及其学派创作的《中庸》为参照坐标，就中国传统官德中与古代官员日常道德实践有着密切关联，同时也和今天各级领导干部道德修养密不可分的三条核心性伦理原则予以深入剖析。之所以把《中庸》视作参照物，是因为在儒家经典著作中，如果说《大学》集中阐释了中国传统政治伦理"内圣外王"的思维模式和官员政治道德的生成机制，那么《中庸》则集中体现了儒家政治伦理最为抽象的形而上的本体论特征，故朱熹在《四书章句集注》中反复强调，只有熟读了

《大学》《论语》《孟子》之后，最后再读《中庸》，才能真正体会到中国古代政治伦理的深奥精妙之处和为官从政者德性修炼的最高境界。

## （一）贵和尚中

《中庸》认为，君子安身立命的根本大道就是中和。《中庸》将中和解释为："喜怒哀乐之未发谓之中；发而皆中节谓之和。中也者，天下之大本也，和也者，天下之达道也。致中和，天地位焉，万物育焉。"这里的"中"指的是一种本体论状态，即一个人绝对不受外力骚扰的心灵状态，它不是通过后天的道德修养达至的状态，而是上天赋予人的一种本然性实存状态，人正是通过这个本身固有的"中"而去"与天地参"的。如果说"中"是"喜怒哀乐之未发"的内在自我，"和"则是"发而皆中节"后所取得的现实成就。由此，《中庸》把"中"设想为自我生存的终极依据——"天下之大本"，把"和"设想为自我追求的理想境界——"天下之达道"。在《中庸》中，子思借孔子之言区分了君子与小人对待中庸的基本态度，"君子中庸，小人反中庸。君子之中庸也，君子时中；小人中庸也，小人而无忌惮也。"此处对君子和小人的区别涉及对"时中"的理解，君子的特点是"时中"，它包括两层含义：一是指君子时时刻刻都在按照中庸的要求去做，亦即无时无刻不处在中庸的状态；二是指君子所持守的中庸，不是机械教条地坚持不偏不倚的原则，而是根据天时、地利、人和的具体要求，因地、因时、因人而异地采取恰到好处的方法去灵活运用中庸原则。与之相反，小人则采取反中庸的态度，无所顾忌地按照自己的内心贪欲去谋划事情，试图避开人生不偏不倚的中庸正路，通过旁门左道的所谓"捷径"达到目的，但这种捷径恰恰是没有希望的断路，铤而走险的绝路，执迷不悟的死路，无可挽回的末路，最终因违反事物发展的规律而受到惩罚。"故君子尊德性而道学问，致广大而尽精微，极高明而道中庸。温故而知新，敦厚以崇礼。"即真正的君子对内会尽力开发自己的德性，对外会努力请教和学习，既要探究宇宙万物的奥妙，又要把握极其微小的事理，在为人处世上达到高精澄明的境界，在言谈举止上文质彬彬和坚守中道。通过不断温习过去的经验教训，逐步使自己成为德性敦厚、尊崇礼仪的伟大君子。

可以说经过数千年的传承和积淀，"中和"已成为中华民族精神世界的一种集体无意识，例如：中国人强调五味相和才能产生香甜可口的食物；六律相和才能形成悦耳动听的音乐；善于倾听正反之言的君王才能实现国家的和乐如一。贵和尚中思想反映在文化建设层面，就是以广阔的胸襟、海纳百川的气魄去促进民族文化的发展，在中国文化中历来是儒道互补、儒法结合、儒佛相融、佛道互渗、儒佛道相通，士人中有"红花白藕青荷叶，三教原本是一家"之说，以至于对基督教、伊斯兰教等各种外来宗教都采取容忍和吸收的态度。贵和尚中思想反映在中国建筑文化上更是突出明显，北京紫禁城的太和殿、中和殿、保和殿就建在北京的中轴线上。从某种意义上讲，"中国"二字不仅是一个地理空间概念，即指涉的是万邦来朝的中央帝国，更是指善用"中和"思想做人行事的中华之国，可以毫不夸张地说，中和思想已经深入中华民族的血脉之中，已成为中华文明区别于西方文明的重要标识，已成为中国之为中国的一种文化形态集成。

（二）天道至诚

原始儒家所讲的"天"介于有形和无形之间，它虽无定势常形，但隐显于自然和社会的各个角落。"天地之道，博也，厚也，高也，明也，悠也，久也。"天的根本特征是"至诚"，"诚者，天之道也"，"故至诚无息。不息则久，久则征，征则悠远，悠远则博厚，博厚则高明。博厚，所以载物也；高明，所以覆物也；悠久，所以成物也。博厚配地，高明配天，悠久无疆。如此者，不见而章，不动而变，无为而成。"不难看出，所谓天的"至诚"本质上是指日月星辰按照宇宙规律自我运行，自然万物各正性命、生生不息。

天的本质特征是"至诚"，君子要做到"以德配天"就必须以"至诚"的态度去生存，亦即将天道之实然转化为人道之应然。朱熹把"人心惟危，道心惟微，惟精惟一，允执厥中"视为尧、舜、禹、汤乃至孔门弟子的传授心法，并认为只有按照这一要求去做才能实现以德配天的终极目标。笔者把孔门弟子的这一传授心法分解为以下三个层面：一是学道贵正。因为天道的最大特征是用自己的悠远博厚，去不偏不私地涵养万物，使其各正性命。为官从政的君子必须以"至诚"的态度去深刻体悟天道的运行规律，始终保持自己与外在天道的相互结合，努力做到顺天应时地开展工作，依照天道赋予自己的使命去"亲亲、仁民、爱物"，反之，如果悖天逆理、自私自利、残害百姓、灭绝天物，就是误入歧途，必遭天谴。二是学道贵精。把握天道，别无他法，贵在精义熟仁，精义熟仁的途径就是《中庸》所讲的"博学之，慎思之，审问之，明辨之，笃行之"。"人一能之己百之，人十能之己千之，果能此道矣，虽愚必明，虽柔必强。"朱熹则强调学道贵在"心精"与"心融"，即只要专心致志地去思考、玩味天道义理，自然会精熟于心。"心精"至功深力到处就是"心融"，即豁然贯通，能够将世间万物之理融化于心，从而见得天道，力行天道。三是学道贵恒。贵恒强调的是人把握天道要有"定力"，如孔子一样"吾十有五而志于学，三十而立，四十而不惑，五十而知天命，六十而耳顺，七十而从心所欲，不逾矩。"孔子不仅集其毕生精力追求仁道，而且无论是在其人生遇到重大挫折之时，还是面临生死抉择的紧要关头，他都能够持之以恒地坚守仁道，"君子无终食之间违仁，造次必于是，颠沛必于是。""无求生以害仁，有杀身以成仁。"孟子则进一步强调："天将降大任于斯人也，必先苦其心志，劳其筋骨，饿其体肤，空乏其身，行拂乱其所为。所以动心忍性，曾益其所不能。"亦即君子只有经历了重大挫折和苦难之后，上天才会使其明白天道，并降大任于他。总而言之，学习天道只有做到了贵正、贵精、贵恒，才能如《中庸》所言："唯天下至诚，为能尽其性；能尽其性，则能尽人之性；能尽人之性，则能尽物之性；能尽物之性，则可以赞天地之化育；可以赞天地之化育，则可以与天地参矣。"

## （三）至德无文

《周易·系辞上传》讲："乾以易知，坤以简能。易则易知，简则易从。易知则有亲，易从则有功。有亲则可久，有功则可大。可久则贤人之德，可大则贤人之业。易简则天下之理得矣。天下之理得，而成位乎其中矣。"[1] 这里强调的是天道平常，地道简单，贤人之德在适应天道规律，贤人之业在利用地道之功。老子在《道德经》中也讲"为学日益，为道日损"，[2] 这里的"为学"主要指探求外物的知识活动，如对仁义、礼法、教化的追求；而"为道"则指通过冥想和体验的方式参悟事物内在性和必然性的本质与规律。《易经》强调的"易知简能"和《道德经》对"为学"和"为道"所做的区分，充分展现了中国传统政治伦理有关执政者为道求学所应追求的一种至高境界。《中庸》全面继承和发展了上述思想，在最后一章向我

---

① 周振甫：《周易译注》，中华书局 1991 年版，第 229 页。
② 陈鼓应：《老子译注及评介》，中华书局 1984 年版，第 250 页。

们揭示了这一境界的具体表征，即大道质朴和至德无文。犹如生命往往在其晚年才返璞归真一样，文明在其极盛之时抵达的是平淡、简约与纯粹。"《诗》曰：'衣锦尚絅'，恶其文之著也。故君子之道，暗然而日章；小人之道，的然而日亡。君子之道，淡而不厌，简而文，温而理，知远之近，知风之自，知微之显，可以入德矣。"君子即使穿上华丽的丝绸，还要在外面套上一层粗布麻衣遮掩，尽可能以收敛谦虚的姿态掩住耀眼的光芒，他越是黯然深藏却日渐彰显，而小人却张扬专横，拼命标榜自我，但一天天暗淡下去。因此真正的君子当是简朴而不失文雅，温厚而又有条理，从近处走向远处，先启蒙自己再教育别人，明白细节决定命运。质言之，正是在"予怀明德，不大声以色"的静寂沉默中，君子所具有的"不显之德"反而具有一种更为巨大的生成力量，因为正是这种静默渊源积累起惊天动地和变化万端的无限潜能，使人们"于无声处听惊雷"，故《中庸》在结束语中讲："上天之载，无声无臭，至矣！"它给人类的警示是：现代文明的最大威胁是浮华、矫饰与躁动，大道的质朴、真诚与淡雅对于人类文明具有基础性价值，它是"人文"的"天文"根基，因此，伟大君子的终极信念当是——文明伴随质朴，生活归于简单，心灵达至纯粹。

## 五、学习中国传统官德应当注意的三个问题

我们每一位领导干部作为中华民族的历史传人，都应对本民族的历史文化抱有一种温情与敬意，决不能用今天的观念和标准去衡量古人所做的一切，完全背离历史主义的基本要求，摆脱时空限制，对其妄加评论，最终走向历史相对主义或历史虚无主义。但也不能一味地食古不化、厚古薄今，走向传统文化原教旨主义或复古

主义的泥潭而无法自拔。作为一名共产党人，正确的做法应当是与时俱进，学会用马克思主义的立场、观点、方法科学分析中国历史文化的是非曲直。

## （一）要用唯物史观辩证剖析中国古代的官场文化

悠久的历史对一个民族而言，既是一笔宝贵的精神财富，同时也是一个沉重的思想包袱。就精神财富而言，如笔者前已备述的中国传统官德的主要思想来源、基本逻辑架构、其所追求的最高境界等。就思想包袱而言，在几千年的中国官场文化中，除了前述优秀成分外，更有诸多糟粕的内容值得我们高度警觉，在此我仅举出三个例证予以说明。

1. 现代民主政治与传统官本位文化的本质区别。虽然我国古代不同历史时期的思想家都高度重视人民群众的切身利益，如笔者前已备述的"民贵君轻""先民后官""民心向背"等理论，这些理论在古代官员中的提倡，在一定程度上减轻了人民群众的负担，保护了人民群众的切身利益。但它们与今天共产党人提出的"为人民服务"理论存在根本性质上的差别，因为古代政权的性质是皇权专制主义政治，国家的一切权力是皇帝的绝对私有物，"溥天之下，莫非王土，率土之滨，莫非王臣"，重民的主体是君臣，民说到底只是被君臣重视的对象。而现代民主政治的本意是人民当家作主，我国宪法明确规定：中华人民共和国是工人阶级领导的以工农联盟为基础的人民民主专政的社会主义国家，国家的一切权力属于人民，国家各类公职人员是受人民委托来管理国家事务的工作人员，人民是国家的主人，政府官员是人民的公仆。用大家熟悉的语言表述，就是必须将古代的"当官不为民做主，不如回家卖红薯"，改为"当官不让民做主，不如回家卖红薯"。其间"为"和"让"仅一字之差，反映出古今政权性质的根本不同。

我国今天面临的重大问题是，受到传统官场文化中糟粕因素的影响，与社会主义民主政治完全相悖的官本位文化仍然弥漫于中国社会的各个领域。一个人无论业务水平多好，只要没有获得一官半职，就无法受到人们的尊敬，致使中国官员阶层集中了中国最优秀的人才，有不少具有杰出专业才能但又不擅长行政管理的人，进入官僚体系后碌碌无为，终其一生，这是对专业人才的极大浪费。当年钱学森追问时任国务院总理温家宝，为什么中国的现行教育体制造就不出大师级人物，我认为原因不仅在于教育体制的问题，更在于我们的官僚政治体制存在重大问题，不从根本上解决这一问题，钱学森之问很可能就是屈原的《天问》。我国的这种官本位文化和美国正好相反，在美国真正有本事的人从小就被教育去当医生、工程师、科学家、律师、职业法官、大学教授等，因为这些职业不仅收入高且十分稳定。与之相反，在美国一心想当官的人只有两类：一是有远大政治抱负的人，从年轻时代就开始做议员、镇长等；二是没有多大本事的人去当公务员，因为公务员的收入只在社会平均水平线上下。

2. 在我国当代领导干部思想中圈子意识和山头文化依然广泛存在。在我国许多地方一人得道、鸡犬升天的封建主义政治现象还在流行，只要家族中一人获得高位，其七大姑八大姨都要跟着沾光，而且人们对此不以为耻，反以为荣。北京大学有一位博士曾对某县的干部构成进行深入研究发现，该县科级以上干部主要是被几大家族把持着，即使不是这几大家族成员，也一定同这几大家族有着各种各样的姻亲、干亲关系。可以毫不夸张地讲，中国有许多人痛恨腐败，但并非真心反腐败，而是因为自己没有腐败条件，一旦有了条件他们比现有贪官更腐败，何以如此？就是上述传统文化的糟粕使然，从薄熙来、周永康、令计划身上我们都可以非常清晰地看到传统社会圈子意识和山头文化的影子。

3.透过我国近年来历史题材影视作品折射出的浓厚的封建糟粕成分看，中华民族反封建和启蒙的任务还远未完成。近几年来戏说历史受到我国影视界的广泛追捧，但讲述历史故事有三种基本方法：一是"生吃西红柿"。即原汁原味地讲述历史；二是"西红柿拌白糖"。即在讲述历史故事的过程中，增加一些有趣的真实故事；三是"西红柿炒鸡蛋"。即在讲述历史故事时，增加大量编者自己想象的情节。但无论怎样讲述历史故事，都涉及编导人员讲的历史故事背后所隐含的价值追求和历史道德。而我国近年来大量反映古代政治生活的影视作品中，充斥着传统文化中的诸多糟粕内容，如在《汉武大帝》《武则天》《康熙王朝》《甄嬛传》等影视作品中，不断地在向观众灌输着怎样用尔虞我诈、不择手段、丧尽天良的手段来夺得王位，获取权力，赢得宠爱。这类影视作品之所以能够广泛流行，充分反映出封建糟粕的东西早已深深扎根在编导人员、广大观众的内心深处和民族血脉之中，同时也警示我们，中国要走向现代文明，要培育起自由、平等、民主、公正、法治等现代性社会主义核心价值观，要提高现代化所需的领导干部的民主道德素养，尚有漫长的路要走。

### （二）传统官德生成的制度环境与当代中国的制度创新

中国传统官德生成的制度环境主要受到血缘和地缘两大因素的深刻影响。就血缘因素而言，中国传统的社会关系是以家庭为中心向外扩展的，家庭关系是传统社会结构的核心，社会关系是家庭关系的延伸和放大。就地缘因素而言，土地历来是中国农民的命根，也是皇帝、各级官僚和整个地主阶级的命运之所在，不论是王公猾吏，还是巨族豪商，都将占有土地的多少视为其身份高下的标志。由于封建经济对土地的高度依赖，造就了中国人浓厚的乡土情结，

"美不美家乡水""落叶归根"等充分表达了国人内心深处安土重迁、不愿流动、依恋家乡的地缘特性。血缘和地缘因素相结合，反映在中国封建社会政权建设层面，就是族长和乡绅掌管地方统治权，他们通常出自名门望族，而且读过诗书，集宗族、财富和知识三大权威于一身，是地方上最有影响的实权人物。这种宗法家族制度扩展至国家政治制度层面，形成了中国独具特色的"家国同构"型封建政治制度，其具体表现为："家"是"国"的原型和缩影，"国"是"家"的放大和展开，族长即家族之君王，皇帝即国家或皇族之族长，家族和国家处于有机的连接和同构之中，而宗法伦理则成为两者直接沟通的桥梁，在这里父子关系转换为君臣关系，孝转换为忠，对族权的敬畏转换为对皇权的顺从。

现代中国社会已经步入工业化、城市化、信息化社会，以工业化大生产为主的市场经济不断地把人口聚集起来，使得劳动密集化的大、中、小型城市如雨后春笋般涌现出来，城市与乡村存在重大差别，乡村的宗族成员世世代代居住在一起，人与人之间有着十分紧密的血缘姻亲关系，以此为基础形成了辈分等级、权力等级、财产等级等。而工业化的大城市把无数进城农民改塑成城镇市民，这些远离土地与自然的城市市民涌入企业、机关、公共服务组织，结成了各种各样的新型社会联盟，摆脱了血缘、权力、土地等各种束缚，获得了充分的自由，他们的行为态度、精神气质和心理结构均发生了根本性变化，并且形成了与乡村伦理截然相反的城市伦理。乡村伦理主要依靠以宗法血缘和地缘关系为基础的传统社会意义上的德性情感、良知决断和神圣信念来维系，而城市伦理则主要依靠彼此算计、金钱货币、规章制度和法律条文来维系。特别是城市和城乡间现代运输网络的高速发展，极大地改变了人们的时空观念和生存方式，现代社会发达的道路、水路、航路和通信网络，带来人流、物流、资金流、信息流的快速移动。以人流为例，我国每年重大节日有数以亿计的人口游走在全国流动的道路、水路和航路上，这是小农经济的古代社会所无法想象的事情，人们在从一个城市流入另一个城市、从一个市场圈流入另一个市场圈的相互流动中，在马路边、公车上、餐馆里等各种公共空间内，接触到不同身份类别、不同思维方式、不同行为特点的人，此前的地域文化和偏见以及遥远距离和漫长行程所型塑的东西部、南北方概念将逐渐淡化，不同地区人们的相互理解日渐增多，人们更易接受和容忍异质文化，逐步养成了礼貌待人、宽容忍让、彼此同情、相互尊重的社会公德。

中国社会所发生的上述巨大变迁，要求在我国的现代化建设进程中，除了充分发挥传统官德的积极作用外，更要重视市场经济制度伦理、民主政治制度伦理、公民社会制度伦理的作用，只有用现代制度伦理来管理人、财、物，才能够有效避免我国传统官场文化的各种弊端，逐步建构起当代中国的现代国家治理体系。其中，我们尤其要高度重视现代法治制度的作用和意义，因为在中国几千年的封建社会中，虽然也有"王子犯法与民同罪"的说法，但从来没有"皇帝犯法与民同罪"，因为皇帝可以一言九鼎，天马行空，皇帝本身就是法，皇帝言出法随，皇帝可以视法律为儿戏，故在中国古代社会，人们从来就是信权不信法、信访不信法、信关系不信法、信钱不信法。今天我国只有建构起完备的现代法治制度，让包括国家领导人在内的每一个公民都能够敬畏法律，特别是敬畏宪法，真正做到法律面前人人平等，这个国家才算是步入了现代文明国家的行列。

（三）在深度本土化与高度国际化的循环互动中建构当代中国官德

要建构当代中国特色社会主义官德体系，除了从前述中国传统官德中汲取营养外，如习近平总书记所言，在全球化的今天，我们必须大力吸收其他国家的积极因素，因为人类文明因多样才有交流互鉴的价值，在竞争比较中才能取长补短，在求同存异中实现共同发展。自鸦片战争以来，我们民族正是借助西方文化的力量，才逐步从封建迷雾中踯躅而出，正是由于马克思列宁主义的传入，我们才建立起中国共产党，进而使中国社会的面貌发生根本改观，最近30多年来，我们正是吸纳和改造西方资本主义创立的市场经济制度，才建立起中国特色社会主义市场经济制度，实现了经济腾飞。

在建构现代国家治理体系的过程中，我们同样也要大力借鉴西方公务员职业道德建设的合理经验。如美国制定了《公务员道德法》，英国制定了《荣誉法典》，法国制定了《政治家财产透明法》，韩国颁布了《公务人员伦理法》。相比之下，我国的《党政领导干部选拔任用工作条例》《公务员法》等，虽然也对公务员执行公务过程中的具体行为提出了道德要求，但其主要缺陷是缺乏系统性和针对性，没有强有力的监督机制做保证。从这种意义上讲，有必要从依法治国的视角对待领导干部的道德建设问题，尽快出台一部具有中国特色的党政领导干部道德法典。此外，我们需要注意的一个问题是，在西方发达国家之所以只讲依法治国，不讲以德治国，即使讲公务员的职业道德问题，也必须通过道德法典的形式使其法治化，这与西方的社会文化传统有着密切关系。在西方国家公共领域和私人领域有着极其严格的清晰界分，一个公务员在社会公共管理过程中必须依照公务员的公共道德法典行事，但在个人私生活中主要依靠个人所信奉的宗教道德来做事，一名公务员如果信奉基督教，他会通过基督教所要求的灵性修养方式来锤炼自己的私德，包括通过安静与默想、祷告与灵阅、敬拜与禁食、耶稣祷文及图像、每日反省、撰写灵修日记、定期接受指引、过俭朴生活、参加社会服务等多种途径，来不断强化自己的信德、望德、爱德这三大基督教德目。

　　在本次授课的最后阶段，我想引用习近平总书记2013年11月26日考察山东曲阜时的讲话作为结束语："国无德不兴，人无德不立。……引导人们向往和追求讲道德、尊道德、守道德的生活，形成向上的力量、向善的力量。只要中华民族一代接着一代追求美好崇高的道德境界，我们的民族就永远充满希望。"所谓向上的力量和向善的力量，就是我们民族古老经典《易经》中的那句话："天行健，君子以自强不息；地势坤，君子以厚德载物。"希望"自强不息，厚德载物"能够成为我们每一位领导干部终生的座右铭，将之铭刻到我们的灵魂上，珍藏到我们内心里，流淌到我们血液里。

# 附录二

# 基督教伦理与现代西方文明

自改革开放以来，西方经济、政治、文化等各种思潮蜂拥而至，特别是大批国人走出国门，使得人们对西方文明的了解逐步由片面走向全面、由表层深入内部。人们在认真学习西方先进的科学技术、成功的经济管理经验和文明的政治制度的同时，深刻意识到西方器物层面、制度层面的文化与其精神层面的文化有着极其密切的关联，要真正深入西方人的内心世界，了解其心灵深处的精神生活，就必须对基督教文化有所了解。而基督教是一个历史悠久、变化多端、恢宏庞大的文化体系，涉及到思想与观念、情感与体验、行为与活动、组织与制度等诸多方面的内容。在今天的讲座中，我试图从宗教伦理学的视角，仅就以下四个问题与大家一起学习和探讨：一、基督教的历史概况与基本现状；二、基督教伦理与西方人的生存方式；三、基督教伦理与西方人的社会制度；四、科学看待和正确处理基督教问题。

## 一、基督教的历史概况与基本现状

基督教作为一种世界性的宗教，从其内部构成看，与儒教、佛教、伊斯兰教相比，它的思想来源最为复杂，它是在吸收古希伯来人的信仰精神、古希腊人的理性精神、古罗马人的法治精神基础之上逐步形成的。从罗马帝国晚期到漫长的中世纪，直到今天，基督教对西方文明的形成、发展和转型一直发挥着极其重要的历史作用，要深入研究基督教伦理与现代西方文明的关系，就必须对基督教的历史由来、主要经典和基本现状有所了解。

（一）基督教简史

基督教的前身是古希伯来人的犹太教，古希伯来人就是远古的以色列人，公元前 14 世纪，他们从阿拉伯半岛沙漠中游牧到现在伊拉克境内的两河流域，后侵入巴勒斯坦地区，经过和当地迦南人的长期征战，逐步定居下来。公元前 11 世纪开始形成统一的以色列王国，公元前 3 世纪马其顿国王亚历山大征服巴勒斯坦地区，以色列人进入希腊化统治时期，犹太教开始与希腊文化相融合。公元前 2 世纪罗马帝国开始兴盛，公元前 63 年，罗马大将庞培攻入耶路撒冷，以色列国成为罗马帝国的一个行省。犹太教内部由于对罗马帝国的统治持不同态度而形成不同的教派，包括撒都该派、法利赛派、艾赛尼派等，基督教的创始人耶稣及其门徒最早被当作犹太教的一个支派——拿撒勒派。

以耶稣为代表的拿撒勒派被正统犹太教派斥为异端，耶稣被迫害致死后，该教派不但未被消灭，反而日渐壮大，形成了自己的教义、礼仪和组织制度，因宣扬基督降临学说而被人们称之为"基督教"，上帝是基督教所崇拜的至高无上的神灵。"基督"意为受膏者，耶稣基督的意思是上帝给耶稣敷上圣膏，派他降临到人世，做世人的弥赛亚，"弥赛亚"就是犹太人所期盼的救世主。早期基督徒多为农民、匠人、妇女、儿童、奴隶、乞丐，公元 2—3 世纪，基督教多次遭遇罗马帝国官方的大迫害，许多教徒和主教被烧死或投入斗兽场被野兽吃掉，但基督教愈挫愈奋，不断壮大的趋势锐不可当，公元 313 年，罗马帝国君士坦丁大帝发布《米兰敕令》，基督教终于成为合法宗教。公元 392 年，狄奥多西一世宣布基督教为罗马帝国的唯一国教，开始严厉禁止其他宗教活动。

基督教在漫长的历史发展过程中由于权力之争和神学分歧曾发生过两次重大的教派分裂。第一次分裂发生在公元 1054 年，是天主教与东正教的分裂，天主教教会的中心在罗马，又称"罗马公教"，主要以罗马帝国西部拉丁文化区为主。东部教会以君士坦丁堡(今天的伊斯坦布尔）为中心，标榜自己是正统基督教，又称"东正教"，主要以罗马帝国东部的希腊文化区为主。天主教与东正教的区别表现在经典、教义、神学、礼仪、节日、神品、历法、教堂等诸多方面。天主教会是一个具有严密组织的国际团体，罗马城西北的梵蒂冈教皇是最高首领，统治着世界各地的天主教会，下设红衣主教、总主教、主教、神父等职，其中修士、修女是终身为教会服务的人员。东正教会在各国的组织相对松散，只是不定期举行最高会议，东正教内设有牧首、都主教、大主教、主教、大司祭、司祭、修士等神职人员。在礼仪方面，天主教主教头戴桃形尖顶帽，身着特制的黄色神袍，胸挂十字架，手戴权戒；东正教主教头戴圆顶帽，身穿银白色或黑色神袍，胸挂圣像，手持权杖。祈祷时，天主教徒用整个手掌在胸前自上向下、自左向右画十字；东正教徒用三指（拇指、食指、中指）在胸前自上向下、自右向左画十字。在教堂建筑方面，天主教教堂多为罗马式（梵蒂冈的圣彼得大教堂）或哥特式（巴黎的圣母大教堂）；东正教教堂多为拜占庭式（君士坦丁堡的圣索菲亚大教堂）或斯拉夫式（莫斯科红场上的瓦西里升天大教堂）。

14 世纪欧洲掀起了文艺复兴运动，新兴市民阶级不断壮大，各种人文主义思潮开始与罗马教会的神本主义相对抗。1517 年，德国的马丁·路德拉开了宗教改革的序幕，他高举《圣经》的绝对权威，主张"因信称义"，反对教皇和神职人员的各种特权，从此新教从罗马天主教会内独立出来，新教包括的教派众多，各教派自成体系。新教与天主教、东正教的重要区别是，天主教和东正教都主张教徒有七件圣事：领洗（入教仪式）、坚振（坚定教徒的信仰）、告解（教徒向神职人员悔罪）、圣体（祝圣的葡萄酒与面饼，象征耶稣的血与肉）、终傅（临死前膏抹圣油赦免一生罪恶）、神品（通过按立仪式使神职人员神圣化）、婚配（为教徒的婚姻祝福）。新教一般主张圣事只有洗礼和圣餐两种，少数教派甚至主张不举行任何仪式。

（二）基督教经典

基督教各派都以《圣经》为其经典，《圣经》是人类文明史上最重要的著作之一，也是迄今为止发行量最大、译本最多的文化名著，《圣经》由《旧约全书》和《新约全书》构成。

《旧约全书》是犹太教的经典，由24卷经书构成，分为三大类：律法书（5卷）、先知书（8卷）和作品集（11卷）。律法书又称"摩西五经"，包括《创世纪》《出埃及记》《利未记》《民数记》和《申命记》，主要讲述上帝创世、造人、洪水等神话故事以及犹太民族的起源问题，重点是民族英雄摩西带领犹太人出埃及，订立犹太教的教义、教规、民事法律、道德规范等，这五卷书被尊为犹太人信仰的基石和为人处世的根本准则。先知书和作品集主要讲述犹太民族历经磨难、跌宕起伏的历史过程，表达了先知们在民族危亡之际代表上帝向民众发出的劝诲、警告和应许，展示了犹太人对本民族的热爱和对敌族的仇恨，对人生哲理的思考和对宇宙奥秘的探索。

《新约全书》共27卷，包括福音书（4卷）、使徒行传（1卷）、使徒书信（21卷）和启示录（1卷），其中福音书主要讲述上帝派遣耶稣道成肉身，降生于世，在世上生活、传道、实行神迹、治病救人，为世人赎罪、死而复活的过程。使徒行传主要讲述耶稣升天后，使徒们在圣灵的指引下，如何在耶路撒冷创建教会，并以巨大的热情向外邦传教，使基督教迅猛发展，讲述了初期基督教的成长过程。使徒书信是初期使徒在传教过程中彼此往来的信件，表达了写信人对收信人的希望和要求，部分书信深入探讨了基督教的信条和教义，本质上是一批教义著作，同时也反映了各地教会的一些具体情况。启示录是一部文学作品，以幻想和象征的手法描写了末世来临时宇宙间的善恶之战，隐晦曲折地表达了基督徒对罗马帝国的深仇大恨。

## （三）基督教现状

据2006年联合国人口基金会的《世界人口状况》统计显示，目前世界人口为64.647亿，其中超过80%的人信教。基督教是世界上信仰人口最多的宗教，有22亿人，伊斯兰教13亿人，印度教9亿人，佛教近4亿人，儒教和道教3.9亿人，余下的13亿人为无神论者，中国人居多。

自1492年哥伦布发现新大陆，基督教各教派开始与欧洲殖民主义势力一道向外扩张，天主教成为拉丁美洲人民的主要宗教，新教在北美洲取得主导地位。19世纪以来，基督教各派在神学理论、组织制度、行为方式等各个方面与时俱进，努力适应世界变化的新需要，进一步在亚洲、非洲等地进行了大量的传教活动，使基督教获得迅猛发展。特别是20世纪60年代召开的梵蒂冈第二届大公会议，简称"梵二"会议，实现了天主教会的全面革新，掀开了天主教历史的新篇章，使天主教走上了现代化的道路。目前，在世界范围内，天主教徒已发展至 11 亿，新教徒 3.67 亿，东正教徒 2.16 亿，独立教会信徒 4.14 亿，英国国教会信徒 8400 万，新教边缘教会信徒 3170 万。

## 二、基督教伦理与西方人的生存方式

基督教对现代西方文明的影响体现在社会生活的方方面面，其中最为直接的一点是基督教的道德伦理对西方人生存方式的塑型作用。自文艺复兴和启蒙运动以来，尽管基督教受到了资产阶级和无产阶级社会革命理论的猛烈攻击，在社会的经济基础、上层建筑和意识形态领域，已失去了昔日的辉煌，逐步退居次要位置。然而，由于基督教在西方社会传承 2000 多年，其所倡导的道德伦理观念如静水深流，早已从根基处塑造了西方人的价值取向、道德情感和审美趣味，时至今日，它仍然在以春风化雨、润物无声的方式涵养着西方人的精神世界。为此，我们有必要对基督教伦理的核心价值取向、主要道德规范以及西方基督徒的灵性修养方式做一初步了解。

### （一）基督教伦理的核心价值取向

现代基督教各个派别尽管都把《圣经》当作他们信仰的基石，但他们对《圣经》的理解却千差万别，由此，导致各派的具体教义也存在重大差别。但在根本性核心价值取向上，基督教各派却存在着一些基本共识。

一是上帝创世说。基督教各派都宣称，在茫茫宇宙中存在着一个被称作"上帝"或"天主"的真神，尽管从来没有任何人见过他，他却是天地的主宰，万物的创造者，他无所不知，无所不能，无所不在，因此，人们必须敬畏顺从他，听从他的安排和指引，否则就要受到他的惩罚。

二是原罪与救赎说。基督教继承和发展了犹太教《旧约》中的各种传说，认为上帝创造了人类的始祖亚当和夏娃，由于他们违背上帝的诫命，偷吃了伊甸园中智慧树上的果子，由此犯下原罪，被上帝逐出伊甸园，来到大地之上，人类始祖的原罪代代相传，以致后世出生的每一个人都是罪人，而且，还会犯下更多这样或那样的罪。人世间的一切苦难皆是人们自己犯罪造成的恶果，因此，人们只有信靠唯一的救世主耶稣为人赎罪，才能最终获得死后的永生。

三是天堂地狱说。基督教认为，现实世界是万恶之源，人类在这个世界中所遭受的一切苦楚从根本上讲是无法摆脱和根除的，只有相信上帝和上帝派来的救世主耶稣基督，一切都要按照他的安排去行事，死后灵魂才能升入天堂。否则，就会受到末日的审判，被罚入无边地狱。而且，基督教的各种理论对"天堂"和"地狱"进行了详细的描绘，诸如：天堂是黄金铺地，宝石盖屋，眼看美景，耳听音乐，口尝美味；地狱是不灭之火烧身，蛇蝎咬人，肉体和精神遭受无穷折磨等。

## （二）基督教的三大主德

无论是基督教原典《圣经》，还是中世纪的教父道德哲学和经院道德哲学，乃至当代基督教各派神学理论，均将信德、望德和爱德视为基督徒宗教生活的根本德目。

信德在基督徒的生活中占有至高无上的地位，《旧约》和《新约》均将信德置于基督教的德目之首，信德包括对信仰本质的认识、对信仰对象的服从、对信仰内容的传播、与冒犯信仰的行为作斗争等内容。信德是基督徒最基本的生存义务，它通过穿透信徒的整个生活而表现出来，作为一种道德反应，一方面它意味着人面对上帝毫无保留地交出自我，让上帝在自己的灵魂深处展现存在的奥秘，另一方面也意味着人基于对上帝权威的认可而相信其所启示的各种真理，诸如三位一体、道成肉身、赏善罚恶等，进而彻底地皈依和绝对地依靠上帝，让整个生命脱离旧我，进入新我。

望德作为基督教的重要美德，它主要指基督徒对获得救赎的坚定期待和无限希望，它以全能上帝的帮助与护佑为前提条件和基本动力。《旧约》反映了以色列民族反复喷涌的各种希望；《新约》中耶稣的福音则是基督徒对未来新天新地诞生和万事万物在基督内合一的渴望。望德的意义在于培养基督徒忍受苦难的坚韧和刚毅，让人在困境和不幸中百折不挠，避免懦弱、颓废和绝望。

爱德是基督徒整个人生赖以奠基的基本条件，但基督教所讲的"爱"不同于常人所理解的欲望之爱、仁慈之爱，而是特指虔诚而神圣的圣爱（agape），它表征着信徒充满深情地赞叹上帝全知全能的善，并渴望通过自己的行为增进上帝的荣耀，进而与之合二为一。圣爱的特点是爱与被爱的彼此回应。首先是上帝对人类的爱，这种爱在《旧约》中表现为耶和华眷顾以色列民而与之三次订立盟约，在《新约》中则是耶稣背起自己的十字架将救赎之爱遍施于全人类。其次是人类对上帝的爱，它要求人类遵守上帝的诫命，竭尽全力地去荣耀上帝，直至贡献出整个身心，这种奉献既表现在对上帝的敬拜、默想、祈祷和朝拜之中，也表现在人与人之间彼此相爱、消解仇恨、增进友谊的外在事功之中。

（三）基督徒的灵性修养方式

灵性修养行为是各种宗教共同具有的重要活动内容之一，如同中国佛教禅宗的"禅定"一样，基督教各派在漫长的发展历史上逐步形成了独具特色的灵性修养方式，在此我仅就基督教对一般平信徒（非神职人员）的灵性修养要求做一简要说明。

安静与默想。基督教各教派均要求信徒每天务必抽出一定时间安静自己，或在家中、或在湖边、或在海边，地点不限，用爱心专注于上帝和自己的事情，观察、默想、反思《圣经》人物或自己生平中的一件事情。

祷告与灵阅。祷告是与神相交，具体方式因人因地因时而异，通常是闭眼、低头、合掌，祷告内容包括崇敬、感恩、祈求、认罪等；灵阅是缓慢而大声朗诵或默读《圣经》中自己感兴趣的一段经文或诗篇，将自己置身其中，和《圣经》中的人物进行心与心的交流。

敬拜与禁食。基督教认为，教堂是上帝与人沟通的神圣场所，地方性的教会团体象征着"基督的身体"，教徒应当定期到教堂参加以圣言和圣礼为中心的各项朝拜活动，它是每一位基督徒最重要的灵修环节。此外，进行不定期的适当的禁食活动，使自己的精力专注到人生中真正有价值的事情上，也是重要灵性修养方式之一。

耶稣祷文及图像。安静自己，不断地重复念诵："主耶稣基督，求你开恩怜悯我。"吸气时默想前半句，呼气时默想后半句，用喜悦、感恩、忧伤或痛悔的心情早晚各祷告 20 分钟。或选择一个基督教图像（十字架、圣母像等），安静专心地面对它，想象上帝在用柔和慈爱的心关注着你，接纳你所有的错误和困难。

每日反省。每日临睡前简短地检讨自己，找出神的恩典及曾经浮现过的问题。第二天早晨，按照洞见、检讨、感恩、悔改、更新的顺序，首先求圣灵赐下洞察力，依次是详细检讨前一天的错误、感谢神的恩典、做好悔改前一天错误的准备、接受神赐给你的力量勇敢面对新的一天。

灵修日记与定期接受指引。每日记录生活中的重大事件和内心的思想与感受，定期与属灵同伴坦诚交换灵修经验，或与自己信任的灵修导师讨论问题，接受指导，从而获得更多的神灵恩典，带来极大的精神满足。

俭朴生活。俭朴生活的内涵十分丰富，包括：不浪费能源、食物、财物；不将自己的日程表排得密密麻麻，疲于奔命；花些时间欣赏造物主创造的蓝天、白云、青草；尽可能与你生命中的重要人物共度闲暇时光等。

社会服务与职业。为了表达你对他人的爱，拿出部分时间从事社会公益活动，诸如：为贫困者提供食物、衣服；对难民伸出爱心之手；帮助学生义务补习课业等。此外，基督教认为，人从事某种职业活动也是神呼召的结果，应当有创意地解决工作中遇到的各种困难，借着你的工作表达你的价值观，培养你对同事和他人的同情心与爱心。

## 三、基督教伦理与西方人的社会制度

基督教伦理在强调信徒个人灵性修养重要性的同时，也深刻意识到，在现代社会个人的灵性修养必须内化于社会的整体结构之中，因为现代社会是一个充满着有机联系的错综复杂的公共系统，个人的行为不仅受到个人灵性修养的支配，而且更受制于社会整体的制度规范。在此，我仅就基督教伦理对现代西方经济制度、政治制度、文化制度所发挥的影响做一简要介绍。

（一）基督教经济伦理与现代西方资本主义经济制度

有不少学者认为，欧洲中世纪的基督教禁欲主义经济伦理观把积累物质财富视作罪恶的象征，引导大量修士和圣徒毕生深居修道院内，从而导致中世纪生产力发展十分缓慢。这种看法貌似合理，但仔细探究后我们会发现，它远未触及到欧洲中世纪经济生活的本真面目，要真正搞清这一问题，必须深入到欧洲经济发展史内部，具体地分析在欧洲经济发展的不同时期基督教经济伦理思想的流变历程及其所发挥的社会作用。

### 1.基督教经济伦理在中世纪经济生活中的历史作用

我们知道，罗马帝国是在武力征战和农业殖民的基础上，通过征服地中海沿岸各民族而逐步建构起来的一个庞大帝国，由于长期的和平和单一的罗马人统治，到帝国中期，各种隐蔽的毒素日渐渗透到其肌体中。在道德伦理方面，以压榨和剥削奴隶劳动为生的统治阶级，一方面将帝国初创时期军人勇武善战的精神演化成了好大喜功、虚荣逞强的气质，另一方面又将希腊文明中贵族阶层鄙视劳动、贪图享受的精神继承下来，两者的有机结合造就了罗马帝国中后期整个奴隶主阶级的腐败奢靡之风。

与罗马帝国统治阶级普遍堕落的道德伦理状况相比，基督教提倡一种与之截然相反的社会生活方式：一是尊重劳动、憎恶懒惰。基督徒把体力劳动视为一种尊贵的活动和获得上帝喜悦的重要手段，耶稣和他的养父大部分时间都是靠做木匠来养活自己，保罗则经常靠制作帐篷自力更生。二是追求简朴生活、反对奢侈享受。早期基督徒把廉洁、淡泊、简朴的生活视为重要的宗教美德，将华丽的衣服、豪华的住宅、优美的陈设看作是罪恶的象征。三是提倡以艰苦劳作的方式从事修道生活。中世纪的修道院不仅是一个诵经、祷告、忏悔、玄思的灵修场所，更是一个拥有庞大地产的经济组织，耕地、照料牲畜、挤奶、制作工艺品等各种劳动活动占据了修士和修女们的大部分时间。四是强化诚实经济、抑制高利贷。中世纪早期教会的财富主要集中在土地上，基督徒崇尚以土地劳动为主的经济活动，反对商品买卖活动，并严格禁止教士放高利贷和收取利息。

许多学者认为，基督教的上述经济伦理观阻碍了欧洲市场经济的发展，我的看法正好相反。因为欧洲从 5 世纪到 15 世纪进入了开辟山林、利用沼泽、建设河堤、整顿海滨的农业文明阶段，正是这一千多年的土地开发活动，让欧洲文明由原罗马帝国小范围的地中海沿岸扩展到整个西欧、中欧和北欧。在这种大范围的长期性的土地开发过程中，早期教会所倡导的经济伦理观为大量剩余农副产品的出现和社会分工的逐步细化作出了巨大贡献，为近现代欧洲市场经济的形成和工业文明的发展奠定了物质基础，否则，欧洲近现代文明是不会在一夜之间涌现出来的。

## 2. 天主教经济伦理与近现代资本主义经济的产生

到了 10 世纪之后，在农业生产数百年的长期积累基础上，欧洲的经济状况逐步发生变化，一方面，欧洲内部地区性经济、政治、文化差异开始缩小，欧洲人口的数量大量增加。另一方面，欧洲农业文明由养家糊口水平发展至剩余产品开始出现，与之相关的商业贸易活动在部分集市城镇中活跃起来，纺织、采矿、设备制造等工业生产也迅速崛起。与上述经济结构的变化相适应，农耕时代形成的早期教会的禁欲、弃财、轻利的经济伦理观越来越难以维持，在教会内部，教父时代重农抑商的观念开始向经院时代农商并重的观念缓慢演进。到了中世纪后期，西欧一半以上的土地和流动资金掌握在教会手里，分布于欧洲各地的教堂，既是宗教活动中心，更是经济活动中心。特别是罗马教廷通过其遍布欧洲各地的财政网络积累了雄厚的货币资金，然后又通过教会控制下的银行转化为商业资本，从而构成了资本主义社会原始积累的重要组成部分。教会在运作自己庞大资金的过程中，逐步建立了一整套收支平衡的预算制度、储备金制度、包税制度、国债制度等，所有这些财政制度，为现代资本主义财政金融制度的确立奠定了基础。

### 3. 新教经济伦理与资本主义经济制度的发展

如果说天主教经济伦理思想是被中世纪后期欧洲资本主义性质的经济结构转型被动地拖进了近现代社会，那么新教经济伦理思想则是兴高采烈地主动迎合并积极推动资本主义市场经济的迅猛发展。新教经济伦理思想的核心价值取向包括以下几点：

一是经济理性主义。资本主义市场经济要求人必须学会算计，当然，这种算计不是针对个别人的算计，而是要详细核算成本投入和效益产出之间的比例，追求经济利润的最大化。二是天职观。马丁·路德认为，上帝许诺给人的唯一生存方式，不是要人们以苦修的方式超越世俗性道德，而是要人们完成他在现世生活中上帝赋予他的神圣责任和义务，新教徒毕生工作的最重要目的之一就是合乎理性地组织劳动，为人类提供丰富的物质产品。三是新型的禁欲观。新教徒同样倡导禁欲，但它不是让人们将禁欲生活局限在修道院内，而是让人们整个一生必须与上帝保持一致，俭朴、纯净、优雅、舒适、心灵充实构成了新教徒所追求的理想生活模式，一个人财产越多，越要经得住禁欲主义生活态度的考验。四是紧迫的时间感。教堂上空按时敲响的钟声养就了教徒们认真计算时间的习惯，对时间的焦虑激发了基督徒充分利用时间，立志追求进步的紧迫感，新教徒把虚掷时光当作万恶之首，鼓励人应当异常勤勉地将所有精力投入到自己所从事的职业活动中，以认真负责的态度对待自己的工作。

## （二）基督教政治伦理与现代西方资本主义政治制度

传统政治伦理学认为现代西方政治生活中的宪政制度、党派制度、权力制衡制度、民主代议制度、法治制度等各类政治制度，完全是在批判封建独裁和教会专制基础上建立起来的，与中世纪的封建制度存在本质性区别，但这只是看到了问题的表面，因为近现代西方的各种政治制度并不是凭空产生的，它同一千多年的中世纪封建教会制度存在着千丝万缕的关联。从宏观层面看，基督教政治伦理对现代西方政治制度的影响具体表现在以下两点：

### 1.基督教个人主义政治伦理观与近现代西方政治自由主义理念

政治自由主义认为，在个人与国家的关系问题上，个人具有本源性和至上性地位，个人权利是初始性权利，国家权利是派生性权利，个体具有最高的价值，应当免受一切统治者的干预。然而，需要指出的是，在自由主义政治理论背后存在着一个个人权利的来源问题，而这一问题在自由主义内部无法获得说明。政治伦理史研究表明，基督教伦理是近现代西方政治自由主义主流传统得以形成和发展的根本动力，如果说马丁·路德的新教改革考虑的是人在摆脱教会控制后怎样孤立地面对上帝，那么近代政治自由主义考虑的则是人怎样离开上帝，转过身来自己成为上帝，然后再独立地面对他的同伴和国家，最终个人取代教会和上帝，站在了国家权力的对立面，开始大力伸张个人的生命权、自由权和财产权。由此不难看出，近现代西方长期占据主导地位的政治自由主义理念，只不过是基督教神学个人主义理念在世俗国家领域的最终实现和完成。

2.基督教二元对立的政治伦理观与现代西方社会的权力制衡制度

基督教兴起的初始阶段，多次受到罗马帝国的迫害，基督徒极端仇视罗马帝国，自认为自己是"新人类"，将自己的精神世界从现实的国家生活中撤出来，转向遥远的天国。奥古斯丁的《上帝之城》集中反映了基督徒对"上帝之城"的向往，强烈表达了对"人间之城"的悲观、厌恶、冷漠和疏离的情绪，这种"双城论"反映在中世纪的现实政治生活中，就是教权与王权二元对立型社会治理模式的长期存在，二者受到权力本能的驱使，不断地进行着激烈的斗争，在很长一段时间内，教皇和教廷凭借其强大的经济和政治实力，成了欧洲政治生活的中心。在这种理论与实践的双重影响下，基督徒逐步形成了一种极端消极的世俗国家观，认为世俗国家是人性恶的产物，国家官员皆是"无赖之徒"，政府机构是以恶治恶的工具，上帝设立国家的目的是遏止人的罪行，帮助人类获得救赎，从而达到理想的彼岸世界。西方近现代政治自由主义完全继承了基督教的上述国家观，只是赋予其全新的内容：将上帝约束国家的使命转换为民意和代表民意的法律约束国家；将教会对国家的外部监督转换为公民社会对政府的监督，进而发展出国家内部权力的分割、制约和均衡理论，从中不难透视到基督教二元对立的政治伦理观与现代西方国家权力制衡制度的内在关联性。

（三）基督教文化伦理与现代西方资本主义文化制度

基督教经济、政治伦理思想除了对近现代西方经济、政治制度发挥了极其重要的影响外，其文化伦理观对西方资本主义文化制度形成发挥的作用更是巨大无比，在此，我仅从以下三个方面给大家做一简单介绍。

## 1.基督教伦理与西方的科技进步

宗教与科学的关系，特别是基督教对现代西方科学技术的发展究竟发挥着何种作用？国内外学术界对这一问题的认识歧见纷呈，较具代表性的观点有以下四种：

一是宗教与科学对立冲突论。这种观点在文艺复兴和启蒙运动时代就已形成，到了19—20世纪一度成为占主导地位的理论观点，持这种观点的人认为，科学属于唯物主义和无神论的思想体系，宗教属于唯心主义和有神论的思想体系，由此出发，将宗教观念视为对客观世界歪曲了的反映，随着科学的发展和生产力水平的提高，宗教最终将消亡。

二是宗教与科学独立平行论。持这种观点的人认为，科学是理性的活动，宗教是感性的活动，科学探究物与物的关系，宗教思索人与神的关系，科学的终极实在是自然，宗教的终极实在是道德，二者分属于不同的范畴，是一种平行并列的关系。

三是宗教与科学二元互补论。持这种观点的人认为，人类的认识是一个圆圈，圈内是已知世界，圈外是未知世界，人类在科学上每解答一个问题，必然会在深层次上遇到更多的问题，人们越想搞清自然界的本来面目，自然界的回答就会越加复杂深奥，人的知识越多，其圆周就越长，未知领域就越大。这意味着科学无能为力的地方，宗教作为另一层面的回答可以起到有效的补充作用，牛顿、爱因斯坦等著名科学家均持此种观点。

四是宗教与科学彼此融合论。这种观点认为，人的认识是有限的，却要面对无限的宇宙；人的活动是局部的，却要受到整体的关联，人的生命是短暂的，却要领悟一种超越生命的永恒意义。当以有限对无限、局部对整体、短暂对永恒时，科学认知作用的局限性就暴露无遗,此时,宗教以惊奇情感、形象手法、象征符号所表达的对宏观整体和微观瞬间的认知可以曲径通幽,给科学思维带来重要启迪,宗教和科学各自蕴含着探索上帝奥秘的使命,二者应当相互承认和吸纳,以便收到异曲同工和相得益彰之妙。

无论国际学术界如何看待宗教与科学之间的复杂关系,但就西方科学发展的实际历程看,一方面,西方世界近现代的科学研究源自于基督教修道院内修士和修女们出于宗教信仰和教会利益而开展的各种宗教理论学术研究活动和科学探索活动。如中世纪的教会拥有大量土地,为提高农作物的产量,许多修道院开展了农业耕作技术方面的科学研究活动,为西方中世纪农业科学技术的发展作出了突出贡献;再比如中世纪的修士们为了规范修道院内祷告的时间长度,在基督教线性时间观的基础上发明了现代意义上的物理机械钟。另一方面,也必须看到中世纪后期,罗马教廷为了维护自身的权威和利益,设立"异端裁判所",对违背其教义教规的宗教学术研究和科学技术探索活动,以"异端"的名义进行了残酷的封杀和打压。可见,基督教与科学之间的关系十分复杂,不能简单地把基督教归结为愚昧无知的反科学主义。

## 2. 基督教伦理与西方的教育卫生事业

基督教伦理理念对西方教育卫生事业的影响是巨大的,基督教的创始人耶稣既是一名迄今为止世界上最伟大的教师之一,也是一名为普通百姓祛病消灾的杰出医护人员,他所奠定和践行的教育和医疗卫生理念对现代西方的教育和卫生事业产生了极其深远的历史影响。

在教育领域,早在古希腊罗马时代西方社会的教育事业就获得了巨大发展,但当时接受教育的人主要是贵族子弟,奴隶和贫穷百姓无权和无力接受教育。基督教对教育的革新体现在倡导两性同等接受教育、超越阶级和种族的普世教育、残疾人（聋人、盲人等）教育、义务教育、分级教育等教育理念方面。公元150年，著名殉道士查士丁先后在以弗所、罗马创立了教理问答学校，之后，许多类似的教会学校问世，主要教授基督徒及其子女有关基督教教义、教礼方面的知识，同时还讲授七艺：语言、修辞、逻辑、算术、音乐、几何、天文。西方教育史研究者普遍认为，中世纪的修道院是现代大学的前身，1158年创立于意大利的博洛尼亚大学是现代意义上的第一所大学，其次是1200年创立的巴黎大学，再后是牛津大学、剑桥大学，更晚的是美国哈佛大学、耶鲁大学等，所有这些大学最初都是由基督教的各类机构创立，从培养神职人员起步，逐步扩展至医学、法学、理学、工学等各个学科。

基督教不仅关心人的灵性状况，也关心人的身体状况，现代医学史研究表明，最早的基督教医院是教堂为穷人和外乡基督徒建立的收容所，起初被称为"救济院"。从8世纪到14世纪，由基督教会管理的医院已遍布欧洲各地，之后，伴随基督教在世界各地的传播，由教会管理的医院开始遍布世界各地，中世纪时修士、修女们承担了教会医院的大部分护理工作。19世纪英国著名"护理之星"弗罗伦斯·南丁格尔（Florence Nightingale）就是一名虔诚的基督徒，正是对基督的爱激励她去帮助病人和垂死者，将护理艺术提高到富有尊严、荣耀和专业医学的水平，使护士成为一个光荣的职业。瑞士著名金融家之子杜南特创建国际红十字会时，之所以用红十字作为这一组织的标志，就是因为他的信仰让他选择了象征基督受难、救赎的十字架，并将其染成红色代表怜悯与博爱。

### 3. 基督教伦理与西方文学艺术的发展和繁荣

基督教伦理对西方文学的发展产生了巨大的影响，许多广为传颂的伟大文学作品，无论是出自基督徒之手，还是出自非基督徒之手，如果在理解上缺少了基督教的维度，就无法全面把握其真实目的。著名的文学作品如：但丁的《神曲》、班扬的《天路历程》、弥尔顿的《失乐园》、歌德的《浮士德》、斯托夫人的《汤姆叔叔的小屋》、陀思妥耶夫斯基的《卡拉马佐夫兄弟》等，均对西方社会伦理价值观的塑造发挥了重要作用。西方世界日常生活中大量的成语、谚语都同基督教有着直接的关联，诸如披着羊皮的狼、替罪羊、不义之财、马太效应、肉中刺等。

基督教伦理给西方世界留下的最直接的影响集中反映在建筑艺术方面，当乘车穿过欧洲或北美城市和乡村的大街小巷，给人印象最深的无一例外是风格迥异的教堂建筑，有罗马式、哥特式、巴洛克式、拜占庭式，不一而足。意大利的圣彼得大教堂、法国的巴黎圣母院、德国的科隆大教堂、英国的威斯敏斯特大教堂、伊斯坦布尔的圣索菲亚大教堂等，不胜枚举。每一座教堂建筑都蕴含着基督教庄严的伦理理念，代表着西方人的一座精神丰碑，在漫长的中世纪，教堂历来是西方城市或村镇的最高建筑，它标志着人的精神生活具有至高无上的地位；教堂尖顶上的十字架象征着圣灵消融于云雾缭绕的天际；让人炫目的高高拱顶代表着人死后的灵魂直飞上帝的怀抱；教堂定时敲响的钟声不仅让周围的信徒有规律地生活，而且每一次不同的钟声都具有特定的宗教含义；当夕阳的余晖透过教堂的天窗射入巨大的教堂中殿时，不仅提醒人们一天生活的结束，也暗示着最后审判时宇宙时间的终结。

西方艺术的辉煌更是体现在教堂内丰富无比的绘画、雕塑、装饰等艺术作品中，在西方的中世纪，许多信徒不认识拉丁文，无法阅读《圣经》，这使得各个教堂都通过壁画、镶嵌画、雕塑、彩色玻璃等装饰手段来表达上帝的荣耀，让目不识丁的贫穷信徒由此了解上帝创世、耶稣救赎的奥妙，从而造就了无数具有极高水平的基督教艺术作品。可以说，欧美国家的每一座著名教堂都是一座绘画和雕塑博物馆，以梵蒂冈的圣彼得大教堂为例：米开朗基罗的《创世纪》《末日审判》和《哀伤圣母像》；贝尔尼尼的《圣彼得宝座》《华盖》；拉斐尔的《雅典学派》等，均代表了西方绘画、雕塑、装饰艺术的最高水平。

此外，西方音乐艺术的发展与基督教同样有着极其密切的关联，基督教将音乐视为上帝话语的表达，每一座教堂不仅是信徒聆听神职人员布道的场所，更是一座宣唱上帝福音的神圣音乐艺术中心。今天的哆、唻、咪、法、索、拉、西、多八音节就是教会为教堂弥撒中的音乐活动而发明，《平安夜》《铃儿响叮当》更是基督教的著名歌曲，巴赫的《马太受难曲》、亨德尔的《弥赛亚》、莫扎特的《安魂曲》、贝多芬的《第九交响曲》、门德尔松的《婚礼进行曲》皆是对基督教教义主题内容的艺术反映，离开教堂内的基督教音乐就无法了解近现代西方音乐艺术的来龙去脉和高度繁荣的根本原因。

## 四、科学看待和正确处理基督教问题

基督教作为人类特定历史阶段出现的一种社会文化现象，一经形成就对人类社会产生了巨大影响，究竟如何科学看待基督教的历史作用和正确处理与之相关的各种问题，自始至终都是世界各国面临的重大社会问题。

### （一）辩证看待基督教伦理文化的历史作用

在欧美国家历史上，基督教伦理一直发挥着重要的社会整合与控制功能，绝大多数信徒在神圣力量的感召下，过着循规蹈矩的生活，很少过问现行政权和社会制度的性质，而统治阶级总是利用它的这一特点来维护现实的社会秩序，取得人们对现行政权统治的默契与遵守。当然，在人类历史上也不乏新的教派将社会改革的目标神圣化，促成动乱与革命，动摇与瓦解现存政权的例证，如西方的新教改革运动和中国的太平天国运动。

基督教伦理还具有重要的心理调节功能，当人们在日常生活中遇到各种精神烦恼和心理障碍时，基督教伦理一方面可以通过对超自然力量和彼岸世界的追求得到安慰，从而转移人们的注意力，降低人们的精神紧张程度，消除对周围世界的不满，降低与社会对抗的程度。但另一方面，它也会使人们逃避现实，无法直面人生，丧失与现实事物中各类丑恶现象作斗争的坚定勇气，沉浸在对天国的幻想中而盲目乐观。

基督教伦理还具有重要的社会化功能。一个人要想成为具有"社会资格"的人，就必须学习和掌握各种知识和技能，基督教在西方人的社会化过程中一直发挥着重要作用，包括帮助人们学习宗教经典和各种知识、掌握宗教和社会行为规范、促使人们形成共同的理想信念和价值观、强化教徒之间的交往等。但基督教伦理的社会化功能也存在着巨大的局限性，例如：强调学习基督教义和神学思想而忽视其他知识的学习；因过于注重宗教组织内部的认同而阻碍外部认同，引发教派冲突和民族冲突，基督教历史上长达二百多年的十字军东征就是这方面的典型例证。

## （二）正确处理与基督教有关的各种社会问题

自明清王朝到中华民国，再到中华人民共和国，在处理与基督教相关的各种社会问题时，既有成功的经验，也有失败的教训。改革开放以来，中国共产党在长期与基督教以及各种宗教组织打交道的过程中，逐步形成了一整套基本的方针政策，包括：（1）全面贯彻党的宗教信仰自由政策。（2）依法管理各种宗教。（3）坚持独立自主自办原则。（4）积极引导宗教与社会主义社会相适应。（5）坚持党对宗教工作的绝对领导。特别是 2016 年 4 月全国宗教工作会议以来，依照习近平总书记的要求，我国与基督教相关的各种宗教工作正在迈上一个新台阶。

总之，在西方文明发展的不同历史时期，基督教伦理对西方社会所发挥的作用不尽相同。在交通发达、人口流动频繁、信息爆炸的今天，人们不再像中世纪那样总是在固定的时间到固定的场所去过严格的宗教生活，因此，虔诚教徒的数量，特别是青年信徒的数量在大幅度下降，基督教内部的世俗化成分在大量增加，传统的基督教伦理观念日益受到多元文化的冲击，基督教伦理如何适应现代人的生活需要，已成为其所面临的重大课题。但无论世界如何变化，基督教伦理将永远是西方社会发展与进步过程中无法更改的底色文化，我们不深入了解基督教就无法真正懂得西方人的内心世界。

# 附录三

# 在超越西方文明等级论中
# 再造人类文明新形态

人类至今为止的现代性主要是西方现代性。之所以如此，是因为在过去200多年里，西方国家在人类现代化进程中一直处于主导地位，这种现代性起源于欧洲并共享着同样的历史文化、政治制度和种族特质。而日本、韩国、新加坡等亚洲国家迈向现代化时，因其人口规模、国土面积和经济体量所限，在军事上又仰仗和依附于欧美国家。因此，人们习惯于将其视为欧洲现代化的分支之一，特别是日本为了"脱亚入欧"，还极力淡化自己的东亚文化特色，这就使得欧美现代性经验的狭隘性以及由此导致的非代表性，通常被人们视而不见。二战之后，伴随全球范围内民族独立运动风起云涌，拥有不同于西方历史文化传统的众多国家开启了现代化征程，西方经验的局限性日渐凸显。特别是世纪之交的新型全球化浪潮澎湃激荡，新一轮数字技术革命和产业更迭激烈竞争，人类面临百年未有之大变局、大调整、大转折，当今人类是继续按照西方现代性的资本逻辑不断强化欧美国家主导的全球治理体系，还是按照各国劳苦大众的生存逻辑建构一个公平正义的未来世界，日益成为国内外学界反思中西文明现代性利弊得失的重要思想动力。尤其是中国的伟大复兴，与日本、韩国、新加坡等亚洲国家的现代化进程存在重大差别，因为中国作为一个超大型国家，其任何改变都会在深度、广度和力度上对近三四百年来独霸天下的西方现代性产生强烈冲击，对现行国际秩序和人类已有的现代化范式发生罕见的震撼力和影响力，从而形成一系列具有内源性和原创性的新型坐标体系和里程碑式标志物，并重新赋予人类现代化以超越西方的崭新意义。加之中国式现代化背后的价值理念、制度设计、行进速度与西方主流观点大相径庭，同时也远远超出了西方人的预料，致使国际社会对中国式现代化出现各种误读、疑虑、猜忌，乃至有些别有用心的人将中国式现代化道路曲解为"扩张道路""霸权道路"。要有效消除上述各种曲解，就必须对近现代以来西方文明等级论的理论逻辑和实践逻辑予以全方位、深层次的思想检审和知识清算，并找到对冲、反制和超越西方文明等级论的当代中华文明方案。唯其如此，才能对中国式现代化的独特个性及其所蕴含的普遍价值作出正确评价，从而为再造人类文明新形态作出中华民族独特的历史贡献。①基于上述考虑，在今天的讲座中我试图就以下四个问题与大家一起学习和讨论：一是西方文明等级论的逻辑支点及其实践路径；二是解构西方文明等级论的当代中华文明方案；三是中华文明转型升级中需要深度关注的三个问题；四是中国特色社会主义对人类文明形态的多维创新。下面我们分别就这四个问题展开学习。


## 一、西方文明等级论的逻辑支点及其实践路径

要对冲、反制和超越西方文明等级论，就必须深入了解西方文明等级论的深层运演逻辑和具体实践路径，这就要求我们除了对

---

① 参见靳凤林：《在超越西方文明等级论中再造中华文明新形态》，《马克思主义与现实》2022 年第 5 期。

西方文明赖以生成的人文地理环境、经济发展状况、政治力量对比、历史文化传统等外围知识予以了解外，更要通过其标志性的历史事件、文化符号、经典著作等，深入把握其内在的思想实质。从根本意义上讲，西方文明等级论的核心论点和逻辑架构包含以下内容。

1. 上帝神圣使命论。在"两希文明"（希伯来和希腊）基础上生成的基督教文化，由于强调灵与肉、物质与精神的二分论，孜孜以求现象背后的本体世界，故而预设了超绝独立、创生万物和凌驾于信仰者之上的至真、至善、至美、至圣的上帝的存在。受此文化的浸润与熏陶，无论是欧洲早期的资本主义强国西班牙、葡萄牙、荷兰，还是后来居上的英国、法国、德国等，都将自己通过海外殖民、战争掠夺、工业革命等手段走向强大的根本动因，诉诸于上帝赋予的神圣使命。尽管近代资产阶级崛起之后，基督教不再占据西方国家的主流意识形态，理性主义和世俗主义逐步赢得统治地位。像黑格尔那样的著名哲学家也开始用绝对精神的运动代替上帝创世的奥秘，以此论证西方文明的至上性。但其《历史哲学》所表达的根本要义仍然是把欧洲文明的荣光归之于上帝选民的使命使然。二战之后迅猛崛起的美国，更是充满了天降大任于斯人的使命感，彰显出唯我独尊和傲视群雄的霸道面孔。当代美国保守主义大师拉塞尔·柯克（Russell Kirk）在其代表作《美国秩序的根基》中，上下纵横三千年，将美国秩序的根基牢牢锁定在《旧约》的先知时代，把"五月花"号从英国登陆北美视作摩西率犹太人摆脱埃及奴役，抵达"流着奶与蜜"的耶路撒冷一样看待，他认为自此之后西方历史的每一次演变都在为美国秩序的生成发挥着酝酿奠基的作用。耶路撒冷的信仰与伦理、雅典的理性与荣耀、罗马的美德与力量、伦敦的法律与市场，所有这一切西方历史的涓涓细流，最终都融汇到了美利坚的伟大秩序之中。① 应该说，这是一位杰出思想家对自己祖国所作的伟大赞美，但真实的美利坚远非如其所赞颂的那样"集历史之精华，成人间之至善"，而是集大善与大恶于一身，在其光鲜靓丽的背后隐藏着无数卑鄙龌龊的内容。

2. 逻辑理性至上论。如果说希伯来的宗教文明为西方文明等级论提供了神圣的精神支柱，那么古希腊的逻辑理性至上论则为其提供了重要的方法论支撑。众所周知，理性能力是人类区别于动物的主要特征之一，它包括逻辑理性、实践理性、审美理性、自然理性、历史理性等诸多内容。古希腊的逻辑理性论建基于数学、几何学之上，高度重视概念、判断、推理在认识世界中的极端重要性。到了中世纪这种逻辑理性论与基督教信仰主义相结合，成为论证上帝存在的基本方法论，近现代以来以逻辑理性为核心的理性主义思潮更是成为西方文明的重要标识。② 康德的《纯粹理性批判》、黑格尔的《逻辑学》等著作，将人类理性能力擢升至无以复加的地步，致使人类的一切事物都要接受理性法庭的审判。西方人乃至把逻辑理性上升为人之为人的根本要义，并以此来划分由低到高的人种特质，即野蛮人、蒙昧人、半文明人、文明人，进而区分出黑色人种、棕色人种、黄色人种、白色人种等。白色人种自然是逻辑理性最为发达的文明人的代表，他们与其他低级种族形成黑格尔《精神现象学》中提出的所谓"主奴关系"，并对其他种族负有教化与开导之责。理性主义的盛行，一方面推动了欧美科学技术的飞速发展，另一方面也使整全的理性日渐碎片化，逻辑理性所引导的工具理性逐步占据当今西方理性主义的主导地位。如：马克斯·韦伯在

---

① ［美］拉塞尔·柯克：《美国秩序的根基》，张大军译，江苏凤凰文艺出版社 2018 年版，第 4 页。

② 刘家和：《理性的结构——比较中西思维的根本异同》，《北京师范大学学报（哲社版）》2020 年第 3 期。

其《新教伦理与资本主义精神》中认为，只有基督新教的经济理性主义能够孕育近代资本主义制度。与之相反，在《儒教与道教》中则断言，中国文化由于缺乏逻辑理性基因，故不可能产生现代工业文明，只能依附西方文明而存在。更有人将量化后的逻辑理性标准同近代达尔文的进化论和现代生物基因技术相结合，来论证白种人的"聪明基因指数"远远高于其他人种，为西方文明的优越性进行所谓"人种学"的科学辩护。其中，19 世纪下半叶曾经盛行于欧美国家的所谓"科学种族主义"是这种理论的典型代表，它们为建构西方文明等级论和现代世界秩序理论提供了极端重要的理论支撑。

3. 文明发展阶段论。在近代之前，整个人类受到大海、高山、沙漠等天然条件的阻隔，基本处于离散状态，每个民族为了适应各自的生存环境，生成了不同的交往形式、制度模式和文化样态，由之形塑出世界范围内多姿多彩的文明类型。从本质上讲，各种文明类型之间并无高低贵贱之别。但伴随基督教的诞生，欧洲人将古希腊和古罗马时代的循环型时间观拉直为"过去——现在——未来"的直线型时间观，并逐步生成了基督教的历史进步主义思想。近代航海大发现之后，欧洲人在这种历史进步主义思想指导下，开始把分布在地球不同空间的各种人类文化差异转化为同一时间顺序中的文明先后的历史差异，由此逐步形成一套文明等级论的话语体系。进而把欧洲所经历的古希腊和古罗马时代的奴隶制、中世纪的封建制、近现代的资本主义制度当作衡量一切文明进步与否的唯一标杆，欧洲所拥有的现代资本主义文明被界定为人类文明的最高阶段。进而将近现代世界史描述成欧洲文明传播史抑或中心边缘渗透史，在西方学界广为流行的以沃勒斯坦为代表的世界体系论就是典型例证。①

---

① ［美］伊曼纽尔·沃勒斯坦：《现代世界体系》第一卷，尤来寅等译，高等教育出版社 1998 年版，第 194 页。

布罗代尔对资本主义发展所做的长时段"康德拉捷夫周期"考证，则进一步强化了人类社会形态的级差地理特征，凸显了欧美资本主义形态在人类文明级差中的历史至上性和价值普世性。[①]与之相反，人类其他文明类型仅仅具有地域性的"特殊价值"，它们只有接受欧美普世文明的洗礼与重塑，才能逐步跨入西方意义上的所谓"现代性"门槛，尤其是福山的"历史终结论"更是极大地彰显了西方文明等级论的根本特质。

4.民族国家至上论。中世纪的欧洲有民族而无国家。到了15—16世纪，伴随城镇市场经济的快速发展，新生的工商业资产阶级迅猛崛起，教皇的无上权威被逐步淡化，王公贵族的昔日风光不再，每个民族开始在犬牙交错的教派斗争中寻找自己的政治出路。1618年，发生了哈布斯堡王朝和波旁王朝两大家族之间的斗争，西欧、中欧和北欧的众多民族卷入其中。经过30年的激烈战争，1648年交战各方签署了《威斯特伐利亚和约》，以国际法的形式重新划分了欧洲各民族的边界。各个民族为了保障自己的生存，开始建立国家武装、设立国家关卡、互派国家使者，形成了国与国之间的所谓"国际"关系，以民族语言和风俗习惯为文化标志的现代民族国家正式诞生。国家不再是"上帝"之神授予的教皇国和诸侯国的"私人产业"，而是成为众多民族成员依据宪法和法律组织起来的联合体，并通过人民当家作主的所谓"民主制度"来实现国家治理。这种新型民主制度主要由"人民民主"和"自由民主"两种形式构成。前者以"全体"形式出现，深受卢梭人民主权论的集权主义思想影响；后者以"个体"形式出现，深受洛克、孟德斯鸠分权制衡理论的陶铸。人民内部不同社会阶

---

① [法]费尔南·布罗代尔：《十五至十八世纪的物质文明、经济和资本主义》第三卷，顾良、施康强译，商务印书馆2017年版，第42页。

层相互冲突的利益诉求也开始由各种政党来贯彻实施。正是通过由神圣国家到民族国家再到政党国家的逻辑递进，最终完成了国家制度合法性的全面重塑。为了有效维护国家主权，以马基雅维利的《君主论》、布丹的《国家论六卷》、霍布斯的《利维坦》、克劳塞维茨的《战争论》等著作为代表，"国家利益至上论"和"现实主义外交政策"成为西欧各国共同遵循的治国圭臬。同时，各国出于维护民族国家生存的需要，开启了近现代以来"主权高于人权"的"国家战争杀戮模式"，在欧洲碎片化的地理环境中，各民族国家之间的战事连绵不断，直至20世纪两次世界大战的爆发。

5. 海洋文明优越论。在近代之前，人类就形成了千姿百态的狩猎文明、游牧文明、农耕文明等，各种文明类型在其适应自身环境的过程中互有所长。但自从欧洲开启大航海时代之后，海上贸易成为现代社会的重要基石，欧洲人开始从海洋的视角重新撰写世界史。他们认为海洋是自由与智慧的诞生地，大海是思想开放、技术创新、制度革命的摇篮，只有那些善于掌控海洋和港口的民族，才配享有经济、政治、军事、社会、文化的权利，只有控制了海洋的国家才能走向帝国之巅，农耕文明和游牧文明只能被海洋文明所统辖。由此，海洋文明站到了人类文明鄙视链的顶端位置，在海洋文明中生成的海盗精神和丛林法则也被置于人类精神阶梯的中心地位。黑格尔在《历史哲学》中说："大海给了我们茫茫无定、浩浩无际和渺渺无限的观念，人类在大海的无限里感到他自己底无限的时候，他们就被激起了勇气，要去超越那有限的一切。大海邀请人类从事征服，从事掠夺，但是同时也鼓励人们追求利润，从事商业。平凡的土地、平凡的平原流域把人类束缚在土壤里，把他卷入到无穷的依赖性里边，但是大海却挟着人类超越了那些思想和行为的有限的圈子。"①而当代法国政治经济学家雅克·阿塔利更是极力强化大海之于人类的生存意义，通过对西方文化用桨与帆开启海上之旅、用煤和石油征服海洋、用集装箱和海运征服地球的深入分析，全面论证海洋文明之于人类地缘政治的无比重要性，突显西方世界所开创的海洋文明具有天然优越性，并将长期支配人类文明的发展走向。②

不难看出，西方文明等级论有着极其缜密、层层递进的理论逻辑，它包含着意识形态上的神圣性、制度设计上的现代性、经济技术上的先进性等复杂内容，以此为基础生成了西方"高级文明"必然打压、解构、融化、引导"低级文明"的所谓"文明冲突论"。那么这种理论又是通过何种实践逻辑得以贯彻落实的呢？在此，我试图从经济掠夺、军事征服、国际法律、文化灌输四个层面爬梳抉剔，和大家一起进行深入辨析。

1. 全球经济掠夺的广泛开展。绝大部分近现代西方经济学家都把西方文明崛起的经济动因归结为：科学技术的发展、市场经济的出现、公司制度的创新等。如著名制度经济学家道格拉斯·诺斯在其《西方世界的兴起》中，将西方文明崛起的根本原因归结为"经济制度决定论"。他说："有效率的经济组织是增长的关键因素，西方世界兴起的原因就在于发展一种有效率的经济组织。有效率的组织需要建立制度化的设施，并确立财产所有权，把个人的经济不断引向一种社会性的活动，使个人的收益率不断接近社会收益率。"③

---

① 〔德〕黑格尔：《历史哲学》，王造时译，上海书店出版社 2001 年版，第93 页。

② 〔法〕雅克·阿塔利：《海洋文明小史》，王存苗译，中信出版社 2020 年版，第 283 页。

③ 〔美〕道格拉斯·诺思等：《西方世界的兴起》，张炳九译，学苑出版社 1988 年版，第 1 页。

毫无疑问，这种理论对西方文明优越论的解释有其合理性的一面，但它却无法解释为什么在1820年之前的300多年，中国的人口规模、生产效率和经济发展远高于欧洲各国，乃至超过其总和，占据世界GDP总量的三分之一以上。美国加州学派代表人物彭慕兰在其《大分流》《贸易打造的世界》等著作中认为，19世纪早期西欧和东亚的分野在于，西欧的技术和投资伴随航海大发现开始朝向劳动力节约、土地和能源密集型方向发展，而以中国为代表的东亚则走向劳动力吸纳和资源节约型道路。我借鉴相关研究成果，将近现代西欧经济崛起的根本原因更多地归结为对非洲、美洲、亚洲及其他殖民地发起的残酷性经济掠夺，而近现代欧洲的科学技术发展、市场经济创新、工业革命爆发，恰恰是在大肆掠夺殖民地财富和完成原始积累之后才缓慢生成的。

从18世纪中期到19世纪早期，西班牙、英国、法国、德国等欧洲国家和企业组织在海外建立了大量的商业帝国，其规模、范围和殖民水平不断提高。以臭名昭著的英国东印度公司为例，它把印度当成了英国在东方建立的大本营，印度纳税人供养着他们，使其金融、贸易、技术的影响力在亚洲各国长驱直入。正是印度对英国承担了沉重税负并向其源源不断地进贡物资，才使英国能在1792—1815年将国内的公共开支扩大了36倍，极大地改善和提高了英国的饮食、卫生、教育、科技和基础设施建设水平，从而为英国随后的工业革命及其资本主义工业品在全球占据龙头地位打下了坚实的物质基础，奠定了其在全球资本积累中的核心地位，也为英国19世纪对中国发动两次鸦片战争提供了强大的物资保障，进而通过扩大鸦片贸易逐步打开了中国市场的大门，最终强行签订一系列侮辱人格和国格的不平等条约，致使早已腐败不堪的大清帝国与欧洲的综合国力经历几轮短暂较量之后走向彻底失衡。①

如果说以英国为代表的欧洲各国的崛起受惠于对殖民地的残酷掠夺，而美国独立后的崛起过程，则与其新型奴隶制的长期盛行密不可分。美国著名历史学家爱德华·巴普蒂斯特在其《被掩盖的原罪：奴隶制与美国资本主义的崛起》一书中认为，每当人们提起"奴隶制"一词时，通常将其视作人类早期历史中的一个特殊阶段。但他通过对近代美国黑奴贸易史的深入挖掘，用极其确凿的大量数据和历史事实证明，近代早期的新型奴隶制为美国崛起并成为超级强国发挥了奠基性作用。美国摆脱英国殖民统治走向独立后，开始了从发达东北部和东部沿海十三州向南部和西部密西西比河流域不断扩张的"西部大开发"过程。其间，穿越大西洋从非洲运来的大批黑奴从美国东北部地区源源不断地被输送到西南边疆地区。18世纪末，英格兰的奴隶贩子把150万被绑来的非洲黑人奴隶经由大西洋中央航道运送到美洲各地，1775年，北美13个殖民地的人口共计250万，其中奴隶占50万。美国欧裔白人正是通过血腥剿灭土著印第安人和残酷压榨黑人奴隶才逐步走向富裕，包括华盛顿本人在内的美国绝大多数开国领袖的庄园内都有大量蓄奴。1800年之前，美国北方殖民地的商业贸易很大程度上依赖将南方种植园主的棉花、烟草等产品贩卖到欧洲赚取利润。美国正是通过极端残酷的奴隶制实现了国家版图的持续扩张和市场经济的日益强大，而美国南北战争的爆发本质上是南北方奴隶主之间的巨大利益冲突所致。②美国内战结束后，废奴运动蓬勃兴起，伴随之后美国的日益强大，主导美国社会的白人精英们开始重述自己攫取"第一桶金"

① [美]阿里吉、[日]滨下武志、[美]塞尔登主编：《东亚的复兴：以500年、150年和50年为视角》，马援译，社会科学文献出版社2006年版，第373页。

② [美]爱德华·巴普蒂斯特：《被掩盖的原罪：奴隶制与美国资本主义的崛起》，陈志杰译，浙江人民出版社2019年版，第4页。

的真实状况，有意识地淡化美国早期屠杀土著印第安人和奴役黑人的血腥历史，在各种文学创作和好莱坞的影视作品中，刻意拔高当年黑人奴隶的居住和生活条件，极力刷洗过往历史中留下的斑斑劣迹，努力把自己打造成文明形象的代表和公平正义的化身，大力彰显美国市场经济制度、民主政治制度、科技创新制度在其历史发展中的决定性作用。但蕴藏在美国早期殖民历史和制度初创时期幽暗血脉中的深层种族歧视和贫富差距"双螺旋基因"总会不失时机地表达出来。上世纪 50 年代马丁·路德·金领导的反对种族歧视运动如是，2020 年伴随新冠病毒大流行和美国经济大滑坡引发的"黑人的命也是命"运动亦复如是。

2. 国际军事征服的持续推进。马克思在《资本论》中指出，资产阶级为了获取更大的经济利润必须不断扩大再生产。在欧洲体系内正是这种不断地扩大再生产导致了国与国之间激烈的政治军事斗争，它们不是相互之间发动战争，就是对欧洲之外的其他国家进行各种类型的殖民战争，而欧洲霸主的频繁易位使得战争成为欧美文明的 DNA。从欧美近代文明开启世界市场开始，各资本主义强国依靠军事征服来扩张和延续自己生命时长的强盗逻辑就从来没有中断过，尤其是近代社会达尔文主义进一步强化了丛林法则在国家竞争中的隐形支配作用。一是欧洲内部各个民族国家之间的战争跌宕起伏，诸如 1652 年的英荷战争，1689 年的英荷反法联盟战争，1700 年的俄国与瑞士战争，1701 年的西班牙王位继承战，1756—1763 年的英法战争，1778—1779 年的巴伐利亚王位继承战争，1783 年美国摆脱英国殖民统治的独立战争，1792 年之后持续多年的拿破仑战争，19 世纪中叶德意志民族国家统一中的各种战争，直至 20 世纪先后爆发两次世界大战。[①] 二是欧洲各国与各个

---

① 　陈乐民、周宏：《欧洲文明扩张史》，东方出版中心 1999 年版，第 93 页。

殖民地的战争持续不断。从 17 世纪开始，伴随欧洲各国综合实力的增强，西班牙、葡萄牙、荷兰、英国、法国、德国、俄国纷纷开启了征服世界的进程，如英国与印度、中国的多次战争，法国同非洲各殖民地的战争等。正是通过与殖民地半殖民地国家的无数次战争，占世界人口 18% 的少数欧洲强国，占有了全球 37% 的土地。[①]列宁的《帝国主义论》更是从资本主义垄断经济的视角，结合金融寡头的当代发展趋势，深刻揭示了帝国主义发动军事战争的根本动因。

3. 国际法律规制的日臻完善。近代欧洲各国为了争夺海洋霸权和各洲陆地上的殖民地，主要诉诸军事战争手段来解决问题。但军事战争的最终结果要通过各种国际条约来确认，为此近代欧洲各国仿照古罗马法律发明了所谓的"万民法"，亦即后来的国际法，以此手段来实现欧洲人对地球的丈量和势力范围的划分，完成他们对全球事务的整体规制。据考证，1494 年 6 月 7 日，葡萄牙与西班牙签署了一份瓜分世界的《托尔德西斯拉条约》(Treaty of Tordesilla)，第一次在大西洋上划界，一致决定由两国共同统治基督教欧洲之外的世界。1529 年又签署了《萨拉戈萨条约》(Treaty of Zaragossa)，在太平洋上划界来确定两国的统辖范围。[②]地理大发现和新航路开辟之后，围绕非洲、南美和北美大陆"无主荒地"的所有权问题，形成了欧洲各国之间的国际条约。后来为了与印第安人争夺土地所有权，又发明了"劳动价值论"，即只有通过劳动改变形状之后的土地才能成为劳动者的私有财产。由之，剥夺了只靠狩猎为生的四处流动的印第安人的土地所有权。进而又在所谓

---

① 〔英〕马丁·雅克：《大国雄心：一个永不褪色的大国梦》，孙豫宁等译，中信出版社 2016 年版，第 19 页。

② 刘禾主编：《世界秩序与文明等级》，生活·读书·新知三联书店 2016 年版，第 58 页。

"半文明国家"设立"租界",通过半文明国家的主权例外论,确保宗主国对半殖民地国家的"法外治权"。特别是第一次和第二次世界大战前后,欧美各国制定了大量国际条约,极大地丰富和完善了国际法的内容,促进了各种国际组织的发展,包括联合国的建立、欧共体的形成等。而今天美国通过各种"司法陷阱"和"长臂管辖"措施所实施的法律霸凌主义,同样与欧美国家开创的国际法律传统一脉相承。

4.西方价值观的强力灌输。经济掠夺、军事征服、法律规制可以使人"表面口服",但无法让人"心悦诚服"。为此,欧美理论界对其核心价值观不断进行全面系统和深入细致的梳理,其主要内容包括:经济领域的私有化与自由化,政治领域的去管制化和民主化,社会领域的意志自由化和原子化。为了灌输上述经济、政治、社会"三位一体"的核心价值观,一方面,欧美国家通过强制与暴力、利诱与交换等手段,将发展中国家强行纳入欧美资本主义体系之中,逼迫各个"化外之邦"与其全面接轨;另一方面,又通过各种思想渗透、知识灌输来有效传播西方的主流价值体系,借助宗教信仰、大众传媒、人文交流、基金资助、全球慈善等花样繁多的手段,把鬼话讲成神话,把丧事办成喜事,把水塔变成灯塔,从而让大量发展中国家沐浴到欧风美雨之中。伴随这套价值体系名正言顺地发展传播并日益深入人心,发展中国家的精神世界逐步走向无根性的价值混乱和价值空场,进而从本土传统文明类型彻底皈依欧美文明类型。美国国家安全委员会1950年7月10日在对下属机构的指令中,明确将"宣传"一词界定为:"有组织地运用新闻、辩解、呼吁等方式散布信息或某种教义,以影响特定人群的思想和行为"。① 其中,对外宣传是全球热战和冷战时期发动心理战的重要

---

① 王绍光:《渗透:中情局上乘的宣传》,《读书》2002年第5期。

内容，美国中情局将"对外宣传"界定为："一个国家有计划地运用宣传和其他非战斗活动传播思想和信息，以影响其他国家人民的观点、态度、情绪和行为，使之有利于本国目标的实现"。① 正是借助各种对内和对外宣传手段，欧美国家不断误导发展中国家的国家治理模式和各种发展战略，并让发展中国家的精英阶层切身感受到是自己在抉择和主导着本国的历史命运，实际上是在无意识中沿着欧美权贵阶层所希望的方向前进，致使其无从识别本国建设现代化的初始条件与欧美发达国家存在巨大反差，结果只能是播下了"龙种"却收获了"跳蚤"，最终陷入不能自拔的政治混乱和经济泥潭之中。此时，欧美国家的权贵阶层就可以放心大胆地收割、攫取和享用发展中国家的各种财富了。②

## 二、解构西方文明等级论的当代中华文明方案

中国古人讲"知己知彼，百战不殆"。我们之所以深入分析西方文明等级论的理论逻辑、历史逻辑和实践逻辑，目的是要深度透视其所蕴含的内在矛盾性和历史局限性，并从人类思想发展史层面对其进行深入细致的知识清算。进而在充分吸纳以马克思主义理论为代表的人类现代文明各种先进要素基础上，通过对中华优秀传统文化的创造性转化和创新性发展，找到对冲、反制和超越当代西方文明等级论的有力思想武器，提出能够为世界各民族广泛悦纳的文明交流对话理论。在此，我将中华文明交流对话论替代西方文明等

---

① 王绍光：《渗透：中情局上乘的宣传》，《读书》2002 年第 5 期。
② 田文林：《西方主流思潮与非西方国家的政治变迁》，《中国人民大学学报》2021 年第 1 期。

级论的基本方案综述如下：

1. 用中国的天人合一论对冲西方的上帝使命论。中国人的宇宙观完全不同于基督教灵肉二分的超绝主义世界观，它对宇宙万物的体认决不诉诸于高高在上和独立自存的上帝。华夏文明通常以"统观"或"会通"的互系性思维方式观察宇宙、社会和人生，着眼于天、地、人、神的相互依存和密切联系，认为不仅人体小宇宙是一个密不可分、生生不息的整体，天地大宇宙也是一个有机联系、流动不居的整体。① 正是这种将自然、社会、人类思维统摄为"天下一家"的充满活力的"过程性"宇宙观，铸就了中华民族"自强不息"的民族精神、"厚德载物"的博大情怀、"和而不同"的宽容态度、"以和为贵"的处世哲学。21 世纪伊始，金融危机的蔓延、恐怖主义的流行、国际难民的增多、网络攻击的频发、生态环境的恶化、宗教冲突的持续、流行疾病的传播等，使得人类各种重大风险的全球化进程不断提速，整个世界逐步行进到一条沼泽密布的泥泞之路上。近现代以来，在基督教文明基础上形成的以个人权利为出发点，以民族国家为机构建制的西方国际政治体系，在求解上述问题的过程中显得力不从心，乃至根本无法有效应对。如果我们能够将中华民族"天人合一"的宇宙观发展为人类遵循自然、社会、国家发展的历史规律理论，进而实现人身与人心、个人与社会、人类与自然的和谐统一，使世界各民族信奉的至上神灵由彼此征战转向诸神共舞，再用这种超然于各种宗教之上的唯物辩证的整体主义和历史主义方法论来处理当今世界的各种文明冲突，以之化解全球化时代人类面临的各种伦理悖论，显然不失为一种超越西方"上帝神圣使命论"的正确性历史抉择。

---

① ［美］安乐哲：《儒家角色伦理学——一套特色伦理学词汇》，孟巍隆译，山东人民出版社 2017 年版，第 240 页。

2.用中国历史理性主义完善西方的逻辑理性主义。前已备述，理性能力作为人类区别于动物的主要特征之一，它包括逻辑理性、实践理性、审美理性、自然理性、历史理性等诸多内容。中华民族上下五千年的悠久历史使其形成了完备的修史制度，创制了丰富的历史典籍，出现了众多的历史学家。正是这种极端丰富的历史资源造就了中华民族历史理性主义精神，即善于从文明的渊源和根柢出发，探寻事物发展的来龙去脉，强调从历史上的各类重大事件中汲取经验与教训，通过对过往历史的因循损益和批判继承实现中华文明的一脉相承，从历史上"有"与"无"的交替变化中发现事物内在而恒久的客观规律，从人类有限的历史存在方式中发现人类与世界的普遍性根本联系，并把这种历史理性与道德理性、审美理性、自然理性相结合，借助新旧制度的历史变迁凸现公平正义的崇高价值，通过历史的大化流行彰显人类惩恶扬善的道德光辉，在与自然的和谐相处中成就人类的崇高美感。当然，我们也要清醒地看到，在中国上古和中古文明中，虽然没有柏拉图、亚里士多德以及近现代康德、黑格尔那样极端复杂的逻辑理性，但却存在丰富的逻辑思想。只要我们努力从历史理性中推出逻辑理性，并大力借鉴西方高度发达的逻辑理性主义精神，特别是将其形式逻辑、辩证逻辑、数理逻辑等逻辑思想精华加以科学运用，并同道德理性、审美理性、自然理性加以有效整合，用整全性的历史理性论超越西方的逻辑理性至上论，努力做到以情感为基础，以理性为指导，以合情合理为目标，通过情理交融达至诸情中节、诸事合宜、不偏不倚的"中庸"境界。由此，便可有效克服逻辑理性至上论衍生出的工具理性与价值理性彼此割裂的重大弊端，并摆脱建基其上的西方人种优越论、主奴关系论、市场经济独占论等西方文明等级论的消极影响，再造人类新型理性主义的理想未来。

3.用世界文明多元共进论反制西方文明最高阶段论。任何一种文明都是一个民族在特定的自然人文生态环境中，通过个体与群体之间耳濡目染逐步形成的一种生存方式，包括该民族的语言形式、价值体系、宗教风俗、生产活动、制度模式等，它构成了一个民族区别于其他民族的独特精神气质。由之，形成了中国文明、印度文明、埃及文明、巴比伦文明、古希腊文明、古罗马文明等众多文明类型。从本质上讲，每种文明各有千秋，没有高低优劣之分，关键是看这种文明是否符合本国的基本国情，是否得到本国人民的拥护与支持，是否能为人类文明进步事业作出自己的贡献。因为没有多样性文明的存在就没有文明普遍性可言，多元异质型文明的同时并存有利于人们从不同的视角观察和思考问题，不同文明的各领风骚能够极大地增强人类应对各种生存环境变化的无穷潜能。而西方文明等级论无疑是一种典型的文明霸权主义说辞。如果将人类一切文明同质化为西方文明，那无疑是人类文明的一场巨大灾难。此外，我们必须看到西方文明等级论是以文明发展的历时性为基础，而文明多元论则以文明的共时性为根系。所谓奴隶制、封建制、资本主义制度的划分，既有历时性的时间先后差异，也有共时性的空间区域差别。同样是欧洲，当西欧诸国已经进入资本主义时代，中东欧的很多国家却仍然处于封建制时代。而美国独立后很长一段时间，南方的奴隶制与北方的资本主义制度同时并存，且白人精英一直在利用奴隶制为资本主义工商业的利润增值服务。当然，强调世界文明多元异质的共时性特质，并不否认人类各种文明中存在着超越时空差异的共同价值。问题在于这种共同价值的生成必须是长期性平等交流和彼此互鉴的产物，而不是以文明霸凌手段强加于人的结果。马克思晚年在其人类学笔记中，之所以高度重视对"亚细亚生产方式"的研究，构想东方社会可以跨越资本主义"卡夫丁峡谷"迈向更高社会形态，就是要彰显多元文明历时与共时并存的世界现实，深刻揭橥了人类走向现代文明的路径必将呈现出一体多面性特点。而从当今世界文明发展的现状看，世界各国因地制宜和各争所长的现代文明格局，已然成为人类现代性不断拓展过程中无可更改的历史大势。①

4.用中华文明共同体论超越西方民族国家至上论。与西方在教权与王权激烈竞争中形成的近代民族国家不同，中国在被迫成为西方霸权主导的现代意义上的"民族国家"之前，其对自身在世界之中的身份认同，一直以中原文明为核心的"天下体系"观念作支撑，"国家"与"文明"之间是合二为一的整体存在物。② 它主要通过华夏文化所养育的"和而不同"的价值观来渗透和同化周边民族，使其不断归顺到这个巨大的文明统一体中来。"中华民族"决非指涉"汉族"一个民族，而是诸多民族共同构成的文明统一体。例如：中华文明史上没有发生过不同教派之间的惨烈冲突，历来都是儒道互补、儒法结合、儒佛相融、佛道互渗、儒佛道相通，即使对基督教、伊斯兰教等各种外来宗教也都采取容忍和吸收的态度。从这种意义上讲，"中国"二字不仅是一个地理空间概念，更是指善用"中和"思想做人行事和处理国际关系的中华之国。可以说，"中和"思想已经深入中华民族的血脉之中，成为中国之为中国的重要标识和文化形态集成。此外，正是因为中国历史上不存在西方那种教权与王权的激烈抗争，使得中国政治生活中较少国家与社会之间的严格界分和彼此对立。中国政治的本质特征是国家被赋予巨大的权威性与合法性，人世间的一切活动都要围绕世俗国家这个轴心旋转，政治权威支配一切、规范一切、统摄一切。而君王权力的至高无上性决定了其所负社会责任的无比重要性，包括：牢固确立"法

---

① 罗荣渠：《现代化新论：中国式的现代化之路》，华东师范大学出版社 2013 年版，第 58 页。

② ［英］马丁·雅克：《大国雄心：一个永不褪色的大国梦》，孙豫宁等译，中信出版社 2016 年版，第 175 页。

天而王"的超越性理想追求，不断贯彻"民之所往"的现实性政策措施，逐步提高"修齐治平"的个体修养水平。唯其如此，才能巩固好以道得民、以德服人、保民而王的政治合法性基础。这种对官员德性的至高要求，使得国家遴选各级官吏时，自古至今高度重视贝淡宁所强调的"政治尚贤制"①，从而同西方国家近现代以来广泛流行的选举民主制区别开来。中国共产党在革命、建设和改革开放过程中，不断创新自身的干部管理体制，一方面，认真汲取中国古代治国理政的成功经验，通过贯彻"德才兼备"的干部标准来凸显干部贤能品质的重要性；另一方面，也大力吸收西方民主政治中重视基层民意、建构量化考核机制等合理要素，不断推动干部选拔任用工作的与时俱进。尤其要强调的是，中国共产党在总结东西方各国执政党成功经验与失败教训时，并不迷信西方国家依照自身传统所形成并加以大力推广的"多党竞争制""选举民主制""三权分立制"等内容，而是强调结合本国的具体实际和历史文脉，通过执政党的"民主集中制"、国家的"人民代表大会制"、政府的"首长负责制"、社会的"协商民主制"来努力实现国家治理体系和治理能力的现代性转型升级。

5.用中国三重文明共融论整合西方海洋文明霸权论。自从航海大发现以来，西方强国皆以海洋文明国家自居，极端鄙视陆地文明，而中国被视为陆地文明的活化石。很长时间以来国人也非常认同自身是陆地文明的典型代表，并以羡慕嫉妒恨的复杂心态仰视西方的所谓"海洋文明"。然而，伴随全球史研究的日渐深入，重新理解传统中国和以中国为核心的东亚历史，并把东亚世界与西方世界的相遇作为考察中国现代化进程的历史背景，已逐步成为国内外

---

① ［加］贝淡宁：《贤能政治：政治尚贤制与民主的局限性》，吴万伟译，中信出版社 2016 年版，第 55 页。

学界的普遍共识。人们研究发现，具有轴心性质的华夏上古和中古文明史，最早是以中原农耕文明为基石，再以中原农耕文明与北方游牧文明的碰撞交融为主线，最终将北方游牧文明吸附和融合到中原文明的巨大漩涡之中，从而生成了独具特色的中华文明类型。①但在此主线之外，一直存在着一条中原农耕文明和东亚、东南亚地区海洋文明彼此互动的辅线，这一辅线在清代之前曾达至高度繁荣的程度。据美国加州学派彭慕兰、史蒂文·托皮克等人的考证，广州、泉州等地一直是明代之前中国大陆同东亚、东南亚贸易往来的天然良港，东南沿海居民曾同中东地区的穆斯林和南亚次大陆的印度人在整个东南亚地区合力打造出一个巨大而复杂的商业网络，早在 1600 年前后，马尼拉的中国城规模和 18 世纪 70 年代的纽约和费城的中国城一样大。直到 1723 年，康熙帝因与罗马教廷的"礼仪之争"实施闭关锁国政策之前，中国中原农耕文明与东南部海洋文明的交流作为一条辅线，在中华文明的生成史上发挥着极其重要的历史作用，明代郑和下西洋就是中华海洋文明高度发达的典型例证。1840 年第一次鸦片战争之后，西方列强主导的新型海洋文明大潮在非洲、美洲、东南亚获得优势地位后，冲破大清帝国闭关锁国政策的阻拦，呈现出惊涛拍岸之势。特别是中华人民共和国成立之后，自 20 世纪 80 年代实施改革开放政策以来，中国东部和南部沿海经济获得高速增长。由中原农耕文明与东亚、东南亚海洋文明交流构成的辅线，已经逐步演变为当代中华文明发展的主线，而曾经作为主线的中原农耕文明与西北游牧文明的交融却降级为辅线。中国作为复兴中的大国，当我们再次反观和审视自身的文明类型时惊奇地发现，中华民族不仅是亚欧大陆东端的陆地文明和亚欧大陆中西部游牧文明的重要发源地，同时还坐拥人类最为广阔的太平

---

① 赵汀阳：《天下的当代性》，中信出版社 2016 年版，第 135 页。

洋。伴随当代中国海洋经济的发展和向海洋强国的迈进，我们的海洋文明视野将从历史上东亚、东南亚扩及太平洋东部的北美、南美乃至整个世界，我们也终将成为新时代海洋文明的杰出代表。届时中国将得以同时嵌入到现代世界的陆地文明、游牧文明与海洋文明之中，成为连接亚欧大陆文明和东西方海洋文明的中介和枢纽，特别是"一带一路"倡议的提出，更是极大地强化了我们对上述三种文明融合论的认同。① 当我们站在时代新高度，以历史大纵深的宏远视角和国际宽视域的广阔胸襟，来反观西方海洋文明孕育的海盗精神与丛林法则的局限性时，对雍容大度、立意高远的中华文明的未来发展将会变得更加从容与自信。

固守陈旧思维看不到未来世界的光明，紧握旧世界的地图找不到明天的新大陆。我们只有通过全球性创新思维对当代世界格局进行深刻的结构性调整，才能最终摆脱西方文明等级论的消极影响，引领人类文明走出一条新型发展之路。我认为要对冲、反制和超越西方文明等级论，需要世界各国在经济、政治、法律、文化等具体实践中，借鉴现代医学"靶向治疗"的方法，逐步找到贯彻和落实新型替代方案的"精准制导"路径。

1.世界经济的合作共赢。近现代以来，人类经历了三次全球化运动。第一次是 1750 年至 1950 年间以欧洲列强为代表的全球化运动，其主要特征是通过殖民地或半殖民地的方式强行掠夺其他国家财富。第二次全球化是二战之后民族独立运动风起云涌，欧洲列强的传统殖民方式日渐衰微，以美国为代表的战胜国开始通过国际贸易、金融投资、人员往来等方式来重新分配世界财富。第三次是世纪之交开始的新型全球化浪潮，主要以科技、金融、互联网等崭新

---

① 施展：《枢纽：3000 年的中国》，广西师范大学出版社 2018 年版，第 620 页。

的富有弹性的现代技术手段，促成新一轮的贸易大繁荣、投资大便利、人员大流动，使得全球性供应链、产业链、价值链更加相互依存。世界经济的深刻变革必然要求各个国家加大自我革新与对外开放的力度，积极参与国际产业分工，通过持续不断的科技创新，大力挖掘自身的经济增长潜力，缩短新材料、新产品、新业态的迭代周期。站在一个崭新时代的重要关口上，如何选择和怎样行动，既关乎一个国家的国运兴衰，也关乎人类的未来走向。中国历来主张大国与小国相处，应当践行正确的义利观，要义利相兼，义重于利。近现代以来，中国从一个积贫积弱的国家发展成为世界第二大经济体，靠的是讲信义、重情义、扬正义、树道义的国际经济伦理理念。这种悠久的历史文脉深刻影响着当代中国处理国内外经济利益的基本伦理规则。当代中国人深知，封闭导致落后，开放带来进步。伴随世界进入各国互通、万物互联、智能互动的新时代，近年来我国除了在国内进一步实施扩大开放政策外，还把中华文脉所蕴含的正确义利观转化为对外发展的战略和策略，特别是通过不断强化"一带一路"建设，着力打造政策沟通、设施联通、贸易畅通、资金融通、民心相通的强力引擎，持续构建互利合作的全球网络，携手共筑共赢共享的实践平台。"一带一路"倡议实施以来，已有151个国家和32个国际组织积极响应（截至2023年2月），并有一大批收获项目落地开花。它为沿线各国通过商品、资金、技术、人员的流通，更好地融入全球供应链、产业链、价值链，进而释放增长活力，实现市场对接，拉紧联动纽带，促进贸易和投资的自由化和便利化，发挥了重要的亚欧大陆桥作用。包括上合组织、亚投行在内的各种亚洲贸易、金融平台的涌现，正在为国际社会提供大量的优质公共产品。此外，中国致力于推动各方各施所长、各尽所能，通过双边合作、三方合作、多边合作等各种形式，把世界各国的先天优势和潜能禀赋充分发挥出来，最终达至国际社会合作共赢和利益共享的发展目标。①

2. 全球政治的多极共治。如果说欧美国家的文明等级论主要通过持续不断的军事征服得以贯彻实施，那么中华文明的交流互鉴论更多依靠和平发展方式得以落实。中国人历来强调"礼之用，和为贵"。"和合"思想不仅是中国人个人心性的内在修为，也是关注普天之下黎民苍生的外在超越，故中国人憧憬民胞物与、协和万邦、天下大同的美好世界。中国在改革开放 40 多年来，从未依靠西方那种对外战争、殖民扩张等手段来实现资本的原始积累，而是依靠本国各族人民的艰苦劳作逐步走向强大。但西方国家不相信中国会走和平发展之路，因为在欧洲历史上占主导地位的外交理念，主要由马基雅维利的《君主论》、霍布斯的《利维坦》、克劳塞维茨的《战争论》等塑型而成，他们的共同主张是以民族国家的至上利益为核心，以现实主义的"实力均衡论"为指导思想，强调国际政治根源于达尔文生物学的优胜劣汰原则，必须以权力大小来界定国家利益，以民族国家间的权力均衡来追求彼此的稳定与和平，一旦权力失衡，战争、联盟、制裁就成为各国的不二抉择。近年来"修昔底德陷阱"理论的盛行就是典型例证。冷战结束后一强独大的美国，更是高竖"美国治下的和平"大旗，一方面，高喊人权、自由、平等、法治等所谓"普世价值"口号，吸引世界各国人民为之振臂高呼；另一方面，又无视联合国的各项决议，随意采取单边行动来推翻各种不合美国目的的"专制政权"。而中国的伟大复兴既不认同欧洲的实力均衡论，更不看好"美国治下的和平"，反对动辄通过武力来解决民族国家间纠纷的野蛮行径，寻求建构一种以"亲、诚、惠、容"外交理念为指导的跨越民族国家的多极

---

① 参见靳凤林：《人类命运共同体的利益共享》，《光明日报》2021 年 1 月 4 日。

共治的全球治理模式。在新型全球化日渐深入的 21 世纪，只有终结单极世界格局的存在，才能建立起跨国家的全球保障机制，进而有效解决人类共同面临的生态失衡、金融危机、网络攻击等一系列世界性难题。未来必将形成中、美、欧、俄等并立的国际新秩序。联合国近年来的不断改革，世界贸易组织、国际货币基金组织、欧洲国际联盟的深度调整与重塑，正在逐步印证全球多极共治的必要性和必然性。

3.国际法律的不断创新。中国从来主张，世界各国的关系和利益只能用国际法所确立的制度和规则加以协调，每个国家处理国际事务必须坚持共商共建共享的国际法原则，由世界各国人民依靠国际法共同维护普遍安全，共同分享人类发展成果。人类在经历了两次世界大战之后痛定思痛，才建立了以联合国为主体，包括国际货币基金组织、世界银行、世界贸易组织在内的全球治理框架。虽然这个框架远非十全十美，但毕竟在过去几十年里，为维护世界和平与发展发挥了无比重要的作用。在世界进入新型全球化的今天，要推进全球治理变革，只能是在全球共同认可的国际法基础上，使这一传统治理体系向更加平等、开放、透明、包容的方向发展。特别是要大力提升发展中国家在国际事务中的代表性和发言权，遇到重大分歧应该通过协商民主的方式，本着互谅互让、平等相待的态度共同加以解决。此外，在制定和贯彻国际法的过程中，我们必须看到，无论任何国家和民族，不管秉持何种价值理念，如果是真心造福全人类，就应该带动所有国家和民族走向共同富裕之路。然而，由于西方文明等级论自身存在深刻的道德悖论和伦理冲突，致使他们在制定和贯彻国际法的过程中，所说与所做经常截然相反，只有察其言观其行，才能透过表面现象看清西方文明等级论的丑陋本质。从这种意义上讲，各个大国应该做国际法治的倡导者和维护者，遵守信诺，不搞双重标准，不搞例外主义，更不能大搞霸权、霸凌、霸道，我行我素，肆意包揽国际事务，主宰他国命运，独占或垄断自己的发展优势。

4.不同文明的交互共融。在当今世界，伴随经济、政治、法律全球化的持续推进，世界各民族国家之间已经形成了地球村内"你中有我，我中有你"发展格局。这就要求世界各国必须不断清除"文明等级论"的消极影响，跨越"文明冲突论"的思想樊篱，摒弃"意识形态对立论"和"社会制度差异论"的无谓争论，相互尊重各国自主选择的发展道路和模式，让文明多姿多彩成为人类文化发展的不竭动力。从民族心态上讲，必须摒弃文化偏见和文明歧视，深度推进人类从离散状态下的前现代文明向同步时空下的现代文明的转换，努力创造"各美其美，美美与共"的文明发展格局。从文明交融方法上讲，对"他者文化"是否尊重和包容是检验一个民族或国家文化自信程度的重要标识。只有通过认真坦诚地交流与对话来充分理解对方的价值关切，才能在求同存异中实现不同文明视域的彼此融汇。在世界各个民族和国家文化交流日益频繁的今天，文化孤岛已不复存在，每个民族或国家只有在相互交往中才能成长。从文化创新的驱动力上看，任何民族国家的文化既需要通过"守正"来维系自身文化的独特根性，更需要通过"创新"来展示其蓬勃发展的时代活力。只有在不断创新中才能够赢得主动参与不同文明相互交融的历史机遇，只有通过持续性文化创新才能为一个民族的伟大繁荣提供不竭的精神动力，只有自觉主动地担当起文化创新的义务才能为全球文明的发展肩负起一个国家和民族的崇高使命。[1]

---

① 参见邹广文：《人类命运共同体的文明交融》，《光明日报》2021 年 1月4 日。

## 三、中华文明转型升级中需要深度关注的三大问题

在用中华文明交流互鉴论对冲、反制和超越西方文明等级论的过程中，既要不断完成中华民族心理和民族性格的再造，也要深刻认知世界性与民族性的张力结构，更要面对滚滚而来的数字化大潮，在与时俱进中自觉完成中华文明的转型升级。

1.尽快摆脱"怨恨"与"孤傲"两类情绪的干扰，逐步生成理性平和的大国国民心态。德国思想家舍勒在其《道德意识中的怨恨》一文中指出，怨恨心态是人类社会中弱者对强者持有的一种压抑与抗争的伦理情绪，它涉及生存性伤害、生存性隐忍和生存性报复等因素。晚清以降，中国国力急剧衰退，迅速从"天朝上国"坠入"诸国竞争"之中，不断受到割地赔款、开埠通商、被动挨打等暴力侵蚀。颜面尽失的中华民族在面对西方列强时，渐次生发出"羡慕嫉妒恨"的心理状态——理智上高度认同西方的现代发展模式，感情上又拒斥西方文明中的强盗逻辑。在侵略与反侵略、道义与利益、和平与战争二元对立型思维模式影响下，积淀出东西方之间你死我活、势不两立的文化潜意识和待我强大之后再来报复你的深层心理结构。中华人民共和国成立后，经历了艰苦卓绝的奋斗历程，特别是经过改革开放多年的发展，中国跻身 GDP 世界第二的位置，这就使得中华民族的自信心不断增强，而西方国家应对 2008 年金融危机和其他危机的接连失误，又进一步强化了中华民族"伟大复兴"的政治心理，更有西方人士提出"让中国统治世界"的构想，少数国人倍感自己成为主宰世界的新统治者的日子不远了。然而，面对中国复兴，一方面，发达国家在守成与

崛起的所谓"修昔底德陷阱"中竭力遏制中国；另一方面，不少欠发达国家对中国复兴充满了爱恨交加的复杂心理。这就使国人在不知不觉中生发出一种"孤独寂寞冷"的孤傲心态，同时也促使国人发奋走出一条不同于西方世界的中国道路。《中国可以说"不"》《中国不高兴》等著作之所以广泛流行，就是这种孤傲心态的强烈性情绪表征。

深入思考一百多年来国人由沉重悲情到孤独傲慢的心路历程，充分说明中国与世界的关系已经走到一个缺乏路标的十字路口，产生了极其深刻的身份焦虑，在处理自身与世界关系的情感态度上亟需一种政治伦理的精神支撑。我认为，中国要真正走向强大，就必须不断扬弃上述怨恨与孤傲心理，逐步生成一种理性平和的健康心态。要实现这种心理状态的彻底翻转：一方面，我们必须率先完成自身的现代国家建构任务。因为 GDP 占据世界第二，并不意味着 14 亿国民 GDP 的平均占比达到了世界第二，更何况我们还有社会分配不公、重点科技领域发展滞后、国家治理体系和治理能力现代化亟待提升等诸多问题需要求解。因此，我们仍然要在创新、协调、绿色、开放、共享的发展理念指导下，再走很长的社会主义初级阶段发展道路，才能真正实现国家经济、政治、社会、文化、生态"五位一体"建设的全面现代化。另一方面，必须尽快完成中国由"天朝大国"和"东亚病夫"两种极端身份向国际社会正常成员身份的华丽转身。要真正把世界万国视为与己平等的国家，不受一时一地一事引发的"悲情"与"战狼"情绪的干扰，能够在顽强且持久的理性平和的心理状态下，通过谈判、互利、妥协等方式来维护我们的国家利益。特别是在世界面临百年未有之大变局、大转折中，善于把自己从历史与现实中积累起来的硬实力、软实力、巧实力导入仍由欧美强国主导的当代国际社会，既要以雍容大度、立意高远的姿态引领全球治理变革，更要用着眼现实、双赢多赢的务实手段处理全球公共事务。①

2. 不能用中西之争遮蔽古今之变。在对冲、反制和超越西方文明等级论的过程中，必须正确处理国际化与本土化的关系，不能用中西文明的高下之争代替人类发展的古今之变。从哲学伦理学层面看，只要人类作为区别于其他物种的独特动物而存在，就必然具有自己的类本质特征。恰如各种自然科学和社会科学都具有共同遵循的基本公理一样，人类各个种族创制的各种文明类型之间也一定存在普遍性发展规律。站在深度全球化立场看，西方发达国家在走向现代化的过程中先行一步，致使许多公理性的东西率先出现于西方文明之中。然而，这并不等于说这些东西就只能被西方国家所独享。只要是人类所共同拥有的先进性物质文明、精神文明和政治文明成果，无论出自何时何地，我们都应以广阔的胸襟和海纳百川的气魄去认真学习并为我所用。从本土化的视角看，中华民族具有自身独特的生存环境和悠久的文化传统，只有深深扎根于自己的历史文脉之中，才能高效吸收各种外来文明的营养。在改革开放初期，中国深受十年浩劫的影响，面临人才凋零、科学滞后、百废待兴的局面，许多学科连起码的基础知识和分析工具都没有。改革开放后，外面的新鲜空气扑面而来，在学科建设领域，人们高度重视输入西方的基本概念、理论框架、分析方法，大力强调走出国门、冲出亚洲、融入世界。改革开放40多年后的今天，我国的综合国力日益提升，今天又开始大力强调中国的特殊性，以免被澎湃激荡的全球化浪潮吞噬掉，这无疑有其合理之处。但我们必须辩证看待民族性与世界性的关系，尤其要避免个别地方、个别人在个别领域动辄就用"本土特色"抵御

---

① 参见任剑涛：《走向理性：近代以来中国世界观的嬗变》，《中央社会主义学院学报》2017年第2期。

各种普遍真理的错误做法。从深度心理学的视角看，实际上在这些人极端焦灼亢奋的情绪背后，充分表明其渴望通过对于中国各种特殊性的统合叙述，来寻找中国通达于人类普遍性的深层思想通道，以化解对内对外的各种精神紧张。

以史观之，西方近现代文明的主要标识：科技进步论、市场经济论、民主政治论、社会建设论等诸多要素，代表了人类现代化的基本走向。中华文明正是因为接受了这些要素之后，才使中国社会具有了不同于上古和中古封建王朝的现代性特质。洋务运动就是努力接受西方科技文明的结果。在戊戌变法、辛亥革命基础上建立的中华民国就是大力接受西方政治文明成果，用现代民主共和体制取代封建朝廷专制的结果。中国共产党成立之初正是在共产国际的帮助下，将马克思列宁主义同中国革命的具体实际和优秀文化相结合，才创造出了毛泽东思想这一先进性理论体系，从而引领中华民族从失败走向胜利，从苦难走向辉煌，最终用充分彰显现代民主政治意蕴的中华人民共和国取代了以蒋介石为代表并具有浓厚封建残余气息的所谓"中华民国"。在深度全球化的今天，伴随中华民族的伟大复兴，我们更需要确立不忘本来、吸收外来、面向未来的思想态度，对西方现代文明的各种合理要素予以反复咀嚼，去芜存菁，弘雅夷远，在否定之否定基础上经过辩证扬弃，最终实现中华文明的创造性转化与创新性发展，为人类社会开拓出既不同于中国传统文明又高于近现代西方文明的更高层次的崭新文明形态。

3.深刻洞悉全球数字化时代中西文明交流互鉴的历史大势。人们通常将一万年前人类从采集狩猎生活向畜牧种植生产的转变称作"农业革命"；将1760—1840年蒸汽机和铁路的出现称为"第一次工业革命"；将19世纪末至20世纪初电力和规模化生产线的出现称为"第二次工业革命"；将20世纪60年代计算机和互联网的出现称为"第三次工业革命";将世纪之交互联网与物理、生物、化学等领域出现的跨界数字革命称为"第四次工业革命"。人们普遍认为,第四次工业革命是人类科技领域的又一个临界点、分水岭抑或"奇点突变",它正在对各个民族国家的经济、政治、社会、文化等诸多领域发生颠覆性影响,它正在以指数级而非线性式的速度深刻改变着整个人类文明的基本格局。① 一方面,大数据、万物互联、区块链、人工智能、数字化身份、可植入技术等革命性成果,正在将整个人类紧密地联系在一起,让传统意义上的"西方""东方""南方""北方"等意识形态差异和传统地缘政治概念逐渐失效,使整个国际社会在"地球村"里成为一个休戚相关的人类命运共同体。这就要求地球上的每个人都有责任使各种技术创新能够做到以人为本,并服务于全球公共利益。另一方面,由于"高数字化国家"和"低联网国家"在利益交往过程中产生巨大的贫富差距和阶层不平等,致使各国为了维护自己的"网络国家主权",不惜通过网络攻击和网络间谍来捍卫自己的"数字主权",特别是数字技术与无人机、自动化武器、生化武器等相结合,可以让极少数人用极小的代价对整个世界造成重创,引发人类社会的大分裂和大动荡。② 上述正反两种作用迫使每一个体、群体、国家和地区,必须参与到这次人类文明的数字化大变局、大转型中来,深刻反思民族国家的现行发展方式和人类文明的未来走向。它在不断地警示人类:要么任凭数字资本无序扩张,乘坐科技革命的高速列车奔向死亡之谷;要么对数字资本兴利除弊,在天下一家和人类命运共同体中走向美好未来。

---

① 〔德〕克劳斯·施瓦布:《第四次工业革命》,李菁译,中信出版社 2016 年版,第 83 页。

② 阎学通:《数字时代初期的中美竞争》,《国际政治科学》2021 年第 1 期。

# 四、中国特色社会主义对人类文明形态的多维创新

文明形态主要指人类历史发展至高级阶段后演化出的由物质基础、制度结构、文化符号等诸多要素构成的生存体系，它是人类经历漫长阶段的经济、政治、文化活动后生成的积极成果，它既承载着人类精神的璀璨历程，也囊括了人类实践的浩瀚时空，为人类的生存和发展提供着永恒而根本的养料。在公元前500—600年左右的轴心时代，人类文明之花在全球多点爆发，世界各地的先贤们在幽邃的哲学甬道里苦思冥想，人类社会和动物世界的本质区别何在？人从哪里演化而来？又要走向怎样的未来社会？人类有组织地或不自觉地忙忙碌碌到底是为了什么？正是对上述问题的不同回答及其相应的社会实践方式各异，形成了早期人类多姿多彩的文明形态，诸如中华文明形态、印度文明形态、巴比伦文明形态、埃及文明形态等。习近平总书记在庆祝中国共产党成立100周年大会上指出："我们坚持和发展中国特色社会主义，推动物质文明、政治文明、精神文明、社会文明、生态文明协调发展，创造了中国式现代化新道路，创造了人类文明新形态。"这一重要论断立足于人类文明演进的历史大势，着眼于人类社会发展的时代大局，发出了人类文明新形态的中国宣言。要深刻把握这一宣言的本质内涵，就必须将中国共产党人创造的人类文明新形态置于中华传统文明形态发展的历史长河中，置于中西文明交流互鉴的全球性开放体系内，置于科学社会主义文明形态发展的时代新高度上，才能真正理解中国特色社会主义作为人类文明新形

态，究竟"新"在何处。[①]

### （一）历史大纵深：中国特色社会主义将中华传统文明形态推向新高度

民族性、国别性是各种文明形态的重要属性之一。在人类历史的漫长演化过程中，各个民族和国家由于人文自然禀赋、经济发展状态、社会历史条件存在巨大差异，演化出风格迥异的文明形态。上古华夏族建国于黄河流域，自认为居于天下之中央，故称"中国"，将周边地区统称为四方，如《诗经·大雅》言："民亦劳止，汔可小康。惠此中国，以绥四方。"秦汉以后，以汉族为主体的中央政权建立，历朝版图时有损益，但基本趋势是不断拓展。中华人民共和国成立之后，相继与缅甸、尼泊尔、蒙古国等多个邻国签订边界条约，形成今天酷似雄鸡的中国疆域。中华民族是中华文明形态的创造主体，它是由中国境内的华夏族演化而来的汉族和 55 个少数民族共同构成。"中"意谓居四方之中，"华"标示文化发达。元人王元亮说："中华者，中国也。亲被王教，自属中国，衣冠威仪，习俗孝悌，居身礼仪，故谓之中华。"（《唐律疏议释文》）更有不少学者从农耕文明与游牧文明的交流融合中，深入剖析中华传统文明形态的特质。他们认为，正是农耕文明相比于游牧文明所具有巨大优越性，致使历史上汉代匈奴族、元代蒙古族、清代满族的游牧文明，最终都被吸纳濡化到中原农耕文明的巨大引力场中。赵汀阳将这种现象喻之为"漩涡效应"，他说："历史表明，最初一些政治势力为了夺取优势资源而主动卷入逐鹿中原的博弈，从而制造了

---

① 参见靳凤林：《中国特色社会主义对人类文明形态的多维创新》，《马克思主义与现实》2021 年第 6 期。

漩涡，而随着更多政治势力的卷入，这个漩涡的体量不断扩大，优势资源和政治意义不断积累，因此进一步增强了漩涡的向心力效应。正是天下逐鹿游戏持续不断的漩涡效应创造了中国，而这个漩涡游戏的开放性——归功于天下观念——决定了中国是一个不断生长的概念。"[①]总之，中华传统文明形态的形成是中华民族对于人类的伟大贡献。高度发达的农耕经济，家国一体的政治结构，独具特色的语言文字，嘉惠世界的科技工艺，浩如烟海的文化典籍，完备深刻的道德伦理，共同构成了中华传统文明形态的基本内容。

中华传统文明形态在其历史发展过程中，曾经演绎出无比华丽的乐章。以秦汉王朝为例，公元前 221 年，经过多年兼并战争，秦王嬴政终于完成"吞二周而亡诸侯，履至尊而制六合"的统一大业，但因其极度暴虐的政治统治，在大规模农民起义中，旋即被刘邦建立的汉王朝取代。从总体上看，秦皇汉高建立的秦汉王朝，通过实施重农抑商的经济政策和高度集权的皇帝专制政治，极大地促进了秦汉帝国版图内各区域人民经济、政治和文化心理上的共同性，为中华传统文明形态的最终形成奠定了坚实的历史根基，对中国后世影响至深至巨。与秦汉王朝同时并立的地中海的罗马帝国和南亚次大陆的孔雀王朝相比，由于秦汉王朝植根于新兴地主阶级的生机勃勃和雄姿英发，精神气象上处于不可抑制的开拓创新之中，宏阔的追求成为秦汉文化的主旋律。万里绵延、千秋巍然的秦长城，气势磅礴、规模浩大的兵马俑就是明证，特别是汉武帝时期开拓出的丝绸之路，大大促进了中国同西亚、欧洲以及南亚次大陆各种文明类型的相互交融。外部文明成果也源源不断地涌进中国，为中华传统文明形态的形成增添了灿烂的色调和

---

① 赵汀阳：《天下的当代性：世界秩序的实践与想象》，中信出版社 2016 年版，第 153 页。

光彩。再如隋唐王朝，更是在空前壮阔的历史舞台上，将中华传统文明形态推进至气度恢宏、史诗般壮丽的隆盛时代。隋唐之前的魏晋南北朝时代，门阀世族地主阶级长期盘踞高位，庶族寒门进身极难。隋末农民大起义对传统门阀世族给予摧枯拉朽式的致命打击，随后通过经济上的均田制、政治上的科举制等一系列改革措施，使得大批下层士子突破门阀世胄的垄断，涌入各级政权机构。这些正在上升的世俗地主阶级的精英分子，对自己的前途和王朝的未来充满一泻千里的豪迈热情，特别是唐太宗李世民和以魏徵为首的儒家官僚集团，政治上实行开明专制，意识形态上奉行儒释道三教并立，使得唐代文化气魄宏大、胸襟宽广，南亚、西亚、欧洲文化如八面来风涌入国门。以唐诗为代表的艺术创作，无论内容、风格、形式、技巧，均达到炉火纯青的地步，成为后世效仿的典范。正是上述文化成果使得隋唐王朝呈现出明朗、高亢、奔放、热烈的时代精神。与同时代的欧洲中世纪相比，当西方人的心灵还在为神学缠绕而处于蒙昧黑暗之中时，中国人的思想已处于兼收并蓄、有容乃大的开放状态。

回顾中华传统文明形态特定发展阶段的伟大成就，无疑会极大地增强我们的民族自信心，使我们深刻感受到"中华民族是世界上伟大的民族，有着 5000 多年源远流长的文明历史，为人类文明进步作出了不可磨灭的贡献"[①]。但正如毛泽东指出的那样，我们不能固步自封和骄傲自满，必须对自己民族的历史采取唯物辩证的分析方法，既要看到成绩的一面，也要研究其缺点的一面，因为"人类的历史，就是一个不断地从必然王国向自由王国发展的历史。这个历史永远不会完结。……人类总得不断地总结经验，有所发

---

① 习近平：《在庆祝中国共产党成立 100 周年大会上的讲话》，人民出版社 2021 年版，第 2 页。

现，有所发明，有所创造，有所前进"①。从历史大纵深的视角看，中国历史的最大特点就是封建社会结构的"停滞性"和大一统王朝历史更替的"周期性"。纵观中国历史上任何一个大一统王朝，基本上都要经历如下历程：先是艰难创立，其后是逐步发展，最后达至鼎盛，随之而来的是政治腐败、社会危机、动乱爆发、彻底崩溃。差不多每隔两三百年就会发生一次激烈的大动荡，实现新旧王朝的轮番更替，呈现出典型的社会结构周期性瓦解和重建特征。之所以如此，从马克思唯物史观生产力和生产关系矛盾运动的视角看，中国从战国时代就开始了铁器农具和牛耕的普遍使用以及精耕细作的田间管理，直到清代晚期，中国的生产力长期处于同一水平线上。每个朝代农业产量的提高主要依靠劳动力的增加和周边山林湖泊的开垦以及粗粮品种的引进（如玉米、番薯等）。一个新王朝清平稳定上百年之后，人口数量快速增长，原有生产关系无法适应生产力中劳动者的规模，加之上层建筑中高度集权的官僚体系日渐腐败，各种经济剥削不断加剧，社会基本矛盾逐步激化，在灾荒、战乱等诱因的作用下，重新进入新一轮的周期性历史大动荡。进入晚清之后，在欧美工业文明的强力冲击下，中华传统文明形态遇到了亘古未有的外来挑战。如习近平总书记指出的那样："鸦片战争后，中国陷入内忧外患的黑暗境地，中国人民经历了战乱频仍、山河破碎、民不聊生的深重苦难。为了民族复兴，无数仁人志士不屈不挠，前仆后继，进行了可歌可泣的斗争，进行了各式各样的尝试，但终究未能改变旧中国的社会性质和中国人民的悲惨命运。"②

面对中华民族遭遇的惨烈现实，如何通过经济、政治、社会、

---

① 《毛泽东著作选读》下册，人民出版社1986年版，第845页。
② 习近平：《论中国共产党历史》，中央文献出版社2021年版，第179页。

文化结构的深度调整，让中华传统文明形态走出历史周期率的限制，构成了一百多年来历代中国共产党人的核心要务。1945 年 7 月 4 日，毛泽东在延安杨家岭住处的窑洞里，与时任国民政府参议员的黄炎培，围绕历史周期率问题的谈话，成为中共党史和中华民族史上的著名对话。黄炎培希望中国共产党能够找出一条新路，跳出中国历史上"其兴也勃焉，其亡也忽焉"的历史周期率。毛泽东说：我们共产党已经找到了新路，能够跳出这个历史周期率，这条新路就是民主。只有让人民来监督政府，政府才不敢松懈；只有人人起来负责，才不会人亡政息。由之，中国共产党人始终把人民立场作为根本立场，把为中国人民谋幸福、为中华民族谋复兴作为根本使命，把坚持全心全意为人民服务作为根本宗旨，在全部工作中深入贯彻群众路线，尊重人民群众的主体地位和首创精神，凝聚起众志成城的磅礴力量，带领全国各族人民经过一百多年的持续奋斗，不仅创造了新民主主义革命的伟大成就，也创造了社会主义革命和建设的伟大成就，特别是经过改革开放 40 多年的大发展，我们完成了从高度集中的计划经济体制向充满活力的社会主义市场经济体制的转变，在中华大地上全面建成了小康社会，历史性地解决了绝对贫困问题，使我国经济总量跃居世界第二，为实现中华民族的伟大复兴提供了充满新的活力的制度保证和快速发展的物质条件，我们正在意气风发向着全面建成社会主义现代化强国的第二个百年奋斗目标迈进。站在人类文明形态持续更新的视角看，中国共产党人一百多年来开辟的伟大道路、创造的伟大事业和取得的伟大成就，正在使中华传统文明形态在高度压缩的时空场域中快速实现创造性转化和创新性发展，正在超越以往中华传统文明形态所能达到的全部高度，书写出中华民族几千年历史上最恢宏的史诗，并将其推向一个令人刮目相看的历史新境界。

（二）国际宽视域：中国特色社会主义对资本主义文明形态的
新超越

如果说从历史大纵深的视角看，中国特色社会主义将中华传统
文明形态推上了历史新高度，那么从异质性文明形态比较研究的国
际宽视域看，中国特色社会主义文明形态实现了对当代资本主义
文明形态的新超越。众所周知，与中世纪欧洲的封建主义文明形
态相比，资本主义文明形态具有自身的巨大优越性，马克思指出：
"资产阶级在它的不到一百年的阶级统治中所创造的生产力，比过
去一切世代创造的全部生产力还要多，还要大。"①正是资本主义生
产力的大发展，为资本主义文明形态的不断进步奠定了雄厚的物质
基础，也为资本主义生产关系的全球扩张创造了充足条件，它通过
由中心向边缘的不断渗透，迫使世界各国卷入到它的统治中来。然
而，资本主义文明形态却存在自身的根本弊端，这就是生产资料私
有制与生产社会化之间的持续性矛盾冲突，特别是生产资料私有制
导致资本无限度地榨取工人阶级的剩余价值，呈现出极端无比的贪
婪性、奢侈性、世俗性特质。马克思曾用"商品拜物教"来生动刻
画资本逻辑生成的工具理性对人类现代生活的全面宰制。资本依其
本性的无限扩张，极大地割裂了人类已有的社会关系，导致资本
与劳动之间的矛盾日趋尖锐，使得与之对立的无产阶级逐步壮大。
无产阶级为了推翻资产阶级统治，发动了一场又一场工人运动。
1929—1933 年，资本主义内部由通货膨胀和失业问题引发的经济
大萧条急剧恶化，加之苏联社会主义快速发展对其构成巨大的外部
压力，各资本主义国家纷纷接受凯恩斯的宏观经济调控政策，通过

---

① 《马克思恩格斯文集》第 2 卷，人民出版社 2009 年版，第 36 页。

强有力的货币政策和国家干预来解决其所面临的市场失灵危机，罗斯福新政由之而来。凯恩斯主义虽然取得了暂时性成效，但到 20 世纪 70 年代，西方国家开始出现普遍的经济滞胀，如同之前的市场失灵一样，政府失灵的问题日益突显。此时，深受哈耶克自由主义影响的美国"芝加哥学派"的新自由主义理论大行其道，在时任美国总统里根和英国首相撒切尔的大力支持下，再次将市场机制的调节作用无限放大。苏联解体后，在新自由主义基础上生成的"华盛顿共识"更是在发展中国家广泛流行，最终均以失败告终，取而代之的是"北京共识"的出现。

综观资本主义 500 多年的发展史，无论其经济、政治、社会等各种微观和宏观政策如何调整，其根本性质并没有发生任何突变，这就是资本至上、权力异化、剥削劳动。就资本至上而言，它要求资本主义的生产、交换、分配、消费全部过程，必须按照资本不断追求价值增殖的逻辑进行合理配置并加速运行。资本力量的运用不同于封建领主的强取豪夺，而是借助市场的无形推力实现各种生产要素价值的深度分割，例如：资本通过作为生产资料载体的劳动者来支配其所创造的剩余价值；通过市场竞争让全社会的资本力量来分割社会生产的剩余价值；乃至让各种非市场力量（如土地所有权、权力支配权等）进入市场来共同分割各种剩余价值，从而形成资本在市场中的权力结构体系。[①] 当然，资本至上论在其历史运演过程中具有各种各样的表现形式，如 20 世纪末，在新自由主义盛行的"华盛顿共识"中，资本拥有者及其各类代言人普遍认为，伴随传统私人控股公司日渐减少，拥有成千上万名股东的大型公众公司不断涌现，公司控制权与管理权开始分离，分散化的股东对公司具体

---

① 鲁品越：《<资本论>是关于市场权力结构的巨型理论》，《吉林大学社会科学学报》2013 年第 5 期。

的管理运营不感兴趣，他们只关心公司股票价值的高低，于是"股东至上主义"应运而生，公司高管们不再看重员工、客户、供应商、社区、政府等利益相关者的社会责任，而是在巨额薪酬和股权激励计划的指挥棒下，通过创造名目繁多的金融衍生产品来抬高公司股票价格，沉迷于获取企业短期利益，最终导致 2008 年全球金融风暴和经济危机的大爆发。就权力异化而言，资本为了无限增殖，必然会竭尽所能来操控和影响政治领域，导致公共权力所代表的公共意志被遮蔽、扭曲和异化，变成了少数寡头的私权，亦即资本权力化。它使得西方资本主义的普选制、代议制和竞争型政党制，在精巧的民主外衣的伪饰下呈现出腐败变质的突出特征，即以选票为公共权力的一般等价物，寡头财阀集团通过幕后操纵，将"一人一票制"转换为"一元一票制"，支持各竞争政党激烈角逐民众选票，最终以得票多少为依据来分割议会中的议席，之后又通过游说各级议员，使国家的公共权力商品化。政府机构的总统、首相及其核心成员为了连任同样需要抬高选票。他们在金融寡头集团的操控下，通过大肆透支未来信用和国际信用来举债支付各项公共事业开支，以之满足本国民众的各种福利需求，以便缓和社会矛盾，美欧国家政府不断上演的政府"债务上限"危机就是典型例证。从表面上看，政府债务危机是为了支付民众的高额福利支出，但各种债务最终仍然要由当代或后代民众买单。不难看出，资本寡头集团把国家"公器"变为"私器"，翻手为云覆手为雨，将政府玩弄于股掌之间。就剥削劳动而言，伴随资本权力化和权力资本化的加剧，欧美资本主义国家的贫富差距和两极分化不断加深，皮凯蒂在其《21世纪资本论》中，通过对过去 300 多年来欧美国家财富收入的丰富数据进行详细剖析证明，长期以来资本的回报率远高于经济增长率，资本和劳动收入差距的不断增大及其引发的两极分化，已然是当代和未来资本主义的基本常态。美联储的研究报告显示，美国近

30 年来，借助于持续宽松的货币政策和资产价格的大涨，美国最富有的 1% 的人群的财富增长了近 6 倍，拥有财富的份额从 23% 增长到 32%，持有股票和共同基金总值的 53%。而剩下 90% 的绝大部分劳动阶层的财富仅增加了 160%，所占份额从 40% 下降至不到 32%，仅持有 6.8% 的股票和共同基金总值。[①] 贫富差距和两极分化的政治结果是社会阶层的严重撕裂，欧美民粹主义政治势力的迅猛崛起就是具体表征。近年来，西方学界发出了建立"包容型资本主义""价值共享型资本主义""创新型资本主义"等各种呼吁。所有这一切都在表明，欧美资本主义文明形态正在经历一场亘古未有的巨大危机。

与欧美发达资本主义相比，中国特色社会主义汲取了苏联社会主义的深刻教训，广泛吸纳欧美资本主义市场经济的合理要素，实现了对当代资本主义文明形态的重大超越，其根本特质是劳动至上、创新权力、引导资本。就劳动至上而言，中国特色社会主义制度牢固确立人民中心论思想，将团结带领中国人民不断为美好生活而奋斗当作根本目标。因为中国共产党始终代表最广大人民的根本利益，从来不代表任何利益集团、任何权势团体、任何特权阶层的利益。特别是改革开放 40 多年来，始终坚持在发展中保障和改善民生，"全国居民人均可支配收入由一百七十一元增加到二万六千元，中等收入群体持续扩大。我国贫困人口累计减少七亿四千万人，贫困发生率下降九十四点四个百分点，谱写了人类反贫困史上的辉煌篇章。教育事业全面发展，九年义务教育巩固率达百分之九十三点八。我国建成了包括养老、医疗、低保、住房在内的世界最大的社会保障体系，基本养老保险覆盖超过九

---

① ［美］约瑟夫·E. 斯蒂格利茨：《美国真相》，刘斌等译，机械工业出版社 2020 年版，第 38 页。

亿人，医疗保险覆盖超过十三亿人"[1]。正在朝着"幼有所育、学有所教、劳有所得、病有所医、老有所养、住有所居、弱有所扶"的共同富裕目标全速挺进。就创新权力而言，建国以来，中国共产党为了将全心全意为人民服务的根本宗旨落到实处，根据党情、国情、世情的变化，国家权力结构一直处于不断深化的创新进程之中。特别是改革开放以来，不断发展社会主义民主政治，党和国家的领导体制日益完善，全面依法治国得以深入推进，中国特色社会主义法律体系越来越健全，行使民主权利的渠道更加便捷多样，中国人民掌握自身命运的积极性、主动性、创造性得到空前提高。以十八大以来坚持和完善政府管理体制为例，经过以简政放权、放管结合、优化服务为核心的"放管服"改革，国家机构的行政能力和服务方式日渐优化高效，以互联网、大数据、人工智能等技术手段为龙头的公共服务均等化和可及性获得极大提高，政府机构的职能、权限、程序、责任更加优化，中央和地方的权责更加清晰，运行机制更加顺畅，两个积极性得以充分调动。就引导资本而言，建国之初，我国迅速完成了全国范围内农业、手工业、资本主义工商业的社会主义改造，实现了一穷二白、人口众多的东方大国大步迈进社会主义的伟大飞跃，为中华文明新形态的确立奠定了根本性政治前提和制度基础。改革开放之初，我们深刻感受到中国劳动力极为丰富，但社会发展资金十分短缺，资本形成总额只占世界资本形成总额的1.8%。为了克服上述困难，我们党解放思想，锐意进取，大力吸引外资，鼓励民营资本发展，逐步探索出中国特色社会主义市场经济的发展模式。其间，民营经济从小到大，不断壮大，为国家"贡献了50%以上的税收，60%以上的国内生产总值，70%以上的技术创新成果，80%以上的

---

[1]　习近平：《论中国共产党历史》，中央文献出版社2021年版，第221页。

城镇劳动就业,90%以上的企业数量"①。但伴随近年来国内外资本、技术、劳动要素的深刻变化,中国如何在高质量发展中促进共同富裕,成为未来经济社会发展的重大课题。当前,我们党更加强调引导非公有制经济健康发展,要求民营企业家珍视自身社会形象,通过练好内功增强企业创新能力和核心竞争力,形成更多具有全球竞争力的世界一流企业。同时,以民营企业家为代表的高收入群体和企业也要逐步完成"资本"向"民本"的转变,必须把促进全体人民共同富裕作为自己工作的着力点之一,通过先富带后富和帮后富来回报社会,主动承担起更多的社会责任。

通过上述国际宽视域的比较研究,我们不难看出,中国特色社会主义文明新形态真正站到了人类文明发展的道德制高点上,超越了当代资本主义文明形态以资本逻辑为中心的狭隘视野。只要我们坚持发展才是硬道理的根本方针,在未来的道路上行稳致远,就一定能够彻底改变500多年来资本主义文明一统天下的世界格局,将人类文明形态引领到一个更高的境界。与此同时,我们更要从人类政治哲学的视角,深刻体悟全球治理变革所蕴含的深层历史逻辑和道德意蕴,即在不可逆转的全球化和多极化时代,任何文明形态在地球村中的价值、地位和作用,将不再取决于它战胜了多少个竞争对手,赢得了多少次"冷战"或"热战"的辉煌胜利。与之相反,而是要看这种文明形态对全球化和多极化时代国际争端机制的建立提供了多少合理化建议,这种文明形态面对人类遇到的共同难题提供了多少有价值的国际倡议,这种文明形态在人类遇到的各种突发灾难面前发挥了多少应有的作用。唯有完成人类文明观的彻底转变,这个星球的未来才能逐步摆脱野蛮而变得更加文明,我们生活的这个世界才能真正充满希望。

---

① 习近平:《在民营企业家座谈会上的讲话》,《人民日报》2018年11月1日。

（三）时代新高度：中国特色社会主义对科学社会主义文明形态的新发展

自从"社会主义"这一概念被提出，至今已有 500 多年的历史，从莫尔、康帕内拉创作乌托邦开始，直到欧文、傅立叶的空想社会主义，他们都对资本主义私有制所具有的剥削性进行了深入批判，并提出了自己所幻想的公有制、按需分配等社会主义制度安排。欧文 1824 年还在美国的印第安纳州买下 1214 公顷土地，进行社会主义和谐移民试验，最终以失败告终。只有马克思和恩格斯创立的科学社会主义才真正使社会主义由空想变为科学，如恩格斯所言："以往的社会主义固然批判了现存的资本主义生产方式及其后果，但是，它不能说明这个生产方式，因而也就不能对付这个生产方式；它只能简单地把它当做坏东西抛弃掉。"[①] 而马克思恩格斯创立的科学社会主义建基于唯物史观和剩余价值论之上，不仅深刻揭示了资本主义剥削制度的内在奥秘，还找到了消灭这一剥削制度的根本力量和基本途径，即无产阶级及其所发动的暴力革命。当然，到了马克思和恩格斯的晚年，随着资本主义世情的变化，他们并未完全排除通过对资本主义持续不断的社会改良走向社会主义的可能性。但必须指出的是，马克思恩格斯有生之年虽然领导和见证了轰轰烈烈的无产阶级革命运动，却并未看到社会主义制度的具体实现过程，这一历史任务是由列宁和斯大林领导的苏联社会主义完成的。苏联建立初期，推翻了沙皇专制制度的暴虐统治，使俄国广大工人和农民摆脱了被奴役剥削的地位，通过计划经济和宏观调控消除了通货膨胀和工人失业现象。到斯大林领导的卫国战争前后，苏

---

① 《马克思恩格斯文集》第 3 卷，人民出版社 2009 年版，第 545 页。

联通过优先发展重工业迅速实现了国家的工业化，在第二次世界大中战败德国法西斯，捍卫了国家主权与独立，确立了社会主义制度在人类文明史中的历史地位。到了 20 世纪 60 年代，苏联高度集中的政治弊端日渐凸显，经济结构失衡极大地影响了人民群众生活水平的提高，中央对地方的高度垂直管理使得地方政府和企业逐步丧失活力。但戈尔巴乔夫在对上述体制机制进行改革的过程中，政治上取消共产党的领导，经济上奉行欧美新自由主义政策，意识形态上彻底否定马克思列宁主义的指导地位，最终以苏联解体而告终。深受苏联影响的各个东欧社会主义国家也纷纷垮台，国际共产主义运动陷入历史低潮期。与此同时，欧洲各民主社会主义政党提出的对资本主义不断改良的所谓"西方马克思主义"理论成为国际共产主义运动中的显学。

面对苏东社会主义国家发生的惊天剧变和美欧资本主义主导世界的严峻现实，以邓小平同志为主要代表的中国共产党人，紧紧抓住"什么是社会主义、怎样建设社会主义"这个基本问题，在深刻总结科学社会主义一脉相承与多样发展的基础上，响亮提出"走自己的路，建设有中国特色的社会主义"的伟大号召。经过 40 多年的改革开放，我们党绘就了一幅波澜壮阔、气势恢宏的历史画卷，将科学社会主义文明形态推进到一个崭新的发展阶段。在物质文明领域，我们始终坚持以经济建设为中心，深化供给侧结构性改革，加快建设创新型国家，实施乡村振兴战略，实施区域协调发展战略，加快完善社会主义市场经济体制，推动构成全面开放新格局，经过持续性高速经济发展，我国国内生产总值已经跃居世界第二，在富起来的道路上迈出了决定性的一步。在政治文明领域，我们党始终坚持中国特色社会主义政治发展道路，不断完善党的领导制度体系，提高党科学执政、民主执政、依法执政水平；通过完善人民代表大会制度、多党协作制度、民族区域自治制度、基层群众自治

制度，使社会主义民主政治获得重大发展；通过不断深化行政体制
改革，逐步构建起职责明确、依法行政的政府治理体系；特别是通
过法治国家、法治政府、法治社会一体建设，使得法治中国建设取
得巨大进步。在精神文明领域，通过发展社会主义先进文化、加强
社会主义精神文明建设、培育和践行社会主义核心价值观、传承和
弘扬中华优秀传统文化等一系列举措，使得全民族的文化自信心不
断增强。在社会文明领域，通过构建高质量就业促进机制、全民终
身学习教育体系、全民社会保障体系、人民健康制度保障体系等措
施，不断满足人民日益增长的美好生活需要。在生态文明领域，通
过实行最严格的生态环境保护制度、全面建立资源高效利用制度、
健全生态保护和修复制度、严明生态环境保护责任制度等，极大地
促进了人与自然和谐共生。正是上述五大文明建设取得的骄人成
就，使得中华民族在历史进程中积累的强大能量被充分爆发出来，
它既构成中华民族伟大复兴势不可挡的磅礴力量，也构成中国特色
社会主义文明新形态推动科学社会主义文明形态不断进步的巨大
动力。

　　中国特色社会主义是中国共产党人经过百年奋斗，逐步摸索出
来的一条走向现代文明的崭新道路，它不仅属于中国历史的重要组
成部分，更是世界历史不可或缺的重要内容。它是中国共产党以中
国价值、中国方案、中国文明的方式，对人类如何走向现代文明的
"世界之问"作出的科学回答，它必将对人类世界产生极其重大而
深远的影响。首先，尽管社会主义的本质要求和价值目标具有内在
一致性，但社会主义在各国的发展将会展示出不同的国别特色。中
国特色社会主义是马克思主义普遍真理与中国具体国情和中华优秀
传统文化相结合的产物，它不仅打破了以苏联为代表的传统社会主
义模式，实现了社会主义体制与制度的全面革新，而且它启示世界
各国，必须从本国国情出发建设具有本国特色的社会主义。只有破

除"唯我独马""唯我独社"的观念，让马克思主义民族化，让社会主义本国化，才能为科学社会主义增添新内容，让社会主义通过在各国的发展来发挥其历史作用。其次，它彻底打破了西方资产阶级学者的"历史终结论"，为人类文明发展开辟了广阔的未来前景。苏东剧变后，以弗朗西斯·福山为代表的西方学者，高呼资本主义将终结人类历史发展的口号，大力唱衰马克思列宁主义和科学社会主义的未来前景。但中国特色社会主义所取得的骄人成就再次证明，在以和平与发展为主流的当代世界，这个地球完全能够承载不同类型的人类文明形态，这个世界可以兼容不同民族迈向现代文明的多样化道路。

总之，中国共产党团结和带领中国人民，以"为有牺牲多壮志，敢教日月换新天"的大无畏气概，创造出中国特色社会主义文明新形态，不仅实现了中华传统文明形态的全面革新升级，而且彻底打破了西方资本主义文明形态一体独尊的局面，更使得科学社会主义文明形态形成各争所长的全球发展格局。我们坚信，只要中国特色社会主义文明新形态能够克服西方资本主义文明形态的各种弊端，它就一定能够通过持续不断的自我创新，在层峦叠嶂的人类文明群峰中傲然独立，并放射出万丈光芒。

# 主要参考文献

## 中文著作类

### （一）马克思主义类

1.《马克思恩格斯选集》第 1 卷，人民出版社 1995 年版。

2.《马克思恩格斯选集》第 3 卷，人民出版社 1972 年版。

3.《马克思恩格斯全集》第 1 卷，人民出版社 1956 年版。

4.《马克思恩格斯全集》第 7 卷，人民出版社 1959 年版。

5.《马克思恩格斯全集》第 8 卷，人民出版社 1961 年版。

6.《马克思恩格斯文集》第 2 卷，人民出版社 2009 年版。

7.《列宁选集》第 4 卷，人民出版社 1972 年版。

8.《毛泽东选集》第 3 卷，人民出版社 1995 年版。

9.《邓小平文选》第 2 卷，人民出版社 1994 年版。

10. 中共中央文献研究室：《习近平关于全面深化改革论述摘编》，中央文献出版社 2014 年版。

### （二）祠堂类

1. 刘华：《百姓的祠堂》，百花洲文艺出版社 2009 年版。

2. 王静：《祠堂中的宗亲神主》，重庆出版社 2008 年版。

3. 唐学珊纂修：《[湖南宁乡] 唐氏族谱》，清乾隆四十五年采芝堂刻本。

4. 赵华富:《徽州宗族研究》,安徽大学出版社 2004 年版。

5. 袁桢等纂修:《[湖南醴陵] 醴东泉水湾袁丙三修族谱》,1922 年光裕堂木活字本。

6.《新安汪氏宗祠通谱》,清道光二十年。

7. 凌建:《顺德祠堂文化初探》,科学出版社 2008 年版。

8. 冯尔康:《中国古代的宗族与祠堂》,商务印书馆 1996 年版。

9. 谭棣华、曹腾騑、冼剑民编:《广东碑刻集》,广东高等教育出版社 2001 年版。

10. 王鹤鸣、王澄:《中国祠堂通论》,上海古籍出版社 2013 年版。

11. 郑建新:《解读徽州祠堂:徽州祠堂的历史和建筑》,当代中国出版社 2009 年版。

12.(清)谭必涟等纂修:《[湖南湘潭] 湘乡七星谭氏五修族谱》,清光绪三十三年壹本堂木活字本。

13.《[安徽绩溪] 仙石周氏宗谱》,清宣统三年善述堂木活字本。

14.《澄江袁氏宗谱》卷三《祠规》。

15.《明史》卷五二《礼志六》,中华书局 2000 年版。

16. 钟雷兴主编、缪品枚编撰:《闽东畲族文化全书(谱牒祠堂卷)》,民族出版社 2009 年版。

17.《[安徽绩溪] 华阳舒氏统宗谱》,清同治九年。

（三）**教堂类**

1. 朱子仪:《欧洲大教堂》,上海人民出版社 2008 年版。

2. 谢炳国编著:《基督教仪式和礼文》,宗教文化出版社 2000 年版。

3. 卜伟欣编著:《虔诚的仰望:欧洲的教堂》,新世界出版社 2012 年版。

4. 罗丹:《法国大教堂》,天津教育出版社 2008 年版。

（四）**儒家类**

1. 朱熹:《四书章句集注》,中华书局 1983 年版。

2. 杨伯峻:《论语译注》,中华书局 2009 年版。

3. 钱穆:《论语新解》,九州出版社 2011 年版。

4. 杨朝明、宋立林主编:《孔子家语通解》,齐鲁书社 2009 年版。

5. 杨天宇：《礼记译注》，上海古籍出版社 2004 年版。

6. 蔡尚思：《孔子思想体系》，上海人民出版社 1982 年版。

7. 蔡尚思主编：《十家论孔》，上海人民出版社 2006 年版。

8. 张祥龙：《孔子的现象学阐释九讲》，华东师范大学出版社 2009 年版。

9. 蔡仁厚：《孔子的生命境界》，吉林出版集团有限责任公司 2010 年版。

10. 蔡仁厚：《儒学传统与时代》，河北人民出版社 2010 年版。

11. 陈来：《古代宗教与伦理——儒家思想的根源》，生活·读书·新知三联书店 2009 年版。

12. 陈来：《古代思想文化的世界》，生活·读书·新知三联书店 2009 年版。

13. 蒋庆：《政治儒学——当代儒学的转向、特质与发展》，生活·读书·新知三联书店 2003 年版。

14. [美] 杜维明：《儒家传统与文明对话》，彭国翔编译，河北人民出版社、人民出版社 2010 年版。

15. 张世英：《境界与文化——成人之道》，人民出版社 2007 年版。

16. 陈战国：《先秦儒学史》，人民出版社 2012 年版。

17. 唐凯麟：《重释传统——儒家思想的现代价值评估》，华东师范大学出版社 2000 年版。

18. 傅佩荣：《儒道天论发微》，中华书局 2010 年版。

19. 钱穆：《晚学盲言》，广西师范大学出版社 2004 年版。

20. 陈炎：《多维视野中的儒家文化》，中国人民大学出版社 1997 年版。

**（五）基督教类**

1. [德] 大卫·弗里德里希·施特劳斯：《耶稣传》，商务印书馆 1999 年版。

2. [法] 欧内斯特·勒南：《耶稣的一生》，商务印书馆 1999 年版。

3. [英] 詹姆士·里德：《基督的人生观》，蒋庆译，生活·读书·新知三联书店 1989 年版。

4.[英] 巴克莱:《新约圣经注释》,中国基督教两会 2007 年版。

5.[德] 奥特、奥托编:《信仰的回答——系统神学五十题》,李秋零译,香港:汉语基督教文化研究所 2005 年版。

6.[英] 阿利斯特·E.麦格拉思:《基督教概论》,上海人民出版社 2013 年版。

7.[美]布鲁斯·M.麦慈格:《新约正典的起源、发展和意义》,刘平、曹静译,上海人民出版社 2008 年版。

8.[英] 约翰·德雷恩:《旧约概论》,许一新译,北京大学出版社 2004 年版。

9.[英] 约翰·德雷恩:《新约概论》,胡青译,北京大学出版社 2005 年版。

10.梁工:《圣经指南》,北方文艺出版社 2013 年版。

11.林荣洪:《基督教神学发展史》,译林出版社 2013 年版。

12.[美] 艾利克森:《基督教神学导论》,上海人民出版社 2012 年版。

13.[美] 罗伯特·伏斯特:《今日如何读新约》,华东师范大学出版社 2011 年版。

14.刘光耀、孙善玲等:《四福音书解读》,宗教文化出版社 2011 年版。

15.[古罗马] 奥古斯丁:《忏悔录》,周士良译,商务印书馆 2010 年版。

16.[古罗马] 奥古斯丁:《论四福音的和谐》,许一新译,生活·读书·新知三联书店 2010 年版。

17.[古罗马] 奥古斯丁:《上帝之城》,王晓朝译,人民出版社 2006 年版。

18.[瑞] 汉斯·昆:《论基督徒》,生活·读书·新知三联书店 1996 年版。

19.康志杰:《基督教的礼仪节日》,宗教文化出版社 2000 年版。

20.王晓朝:《基督教与帝国文化》,东方出版社 1997 年版。

21.陈俊伟:《天国与世界》,宗教文化出版社 2010 年版。

22.丛日云:《在上帝与恺撒之间》,生活·读书·新知三联书店 2003 年版。

23.张传有:《幸福就要珍惜生命——奥古斯丁论宗教与人生》,湖北人民出版社 2001 年版。

24.安多马:《永不朽坏的钱囊——基督徒的金钱观》,上海三联书店 2011 年版。

25.[英] 唐·库比特:《耶稣与哲学》,王志成译,中国政法大学出版社 2012 年版。

26.[德] 于尔根·莫尔特曼:《来临中的上帝——基督教的终末论》,曾念粤译,上海三联书店 2006 年版。

27.王亚平:《基督教的神秘主义》,东方出版社 2001 年版。

28.[德] 布尔特曼等:《生存神学与末世论》,李哲汇等译,上海三联书店 1995 年版。

29.[德] 马丁·路德:《基督徒的自由》,和士谦、陈建勋译,香港:道声出版社 1932 年版。

30.赵林:《基督教与西方文化》,商务印书馆 2013 年版。

31.[意] 托马斯·阿奎那:《阿奎那政治著作选》,商务印书馆 1982 年版。

### (六)儒家与基督教比较类

1.蔡德贵:《孔子 VS 基督》,世界知识出版社 2009 年版。

2.何光沪、许志伟主编:《对话二:儒释道与基督教》,社会科学文献出版社 2001 年版。

3.许志伟、赵敦华主编:《冲突与互补:基督教哲学在中国》,社会科学文献出版社 2000 年版。

4.姚新中:《儒教与基督教——仁与爱的比较研究》,中国社会科学出版社 2002 年版。

5.谢桂山:《圣经犹太伦理与先秦儒家伦理》,山东大学出版社 2009 年版。

6.徐行言主编:《中西文化比较》,北京大学出版社 2004 年版。

7.[法] 谢和耐:《中国与基督教——中西文化的首次撞击》,耿昇译,上海古籍出版社 2003 年版。

8.[美] 白诗朗:《普天之下:儒耶对话中的典范转化》,彭国翔译,河北人民出版社 2006 年版。

9. 黄保罗：《儒家、基督宗教与救赎》，周永译，宗教文化出版社 2009 年版。

10. 董小川：《儒家文化与美国基督新教文化》，商务印书馆 1999 年版。

11. 杜小安：《基督教与中国文化的融合》，中华书局 2010 年版。

12. 郭清香：《耶儒伦理比较研究——民国时期基督教与儒教伦理思想的冲突与融合》，中国社会科学出版社 2006 年版。

13. 郁龙余：《中西文化异同论》，生活·读书·新知三联书店 1989 年版。

14. 刘小枫：《拯救与逍遥》，上海三联书店 2001 年版。

15. 刘小枫：《走向十字架上的真》，上海三联书店 1995 年版。

16. [加] 秦家懿、[瑞士] 孔汉思：《中国宗教与基督教》，吴华译，生活·读书·新知三联书店 1990 年版。

17. 卓新平：《宗教比较与对话》第一辑，社会科学文献出版社 2000 年版。

18. 梁漱溟：《东西文化及其哲学》，岳麓书社 2012 年版。

### （七）伦理学类

1. 罗国杰：《中国伦理思想史》，中国人民大学出版社 2008 年版。

2. 朱贻庭主编：《中国传统伦理思想史》，华东师范大学出版社 2003 年版。

3. 蔡元培：《中国伦理学史》，北京大学出版社 2009 年版。

4. 宋希仁主编：《西方伦理思想史》，中国人民大学出版社 2004 年版。

5. 周辅成：《西方伦理学名著选辑》（上卷），商务印书馆 1964 年版。

6. 万俊人：《现代西方伦理学史》，中国人民大学出版社 2011 年版。

7. 万俊人：《寻求普世伦理》，北京大学出版社 2009 年版。

8. 黄建中：《比较伦理学》，山东人民出版社 1998 年版。

9. [美] 查尔斯·L. 坎默：《基督教伦理学》，王苏平译，中国社会科学出版社 1994 年版。

10.[德] 卡尔·白舍客：《基督宗教伦理学》，静也、常宏等译，上海三联书店 2002 年版。

11.[美] 海斯：《基督教新约伦理学》，中央编译出版社 2014 年版。

12.[美] 莱特：《基督教旧约伦理学》，中央编译出版社 2014 年版。

13.靳凤林主编：《领导干部伦理课十三讲》，中共中央党校出版社 2011 年版。

14.靳凤林：《死，而后生——死亡现象学视阈中的生存伦理》，人民出版社 2005 年版。

15.靳凤林：《制度伦理与官员道德——当代中国政治伦理结构性转型研究》，人民出版社 2011 年版。

16.任剑涛：《伦理王国的构造：现代性视野中的儒家伦理政治》，中国社会科学出版社 2005 年版。

17.任剑涛：《道德理想主义与伦理中心主义》，东方出版社 2003 年版。

18.[瑞士] 汉斯·昆：《世界伦理构想》，周艺译，生活·读书·新知三联书店 2002 年版。

19.甘绍平：《应用伦理学前沿问题研究》，江西人民出版社 2002 年版。

20.章海山：《马克思主义伦理思想发展的历程》，上海人民出版社 1991 年版。

21.唐凯麟、张怀承：《成人与成圣——儒家伦理道德精粹》，湖南大学出版社 2003 年版。

**（八）综合类**

1.[美] 汉斯·摩根索：《国家间政治》，北京大学出版社 2006 年版。

2.罗荣渠：《现代化新论》，华东师范大学出版社 2013 年版。

3.王逸舟：《当代国际政治析论》，上海人民出版社 1995 年版。

4.[德] 黑格尔：《历史哲学》，王造时译，上海世纪出版集团 2001 年版。

5.[德] 马克斯·韦伯：《儒教与道教》，王容芬译，商务印书馆 1995 年版。

6.[美] 黄仁宇:《中国大历史》,生活·读书·新知三联书店 2007 年版。

7.[英] 塞西尔·罗斯:《简明犹太民族史》,黄福武等译,山东大学出版社 1997 年版。

8.[法] 孟德斯鸠:《论法的精神》,商务印书馆 1959 年版。

9.[以] 阿巴·埃班:《犹太史》,阎瑞松译,中国社会科学出版社 1986 年版。

10.[美] 杰拉尔德·克雷夫茨:《犹太人和钱》,上海三联书店 1992 年版。

11.[古希腊] 柏拉图:《理想国》,商务印书馆 1986 年版。

12.[英] 爱德华·吉本:《罗马帝国衰亡史》第二卷,席代岳译,吉林出版集团有限责任公司 2011 年版。

13.[美] 亨利·奥斯本·泰勒:《中世纪的思维:思想情感发展史》第 2 卷,赵立行、周光发译上海三联书店 2012 年版。

14.[美] 汉密尔顿、杰伊、麦迪逊:《联邦党人文集》,程逢台译,商务印书馆 1982 年版。

15.[奥] 迈克尔·米特罗尔、雷因哈德·西德尔:《欧洲家庭史》,赵世玲、赵世瑜、周尚意译,华夏出版社 1987 年版。

16.[英] 阿克顿:《自由与权力:阿克顿勋爵论说文集》,侯健、范亚峰译,商务印书馆 2001 年版。

17.[英] 休谟:《休谟政治论文选》,张若衡译,商务印书馆 1993 年版。

18.许慎:《说文解字》,中华书局 1963 年版。

19.张世英:《中西文化与自我》,人民出版社 2011 年版。

20.刘小枫:《道与言——华夏文化与基督文化相遇》,上海三联书店 1995 年版。

21.刘小枫:《20 世纪西方宗教哲学文选》,杨德友、董友等译,上海三联书店 2000 年版。

22.[德] 埃里希·卡勒尔:《德意志人》,商务印书馆 1999 年版。

23.赵林:《协调与超越:中国思维方式探讨》,武汉大学出版社 2005 年版。

24.[英] 汤因比:《历史研究》（中册），曹未风译，上海人民出版社1966年版。

25.[美] 斯塔夫里阿诺斯:《全球通史》，上海社会科学院出版社1999年版。

26.杨德峰:《汉语与文化交际》，北京大学出版社1999年版。

27.高晨阳:《中国传统思维方式研究》，山东大学出版社1994年版。

28.王亚南:《中国官僚政治研究》，商务印书馆2012年版。

29.沈善洪主编:《黄宗羲全集》第1册，浙江古籍出版社1985年版。

30.郑晓江:《中国死亡文化大观》，百花洲文艺出版社1995年版。

31.段德智:《死亡哲学》，湖北人民出版社1996年版。

32.[美] 约翰·罗尔斯:《政治自由主义》，万俊人译，译林出版社2000年版。

33.[德] 加达默尔:《真理与方法》第1卷，洪汉鼎译，上海译文出版社1999年版。

34.洪汉鼎:《诠释学——它的历史和当代发展》，人民出版社2001年版。

35.洪汉鼎主编:《理解与解释——诠释学经典文选》，东方出版社2001年版。

36.潘德荣:《文字·诠释·传统——中国诠释传统的现代转化》，上海译文出版社2003年版。

37.徐复观:《中国人文精神之阐扬》，中国广播电视出版社1996年版。

38.孟森:《明清史讲义》下册，中华书局1981年版。

39.王明:《太平经合校》，中华书局1960年版。

40.寇谦之:《正一法文天师教戒科经》，道藏（第十八册），文物出版社1988年版。

41.李宗桂:《中国文化概论》，中山大学出版社1988年版。

42.费孝通:《乡土中国》，生活·读书·新知三联书店1985年版。

43.葛兆光:《中国思想史》（第一卷），复旦大学出版社1998年版。

44.张晋藩:《中国法律的传统与近代转型》，法律出版社1997年版。

45.彭林:《中国古代礼仪文明》，中华书局2004年版。

46.[美] 伯尔曼:《法律与宗教》,生活·读书·新知三联书店 1991年版。

47.[美] 约翰·麦·赞恩:《法律的故事》,刘昕、胡凝译,江苏人民出版社 1998 年版。

48.丛日云:《西方政治文化传统》,黑龙江人民出版社 2002 年版。

49.[英] 罗素:《西方哲学史》上卷,何兆武、李约瑟译,商务印书馆 1963 年版。

50.[英] 罗素:《宗教与科学》,商务印书馆 1982 年版。

51.[英] 罗素:《中国问题》,秦悦译,学林出版社 1996 年版。

52.[英] 哈耶克:《自由秩序原理》(上),邓正来译,生活·读书·新知三联书店 1997 年版。

53.《朱子语类》卷一四,中华书局 1983 年版。

54.周振甫:《周易译注》,中华书局 1991 年版。

55.陈鼓应:《老子译注及评介》,中华书局 1984 年版。

56.朱滢:《文化与自我》,北京师范大学出版社 2007 年版。

57.任继愈:《中国哲学八章》,北京大学出版社 2010 年版。

58.牟宗三:《中国哲学十九讲》,上海世纪出版集团 2005 年版。

59.牟宗三:《中国哲学的特质》,上海古籍出版社 1997 年版。

60.冯友兰:《中国哲学史》,华东师范大学出版社 2000 年版。

61.张岱年:《中国哲学大纲》,中国社会科学出版社 1982 年版。

62.萧公权:《中国政治思想史》,商务印书馆 2011 年版。

63.徐复观:《中国人性论史》(先秦篇),上海三联书店 2001 年版。

64.杨向奎:《宗周社会与礼乐文明》,人民出版社 1992 年版。

65.张岱年、方克立主编:《中国文化概论》,北京师范大学出版社 2004 年版。

66.李泽厚:《中国古代思想史论》,生活·读书·新知三联书店 2008 年版。

67.梁漱溟:《中国文化要义》,上海人民出版社 2003 年版。

68.张灏:《幽暗意识与民主传统》,新星出版社 2010 年版。

69.杨国荣:《善的历程:儒家价值体系研究》,中国人民大学出版社 2012 年版。

70.[美] 萨拜因:《政治学说史》,上海人民出版社 2008 年版。

71.[美] 塞缪尔·亨廷顿:《文明的冲突与世界秩序的重建》,周琪等译,新华出版社 1999 年版。

72.张践:《中国古代政教关系史》(上册),中国社会科学出版社 2012 年版。

73.李秋零主编:《康德著作全集(第 6 卷):纯然理性界限内的宗教,道德形而上学》,中国人民大学出版社 2007 年版。

74.[美] 杜维明:《一阳来复》,上海文艺出版社 1997 年版。

75.《张岱年文集》第 6 卷,清华大学出版社 1995 年版。

76.梁漱溟:《梁漱溟先生全集》(四),山东人民出版社 1989 年版。

77.余敦康:《易学今昔》,新华出版社 1993 年版。

## 论文类

1.陈独秀:《东西民族根本思想之差异》,《新青年》第 1 卷第 4 号。

2.陈独秀:《本志罪案之答辩书》,《新青年》第 6 卷第 1 号。

3.冯友兰:《略论道学的特点、名称和性质》,《社会科学战线》1982 年第 3 期。

4.张岱年:《论宋明理学的基本性质》,《哲学研究》1981 年第 9 期。

5.李泽厚:《再谈"实用理性"》,《原道》第 1 辑,中国社会科学出版社 1994 年版。

6.郭齐勇:《儒学:入世的人文的又具有宗教性品格的精神形态》,《文史哲》1998 年第 3 期。

7.《哈贝马斯访谈录》,《外国文学评论》2000 年第 1 期。

8.靳凤林:《西方宗教经济伦理与资本主义发展》,《理论视野》2008 年第 7 期。

9.尚九玉:《简析宗教的人性论》,《宗教学研究》2001 年第 1 期。

10.李昱霏:《当代天主教经济伦理思想及其价值》,黑龙江大学 2014 年硕士学位论文。

11.程洪珍:《东西方传统思维方式与英汉语言差异》,《安徽大学学报》2005 年第 3 期。

12. 赖美琴：《董仲舒的思维方式及其政治归趋》，《学术研究》2003年第 7 期。

13. 季羡林：《东学西渐与"东化"》，《光明日报》2004 年 12 月 23 日。

14. 李秋零：《"因行称义""因信称义"与"因德称义"》，《宗教与哲学》2014 年第 1 期。

15. 曾素英、陈妮：《中西思维方式与语言逻辑比较》，《湖南科技大学学报（社会科学版）》2004 年第 4 期。

16. 张传有：《对康德德福一致至善论的反思》，《道德与文明》2012年第 6 期。

17. 徐春林：《中国传统文化中超越生死的五种模式》，《郑州大学学报（哲学社会科学版）》2008 年第 5 期。

18. 郑晓江：《略论中国祭祀礼仪中的宗教精神》，《江南大学学报》2009 年第 6 期。

19. 李猛：《爱与正义》，《书屋》2001 年第 5 期。

20. 伍娟、陈昌文：《神圣空间与公共秩序的规约——贵州安顺乡村基督教堂的空间布局及社会功能》，《中国宗教》2010 年第 5 期。

21. 谢庆芳：《现代美国教堂的社会功能》，《岭南学刊》2004 年第 1 期。

22. 吕大吉：《概说宗教禁欲主义》，《中国社会科学》1989 年第 5 期。

23. 唐凯麟、陈科华：《中国古代经济伦理思想史研究导论》，《株洲工学院学报》2004 年第 6 期。

24. 林晓平：《客家的祠堂与客家文化》，《民族研究》1997 年第 12 期。

25. 李小桃：《俄罗斯东正教教堂的文化意义》，《四川外语学院学报》2003 年第 5 期。

26. 赵林：《基督宗教信仰与哥特式建筑》，《中国宗教》2004 年第 10 期。

27. [德] 乌尔里希·贝克：《应对全球化》，常和芳编译，《学习时报》2008 年 5 月 19 日。

## 外文著作类

1. A.Scheweitzer, *The Quest of the Historical Jesus: A Critical study of its*

*Progress from Reimarus to Wrede*, 1906, Minnepolis Fortress Press, 2001.

2."Good News Bible", *Today's English Version, United Bible Societies*, New York, 1976, The New Testament, John.

3.Rudolf Bultmann, *Theology of the New Testament*, New York: Scfibner, 1951.

4.Jacques Maritain, *The Person and the Common Good*, Translated by John J. Fitzgerald, University of Notre Dame Press, fourth printing 1985.

# 后　记

任何一本书的后记都是作者对其写作背景和写作过程的交代，它有助于读者全面了解该书的思想内涵和本质特征，本书亦不例外。但不同之处在于，本书的写作并非作者心血来潮之物，而是经历了一个长达 30 余年的心路历程。自 1985 年 7 月我从河北大学哲学系毕业留校，便开始在马列教研部和哲学系从事伦理学教学和中国生死伦理研究工作。2001 年 3 月我到清华大学哲学系万俊人先生门下攻读伦理学专业博士研究生，随之转入西方生死伦理研究。其间，先后发表了 50 余篇相关文章，出版了《窥视生死线——中国死亡文化研究》和《死，而后生——死亡现象学视阈中的生存伦理》两部东西方生死伦理研究专著，并承担了国家社科基金一般项目"东西方生死观之比较与信念伦理"的研究工作。

2004 年底，我调入中共中央党校哲学教研部工作，由于教学对象和学术环境的巨大变迁，特别是中国伦理学会政治伦理学分会挂靠在中央党校哲学教研部，这就迫使我将主要精力投入到政治伦理学的教学与研究工作中，在各类高中级干部班先后开设了"当代领导干部道德建设""中国共产党人的价值观""中国道路与中国梦"等政治伦理讲题。其间，还主持和参与了多个国家和省部级相关重大课题、重点课题和一般课题的研究工作，出版了《制度伦理与官员道德——当代中国政治伦理结构性转型研究》《追求阶层正义——

权力、资本、劳动的制度伦理考量》《领导干部伦理课十三讲》等专著和教材，目前正在从事《谁之德性——权力、资本、劳动的德性结构研究》相关工作。

与此同时，我对之前建立在生死伦理研究基础上的中西比较伦理研究一直挂念在心，经过反复考虑，决定以之前的生死伦理研究为基础，以当前正在从事的政治伦理研究为核心，进一步全面推进自己的中西伦理比较研究工作。自 2005 年春季学期开始，我给中央党校哲学教研部伦理学专业的硕士、博士研究生开出了"四书五经与圣经伦理思想比较研究"课程。该课程以对儒耶经典文本的比照对勘为基础，以当前我国伦理学界应用伦理研究热点为主线，围绕儒耶伦理本体论、儒耶政治伦理、儒耶经济伦理、儒耶教育伦理、儒耶生死伦理等专题的比较研究展开。至今该课程已开设十余年，并引领我的硕士和博士研究生中有志于儒耶伦理比较研究的同学，从不同学术视角开展了相关课题的研究工作。其中，朱清华博士完成了《孔子与耶稣生死伦理之比较》、靳浩辉博士完成了《孔子与耶稣政治伦理比较研究》、王治军博士完成了《孟子与保罗生死伦理比较研究》的论文写作任务，并顺利毕业。而博士研究生杜君璞正在从事《孔子与耶稣教育伦理比较研究》、博士研究生苏蓓蓓正在从事《孔子与耶稣经济伦理比较研究》的论文写作任务。

在搞好研究生教学的同时，如何把研究生的儒耶比较研究教学成果转化为中央党校高中级干部班的教学讲题，一直是我认真思考的重大问题。因为这两者之间存在着巨大的教学内容和教学艺术鸿沟，属于两套完全不同的教学话语体系。其中，研究生教学由于时间跨度长，更注重教学内容的前沿性、精深性、宽广性，而干部教学由于其所面对听众的专业知识背景各不相同，人文社科理论水平参差不齐，且每个专题仅有两个小时的讲授时间，更强调广大学员能够"听得懂，记得住，用得上"。基于上述考量，我在给研究生讲授四书五经基础上，在干部班开设了"中国古代官德及其当代价值"讲题，该讲题先后给多个省部级、地厅级和中青一班、二班学员讲授，收到了良好的教学效果，并于2015年荣获首届全国党校系统党性教育精品课。在给研究生讲授《圣经》课程基础上，给干部班开出了"基督教伦理与现代西方文明"讲题，该讲题属于中央党校"当代世界经济、政治、科技、军事、文化思潮"（简称"五当代"）课程体系中的内容，每学期都要在中央党校大礼堂面对全校学员讲授一遍，每次都获得广大学员的一致好评。在给研究生讲授儒耶比较伦理基础上，开出了"祠堂与教堂：中西伦理文化之比较"讲题，该讲题属于中央党校干部网络教学的重要内容，供全体在校学员在党校内网上随时查阅，也获得了学员们的广泛认可。

本书全部内容既是对我十多年来硕士、博士研究生教学所做的一次阶段性总结，也是对我在中央党校高中级干部班的教学讲题进行的一次系统化、深层化的补充研究。本书各章内容由我本人和前述几个博士生共同完成，在写作过程中，我和他们除了面对面或在电子邮件中就本书各个章节的具体内容展开深入探讨外，还召开了多次统稿会议，在每次统稿会上，大家都能敞开心扉，坦诚相见，相互之间提出了诸多极好的修改意见和建议，没有大家的辛苦付出，就没有这部书稿的诞生。此外，我还把在中央党校高中级干部班开设的两个教学讲题的内容作为附录置于书后，以使大家对中央党校高中级干部教学窥斑知豹。当然，由于我和每位作者的知识结构、笔调意趣、行文风格各异，致使各个章节的表述和论证各有千秋，乃至存在不少瑕疵之处，笔者作为主要作者、内容设计者和统稿者，尽管也曾竭尽绵薄之力，努力实现整部书稿的完整和统一，但在很多地方仍然差强人意，敬冀各位读者和方家不吝赐教。

本书写作的具体分工如下：

靳凤林（导言，第一章，第三章和第四章引言，附录，后记）

朱清华(第二章，第四章第一节，第五章第三、五节，第六章)

靳浩辉（第三章第二、三节，第四章第二、四、五节，第五章第一、二节，参考文献）

王治军（第三章第一节）

杜君璞（第五章第四节）

苏蓓蓓（第四章第三节）

靳凤林

2017 年 5 月 1 日

于中共中央党校颐北精舍

# 修订后记

    《祠堂与教堂：中西传统核心价值观比较研究》自 2018 年面世以来，在学界引起较大反响，受到广大读者尤其是中央党校学员广泛好评，先后荣获中国伦理学会 2018 年度十本好书奖、中央党校（国家行政学院）2018 年度优秀科研成果奖、中央党校（国家行政学院）2019 年度研究生优秀教材奖等多项大奖，出版社一再加印。在这四年当中，不少读者向我提出了很多需要进一步解答的问题，特别是我在中央党校（国家行政学院）省部班、地厅班、中青班以及党政军企等不同单位，讲授"中国传统官德及其当代价值"和"基督教伦理与现代西方文明"这两门课程中，有不少学员向我提出如下问题："既然基督教大力倡导信仰、希望、博爱等道德主张，为什么近现代以来西方国家到处侵略扩张？""信奉基督教的西方国家总是用高人一等的眼光看待其他国家，可否说他们所讲的自由、平等、博爱价值观根本上就是骗人的把戏？""伴随中华民族的伟大复兴，我们能否和世界被压迫民族一道，走出一条不同于西方文明的崭新的人类文明发展道路？"……为了深入解答诸如此类的问题，近年来，在广泛搜集相关研究资料的基础上，我又开出了"在超越西方文明等级论中再造人类文明新形态"的专题讲座课程，在校内外不同班次的授课过程中，得到广大学员的充分认可。

    2023 年春节过后，本书责任编辑朱云河同志向我提出将本书修订后再版，以便适应广大读者的阅读需求，我欣然接受了他的建议。这次修订，主要做了以下三方面的工作：一是把我新开设的讲题"在超越西方文明等级论中再造人类文明新形态"纳入附录中，作为"附录三"出现，目的是及时回应近年来广大读者和学员针对本书提出的各种问题。二是对第一版各个章节中有关表述根据中央最新精神予以修订，以使本书与时俱进。三是对本书封面进行了优化设计，使之更加端庄大气，符合读者阅读习惯与长期保存。正如任何国家的发展与完善都是在不断解决层出不穷的各种问题中实现的一样，作者学术水平和思想能力的提高也是在广大读者的不断追问中完成的。经历了三年的新冠疫情之后，我们更加坚信，任何生命只要在晦暗不明中保持谨慎的乐观，在不断变动的罅隙里为自己寻找力量，在生活的诸多艰难中努力使之发生点滴改变，生命的存在终将氤氲化润出新的甘甜与芬芳。

参与本书第一版写作的各位博士生，目前均已从中央党校（国家行政学院）顺利毕业，奔赴全国各地不同高等学校的教学岗位工作。在这次修订过程中，他们分别对自己负责的章节进行了认真校阅和修订，对他们的辛苦付出表示衷心感谢！与此同时，也对他们的具体情况做一简要介绍。

1. 朱清华，江西临川人，中共中央党校哲学博士，现任江西财经大学马克思主义学院副教授、硕士生导师。主要从事中西伦理比较与思想政治教育研究，先后主持和参与国家社科基金项目3项，合著2部，参编著作3部，在《自然辩证法研究》《道德与文明》《思想教育研究》等刊物发表论文30余篇。负责本书第二章；第四章第一节；第五章第三、五节；第六章的修订。

2. 靳浩辉，山西运城人，北京大学社会学系博士后，中共中央党校哲学博士，现任西北农林科技大学马克思主义学院讲师，主要从事中西伦理比较与马克思主义中国化研究，先后参与国家社科基金研究项目3项，在《伦理学研究》《甘肃社会科学》《社会科学家》等刊物发表论文30余篇。负责本书第三章第二、三节；第四章第二、四、五节；第五章第一、二节及参考文献的修订。

3. 王治军，廊坊师范学院马克思主义学院副教授。负责本书第三章第一节的修订。

4. 杜君璞，西北政法大学哲学与社会发展学院讲师。负责本书第五章第四节的修订。

5. 苏蓓蓓，山东建筑大学马克思主义学院讲师。负责本书第四章第三节的修订。

靳凤林

2023 年 2 月

于中共中央党校颐北精舍

# 第 3 版后记

本次修订再版主要是增加了第七章《古今中西之争的历史渊源与求解之道》内容。之所以如此，是因为习近平总书记在庆祝中国共产党成立 100 周年大会上首次提出"坚持把马克思主义基本原理同中国具体实际相结合、同中华优秀传统文化相结合"这一命题以来，习近平总书记在党的二十大上对此命题又作了进一步阐发，特别是在 2023 年 6 月 2 日召开的文化传承发展座谈会上，习近平总书记再次围绕"两个结合"问题强调指出：在五千多年中华文明深厚基础上开辟和发展中国特色社会主义，把马克思主义基本原理同中国具体实际、同中华优秀传统文化相结合是必由之路。要坚定文化自信、担当使命、奋发有为，共同努力创造属于我们这个时代的新文化。由此，学术界围绕近现代以来跌宕起伏的"古今中西文化之争"问题掀起了新一轮的研究热潮。

恰逢此时，光明网邀请我和我指导的博士研究生张雨琦同学共同撰写了《以守正创新求解古今中西文化之争》一文，此文发表后，产生了良好的学术反响。我想，《祠堂与教堂：中西传统核心价值观比较研究》一书的思想主题与这一问题密切相关，故在本次再版之际，我认为有必要增加一章内容，对近年来的相关学术热点作出系统而深刻的理论总结。于是，我和已经顺利毕业并留京工作的张雨琦博士共同搜集资料，反复讨论写作提纲，并由张雨琦博士执笔完成了本章的写作，最后我又作了进一步修改完善。此外，人民出版社朱云河编审在本书初版、修订版和本次修改过程中，表现出极大的耐心、细心和善心，我对他卓特的学术见识和崇高的敬业精神深表钦佩！

靳凤林

2024 年 11 月

于中共中央党校颐北精舍

责任编辑：朱云河

装帧设计：王欢欢

责任校对：吕　飞

**图书在版编目（CIP）数据**

祠堂与教堂：中西传统核心价值观比较研究／靳凤林 等　著．—
北京：人民出版社，2018.3（2025.1 重印）

ISBN 978－7－01－018333－6

I.①祠…　II.①靳…　III.①人生观－对比研究－中国、西方国
家　IV.① B821

中国版本图书馆 CIP 数据核字（2017）第 244588 号

## 祠堂与教堂

CITANG YU JIAOTANG

——中西传统核心价值观比较研究

（第 3 版）

靳凤林　等　著

**人民出版社** 出版发行

（100706　北京市东城区隆福寺街 99 号）

北京新华印刷有限公司印刷　新华书店经销

2025 年 1 月第 3 版　2025 年 1 月北京第 1 次印刷

开本：880 毫米 ×1230 毫米 1/32　印张：15.625

字数：392 千字

ISBN 978－7－01－018333－6　定价：108.00 元

邮购地址 100706　北京市东城区隆福寺街 99 号

人民东方图书销售中心　电话（010）65250042　65289539